第II部 脂肪分

SALT
SUGAR
FAT

第III部 塩分

SALT
SUGAR
FAT

プロローグ 金の卵

1999年4月8日夜、米国ミネソタ州ミネアポリス。春の嵐が吹き荒れる中、南6番街のオフィスビルの前にタクシーが列を作った。上等のスーツに身を包んだ男たちが降りてくる。米国最大規模の食品メーカーのトップ11人。(注1)合わせて70万人の雇用と年間2800億ドルの売り上げを掌握する人々である。豪華なディナーがふるまわれる前から、業界の今後の方向性について話し合いが始まった。

この席に報道関係者は1人も招かれなかった。議事録も含め、記録は一切残されていない。普段はライバル同士である社長や経営責任者たちが、極秘の会合を開いていた。議題はただ一つ。肥満の急増とその対応策である。

ミネアポリスのビジネス街東端には、ガラスと鉄鋼で建てられた一対の高層ビルがそびえている。このビルに本社を構えるピルズベリー社が会合のホスト役を務めた。数ブロック先ではミシシッピ川最大の滝がごう音を立て、レンガ造りの製粉所跡が、かつて世界最大の小麦粉製粉業を誇ったこの都市の歴史を物語っている。男たちを乗せたエレベーターが上昇を始めたとき、風速20メートルにも達する中西部特有の突風がビルに激しく吹きつけた。

31階で男たちを迎えたのはピルズベリー社の重役の1人、55歳のジェームズ・ベーンクである。米国人の体重増加という問題に経営者たちの目を向けさせるため、ベーンクは食品メーカー数社の重役らとともにこの日のプランを練った。彼は緊張していたが、プランに自信を持ってもいた。

「われわれは、肥満が問題となりつつあることに大きな懸念を抱いていたし、その懸念は妥当だったと思う」[注2]とベーンクは回想する。「世間では、砂糖税を導入すべきだという声も上がっており、食品メーカーに対する圧力が高まっていた」。経営者たちが席に着く。ベーンクの緊張が高まった。今から、極めてデリケートな議題を持ち出さなくてはならない。彼らはどう反応するだろうか――米国民の健康を脅かすこの非常事態の最大の原因が彼らとその会社だという指摘に対して。経営トップたちを一つの部屋に集めて会合を持つなど、こんなにデリケートな議題でなくとも、途方もなく困難な仕事である。ベーンクらは入念に進行を練り、座席の配置にも細心の注意を払い、伝えるべきメッセージを核心の核心まで研ぎ澄ました。

「食品業界の経営トップは技術畑の出身ではないのが普通だ。だから、技術屋が技術的なことを技術用語で話すようなミーティングには出たがらない」とベーンク。

「彼らは恥をかきたくないし、コミットもしたくない。主体性を損なわれず超然としていたい、というのが彼らの望みだ」

出席企業の顔ぶれは、ネスレ、クラフト、ナビスコ、それに、ゼネラル・ミルズ、プロクター・

2型糖尿病を発症した子どもや、高血圧や心臓病の初期症状が見られる子どもも増えつつあった。いや応なく食欲をそそる高カロリーの食品を作っていることについて、ベーンクが自分自身を責めたことはなかった。かつて、炭酸飲料やポテトチップや「TVディナー」（訳注＊包装容器ごと温めるだけで1食分の食事ができる冷凍食品。テレビを見ている間に用意できるのでこう呼ばれるようになった）が登場して時代の象徴となったが、当時、そうした食品は「ときどき利用するもの」という位置づけだった。ベーンクにとっても、そして他の食品科学者たちにとっても、そんな無邪気な時代の記憶が気休めとなっていたのである。変化したのは社会のほうだと彼らは見ていた。その変化は劇的だった。スナック類や冷凍食品は、毎日（ともすると毎時間）消費されるようになり、いつの間にか米国人の主要な食料品となっていた。

食品科学をライフワークとするベーンクは、1999年になると自分の仕事に対する見方が変わりはじめた。この年、彼はピルズベリー社CEOの特別顧問に任命された。彼は、味・便利さ・コストを「食品業界の3大教義」と呼んでいるが、新しい立ち位置からは、この三大教義についてこれまでと違った面が見えてきた。彼が特に不安を抱いたのは経済原理だった。企業は、なるべくお金をかけずに加工食品を生産するよう駆り立てられている。

「常にコストの問題がつきまとった」と彼は私に話した。「利益改善プログラム（PIP）とか、マージン強化とか、コスト削減とか、呼ばれ方はさまざまだ。だがどんな名前で呼ぼうと、目的は一つ。より安い方法を見つけることだ」

トップ会合の数カ月前から、ベーンクは食品科学の専門家集団の討議に参加していた。一般市民は加工食品とうまく付き合えるか、という問題について、彼らの見通しは暗くなっていくばかりだった。この討議のスポンサーとなったのは、主に食品産業からの出資で運営されている国際生命科学研究機構（ＩＬＳＩ）である。ベーンクは、ＩＬＳＩ北米支部の次期会長となることが決まっていた。討議では、食べすぎに対する体のコントロールは簡単に失われる、というテーマも取り上げられた。一部の加工食品は、食べすぎていてもなお空腹を感じさせる作用がある、という指摘もあった。ベーンクは、これは看過すべきでない、と確信した。そして考えを同じくするほかのメンバーたちと、今回のトップ会合を計画したのだった。魅力的な製品を生み出して盛んにマーケティングするというやり方が、今や行きすぎになっているのかもしれない。経営者たちにそう警告すべき時期に来ていた。

会合はピルズベリー社の講堂で行われた。経営者たちの席は最前列と2列目に設けられた。彼らのすぐ目の前に、わずかだけ高いステージがある。最初に演壇に立ったのは、ワシントンかオレゴンあたりからやって来た白衣の研究者ではなく、シカゴ在住の業界人だった。マイケル・マッド。クラフト社の副社長である。

年間数百億ドルの売り上げで業界ランキング最上位の常連となっているクラフトは、55ものブランドからなる強力な製品ラインナップを誇る。消費者は、朝食から深夜の軽食まで、クラフトの製品だけで1日を過ごせるほどだ。朝食には、ジャムやクリームチーズを詰めた8種類のベーグルと、常温で保存できる調理済みのベーコン。飲み物には、粉末状のオレンジドリンク「タング」がある。昼食にはホットドッグやマカロニチーズ。加工済みの肉やチーズが箱詰めされていてすぐ食べられる「ランチャブルズ」のシリーズもある。夕食には、フライパンで加熱するだけでできあがるキット商品もあるし、パン粉と調味料が袋にセットされていて手を汚さずに肉を味付けできる「シェイク&ベイク」もある。そして間食には、クッキーの王様「オレオ」。1世紀前の販売開始から400億枚が売れているこの商品は、人気ナンバーワンのクッキーとして君臨し続けている。クラフトのCEO、ボブ・エッカートは業界で首位に立つことを唯一無二の目標としており、事実、同年後半にある記者に次のように語った。「食品業界でまぎれもないリーダーはどこか、と聞かれたら、人は『クラフト』と言うかもしれない。だが、ネスレ、ケロッグ、ゼネラル・ミルズ、ナビスコの名前も挙がるだろう。業績のいい大企業は何社もあるが、その先頭集団から抜きんでた者は誰もいない。私はクラフトがその一社になるのを見たい」(注5)

マイケル・マッドは、クラフトの広報部門で経験を積み、同社のスポークスマンとなった。が、それだけではない。彼は、消費者が同社をどのように見ているかを常に把握していたし、規制当局絡みのトラブルの兆候にも目を光らせていた。そして、会社への脅威になりそうなことがあれば素早く対応できるよう、指南役を担うようになっていた。これより数年前、トランス脂肪酸の有害性をめぐる大騒ぎが起きた時も、彼はそうした役割を果たしている。マッドは一般市民の感情に敏感で、批判への対処について豊富なスキルと経験を持つ調停者《フィクサー》だった。彼の洞察力は周囲の敬意を集め、いつしか彼はクラフト経営陣の特別顧問のような存在になっていた。彼のささやきが上司の一挙一動を誘導しうるようなアドバイザー、少なくとも社内の他の重役たちの目にはそう映っていた。その夜、彼が演壇に立つと、席に並んだ経営者たちは耳を傾けようという気になっていた。

マッドが話しはじめた。「このような機会を頂いて、大変感謝しております。今日私がお話ししたいのは、子どもたちの肥満と、それがわれわれにとって大きな問題になりつつある、ということです(注6)」

「最初に申し上げますが、これは簡単な問題ではありません。市民の健康を守るという公衆衛生の職務にある人々は、この問題に対して何をすべきか。事態の責任を食品業界に求める声が高まる中、われわれは何をすべきか。単純な答えは存在しません。ですが、これだけは明らかです。公衆衛生の専門家であれ、皆さまの企業に勤める食品の専門家であれ、この問題を真剣に考える人にとって、『何もしない』という選択肢だけはありません」

マッドは話しながらマウスをクリックしてスライドを見せていった。彼の背後の大型スクリーンに映し出されたスライドは全部で114枚あった。彼は、歯に衣を着せずに話を進めた。スライドに使われた見出しも文言も図表も、衝撃的なものばかりだった。

太りすぎと考えられる米国成人は今や半数を超えており、医学的な肥満の定義に該当する人も成人人口の25%近い4000万人にのぼる。子どもでは、1980年に上昇が始まった肥満率がすでにその2倍を超え、肥満と考えられる子どもの数が1200万人を突破した(そしてこれは1999年の話である。米国の肥満率はその後さらに大きく上昇する)。

「社会的コストは膨大で、年間400億~1000億ドルとの推定も」。目立つ色の太字でスライドが告げる。

それから具体例が示された。糖尿病、心臓病、高血圧、胆嚢疾患、変形性関節症が増加し、がんも、乳がん、大腸がん、子宮内膜がんの三つが増えていること。そして、程度はさまざまであるものの、これら重大な病気はいずれも、肥満が原因の一つだと言われていること。実感を持ってもらえるよう、マッドは体格指数（ＢＭＩ）を使った肥満度の計算方法を示し、経営者たちに自分のＢＭＩを実際に計算してもらった（このとき出席者の大半はたじろがずにいられた。彼らは、個人トレーナーを雇ってスポーツジムに通う人々であり、食生活に対する意識もあるので、自社の製品ばかりを食べるようなことはしないからである）。

それからマッドは彼らを、中流階級の人々の現実に引き戻した。彼らの製品を買う消費者たちは、彼らがジム通いしている間に生活のため副業に就き、食事に対する関心もそれほど高くはない。メディアには願ったりかなったりの状況だ、とマッドは指摘した。この頃、肥満の問題や、過剰消費を助長する業界のあり方について、特集記事が次から次へと組まれるようになっていた。マッドは短い動画をスクリーンに映した。ＰＢＳのドキュメンタリー番組「フロントライン」を録画したものである。『Ｆａｔ（訳注＊「脂肪」という意味と「太っている」という意味とがある）』という題で放送されたそのレポートでは、ハーバード大学栄養学部門のトップであるウォルター・ウィレットが食品産業を真っ向から批判していた。

「食べ物が工業製品になってしまったことが根本的な問題だ」とウィレットは言った。「まず、加工によって食品の栄養価が失われる。穀物はほとんどがデンプンに変えられているし、糖分も濃縮糖液が使われる。さまざまな脂肪分も濃縮されているし、何より悪いのは脂肪に水素が添加されていることだ。水素添加で生じるトランス脂肪酸は健康に非常に悪影響がある」

マッドは続けた。食品産業は、ハーバード大学や米国疾病管理予防センター（CDC）、米国心臓協会、米国がん協会から強い批判を受けているだけでなく、これまで味方だった勢力すら失いつつある。食品業界から長らく恩恵を受けてきた農務省の長官でさえ、肥満を「国家的流行病」と呼ぶようになった。飼い犬に手を噛まれるような事態がなぜ起きているのか、理解するのは難しくない。農務省は健康的な食事の普及に努めている。その普及活動に使われている「食品ピラミッド」では、穀物が最も大きい最下層にあり、甘いものや脂肪分は最上部の狭い部分に押し込められている。

「しかし皆さまの会社が売り込んでいるのは」、マッドは経営者たちに言った。それと正反対の食習慣なのだ、と。「食品の広告、特に子ども向けの広告をカテゴリー別にして食品ピラミッドを作ったら、これと逆さまのピラミッドができあがるはずです。われわれは『食品は肥満問題と関係ない』というふりを続けることはできません。信頼できる専門家で、運動不足だけが肥満の原因だと考える人は1人もいないでしょう」

マッドは次のスライドを画面に映した。「肥満を増加させているものは何か？」とそのスライドは問いかけていた。「安さ、おいしさ、ボリューム、カロリーがすべてそろった食品が簡単に手に入るようになったこと」。その食品とは、この経営者たちが（そしてファストフード業界の経営者たちも）自社の成功を託して販売している商品なのだった。

肥満問題に関する世間の非難をストレートに伝えて経営者たちの足元に踏み込んだマッドは、さらに離れ業をやってのけた。加工食品産業について誰もが避けて通る話に触れたのである。マッドは、経営者たちが自社製品と何より結びつけてほしくないと思っていたものを引き合いに出した。タバコである。まず、エール大学の心理学・公衆衛生学教授ケリー・ブラウネルのコメントが紹介された。ブラウネルは「加工食品産業は公衆衛生に対する脅威と見るべきだ」という主張をとりわけ声高に提唱している人物である。

「米国社会は、子ども向けに宣伝活動を行うタバコ会社に立腹するようになったが、まったく同じことをしている食品会社のことはのんきに傍観している。不健康な食生活が人々の健康にもたらしている損害はタバコによる損害に匹敵するとも言えるほどだ」

マッドが次にスクリーンに示したのは、大きな黄色の警告標識だった。「下り坂　スリップ注意」と書かれている。マッドは言った。「食品産業に滑りやすい坂道などない、そう思っていた人が仮にいたとしても、今や足元が滑り出すのがはっきり感じられるでしょう」。「食品とタバコとでは状況が異なる、ということをわれわれは承知しています」ともマッドは言った。が、かつてタバコ訴訟の成果に沸き立った法廷弁護士たちが、今度は食品産業を標的にしようと密かに態勢を整えつつあった。そのうえ、公衆衛生局も動き出していた。同局は1964年に発表した報告書でタバコ産業に痛烈な一撃を加えたという歴史があるが、その公衆衛生局の長官が、肥満に関する報告書の作成を進めていたのである。肥満の危機的状況がこうした弁護士や政治家たちの手にかかれば、食品産業が無傷で済むはずはない。米国人の食べすぎとそれがもたらした結果は、いやが応でも市民の目を食品産業に向けさせるだろう。スーパーマーケットの通路を重い足取りで歩き回る太りすぎの大人たちや、体重超過の体で運動場に立つ子どもたちの姿は、人々を駆り立てずにおかない。

「肥満ははっきり目に見える問題です」とマッドは言った。「肥満が増加すれば、それは誰の目にも明らかです」

それからマッドはギアを切り替えた。悪い話はここまでにして、肥満問題への対処として事前に練り上げた計画を提示した。多少なりとも過失があるという認識を経営者たちに持たせること自体がまず重要な一歩だとマッドにはわかっていた。そこで、ささやかだが決定的な行動を起こすことを計画の第一段階に据えた。彼は説明した。業界は肥満問題に取り組むべきであること。社内外の科学者の専門性を活かして、米国人の過食を促進している原因をさらに詳しく突き止めるべきであること。そこまで行けば、あとは取り組みの幅を広げていけばいい。ただし、加工食品や飲料と過剰摂取との関係を無視することはできない。なかには、強い食欲を引き起こしてダイエットをくじけさせるような食品もあり、一部の業界当局者はそうした作用について検討を始めていた。対策としては、塩分と糖分と脂肪分を減らさざるを得なくなるだろう。食品業界全体で使用量の制限を設けることになるかもしれない。それも、ダイエット中の人をターゲットにした低脂肪や低糖のマイナーな商品ではなく、売れ筋の主力商品に対する規制がおそらく必要になる。それらこそ、米国民の健康に甚大な影響を及ぼしている食品だからだ。

しかし、商品の魅力を最大限に高めるために食品メーカーが利用してきたのは、塩分・糖分・脂肪分という三つの成分とその配合だけではない。宣伝やマーケティングも重要な鍵だ。経営者たちに完全にそっぽを向かれては困ると考えたマッドは、この点を特に強調することにした。彼は「食品マーケティング、特に子どもを対象としたマーケティングについて、栄養面の指針を策定する」

ことを提案した。

マッドは、体重コントロールに運動が役立つことをアピールする、という案も提示した。ソファに座ってばかりいて体重を落とせる（あるいは体形を維持できる）と考える人はまずいないからである。そうしたアピールには公共広告を利用してもいいでしょう、とマッドは話した。または、薬物依存の根絶を目指すＮＰＯ「パートナーシップ・フォー・ドラッグフリー」がかつて展開したような強力な広告キャンペーンを行うことも考えられる。タバコ業界と医薬品業界が参画したそのキャンペーンでは、たとえば１９８７年のテレビＣＭが有名になった。男性が「違法薬物を使うと脳はこうなります」と言いながら卵を割り、熱したフライパンに入れて見せる、というものだ。肥満対策にそのくらいのキャンペーンを行う選択肢もある、というのがマッドの提案だった。

「率直に申し上げます」と言って、マッドはプレゼンテーションの締めくくりに入った。核心が伝わるよう、スライドにアンダーラインを引きながら話す。

「肥満問題は解決に時間がかかるでしょう。そもそも、ここで『解決』という言葉を使っていますが、それは、このプログラムだけで、あるいは食品業界だけで問題を解決できるという意味合いではありません。われわれだけで解決できるかどうかがプログラムの成功の尺度だということでもありません。われわれの業界は解決の一端を担うために真摯に取り組むべきだ、ということです。そのような取り組みをすることは、食品業界に対する批判を和らげることにもつながります。批判に対応するために、食品業界だけで肥満問題を解決しなくてはならない、ということではありません。ですが、諸悪の根源のように見られることを望まないのであれば、解決の一端を担うべく真剣に取

あなた方は過剰反応しているのだ』」

ベーンクは付け加えた。

「サンガーは要するにこう言おうとしていた。『いいか、白衣の研究者たちが寄ってたかって肥満を心配しているからといって、金の卵に手を付けてまでやり方を変えるつもりはない』と」

それがすべてだった。経営者たちは立ち上がってエレベーターに乗り込んだ。40階にディナーが用意されていた。当たり障りのない穏やかな会話が交わされた。この夜に出席した11社のうちクラフトを除く全社が、米国民の健康への影響を和らげるために製品を総合的に見直すという案をはねつけた。マッドは、肥満対策の手始めとして1500万ドルの基金を創設して研究と啓発を行う、という要望も出したのだが、この控えめな提案すら大部分が黙殺された。ディナーに出席した二つの業界団体の一つ、米国食品加工業者協会の当時の会長ジョン・キャディは「業界全体による取り組みは何も生まれなかったと思う(注9)」と回想する。

むしろ、食品メーカーはつけを21世紀以降に持ち越す方向に進んだ。公的には栄養改善に向けて多少の動きがあり(注10)、特に塩分の使用量が抑えられることになった。ゼネラル・ミルズは、——8年後に、世間の強い圧力を受けてのことだが——朝食用シリアルの糖分を減らす取り組みを始め、2009年には子ども向けシリアルの糖分をさらに小さじ半分ぶん減らすと発表した。しかし、健康問題を訴える人々の中には、同社の取り組みは遅すぎるしもっと大幅に減らすべきだという声もあった。結局、肥満の問題を黙殺することに決めた経営者たちとその企業は、会合前と何ら変わらない間柄に戻ったのだった。時には塩分、糖分、脂肪分を増やしてでも競争に勝ち抜こうとする間柄である。それが舞台裏の現実だった。
クラフトは肥満問題への取り組みを始めていたが、そのクラフトでさえ、2003年にクッキーの売り上げがハーシー社に奪われはじめると、取り組みを棚上げして狂騒に巻き込まれていった。ハーシーはチョコレートで有名だが、売り上げをさらに拡大するため、新しい商品群を投入しはじめた。チョコレートとマシュマロとクラッカーを組み合わせたキャンディーバー「スモア」もその一つである。同社のチョコレートはもともと脂肪分が多いが、それに糖分と塩分も加えることで魅力をさらに高めようというのが狙いだった。1本50グラムに満たないスモアに、小さじ5杯分の糖分が含まれている。この急襲に危機感を抱いたクラフトは対抗策に出た。当時クラフトのナビスコ部門を率いていたダリル・ブリュースターは、私にこう語った。
「当時、大手各社がなんとか競争に加わろうと押し合いへし合いを繰り広げていた。ハーシーが動いたことでわれわれもそこに押し込まれてしまった。競争力を保つには脂肪分を増やさなくてはならなかった」(注11)
ナビスコの売り上げナンバーワン商品「オレオ」に新しいバリエーションが次々登場した。バナナ味のクリームを使ったり、2段重ねにしたりなど、いずれも脂肪分たっぷりでコクのある商品である。それからクラフトは、世界最大規模の菓子メーカーの一つ、キャドバリーを買収した。これにより、チョコレートの製造販売を自前でまかなえるようになったうえ、キャドバリーの販売網を活かしてオレオの新商品を新しい市場に売り込むことも可能になった。たとえばインドでは2011年からオレオの宣伝が始まり、米国の加工食品業界で最大級のヒットとなったキャッチフレーズ

「ツイスト、リック、ダンク」（訳注＊「回して、なめて、ひたして」――米国では、オレオの2枚のクッキーを回して外し、クリームをなめてから、クッキーを牛乳に浸して食べる、という食べ方に人気がある）が12億の人々に届けられた。
クラフトにとってはまさにダンクシュートだった。

私が極秘のトップ会合のことを耳にしたのは、本書のための調査を始めて5カ月がたった頃だった。私はまず何より、業界内部の人々が罪悪感を口にしたことを画期的だと思った。こうした率直さが大企業に見られることはまずない。マフィアのボスたちが一堂に会して、人々を射殺したことへの良心の呵責を述べているのに匹敵する出来事である。しかし私は、トップ会合を計画した人々にどれほど先見の明があったかということにも衝撃を受けていた。会合から10年後、肥満の脅威は持続するどころかハリケーン並みの強度に達していた。首都ワシントンでは、18歳の男女が太りすぎていて採用できないと陸軍幹部が公式に表明した。ペンシルベニア州フィラデルフィアでは、市の職員らが体重超過の子どもたちを助けるための全面戦争を宣言し、地元で製造されているケーキ菓子「テイスティケーク」を学校のカフェテリアから追放した。カリフォルニア州ロサンゼルスでは、太りすぎのため帝王切開が困難になって産婦の死亡例が増えていると医師たちが報告した。大西洋岸でも太平洋岸でも、そして内陸部でも、肥満の人々が爆発的に増えていた。本人の意志が弱くて、あるいは何らかの個人的な要因があってそうなったのだとは、もはや誰も考えなかった。特に影響が強く現れたのは子どもたちだった。(注12) 肥満の子どもの割合は、問題が表面化しはじめた1980年から倍増し、やがて3倍に達した。糖尿病も増加した。健康を著しく損なうこの病気の兆候は、成人だけでなく小児にも見られるようになってきた。大食との関連性があることから一時は「贅沢病」と呼ばれた痛風ですら、今や患者数が全米で800万人に達していた。

1999年の時点では問題はここまで大きくなかったのだから、方向転換するならこれ以上の好機はなかっただろう。当時の消費者は、疑念より信頼感のほうが大きかった。われわれは自分が口にしているものを疑問に思わなかったし、理解もしていなかった――少なくとも、現在と比べれば。この頃はまだ、手軽に持ち運べるようにデザインされた新しい食べ物や飲み物が発売されるたび、メディアが大いにもてはやしていた。「スローフード」は社会運動ではなく、うるさい苦言としか見られていなかった。

ある面では、トップ会合を計画したピルズベリーとクラフトの重役たちは、10年後の私が踏み込もうとしたのよりさらに深くまで突っ込んで、自分たちの仕事の影響を評価しようとしていた。がんに関する言及は特にそうだ。栄養科学はさまざまな要素が極めて複雑に絡み合った学問で、たとえごく一部のがんであってもその原因として加工食品を糾弾することは、私にはためらわれる。製薬業界では当たり前になっている二重盲検無作為化比較試験という厳密な試験法は、食品ではまず実施不可能で、健康上の問題を何か単一の製品のせいにしてしまうことは非常に危険である。それでも彼らは、糖尿病、心臓病、がんといった米国民の健康に関する大問題と、自分たち自身の製品とを結び付けて考えていた。

シコの動きをチャンスと捉え、機敏に動いた。同社の最も得意なこと、つまり清涼飲料の販売にいっそうの資金とパワーを投入して販売拡大を狙った。

「われわれはソフトドリンクへの投資を増強しています」(注20)。コカ・コーラの重役たちは、コカ・コーラ北南米部門の当時の社長ジェフリー・ダンに得意気に言った。ダンは社内に少しは健康志向を浸透させようとしたが、うまくゆかず、社を去った。清涼飲料業界でも特に強固に守られてきた秘密のいくつかを私に明かしてくれた彼は、熾烈な競争を考えればコカ・コーラの反応は理解できるが、肥満率の増加という社会情勢を考えると弁解の余地がない、と言った。

「『ちくしょう、魚雷だ』と言いながら全速前進するようなものです。その道を選ぶというのなら、自分たちがしていることの社会的コストに責任を負わなければならない」

つまるところ、これが本書のテーマである。加工食品メーカーは、後に引くどころか、消費者にはわからないだろうという読みに賭けて、米国民の食生活を支配するための取り組みを積み重ねてきた。本書はその選択の歴史を明らかにし、食品メーカーが自らの疑念にもかかわらず前進を続けてきた軌跡を示す。社会的コストは膨らみつづけており、業界内部からも「もう十分だ」という声が挙がりつつある。本書は、食品メーカーがこの社会的コストの責任を負っていることを示す。

もちろん、加工食品メーカーの言い分はこうだ。われわれは人々の望みをかなえてきた。手間を省き、ガスレンジから解放されたいという望みをかなえてきたのだ、と。だが、この社会的変化を推し進めるために彼らが利用してきた塩・砂糖・脂肪は、彼らの手中においては栄養素より兵器に近い。競争相手を負かすためだけでなく、消費者にもっと買わせるためにも利用される兵器である。

SALT

SUGAR

FAT

第I部 糖分

糖分についてまず知っておくべきことがある。「われわれの体は甘いものにがっちりしがみついている」ということだ。

舌の「味覚地図」を学校で習った人もいるかもしれない。(注1)五つの基本味は舌の別々の場所で感知されていて、舌の奥のほうが苦味、左右の端が酸味と塩味、そして舌先が甘さを担当しているというものだ。まず、それを忘れよう。味覚地図は間違いだったのである。1970年代に研究者たちが気づいたのだが、味覚地図を作製した人々は、ドイツの大学院生が1901年に発表した研究を誤って解釈していたのだった。大学院生の実験が示していたのは「舌先は甘さを少々強めに感じるかもしれない」ということにすぎなかった。実際には、口蓋と呼ばれる口の天井も含めて、口の中全体が糖分に対して狂乱のような反応を示す。口内には約1万個の味蕾があり、その一つひとつに甘さを感じる特別な受容体があって、それらはすべて何らかの形で脳内の快楽領域につながっている。われわれは、体にエネルギーを供給すると快楽という報酬が得られるわけだ。だが、話はそこで終わらない。最近では、食道から胃、そして膵臓でも糖に反応する味覚受容体が発見され、これらは食欲と複雑に関係しているらしい。

糖分についてもう一つ知っておくべきことがある。食品メーカーは舌の味覚地図が誤りだととっくに承知している。そして、われわれが甘いものをこれほど欲する理由はもっと熟知している。食品メーカーは、味覚や嗅覚を専門とする科学者たちを社内の中核に擁し、彼らの知識を用いて、糖分を数限りない方法で利用している。糖は、食べ物や飲み物の味にあらがいがたい魅力を持たせるだけではない。糖を加えるとドーナツはより大きく膨らみ、パンは日持ちが良くなる。こんがりきつね色をしたさくさくのシリアルを作ることもできる。生産に極めて好都合な糖の特性が次々に見いだされ、糖は加工食品に欠かせない成分になっていった。平均すると、米国人はカロリーを持つ甘味料を年間約32キログラム消費している。これは1日1人当たり小さじ22杯分の砂糖に相当する。(注2)この糖分はほぼ同量ずつ3種類に分けられる。サトウキビ由来の砂糖、テンサイ（砂糖大根）由来の砂糖、そしてトウモロコシ由来の甘味料だ。最後のグループにはＨＦＣＳ（異性化糖）も含まれる（訳注＊ＨＦＣＳ＝high-fructose corn syrup（高フルクトース・コーンシロップ）。ブドウ糖を主成分とする糖液に異性化という処理を行ってフルクトース（果糖）の割合を高め、甘味を強くしたものを異性化糖という。ＨＦＣＳはコーンシロップから作った異性化糖で、本書では、以下単に「異性化糖」と訳した。日本農林規格（ＪＡＳ）では、異性化糖はフルクトースの割合に基づき「果糖ブドウ糖液糖」などに分類されている）。

人が糖分を好み、欲してやまないことは、今に始まった話ではない。地理的制約、争い、技術的困難などを乗り越えて人々が糖を求めてきた物語は、あまたの本になっている。中でも最大の山場をもたらしたのはクリストファー・コロンブスだ。(注3)彼が新世界への2回目の航海で持参したサトウキビはスペイン領サントドミンゴに植えられ、やがてアフリカ人奴隷によってグラニュー糖が作られるようになった。1516年になると、大陸の砂糖需要の高まりに応えるため欧州への輸出が始まった。次に大きな発展があったのは1807年で、英国海軍がフランスを封鎖したためサトウキビの供給が絶たれ、実業家たちは温帯の欧州でも栽培しやすいテンサイから糖を抽出する方法を競って開発した。長らく糖は主にサトウキビとテンサイから作られていたが、1970年代の価格上昇に刺激されて、トウモロコシを原料とする異性化糖が発明された。異性化糖には清涼飲料業界にとってうれしい二つの特性があった。まず、トウモロコシは米国政府による助成があるため価格が低い。次に、液体なので製造工程で直接投入できる。それから30年間で糖分を含む清涼飲料の消費量は2倍以上に増え、一時は米国人1人当たり年間約151リットルに達した。(注4)その後は減少に転じて2011年には約121リットルになったが、その分、紅茶、スポーツドリンク、ビタミンウオーターなど他の甘い飲料の消費が増えた。これらの年間消費量はこの10年でほぼ倍増し、1人当たり約53リットルに達している。

だが、われわれがなぜこうも抗しがたく糖に魅力を感じるのか、その生物学的および心理学的な仕組みを科学者たちが精力的に研究していることは、あまり知られていない。

長い間、栄養学の研究者たちは、人が糖分にどの程度引き付けられるかを推定するのがせいぜいだった。人々がつい食べすぎて健康を害してしまうほど糖の魅力が強力であることは研究者たちも感じていたが、証拠がなかったのである。それが一変したのは1960年代後半のことだった。(注5)ニューヨーク州北部の田舎町で、何匹かの実験用ラットが、ケロッグ製の非常に甘い朝食用シリアル

「フルートループ」にありついた。アンソニー・スクラファニという大学院生がラットへのちょっとした親切心で与えたのだが、ラットたちは飛びついてあっという間に平らげてしまった。その様子を見ていたスクラファニは実験を行ってみることにした。ラットは広い空間を嫌う動物で、ケージで飼育しても隅の物陰に隠れていることが多い。そこでスクラファニは、明るく照明されたケージの中央に少量のシリアルを置いてみた。普通ならラットが避けるはずの場所だ。が、結果は予想どおりだった。ラットは本能的な恐れを振り切って走り出し、ケージの真ん中でシリアルをむさぼり食べたのである。

ラットが甘いものをことさらに好むという知見は、数年後、科学的に重大な意味を持つようになる。そのとき、ニューヨーク市立大学ブルックリン校で心理学の助教になっていたスクラファニは研究のためにラットを太らせようとしていた。しかし、ラット飼育によく使われるドッグフードではうまくいかなかった。ドッグフードに大量の脂肪分を混ぜてもだめだった。ラットたちは体重が増加するほどには食べなかったからである。そこで、朝食用シリアルの実験を思い出したスクラファニは、大学院生をフラットブッシュ通りのスーパーマーケットに使いに出し、クッキーやキャンディー、そのほか糖分たっぷりの食品を買ってこさせた。今度は、ラットたちは熱狂した様子で飛びついた。特に人気が高かったのは、練乳（加糖練乳）とチョコレートバーだ。ラットたちは数週間大食を続け、肥満になった。

スクラファニはその後も、げっ歯類を使った実験を行って、脂質や糖分の多い食べ物への欲求の背後にどんな脳の仕組みや心理があるかを研究している。ニューヨーク州ブルックリンの研究室を訪ねた私に彼は言った。「ラットをペットとして飼っている人なら、クッキーを与えると気に入ることを知っているはずです。でも欲しがるだけ与えるという実験は誰もしたことがありませんでした」。欲しがるだけ与える。そのとおりの実験をしてみた彼は、糖分への欲求を新しい角度から見ることになった。糖分への渇望は、「ストップ」の声をかけるはずの体内のブレーキを完全に凌駕してしまったのである。

彼の1976年の論文は、食物への強い欲求を実験で示した最初の研究の一つとして研究者の間で高く評価されている。この論文の発表以降、糖と強迫的過食との関係が盛んに研究されるようになった。フロリダ州の研究者たちは、「チーズケーキを食べると電気ショックを受ける」というラットの条件づけ実験を行ったが、それでもラットはチーズケーキに突進していった。プリンストン大学では、糖分の多い餌を中断する実験が行われた。すると、ラットたちは歯をカチカチ鳴らすなど、引きこもりの兆候を見せた。とはいえ、これらの研究はげっ歯類によるもので、科学界ではよく知られているように、ヒトの生理学的反応や行動をすべて予測できるわけではない。では、ヒトが「フルートループ」を食べるとどうなるのだろうか?

この問いに対する何らかの答えを求めて、そして、われわれがなぜ、どのように糖に引かれるのかという基本的な理解を求めて、食品業界の人々は「モネル化学感覚研究所」に足を運んでいる。研究所の場所は、ペンシルベニア州フィラデルフィアの駅から数ブロック、5階建てレンガ造りの落ち着いた建物の中。ユニバーシティ・シティと呼ばれるこの地区の風景の中では見過ごしてしまいそうだが、入り口の横の「エディ」だけは例外だ。[注6] エディは門番のように据えられた高さ3メートルほどの大きな彫刻で、鼻と口をかたどった彼の容貌が、建物内部のこだわりを見事に表している。

ブーンと音のする正面ドアを通って中に入るのは、[注7] 博士号保持者たちのクラブハウスに足を踏み入れるような感じだ。廊下のあちこちで研究者たちが立ち話をして、大発見につながるかもしれない情報を交換している。ネコはなぜ甘味を感じないか、とか、高品質のオリーブオイルを少量飲むと咳が出るのは抗炎症成分の作用だ、とかいったことだ（後者は、栄養学者たちがオリーブオイルを絶賛する理由をさらに増やすことになるかもしれない）。彼らは、会議室や機器だらけの実験室を忙しそうに行き来し、時にはマジックミラーも覗き込む。ミラーの向こうでは同センターの多数の実験に参加する大人たちや子どもたちがものを食べたり飲んだりしている。味覚と嗅覚のメカニズムはもちろん、われわれが食べ物を好む複雑な心理も解明するため、過去40年間で生理学者、化学者、神経科学者、生物学者、遺伝学者など300人を超える研究者たちがモネルに所属してきた。味覚に関する世界的権威の人々がここにいる。味蕾の中にあって糖を検出するタンパク質分子T1R3を2001年に突き止めたのもモネルの研究者たちである。[注8] 最近では、消化器系全体に分布する糖センサーの追跡が行われていて、これらのセンサーが代謝のさまざまな場面で重要な役割を果たすのではないかと考えられている。彼らは、食欲に関する長年の謎の一つも解明した。[注9] それはマリファナで誘発される飢餓感だ。分子生物学者でモネル研究所の副所長であるロバート・マーゴルスキーは、2009年、他の科学者たちとともに、舌の甘味受容体が内因性カンナビノイドに反応することを見いだした。内因性カンナビノイドは脳内で作られる物質で、食欲を増す作用がある。そして、マリファナの活性成分であるTHCと化学的に近い。マリファナを吸うとなぜ激しい空腹感が生じるのか、これで説明できる可能性がある。「味覚細胞はわれわれが思っていたより賢く、食欲の制御にも深く関与しているようです」とマーゴルスキーは私に言った。

だがモネルが抱える最大の難題は、糖分の謎ではない。お金だ。同センターの年間予算1750万ドルの約半分は米国政府の助成金という形で納税者が担っている。だが、残り半分の大部分を拠出しているのは、大手メーカーを含む食品産業と、複数のタバコメーカーだ。ロビーに飾られた金色の大きなプレートには、ペプシコ、コカ・コーラ、クラフト、ネスレ、フィリップモリスといった名前が並んでいる。なんとも奇妙な取り合わせだ。タバコ産業がタバコに有利になるように「研究」を買い取っていた、かつての動きを思い起こさせる。業界が資金提供していることにより、各企業はモネルの研究室に出入りする特別な権利を与えられている。研究内容を最初に独占的に閲覧できる権利もあり、多くの場合、それは情報が世間に公開されるより3年も前だ。企業はまた、自社のニーズに合わせた特別な研究に従事するよう、同センターの一部の研究者を確保することもできる。それでもモネルは、研究者たちの誠実さと独立性を誇りにしている。事実、モネルの研究の中には、訴訟でタバコメーカーが州に支払ったお金が使われているものもある。

「当センターの科学者たちは、純粋に自分の興味と関心に基づいて研究プロジェクトを選んでおり、基礎知識を追求するという目的に深くコミットしています」。財務構造について質問した私にセン

えれば、至福ポイントという枠組みにうまくはまるものはない、と。「ヒトは確かに甘味を好みますが、それはどの程度の甘味でしょうか。食べ物や飲み物のあらゆる原材料について、感覚系の満足が最大になる濃度というものがあります。この濃度が至福ポイントです。至福ポイントは強力な現象で、われわれが自覚以上に食べたり飲んだりしてしまうのも至福ポイントによるものです」

至福ポイントに関して企業が直面する唯一の課題は、至福ポイントにぴったり狂いなく合わせた製品を作ることだ。ケチャップであれヨーグルト菓子であれパンであれ、甘味が足りなければ売れない。別の言い方をすれば、ケチャップであれヨーグルト菓子であれパンであれ、製品ごとに糖分の正確な至福ポイントを見いだすことができれば、もっとたくさん売れる、ということだ。

マクブライドはこの日の発表を、食品会社の出席者を励ます言葉で締めくくった。至福ポイントは、タンパク質や食物繊維やカルシウムと同じように、少し労力をかければ算出して利用することができる。ビタミン添加のようにパッケージに誇らしげに記載したいものではないかもしれないが、それでも、至福ポイントは消費者にとってビタミンと同じくらいリアルで重要なのだ、と。

マクブライドは言った。「食べ物による快楽は、あいまいな概念ではありません。物理的、化学的、あるいは栄養学的な要素と同じように、測定可能なものです。快楽を引き起こすという風味の力は、今後もっと具体的に解明されてくれれば、栄養と同様にリアルで確かな製品特性として扱われるようになるかもしれません」

モネル研究所の生物心理学者ジュリー・メネラは、至福ポイントの算出方法を私に見せてくれた。11月の暖かい日に研究所を再訪した私を、彼女は小さな味覚検査室に案内した。私たちはそこで実験協力者に会った。タチアナ・グレイというかわいらしい6歳の女の子だ。[注13] カラフルなビーズを髪に通していて、ピンクのTシャツには大きく「5-Cent Bubble Gum（5セント風船ガム）」の文字。クールなプロフェッショナルさながらに「大丈夫よ、まかせて」という表情を浮かべている。

「世界で一番好きなシリアルはどれ？」。メネラが親しみを込めてタチアナに尋ねた。

「一番好きなシリアルはね……、『シナモンクランチ』」とタチアナ。

タチアナは小さなテーブルの前に座った。彼女の両隣には、『セサミストリート』のキャラクター、ビッグバードとオスカーの小さなぬいぐるみがいる。研究助手が実験食を準備している間に、メネラが実験の背景を説明してくれた。この実験の手順は20年かけて作られてきたもので、科学的に測定できる反応を引き出すように設計されている。「実験の目的は、どんな食べ物が特に好まれるかを調べることです。そこで、二つのうちどちらが好きかを子どもに尋ねます。子どもには、自分が気に入ったほうをビッグバードにあげてね、と話しておきます。ビッグバードがおいしい食べ物を好きなことを彼らは知っていますから。私たちはさまざまな子どもたちを調べていて、3歳の子で実験を行うこともあります。だから言葉を使わなくてもいい方法を考えました。子どもには、好きなほうを指さすか、今回のようにビッグバードにあげるか、どちらかをしてもらいます。言葉の影響を最小限に抑えるための工夫です」

なぜ、好きかどうかを直接尋ねず、わざわざ比べさせるのだろう？　私はメネラに質問した。

「それではうまくいかないんです。小さい子の場合は特に」とメネラは言った。「何であれ、子どもに与えて、イエスかノーか尋ねる方法もあります。でもそうすると、答えはイエスになりがちなのです。子どもは賢い。相手が聞きたがっている答えを察して、そのとおりに答えます」

私たちはこのことを確かめるため、ブロッコリーと「テイスティケーク」のどちらが好きか、タチアナに聞いてみた。後者はフィラデルフィアで製造されているケーキ菓子だ。「ブロッコリー」とタチアナ。頭をなでてもらえることをちゃんと知っている。

至福ポイントの実験のため、メネラの助手はバニラ味のプディングをいくつも用意した。それぞれ甘味の強さが異なっている。彼女はまず、そのうち二つを小さなプラスチック製カップに入れて、タチアナの前に置いた。タチアナはまず左側のプディングを口に入れ、飲み込んで、それから水をひと口飲んだ。次に右側のプディングを口に入れた。彼女は一言も話さなかったが、その必要もなかった。舌がプディングを口蓋に押し当て、甘味を待ち構えていた何千もの受容体に送り込むと、彼女の顔がぱっと輝いた。実験に慣れている彼女は、ぬいぐるみには目もくれず、好きなほうのカップを黙って指さした。

われわれはこうしてタチアナの試食の様子を観察したが、一つ問題があった。彼女が感じる「至福」が生まれる過程では、われわれの目に見えないことがたくさん起きている。彼女がスプーンを運ぶたびにプディングが口の中に消えてゆき、われわれは彼女の表情を見ることができたし、彼女の判断を知ることができた。しかし、味を見て選択するまでの間に、彼女の体内では膨大な事象の連鎖が起きている。味蕾から始まるこの連鎖は、彼女の幸福感がなぜ、どのように生じるのかを理解するのに不可欠だ。

一体何が起きているのだろう。もっと理解したいと思った私は、モネル研究所の別の科学者を訪ねた。エール大学で心理学を学んだダニエル・リードだ。私が訪ねたときは、量的遺伝学と呼ばれる手法を用いて、たとえば糖の味覚などから生じる快感が遺伝にどう影響されるかを調べていた。甘味に関するメカニズムも彼女の研究テーマで、甘味受容体のタンパク質「T1R3」を発見したモネルの研究グループにも参加していた。そのリードによれば、タチアナがプディングの糖分に夢中になった、その第一歩は唾液だという。唾液は、われわれが甘そうな食べ物を目にしただけでも分泌され、消化器系も始動させる。「糖分、つまり甘味の分子は、唾液中に溶け込みます」とリード。味蕾を滑らかな突起のように想像している人もいるかもしれないが、そうではないと彼女は説明してくれた。味蕾からは微絨毛《びじゅうもう》と呼ばれる細かい毛がたくさん生えていて、この毛の奥に、味を検出する細胞が入っている。「この味覚受容体細胞の中で連鎖反応が起こります。これらの細胞は味蕾の中で互いに会話して、さまざまな信号処理を行います。そして『今口の中にあるものは甘い』と判断されると、神経伝達物質が放出されて、神経から脳に信号が伝わります」

食べ物に関連して脳内で何が起きているかは、他のほとんどのことと同じように、まだ研究途上だ。だが糖の信号がたどる経路は少しずつ明らかになってきた。「脳内にはとても順序正しく進む経路があって、ようやくそれがわかってきたところです」とリード。「信号はまず、最初の中継地点で止まります。それから前へ前へと進んで、最終的に眼窩前頭皮質などの快楽中枢にたどり着きます。すると『あー、甘い』という甘味の良い面の感覚が生じます」

糖の味は、糖分を口にしなくても感じることができる。ピザでもなんでもよい。精製されたデなら体は糖に変換できるからだ。変換は、デンプンが口に入った瞬間から、アミラーゼという酵素によって始まる。「デンプンが糖に変わるのが速いほど、脳は報酬を早く受け取れます」とリードは言った。「精製度の高い穀物が好まれるのは、糖度が高くてすぐに快感が得られるからです。しかし、いいことばかりではありません。お酒を一気に飲むとあっという間に酔ってしまうのと似ています。糖が体内で一気に分解されると、処理が追いつきません。未精白の穀物ならゆっくり分解されるので、体はきちんと消化することができます」

糖の至福ポイントを計算するためにメネラが行った実験の話に戻ろう。6歳の少女タチアナは、甘さがそれぞれ異なる24種類のプディングを食べた。彼女はプディングを一度に二つ食べて、どちらが好きかを選ぶ。その結果によって、次に出されるプディングの組み合わせが決まる。こうして、24段階の甘さのうちタチアナが最も好むものに近づいていく。実験結果は明らかだった。もしタチアナにブロッコリーと「テイスティケーク」を比べてもらったら、彼女がビッグバードのぬいぐるみにブロッコリーを差し出すことは決してないだろう。タチアナの至福ポイントに一致したプディングは、糖分24%。ほとんどの大人は、この半分の甘さのプディングでなければ食べられない。だが、子どもの中ではタチアナでさえ低い部類に入る。36%もの高い糖度を選ぶ子どももいるのだ。

「朝食用シリアルにしても飲料にしても、子どもをターゲットにした食品は、非常に甘く作られています」とメネラは言った。「タチアナが一番好きなシリアルは『シナモンクランチ』です。私たちはこの実験室で、スクロースの溶液を使って、子どもが最も好む甘さを測定しているわけですが、測定結果は、その子が一番好きなシリアルの糖分と一致します。研究は世界のさまざまな文化圏を対象に行われています。個人差はありますが、全体として見ると、どの文化圏でも子どもは大人より強い甘味を好みます」

メネラによれば、基本的な体の仕組み以外にも、子どもが糖分を好む理由として三つが考えられるらしい。第一に、甘味は、その食べ物がエネルギー豊富だというシグナルである。子どもの体は急速に成長するので、素早く燃料補給できる食べ物を求めている。第二に、われわれヒトが進化してきた環境には、甘い食物がふんだんにはなかった。おそらくそのために、ヒトは糖分を口にすると強い興奮を覚えるようになった。そして第三に、糖分は子どもの気分をよくする働きがある。「新生児は泣きやむし、幼い子どもは、甘いものが口に入っていると、氷水に手を入れていられる時間が長くなります」

「糖分は鎮痛薬と同じです」とメネラ。

確かにどれも説得力のある概念だ。なぜ食料品店の棚に甘い食品がずらりと並ぶのか。なぜ人はこんなにも糖分に引かれるのか。それも、これらの概念があれば理解できる。われわれにはエネルギーが必要であり、「シナモンクランチ」はエネルギーを素早く補給してくれる。われわれは誕生したときから甘味と深く結びついているが、祖先の時代には、コカ・コーラのような、エキサイティングな食べ物や飲み物は存在しなかった。そのうえ、糖分はわれわれの気分をよくしてもくれる。欲しくなって当たり前なのだ。

メネラは次第に確信するようになった。糖分に関するわれわれの至福ポイント（というより、あらゆる食べ物に関する至福ポイント）は、赤ちゃんの頃の経験によってつくられる。しかし、赤ちゃんが若者へと成長するにつれて、食品メーカーが味覚に影響を及ぼす余地もまた大きくなる。メネラはこのことを懸念している。食品メーカーは子どもたちに、甘い味を好むように教えているというよりは、「食べ物とはこういう味がするものだ」と教えている。そして糖分に関して、このカリキュラムは強化される一方だ。

「基礎研究や子どもの味覚実験、そして『子ども向けの食品はなぜこんなに糖分と塩分が多いのか』という疑問から、明らかになってきたことがあります。それは、食品メーカーが子どもの体の仕組みを操っている、あるいは巧みに利用しているということです」とメネラは言った。「子ども向けの食品を作る人は、その責任を負わなければならないと思います。彼らがしていることは、食べ物の甘さやしょっぱさがどの程度であるべきかを子どもに教えることでもあるからです」

メネラは続けた。「彼らは子どもにカロリーを供給しているだけではありません。食べた子どもの健康に影響を及ぼしているのです」

モネル研究所での研究結果から、これははっきりしている。「人々、特に子どもは、糖分が大好きである」。そして、あるポイント、つまり至福ポイントまでは、糖分は多ければ多いほどいい。

糖の作用が口から脳に至る複雑な過程には、まだわかっていない部分もある。しかし、最終的な結果に疑いの余地はない。強い欲求を引き起こす力に関して、糖に比肩する物質はほとんど存在しないということだ。そしてこの力が広く一般に知られるにつれて、糖は加工食品メーカーにとって政治問題となっていった。彼らが解決策を求めて訪れたのも、やはりモネル研究所だった。

大手食品メーカーはモネルに資金を提供する見返りとして、ある特別な権利を得ている。これらの企業スポンサーは、モネルの科学者たちに、自社のためだけの特別な研究を行うよう依頼できるのである。企業がモネルに持ち込む難問は毎年10件前後にのぼる。テーマはたとえば「デンプンの食感に個人差が大きいのはなぜか」「乳児向けに開発中の製品でひどい後味がするが原因は何か」といったようなことだ。博士号を持つモネルの頭脳たちが集まって、こうしたパズルに挑む。だが1980年代にモネルの資金提供者たちが持ってきたのは、もっと切迫した問題だった。彼らは、市民の批判に対して防衛するために助けを必要としていた。

この頃、糖は多方面から猛攻撃を受けていた。食品医薬品局（FDA）は、すべての食品添加物の安全性再検証に乗り出し、糖もその対象に含まれていた。同局が作成した報告書には、法的措置の要求こそなかったが、いくつもの警告が含まれていた。虫歯の急増。心臓病に糖分が関与する可能性。消費者が糖分摂取をほとんどコントロールできなくなっているという指摘。食卓から砂糖瓶を排除しても、摂取量の低下にはほとんど役立たない。今や、米国民が取る糖分の3分の2以上は加工食品に含まれているからだ。そう報告書は記載していた。

同じ頃、議会も動き出していた。ジョージ・マクガバン、ボブ・ドール、ウォルター・モンデール、テッド・ケネディ、ヒューバート・ハンフリーらの上院議員で構成された特別委員会が、米国民の食生活に関するガイドラインを連邦政府として初めて公式に発表したのである。この委員会は飢えと貧困を検討するのが当初の目的だったが、すぐに方向が転換され、心臓病など、専門家たちが食事との関連性を指摘する病気が討議の対象となった。農務省のアドバイザーを務めた栄養学者マーク・ヘグステッドは、議事録を説明した文章の中で次のように述べている。「私は、米国民は食べる量を減らすべきだと証言した。(注14) 肉を減らし、脂肪、特に飽和脂肪酸を減らし、コレステロールを減らし、糖分も減らす。そして、不飽和脂肪酸、果物、野菜、穀物を増やすべきだと」。そのうえ、連邦取引委員会の筋からも火の手があがった。仕掛けたのは、消費者運動家のスーパースターであるラルフ・ネーダーの弟子であり、マサチューセッツ工科大学で微生物学を学んだマイケル・ジェイコブソン。彼が代表を務める公益科学センターは、健康の専門家1万2000名の署名を集めて、糖分の多い食べ物の広告を子ども向けテレビ番組で流すことを禁じるよう訴えた。(注15)

加工食品産業に対するこうした批判が新聞やニュースで取り上げられるようになり、(注16) 消費者の意識と懸念が急速に高まっていった。連邦政府の調査によれば、4人に3人が製品の栄養表示を読んで買い物の参考にしていた。そのうち半数は、塩分、糖分、脂質、合成着色料など、特定の添加物を避けるためにラベルの読み方を勉強したと答えた。そして、それ以上に加工食品産業を悩ませたのは、糖分、着色料、香料、その他の添加物が子どもの多動や大人の過食を引き起こしている、という感情的な論調が世間に広がってきたことだった。「それは一般市民から出てきたものだった。それに、『糖分が多動を引き起こす』といった発言をする活動家たちも常に存在する」(注17)。ゼネラルフーヅで上級副社長と最高研究責任者を務め1987年に退職したアル・クローシの回想である。「それは俗説の一つだった。香料が使われていると食べる量が増えるという俗説もあった」。ケロッグとゼネラル・ミルズの幹部らは、クローシをリーダーとして、香料の長所をアピールする「フレーバー・ベネフィッツ委員会」を立ち上げた。彼らは、反対勢力を鎮静化させ、糖分や他の食品添加物の栄養的な利点を強調できるような研究を行うよう、モネル研究所に依頼した。

モネルは業界にとってうってつけの依頼先だった。政府からの資金が限られる中、モネルは食品メーカーに資金援助を求めるようになりつつあり、業界の関心を引きそうな研究は常に通知されていたからである。1978年、モネルの当時の所長モーリー・ケアは、クローシに宛てた手紙の中で、ゼネラルフーヅが送った小切手への感謝を示し、モネルの科学者たちが同社の製品開発者向けにセミナーを行うことを提案した。ケアは次のように書いている。「われわれは現在、味と栄養の研究プログラムの充実に力を入れております。青年を対象とした研究が計画中で、高濃度の甘味料や塩味に対する彼らの欲求を調べます。無論、脂肪の風味や食感についても同様です」

1985年にはモネル研究所の9人の科学者が「フレーバー・ベネフィッツ委員会」関連のプロジェクトに取り組み、研究成果の一部は関係者だけが利用できた。食品メーカー各社の研究室には、糖分に依存しきった会社のやり方を心配する空気も生まれていたが、そんな技術者たちの士気を高めるような発見もあった。「糖分は新生児が生まれつき好むものだ」ということを立証するのにモネルの研究が役立ったのである。おかげで食品メーカーは、少なくとも「疑うことを知らない一般市民に糖分という『人工物』を押しつけているわけではない」と言えるようになった。糖分は、申し分なく健康にいいとは言えないかもしれないが、まったくの害悪でもない、というわけである。「甘味はわれわれにとって非常に重要だった」とクローシ。「モネル研究所は、基本的な風味の中で新生児が好む唯一の味が甘味だということを発見した。われわれがそれを知って思ったのは、『ほら、われわれは自然なものを扱っているんだ。人工的にでっちあげているわけじゃない』ということだった」

モネル研究所は、食品メーカーの依頼で、糖分が過食を促すのかという疑問にも取り組んだ。この研究の結果は少々やっかいだった。たとえば、糖分だけでは食べ物は魅力的な味にならないことがわかった。人々を夢中にさせるには糖分と脂肪分が両方含まれている必要がある。食べたいという脳の信号を引き出す力を持つのは、この二つの成分と、あとは塩分だけらしかった。モネルはこの発見を念頭に、消費量が急増しつつあったあるものに着目した。食品業界が販売するものの中で、おそらくこれほど米国民の食生活に影響したものはないだろう。清涼飲料である。

清涼飲料の研究の大部分を担当したのは、同研究所でもトップクラスの科学者、マイケル・トルドフである。(注18) 彼はカリフォルニア大学ロサンゼルス校で生理心理学の博士号を取得した。生理心理学は行動科学の一分野で、学習や記憶における海馬の役割といったようなことを研究する。科学の中でもとりわけチャレンジングな領域である。トルドフは、食品産業に新しい可能性を開く研究を行える科学者としてすでに名が知られていた。彼が同僚らとともに作り出した甘味料「チャーミトロール」は、二つの相反する作用を持ち、そのいずれも膨大な利益を生み出すポテンシャルを秘めていた。彼が行った動物実験によれば、この化合物を使うと、食べる量が増える可能性がある。しかし使い方を変えると、逆に食べる量が減る可能性がある。「太ったラットが痩せて、痩せたラットが太りました」と彼は私に話した。二つの企業がモネル研究所からこの物質の使用権を得たが、神経学的な危険性があることがわかり、商用の道は閉ざされてしまった。

清涼飲料の話に戻ろう。飲料が食欲に及ぼす影響を調べようとしたトルドフは、すぐさま、驚愕の発見をした。甘い飲み物を与えたラットは、空腹感が減るどころか、増したのである。当初、この発見は「ダイエット」飲料に不利に思われた。トルドフが甘味づけに使用したのは糖類ではなく人工甘味料のサッカリンだったからである。サッカリンで甘味をつけたガムでも同じ結果が出た。次に彼はヒトで実験を行うことにした。今度は、異性化糖で甘味づけした通常の清涼飲料を使った。

1987年秋、トルドフは近隣の大学から30人の実験参加者を集めた。妊娠中やダイエット中といった除外項目に該当しないかが確認され、9週間の実験が始まった。彼らは毎週モネル研究所にやってきて、問診と体重測定を受ける。そして28本の飲料ボトルを受け取って帰宅する。ボトルはモネルの企業スポンサー2社がこの実験のために特別に用意したものである。被験者は、飲んだものを細かく記録するよう指示される。このような実験には一つ大きな問題がある。普通の人に厳密な科学者の姿勢を求めなければならないことだ。しかし、所詮は人間、忘れたり、ごまかしたりもする。すると実験結果が正確でなくなってしまう。実験手順を守り、正直になってもらうため、被験者たちは「あなたが何を食べたかは尿検査でわかります」と告げられた。後に発表された論文で報告されたように、実はこれは真実ではなかったのだが。

特製の5000本のボトルは3段階に分けて被験者に渡された。「最初の3週間は何も渡しませんでした」とトルドフ。(注19)「次の3週間は、1日当たり1・2リットルのダイエット飲料を渡しました。最後の3週間は通常の飲料を1日当たり1・2リットルです」。結局、ダイエット飲料はプラスマイナスどちらとも言えず、よく言っても減量にちょっと役立つという程度だった。男性はダイ

[illegible]ト飲料の期間に[illegible]が100グラムほど減った。女性では、統計的に意味のある変化は見られなかった。

異性化糖[illegible]をつけた通常の飲料では顕著な結果が出た。男女とも体重が増えたのだ。たった[illegible]均680グラム近い増加だった。そのままいけば1年で約12キログラム増のペースで[illegible]ダイエット飲料業界はかなりほっとしたかもしれませんが、コーンシロップメーカーにとっては良いニュースではありませんでした」とトルドフは言った（砂糖についても同じだった。体重増加に関して、トウモロコシ由来の糖とサトウキビやテンサイ由来の糖とで大して違いはない、というのが大多数の栄養学者の見解だったからだ）。

これは、糖分たっぷりの飲料が、急増しつつあった肥満に大きく関与することを示した、最初期の研究の一つとなった。それまでも科学者たちはその可能性を考えていたが、裏づけがなかったのである。20年前、糖分の多い餌がラットの過食を誘発することをスクラファニが示したときと同じように、このトルドフの研究も、甘い飲み物が食欲に及ぼす影響を科学者たちが詳しく研究するきっかけとなった。そんな科学者の1人であるジュリー・メネラは、子どもに清涼飲料を飲ませることには大きな危険性があるという。危険性の一つは、子どもたちがどんな飲み物にも甘味を期待し、実際に甘味を求めるようになることだ。清涼飲料はあらゆる飲み物の至福ポイントを引き上げた、と彼女は考えている。そして、炭酸飲料の消費が減少に転じた後も、ビタミンウオーターやスポーツ飲料の人気は高まっている。「これによって、子どもがプディングに求める甘さの水準も変わる、という証拠はありません」とメネラ。「しかし彼らは、『炭酸飲料というのはこれくらい甘いものなんだ』と子どもたちに教えてしまっているのです」

モネル研究所の別の科学者、カレン・テフは、(注20)体重増加に関して甘い飲み物が「トロイの木馬」のような働きをするかもしれないことを見いだした。固形食品の場合と違って、甘い飲み物に含まれるカロリーは、ヒトの体に認識されにくい可能性があるというのだ。体には過剰な体重増加を防ぐ仕組みが備わっているが、清涼飲料などに含まれる甘味は、この仕組みをすり抜けてしまうかもしれないというのである。2006年、彼女は、人々にグルコース（ブドウ糖）を点滴投与して反応を見る、という研究を行った。たった48時間の実験だったが、結果は衝撃的だった。被験者の食事量はまったく減らなかったのである。余分のグルコースは、まるで透明な物体のようにそのまま体に取り込まれたことになる。「もしこうした液体が神経系を活性化しないのなら、体に認識されない可能性があります」とテフは言った。

この考えが栄養学者に広く受け入れられるためにはさらに多くの実験が必要だが、メネラと同様、テフも食品産業に対する厳しい態度を隠そうとしない。飲み物や食べ物の糖分は、まず増やしてみてそれから研究するのが業界のやり方で、研究すらしない場合もあるという。「この国で起きていることに、いまだにショックを受けています」とテフ。(注21)「甘味をつけないのが当たり前だった食べ

、ありとあらゆるものに甘味成分が使われています。ハチミツ入りのパンや、ハチミツ入り

作られていまである。甘くないとか少し苦味があるといった位置づけだった食べ物も、今や甘く

くない食べ物なんて耐えられない』という状態になってしまっているのです」

とはいえ、モネル研究所での糖分の研究が完全ではないことも付け加えておきたい。重要な疑問のいくつかはまだ謎のままだ。心臓病などの病気に関する糖分のリスクは正確にどの程度なのか。液状の糖はほんとうにわれわれの体をだますのか。サッカリンや近年人気の植物由来甘味料ステビアなど、糖の代用物は体重減少に役立つのか。こうした点はまだ解明されていない。低カロリーの甘味料について現時点で言えるのは、食生活をかなりコントロールした場合に限って有効だろう、ということぐらいである。炭酸飲料を「ダイエット○○」の商品に変えただけで、カップケーキを一度に二つも平らげていたら、減量はできない。

ただし、近年、間違いなく明らかになってきたことが一つある。飲料や固形食品に含まれる糖分の過剰摂取が肥満の蔓延と結びついていることだ。しかもその結びつきは強くなるばかりで、事態は深刻さを増している。食べすぎは今や世界的な問題となった。中国では、初めて、太りすぎの人の数が痩せすぎの人の数を上回った。肥満率が1997年の8・5%から14・5%まで上昇したフランスでは、次から次へと新しいダイエット法に飛びつく米国人をせせら笑っていたパリジャンたちに、ネスレが「減量のカリスマ」ジェニー・クレイグの減量プログラムを販売して大成功している。メキシコの肥満率は過去30年間で3倍に増加し、子どもの肥満が世界で最も深刻だと懸念されているが、打てる対策はほとんどない。メキシコシティのほとんどの学校には運動場も水飲み用の冷水器もないからだ。だが、世界で最も肥満が深刻な国は、依然として米国である。成人の肥満率は35%で横ばいだが、加工食品の影響を最も受けやすい層、つまり小児の肥満率は上昇しつづけている。最新のデータによれば、2006年から2008年の間に、6〜11歳の子どもの肥満率は15%から20%に跳ね上がった。

ワシントンの連邦政府職員は、加工食品の3本柱の二つである塩分と脂肪分については推奨摂取量の上限を定めたが、糖分だけは30年以上にわたって例外扱いを続けている。食品メーカーも、製造工程で追加した糖分量を開示する義務はない。商品の栄養表示欄に記載されているのは、食品にもともと含まれる糖分も含めた量だ。2009年、米国心臓協会がこの問題に踏み込み、糖分の摂取量上限を発表した。同協会が発行する専門誌の一つ『サーキュレーション』には次のような声明が掲載された。「糖分の多い食生活と、肥満および循環器疾患の世界的な蔓延とを鑑みると、糖の過量摂取による有害な影響が強く懸念される」。協会が推奨する摂取量上限はさらに思い切ったものだった。米国人の食事に加えられている糖分が1日小さじ22杯分であることを踏まえて、同協会は糖分カットを強く呼びかけた。エネルギーだけ豊富でビタミンやミネラルをほとんど含まないカロリー、いわゆる「エンプティ・カロリー」は、活動量が中程度の女性なら1日小さじ5杯まで、座っていることが多い中年男性なら9杯までとする。これは、自分の体重に注意を払っている人が、必要な1日の栄養をきちんと取ったうえで摂取してもよい糖分だ。協会の姿勢は断固としたものだった。糖分小さじ5杯というと、350ミリリットル缶のコカ・コーラならせいぜい半分、クリーム入りのスポンジケーキ「トゥインキー」なら1本、ゼリー菓子「ジェロー」なら半カップだ。念のため書いておくと、これらの合計ではなく、これらのいずれかである。食料品店でうろうろ買い回るわけにはいかなくなる。

しかし今度は、食品メーカーが強力な防衛線を張るのにモネル研究所の助けは必要なかった。(注22) 2010年春、ワシントンで米国心臓協会の学会が開かれると、菓子メーカーから飲料メーカーまで、業界の代表者たちがこぞって出席した。すでに糖分にすっかり依存していた食品業界は、同協会の推奨内容に議論を持ちかけたのである。彼らは、糖を使用するのは味のためだけではない、と口々に主張した。糖は製造工程全体に欠かせない材料であり、使用量を減らせば国全体の食糧供給が危うくなる、というのだった。

キャンディーメーカーは、糖がもたらすかさの増大、舌触り、結晶化の効果について話した。シリアルメーカーは、糖ならではの驚異的効果の例として、色合いや、さくさくした食感を挙げた。製パン業者は、糖類に頼って製造を行っていることを認めた。コーンシロップ、異性化糖、デキストロース(ブドウ糖)、転化糖、モルト、糖蜜、ハチミツ、3種類の砂糖(グラニュー糖、粉末砂糖、液糖)など、ありとあらゆる形態の糖だ。要点をストレートに伝えるため、製パン業者らは糖の代用物を使ってパンを焼き、写真を撮った。無残な結果が立て続けにスクリーンに映し出された。彼らのメッセージは明白だった。糖分を制限すれば、クッキーであれクラッカーであれパンであれ、ぺたんこに縮こまるか、やたらに膨らむかして、焼き色もつかない。そんな情けない代物ができあがるだけなのだ。

「現実的に考えましょう」(注23)。イスラエルから参加した食品技術者は、まずこう呼びかけてから、メイラード反応について説明した。マフィンでもローストビーフでも、食品の加工の際にきれいな焼き色が生じるのはメイラード反応のおかげであり、この反応はフルクトースなどの糖類がなければ起こらないことが多い。

トウモロコシ精製業のコンサルタントも登壇した。彼は、心臓協会が糖を問題にしたのは見当違いだとほのめかして発表をしめくくった。米国民の体重増加について食事中のカロリーなどの要素を本気で心配するのであれば、脂肪のほうが罪が重いかもしれないのに、なぜ協会は糖をやり玉にあげるのか、というのが彼の論点だった。

このコンサルタント、ジョン・ホワイトは後に私に話した。「もちろん、糖分や脂肪分を減らすことは可能だ。カロリーゼロの甘味料や人工代替油脂を使えばいい。だが、製品がまったく別のものになってしまう。そのトレードオフを受け入れなければならない」

しかしわれわれは、トレードオフを受け入れずに済んでしまうかもしれない。米国心臓協会の推奨は一過性のものに終わり、業界が糖分を削減する動きはほとんど起きなかったからである。食品メーカーにとって、糖の価値は上昇する一方だった。

第2章 どうすれば人々の強い欲求を引き出せるか？

ジョン・レノンはアルバム『イマジン』のレコーディング時、あるものが欲しかったが英国では見つけられず、ニューヨークから何ケースも取り寄せた。ビーチ・ボーイズもZZトップもシェールも同じで、コンサートツアーでは控室にそれを用意しておくという条項を契約書に盛り込んでいる。ヒラリー・クリントンもだ。ファーストレディーとして旅行する際にそれを要望し、以後、彼女が滞在するホテルのスイートルームには必ず置かれていた。

彼らが欲しがったあるもの(注1)とは、「ドクターペッパー」。コーラともルートビアとも違う独特の味で世界中にカルト的なファンを持つ炭酸飲料である。中でもとりわけ熱狂的な人々は、自らを「ペッパーズ」と呼び、「10－2－4クラブ」の会員になり（クラブ名は「1日3回、10時と2時と4時にドクターペッパーを飲もう」という初期の広告キャンペーンに由来する）、テキサス州ウェーコを巡礼に訪れる。1885年、同地のモリソンズ・オールド・コーナー・ドラッグストアで働いていた薬剤師がこのドリンクを生み出したからだ。この熱狂に支えられて、ドクターペッパーは、炭酸飲料の双璧コカ・コーラとペプシに離されてはいるものの安定した3番手の位置を確保していた。が、2001年、炭酸飲料のマーケティングに急激な変化が持ち込まれると、ドクターペッパーは窮地に陥った。きっかけは、コカ・コーラとペプシの派生商品がどっと市場に投入されたことだった。「一夜のうちに」とも言えそうな勢いで、スーパーの陳列棚が塗り替わった。レモン味にライム味、バニラ味、コーヒー味、ラズベリー味、オレンジ味、色もホワイトにブルーにクリア……。食品の業界用語で「ライン拡張」と呼ばれるこうした派生商品は、元祖の商品にとって代わることが目的なのではない。むしろ、そのブランドが話題に上ることが狙いだ。実際、かなり効果があり、元祖の商品の売れ行きが伸びることが多い。

このときペプシとコカ・コーラがライン拡張に打って出たのは、陳列スペースの確保が待ったなしの状況になったからだった。当時、米国の炭酸飲料消費量はピークに達しつつあったのである。そして上位2社が売り上げを伸ばす中、ドクターペッパーは長らく享受してきた3番手の位置から脱落しそうになっていた。(注2) 2002年、コカ・コーラは米国だけでも前年比9300万ケース増の45億ケースを販売。ペプシもやや増えて32億ケース。対照的にドクターペッパーは1500万ケース減の7億8000万ケースという不振に終わった。飲料業界の専門誌『ビバレッジ・ダイジェスト』が「かつて業界の成長ブランドだったドクターペッパーが販売量・シェアとも低迷」と報告するなど、業界観測筋は警鐘を鳴らした。テキサス出身の炭酸飲料は巻き返しを必要としていた。

115年の歴史の中で、ドクターペッパーは「ダイエット」以外の派生商品を出したことがなかった。カルト的な人気を考えると、独特の味に下手に手を加えることには疑問の声があり、危険だとすら思われたからである。しかし販売の落ち込みと業界の変化を受けて、何か手を打たざるを得なくなった。2002年、ドクターペッパー史上初の派生商品が作られたが、残念ながらヒットには程遠かった。強いチェリー味と大胆な赤色。「レッド・フュージョン」という名前は300もの候補から注意深く選ばれたものだった。「ドクターペッパーを立て直して成長率を回復させるには、もっとエキサイティングにしなければ」とは当時の社長ジャック・キルダフの弁である。調査によれば、レッド・フュージョンが新しい顧客を獲得できる可能性はあった。特に有望な市場だとキルダフが指摘したのは、ドクターペッパーの「ブランド開拓が遅れて」いた、「急増しているヒスパニックおよびアフリカ系米国人の層」だった。(注3)

しかし、販売部門がこれらの市場を開拓する機会はやってこなかった。レッド・フュージョンが失敗したのは、宣伝部門の落ち度ではなく、味に問題があったからである。消費者にまったく好かれず、信奉者たちには呆れられた。カリフォルニア在住で3人の子どもがいるという女性は、ネット上の書き込みで他の「ペッパーズ」たちに警告した。「私はずっとドクターペッパー派。だからレッド・フュージョンにも興味があったんだけど……。まずい。吐きそう。二度と飲まない」

消費者の痛烈な拒絶に遭った同社は、チームを再編し、翌年も別バージョンの開発と試飲に取り組んだ。しかし今度は、試飲者のOKすら得ることができなかった。新商品を出すという希望は製造開始前についえてしまった。

2004年、ドクターペッパーは社外に助けを求めることにした。メガヒット商品を次々に送り出してきた食品業界の伝説的存在、ハワード・モスコウィッツである。数学と実験心理学を専攻した彼はニューヨーク州ホワイト・プレインズでコンサルティング会社を経営し、クレジットカードからコンパクトカメラ、コンピューターゲームに至るまで、多種多様な消費財を大成功に導いている。彼の業績を主に支えているのは、感情的なニーズごとに消費者をセグメント化し、正確にターゲティングを行うという手腕だ。たとえば宝石店「ショーズ」の仕事では、彼はパンフレットを2種類作成した。消費者を「楽天的」と「悲観的」のグループに分け、前者向けのパンフレットには「すばらしい気分で店を後にしました」という気にさせる文句、後者向けには「一流デザインのジュエリー」のように安心感を与える文句を使ったのである。これで売り上げが大幅に増えた。(注4)モスコウィッツは次のように説明している。「このケースで重要だったのは、これら二つの傾向を特定することではなかった。他の方法でも似たようなセグメント化ができたかもしれない。だが、ショーズの関心はどんなメッセージを発すれば購買につながるか、という点にあった。つまり、セグメント化したあと、何を、どのように、誰に向けて言えばよいかわかっているかが重要なのだ」

だが、モスコウィッツが特に関心を向けて（そして成功して）きたのは加工食品業界である。スーパーの陳列スペースは、宝石市場とは別世界だ。最大規模の店舗では扱う品目が6万点にも及ぶ。(注5)スペースを勝ち取るための競争は熾烈で、各売り場を牛耳るマネジャーの行動原理はただ一つ。「最もよく売れる商品に最も大きいスペースを割り当てる」。消費者科学の専門家らが買い物客の眼球運動を追跡する実験を行っていることを考えれば、(注6)スーパーの店内がいかに貴重な空間かわかるだろう。実験結果は陳列棚の序列決定にも役立てられている。驚くには値しないが、買い物客の足元になる下方の段は死んだも同然。目の高さ、特に通路の中央あたりは一等地。最高なのは、「キャップ」（訳注＊日本では「エンド」）と呼ばれる、通路端に特別に設けられる陳列だ。

製品ライン拡張の主眼は、大きな陳列スペースを確保することにある。どんなに売れている商品でも、売り場の担当者が一つの商品に与えてくれるスペースには限りがある。が、味や色が異なる新商品を出せば多少なりともスペースが割り当てられる。買い物客は、あるブランドを目にする機会が多いほど、それを購入する可能性が高い。ドクターペッパーは、レモン味やらライム味やらバニラ味やらが登場したコカ・コーラとペプシによって陳列スペースを奪われていたのだった。

食品販売で行われているこの強力な顧客ターゲティングには、もう一つ、消費者にほとんど知られていない側面がある。スーパーの店内はあまり変化しないなじみの風景だと思われているが、それは幻想だ。今日の店舗の風景はひと月後の風景と同じではない。居並ぶライバル商品を出し抜いて消費者の目を引くため、メーカーは主力商品を常に変化させているからだ。通常それは、パッケージサイズとか、色や風味、有名人のコメントなど、ごくわずかな変化である。だがハワード・モスコウィッツは、大きな食品プロジェクトに関わる場合、広告キャンペーンやパッケージには手を付けない。彼は食品そのものを作り変える――塩分・糖分・脂肪分の魔法の配合を用いて。30年以上前から、敗者がヒット商品に生まれ変わるドラマチックな救出劇の陰にモスコウィッツが存在している。キャンベルしかり、ゼネラルフーヅしかり、クラフトもペプシコもしかり。みな、売り上げが停滞したり競合商品に押されたりしたときにモスコウィッツのもとを訪れている。そんな場合、彼は至福ポイントを見つけ出すことを目標に据える。消費者が最も喜ぶような特定の成分の配合量を、極めて正確に突き止めるのである。この成分がちょっと少ないとか、あの成分がちょっと多いとしても、製品の味や食感はたいして変わらないかもしれない。が、それは売り上げにはっきりと表れる。ごくわずかなずれであっても経営陣が失職しかねない、そういう世界なのである。製品開発の業界用語で言えば、モスコウィッツの商売道具は「最適化」だ。その膨大な実績を披露する彼に、はにかむ様子はない。彼は私に言った。

「私はいくつものスープを最適化した。ピザも最適化したし、ドレッシングもピクルスもだ。この分野で、私は流れを変えることができる存在だ(注7)」

モスコウィッツは脂肪分の扱い方をよく心得ているし、最近では塩分の効果的な使い方も食品メーカーに助言している。だが彼が最も得意とするのは糖分だ。糖分は、製品に魅力を持たせる力で右に出るものがない成分であり、彼の手法が最も有効に働く成分でもある。モスコウィッツは、甘さの至福ポイントを見つけだすだけでなく、高等数学を駆使した食品工学によって商品の設計も行っている。目的は、消費者の「食べたい!」を最大限に引き出すことだ。彼は私にこう話した。

「たとえば人は『チョコレートが食べたい!』という。だが、チョコレートであれチップスであれ、なぜ人々に強い欲求が生じるのだろうか。どうすればこの欲求をさまざまな食品で引き出せるだろうか?」

概念的には、彼の手法は極めてシンプルだ。加工食品には、色、におい、包装、味をはじめとして、魅力を決定する要素(=変数)が多数ある。「最適化」を行う食品エンジニアは、これらの変数をごくわずかずつ変化させて何十ものバージョンを作り出す。売るためではない。実験を行って、最も完璧なバージョンを見つけだすためだ。一般消費者を募って報酬を支払い、数日がかりでいくつものバージョンを試してもらう。参加者は、サンプルに触れたり、においをかいだり、かき混ぜたり、少し口に含んだりし、もちろん、味も見る。彼らの意見が記録され、コンピューターに入力されると、モスコウィッツの専門である高等数学の出番だ。「コンジョイント分析」と呼ばれる統計手法でデータをふるいにかけると、その製品のどんな特徴が消費者を最も引き付けるのかが明らかになる。モスコウィッツは、自分のコンピューターがいくつものサイロに分かれて、その中に商品の一つひとつの特徴が貯蔵されている、という想像をよくめぐらすという。だが話は、「23番の色と24番の色を比べる」というような単純なものではない。特に複雑なプロジェクトになると、「23番の色を11番のシロップや6番の包装と比べる」といった比較が果てしなく繰り返される。単純なプロジェクトでは、味だけを検討課題とし、変数がいくつかの成分だけに限られる場合もあるが、それでも山のような表やグラフがモスコウィッツのコンピューターから吐き出される。彼は私に言った。「私はこのやり方で成分の配合を決定する。各成分と、それらが生み出す感覚とが、数学モデルでマッピングされる。だから、ちょっとダイヤルでも回すようにして新製品を作り出せる。これこそエンジニアリングの手法だ」

ドクターペッパーでもこうした分析と山のような試飲を行ったモスコウィッツのチームは、4カ月後、新風味のバージョンを打ち出した。コカ・コーラとペプシに対抗しようと何年も苦戦を続けていたドクターペッパーだが、ついに、待ち望んでいた結果が出た。チェリーとバニラの風味を持つこの新商品は、その名も「ドクターペッパー・チェリーバニラ」。2004年に店頭に並ぶと大ヒットとなり、当時の親会社キャドバリー・シュウェップスは、2008年、主力商品の「スナップル」や「セブンアップ」も含めた飲料部門のスピンオフを認めざるを得なくなった。それ以来、ドクターペッパー・スナップル・グループの市場評価額は110億ドルを上回っている。モスコウィッツの仕事がこの数字をもたらした一因であることは疑いない。

ドクターペッパーのプロジェクトは別の意味でも特別だった。メーカーが望んでいたのは、新しい顧客を獲得することより、むしろ既存の顧客にもっと商品を買ってもらうことで、それは「元祖」の風味でも新しい風味でもよかった。そこでモスコウィッツのチームは、熱心なファンの心をがっちりつかむことをキャンペーンの目標に据えた。甘味をほんのわずかずつ変化させて61種類のドリンクを作り、全米から試飲者を集めてきて、合計3904回もの試飲を行った。(注8) すべての試飲が完了すると、モスコウィッツの高等数学が答えをはじき出した。その答えとは、食品メーカーがほかの何よりも切望するもの。消費者の「飲みたい!」を決定する要素、至福ポイントである。

私は2010年のさわやかな春の日、マンハッタンにあるハーバード・クラブでハワード・モスコウィッツと会った。彼はあらゆる意味で大きな男だ。長身に砂色の髪。ハーバード・クラブの豪華な椅子や優雅な朝食メニューが違和感なくなじむ。彼は大学でまず数学を専攻した後、1960年代後半にハーバード大学で実験心理学の博士号を取得した。論文テーマを決める際、政治の投票かヒトの味覚という選択肢が担当教授から与えられたが、彼にとって選ぶのは簡単だった。「私は若く、痩せていた。まともな家で育ったが、ハーバードではハンバーガーやフィッシュフライやフライドポテトばかり食べていた」。彼は味覚をテーマに選んだ。当時、人々がどうして特定の食べ物を好むのか、ほとんど何もわかっていなかった。そこでモスコウィッツは、味の研究を可能にするような科学的方法を作り出そうと考えた。彼はまず、甘味と塩味、塩味と苦味、苦味と他の味などを系統的に組み合わせる実験手順を確立した。それからモルモットを確保しにキャンパスを歩き回った。学生たちに50セントを支払って味見させ、どれが好きでどれが好きでないかを答えてもらったのである。

私が初めてインタビューした時に、モスコウィッツが強調したことがある。それは、彼は収入の多くを食品メーカーから得ているが、彼自身は決して業界の太鼓持ちではない、ということだった。われわれはまず塩分について話し合った。この頃塩分は、消費者を引きつけるための大量使用に対する批判が高まっていて、食品メーカーにとって重大な課題となっていた。モスコウィッツは、塩分に関する市民の懸念に食品メーカーが対処できていないのは、ほかでもないメーカー自身の責任だと言った。「彼らは、商品をあれこれいじってみることを非常に恐れている。そこには知的な怠慢があるというのが私の個人的な感想だ。われわれはしょっちゅう減塩を検討するが、その宿題を先送りしている」。その一方で、塩分は健康への影響が長年心配されていながら、業界に行動を起こさせる力では糖に及ばない。糖分は体脂肪と直接的な関係がある。だから、低カロリーの甘味料は、体重を減らして外見を良くしたいと願う人々の巨大な市場を開くことになった。「塩分を減らすと見た目が若くなる、といって人々がいきなり減塩商品を求めるようになったら、この問題は一晩で解決するはずだ」(注9)

私とモスコウィッツは肥満の急増についても話し合った。彼は、たとえばもっと徹底的な調査を行うなど、肥満抑制のために業界ができることをいくつか挙げてみせた。が、至福ポイントに関する先駆的な研究をはじめ、消費者の渇望を最大限に引き出せるように食品メーカーを助けてきた彼のさまざまなシステムについて、自分をとがめる気持ちはまったくない、とも言った。「私は道徳上の問題を何も感じない」。彼はあっさりと言った。「私は科学者としてのベストを尽くしてきた（注10）。生き残るのに必死で、道徳に隷属するような贅沢は許されなかった。私は研究者として時代に先んじてきて、手に入るものを手に入れなくてはならなかった。もしもう一度やり直せるとしたら？　同じことをするだろう。私のしたことは正しかったか？　あなたが私の立場にいたらどうしただろうか」

　モスコウィッツは、自分が食品開発分野にもたらした研究手法に誇りを持っている。２０１０年、食品技術者たちの集まり（注11）で彼はこう語った。「かつては、みなさんの分野は本当の科学ではありませんでした。方法論もなかったし、データの蓄積も知識もなかった。感覚の研究は誰が行っていたでしょうか。『なぜこれはおいしい味がするのだろう』と実験室で首をかしげるだけの化学者たちです。市場調査の専門家にしても同じことです。商品が売れるか売れないか、見守るくらいしかできませんでした」

　モスコウィッツが至福ポイントの研究に本腰を入れはじめたのは、ハーバード大学ではなく、そこから25キロメートルほど離れたネーティックという町だった。卒業から数カ月後、米国陸軍に採用されて、この町の研究所に勤めることになったのである。軍は、食べ物に関する特有の問題を以前から抱えていた。[注12] 任務遂行中の兵士たちにどうやってもっとたくさん食べさせるか、という問題である。陸軍の研究所でモスコウィッツの同僚だったハーブ・マイセルマンは、「軍の問題は老人ホームと同じだ[注13]」と言う。「戦闘に入った兵士は食べる量が減る。それが長く続くと体重が落ちてしまう」

兵士が戦場で口にする基本食は「MRE(Meal, Ready-to-Eat)」と呼ばれるレトルト食品だが、MREは賞味期限だけでも食欲を大いに減退させる。一般の食品メーカーが「賞味期限をなんとか90日に伸ばさないと」と嘆くと、ネーティックの研究室では笑われる。戦闘食に求められる賞味期限は3年である。それも、酷暑の中でだ。兵士の体重を維持させるには、軍は彼らが食べ慣れたファストフードやスナックと競わなくてはならない。「兵士の食べる量を増やすため、われわれは毎年七つか八つほど新しいメニューを作ってテストします。外食産業でどんな食べ物が人気になっているか、流行もチェックします」。そう話したのは、ネーティックでMREの研究にあたっているジャネット・ケネディだ。「牛肉のパテは、イラク戦争初期には大活躍したのですが、実地テストでふるわなかったので外されました。今、2012年に向けてハンバーガーを開発中です。ただのハンバーガーではなく、パプリカを使ったアジア風味のものです。メキシカン風のチキンシチューも作っています」

軍がネーティックでMREの実験を始めたのは1969年で、モスコウィッツが採用される直前だった。当時から一つのことははっきりしていた。兵士は次第に戦闘食に飽きて、半分ほど食べて捨ててしまうようになる、ということだ。そして必要なカロリーを摂取できなくなる。だが、この

だが、モスコウィッツが業界のスターになるのは1980年代初頭になってからだ。その間に結婚した彼は、陸軍の給料だけでは家族を養いきれなくなり、ニューヨーク市から40キロメートルほど北のホワイト・プレインズに引っ越した。多数の有力企業が本社を構えるこの地には大手加工食品メーカーもいくつか進出していて、モスコウィッツは引っ越しから程なくしてコンサルティング業を開業した。当時、大手食品メーカーは難局に直面していた。インスタント食品であれポテトチップであれ、売り出せばほぼヒット確実だった殿様商売の時代は終わり、販売不振について頻繁に呼び出しを受けるようになったのである。呼び出し手は、経済の絶対君主、ウォール街だ。

最大手のゼネラルフーヅは、改革を恐れて昔ながらの製品に頼りすぎる、歩みの遅い恐竜のような存在だと見られるようになっていた。特に、年間売上高25億ドルで全体の4分の1以上を占めるコーヒーと、冷凍野菜への依存が強かった。官僚主義的な体質の同社は、市場トレンドへの対応が遅いことで有名だった。(注16) 1000人ほどを擁する研究開発部門はハドソン河畔で膨大な業務をこなしていたが、ヒット商品をほとんど生み出せずにいた。当時、ある経済アナリストは「大手食品メーカーのなかで最大の『がっかり』の一つだ(注17)」と評している。1985年、大手タバコ企業のフィリップモリスに57億5000万ドルで買収されて会社の寿命は延びたが、食品部門の重役たちはプレッシャーが高まっただけだった。フィリップモリスは投資に対する見返りを容赦なく求めた。すぐに、ゼネラルフーヅ内に「増益必達」の火の手が上がった。

ハワード・モスコウィッツはこの数年前からゼネラルフーヅのプロジェクトに携わり、朝食用シリアルやゼリー菓子「ジェロー」の成分見直しで成功を収めていた。そして1986年、同社はまた彼に助力を求めた。当時、同社のコーヒーの旗艦ブランドである「マクスウェルハウス」が「フォルジャーズ」に大敗するという危機的事態に直面していた。(注18)コーヒー部門の責任者たちは逆転の方策を見いだせず途方に暮れていた。問題はマーケティングにあるのではなかった。それよりずっと深刻だった。いくつかの試飲を行ったところ、フォルジャーズの味のほうが好まれていたのである。フィリップモリスの新しい上役から圧力をかけられたゼネラルフーヅの重役たちは、生き残る道は一つしかないと知っていた。新しいレシピの開発である。それが豆なのか焙煎工程なのかはわからないが、製造の問題であるのは確かだった。根本的な見直しが必要だった。

テスターによる試飲で何種類かの焙煎を試す方法もあるが、このときモスコウィッツが選んだのは、これまでの試飲データを詳しく検討することだった。その結果と、追加で行った試飲から、彼は重要な発見をした。人々のコーヒーの好みは、焙煎の程度によって、浅煎り、中煎り、深煎りの三つに分かれる、ということだ。いずれの味も、それぞれのファンに等しく絶賛される。これは当時としては画期的なコンセプトだった。当時は誰もが、米国の消費者を単一のターゲットとして捉え、食品メーカーはどんな商品であれ唯一至高のレシピを目指していたからである。モスコウィッツは、1種類に絞らず3種類の焙煎をすべて売るべきだと大胆に言い放ち、ゼネラルフーヅもそれを受け入れた。当時マクスウェルハウスの立て直しにあたっていた重役ジョン・ラフは、これが突破口となってブランドを救った、と私に話した。「われわれは、フォルジャーズに対する負け戦を勝ちに転じることができた」

モスコウィッツは思案した。完全なコーヒーが一つではなく三つあるのなら、ほかの食品はどうなる？　同じ法則が当てはまるのではないか？　後に各企業は、主力製品に新たな消費者を引き付けるために色や味や包装に少しずつバリエーションを持たせる「ライン拡張」の手法を取り入れるようになるが、モスコウィッツが思い描いたものは違った。「消費者の好みはグループ分けできる」という観点から、主力製品そのものを見直すという戦略だった。これによってモスコウィッツの事務所は業界のミラクル・メーカーとなり、食品メーカーは社内技術者そっちのけで彼の助言に従うようになった。あまたの企業がモスコウィッツを雇った。たとえばピクルスメーカーのブラシック社は、ピクルス愛好者は酸っぱさの好みで「弱〜強」の三つに大別できる、という知見を得た。スープメーカーのキャンベル社も助言を仰いだ。パスタソース「プレゴ」がユニリーバ社の「ラグー」に苦戦していたからだ。

「プレゴ」に対するモスコウィッツの仕事ぶりは、2004年のTEDカンファレンスで広く紹介された。講演者はビジネス書の著者マルコム・グラッドウェル。彼はモスコウィッツを「私の個人的なヒーロー」と呼んで、パスタソースの常識が覆った過程を詳しく語った。

……彼は、何カ月もかけて全米を巡り、試食会を繰り返して、米国人がどんなパスタソースを好むのか、膨大なデータを集めました。……彼は、最も人気の高いパスタソースを見つけようとしたのでしょうか。違います。彼はデータを眺めて言いました。「これをグループ分けできないかな。どんな特徴ごとに集まっているか見てみよう」。データを分析すると、米国人のパスタソースの好みは三つに分かれることがわかります。シンプルなソース、スパイスの効いたソース、そして、トマトが塊で残っているソースです。このうち最も重要だったのが3番目でした。1980年初頭の当時、そんなソースはどこにも売っていなかったからです。プレゴの担当者はハワード（モスコウィッツ）に言いました。「米国人の3人に1人はトマトの塊が入ったパスタソースが大好きなのに、誰もそれを売っていないということですか？」。「そうです」とハワード。プレゴは早速パスタソースのラインナップを一新します。そして売り出されたトマトの塊入りソースは、またたく間にこの国のパスタソース市場を席巻しました。それから10年間で、この商品群の売り上げは合計6億ドル。ハワードのやり方を見た業界の人々はこう言いました。「なんてことだ、われわれはまるで考え違いをしていた！」。スーパーに買い物に行くとビネガーが7種類、マスタードが14種類、オリーブオイルが71種類、なんていう状態になったのはそれからです。

その後、「ラグー」もハワードに仕事を依頼しました。……現在、ラグーには6シリーズ36種類のパスタソースがあります。チーズ、ライト、ロバスト、リッチ&ハーティ、オールド・ワールド・トラディショナル、そして、塊入り。これがハワードの仕事です。ハワードから米国民への贈り物です。……彼は、人々を幸せにすることについて、食品業界の考え方を根本から変えました。

それは、正しくもあり、間違いでもある。グラッドウェルが講演で触れなかったことがある。それは、人々を幸せにすることについて食品業界がすでに持っていた知識もある、ということだ。糖分の知識である。チーズ味であれ、塊入りであれ、ライトであれ、プレゴのパスタソースの多くには一つの共通点がある。トマトに次いで多い原材料が糖類だということだ。たとえば「プレゴ・トラディショナル」には、わずか120ミリリットルに小さじ2杯分以上の糖分が含まれている。これは、クッキーの「オレオ」なら2枚強、ヨーグルト菓子「ゴーグルト」ならチューブ1本に相当し、同じキャンベルが製造する「ペパリッジ・ファーム」アップルパイでも1個分に近い。塩分も、一般的な米国成人の1日推奨摂取量の3分の1が含まれている。プレゴのミートソースの中には、糖分と塩分がさらに多く、飽和脂肪酸も1日推奨量の半分近いものもある。開発時は、キャンベルが糖分、塩分、脂肪分も含めた原材料を提供し、モスコウィッツは最適化の技術と糖分の豊富な知識を提供した。プロジェクトで交わされた文書の中で、モスコウィッツは「多いことが必ずしも良いとは限りません」と書いている。「(たとえば甘味などを)強くすると、消費者は最初はその商品を好きだと言います。が、長い目で見ると、甘さを中程度にした商品が最も好まれます(これが最適レベル、すなわち『至福』ポイントです)」

とはいえ、パスタソースのような商品で糖分の至福ポイントを見つける競争は、業界内ですぐに下火となった。夕食は誰でも食べる。だから、競合ブランドより魅力的ならすぐに売り上げが伸びた。そうはいかなかったのが菓子類だ。菓子は、(少なくとも理論的には)なくても済む存在で、だから強力に感覚を刺激しなければ売れない。菓子市場が現在の900億ドル規模に向かって拡大を続け、増益への圧力が高まる中、食品メーカーは商品開発にしのぎを削った。人々を幸せにするだけにとどまらず、欲求を高めるような商品が求められるようになった。

この潮流の中でハワード・モスコウィッツの最大の業績が生まれた。2001年、彼は一つの調査に着手した。ある食品を人々に好きだと思わせるだけでなく、積極的に買い物かごに放り込ませるような要因を調べるという調査である。調味料最大手のマコーミックが資金提供したこの調査の報告書に、モスコウィッツは「Crave it!（欲しがれ!）」というタイトルをつけた。商品で人々を熱狂させたいという業界の欲求を見事に反映したタイトルだ。

彼は、ニュージャージー州在住の食品開発専門家ジャクリン・ベックリーと組んで、特定の食べ物がわれわれの強い欲求を引き起こすのはなぜか、その要因を突き止めることにした。2人は、チーズケーキ、アイスクリーム、ポテトチップ、ハンバーガー、プレッツェルなど、30ほどの品目について消費者の意見を集めた。そうして得られた結果は、なぜある商品がそれほど魅力的かを知りたい食品メーカーにとって貴重な指針となった。が、それだけではない。肥満の危機的急増の根っこにも光を当てたのである。モスコウィッツが見いだしたのは「空腹は渇望を生むたいした力にはならない」ということだった。われわれは、体と脳の栄養が欠乏して実際に補給を要する、という状態にはめったに陥らない。われわれを食べることに駆り立てるのは他の動因であることを彼は発見した。動因には、感情的なニーズもあれば、加工食品の重要要素を反映したものもある。後者はまずなんといっても味。そして香り、見た目、食感などだ。

これらの要素に共通点はなさそうに見えるが、すべてに関与する成分が一つある。それが糖だ。

私とモスコウィッツは昼食のため場所を移した。ホワイト・プレインズにある彼の事務所の近くで、店に入り、席に着いた。研究担当副社長のミシェル・ライズナーが同席した。店員が黒パンにコンビーフやチーズを挟んだサンドイッチを勧めたが、3人とも別のものを選んだ。私は七面鳥のサンドイッチにした。ライズナーは卵白のオムレツと雑穀トースト。体重を気にしているというモスコウィッツは七面鳥の胸肉を注文し、グレイビーソースは別添えにするよう頼んだ。私は彼に、食事で気を付けていることを尋ねた。「ジャガイモを食べないようにしている」と彼は言った。「パンは食べるが、量に気を付けている。健康的な食事を心がけているよ。糖尿病の家系なんだ」

私はドクターペッパーを3缶注文した。同社の運命を変えた人物と一緒にそのドリンクを飲むという機会を逃したくはない。が、モスコウィッツは渋った。「炭酸飲料は飲まないんだ」と彼は言った。「歯に良くない」。でも店員が私に加勢してくれて、レギュラーのドクターペッパーと、発売されたばかりの「ドクターペッパー・チェリー」を持ってきた。モスコウィッツは折れて、両方とも少しずつ口に入れ、顔をしかめた。味蕾が困っているようだ。彼は言葉を探し、「ひどい、まったく」と言った。「チェリー味が強すぎる。あれこれ入ってるんだ。何というか……、ひどい」。彼は、何がそんなにひどい気分にさせるのか、説明しようとしていた。

しばらくしてから彼は言った。「ベンズアルデヒドだ」。「アーモンドとチェリーの風味を出すのによく使われる。コカ・コーラとはまるで別物だ」。ライズナーも少しだけ口に含み、自分はコカ・コーラとダイエット・コークしか好きではない、と告白した。私が味の感想を求めると、彼女は肩をすくめてみせた。

昼食後、事務所に戻ってくると、ライズナーは自分たちがドクターペッパー信者でないことを特に何とも思っていない、と言った。ドクターペッパーの独特な味が万人受けするものでないことはメーカー自身もよく承知しているし、そうでなければコカ・コーラと同じくらい売れているはずだ、というのが彼女の弁だ。ドクターペッパーはそのニッチ市場を少しずつ成長させること、あるいは少なくとも維持することを目指している。それは、キャドバリー社が2004年に助けを求めたときにモスコウィッツに話したことでもあった。ペプシやコカ・コーラの顧客を奪うことは彼らの主目的ではない。むしろキャドバリーが求めたのは、既存のファンの心をくすぐって新商品を試す気にさせ、あわよくばブランドの幅を拡大する、そんな味の商品だった。「つまり『われわれにはわれわれのユーザーがいる。彼らに何かほかのものも買わせたい』ということです」。ノートパソコンを起動しながらライズナーは言った。彼女はキャンペーンの記録を探し出して、私に見せてくれた。

まず彼らは、広告を打ったり食料品店にチラシを置いたりして、試飲をしてくれる一般人を募集した。そして応募者の中からドクターペッパーの既存ファンだけを選び出した。「彼らが『われわれのユーザー』です」とライズナー。アフリカ系とラテンアメリカ系の人口が増えている地域に根を下ろす、という同社の目標に沿って、ロサンゼルス、ダラス、シカゴ、フィラデルフィアの4都市から計415人が選ばれた。男女半々で、10人中6人が白人、年齢は18〜49歳だった。

キャドバリーは、基本のドクターペッパーの味にチェリー味とバニラ味を加えた風味を求めていた。したがって主に三つの要素が関与することになった。甘いチェリー味、甘いバニラ味、そして、基本のドクターペッパーの味を決定づけている甘いシロップ、「ドクターペッパー・フレーバー」である。この最後の要素の詳しい成分は秘密にされている。(注19) ドクターペッパーの原材料は全部で27種類だと言われているが、水を除いて最も多い成分は糖分だ。

モスコウィッツは、ハーバード大学での研究経験や数学のスキルはもちろん、陸軍での仕事や食品メーカーとの多数の調査で身につけてきた味や魅力の知識をすべて投入した。彼が「最適化」と呼ぶ手法、つまり一連の選択肢の中からベストのものを選び出す、という方法も用いた。「私がよく言うのは、『科学に基づいてやりましょう』ということだ」とモスコウィッツ。「20なり30、あるいは40種類のバリエーションを作りましょう、と。すると、人々が好むものとあまり好まないものが出てくる。それで数学モデルを作れば、こちらがコントロールできる要素と消費者の反応との関係がはっきりわかる。ビンゴ。新製品のできあがりだ」

「ドクターペッパー・チェリーバニラ」の開発は容易ではなかった。至福ポイントを見つけるため、レギュラー用31種類、ダイエット用30種類、合計61種類のサンプルが用意された（それぞれ、三つの風味の割合がほんの少しずつ違っていた）。それで一般人による試飲が行われたのだが、正確な結果を得るためにちょっとした工夫がなされた。試飲者の中には嘘をつく人もいる。それはたいてい、手っ取り早く試飲を終わらせようとしてのことだ。だがモスコウィッツの試飲システムは、試飲がまじめで重要なものだと参加者に思ってもらえるよう、注意深く構築されている。「おしゃべりを禁止します」とライズナー。「部屋はその辺の雑多な空間とは違います。コンピューターなども配置して、プロフェッショナルな雰囲気を作ります。報酬も十分払いますし、進行役が『おしゃべりや製品に関する会話はご遠慮ください』と告げます。携帯電話の電源も切ってもらいます。参加者は『自分の意見が製品に影響する』と感じるようになります」

２００４年7月12日、ロサンゼルス、ダラス、シカゴ、フィラデルフィアの4都市で試飲会が始まった。参加者は、サンプルを一つ試飲するたび、味蕾を回復させるために5分間休憩しながら、質問に答える。総合点でどれくらい好きか（0＝大嫌い、１００＝大好き）。その味はどのくらい強いか。その味をどう思ったか。製品の質をどう感じたか。そしておそらく最も重要な質問――この製品を購入する可能性はどのくらいか（「絶対に買う」から「絶対に買わない」まで）。そして回答スコアが集計される。60点ならよく売れるという見通しだ。モスコウィッツが用意したサンプルのうち14種類が61点以上となり、67点が二つ。二つは70点に達したうえ、半数以上の試飲者が「絶対に買う」と回答した。食品のマーケティング調査ではずば抜けた結果だ。

この評価の過程でモスコウィッツがまとめたデータは、チェリーバニラという風味そのものの寿命も伸ばすことになった。消費者の味覚を徹底的に分析して彼が構築した枠組みは、さまざまな飲料メーカーに利用されて、特定の消費者グループをターゲットにした新しいフレーバーがいくつも生み出された。彼はデータを詳しい図表に整理して１３５ページの報告書を作成した。飲料メーカー向けのこの報告書には、強いバニラ味と弱いバニラ味に対する人々の感じ方や、香りのさまざまな側面や、「口当たり」の持つ強力な影響力などが紹介されている。製品と口との相互作用である口当たりは、食べ物の乾き具合、噛みごたえ、唾液の分泌など、多数の感覚の組み合わせによって決まる。こうしたことは、ワインを嗜む人にはよく知られているが、実は清涼飲料やさまざまな食品（特に脂肪分が多い食品）でも重要な要素だ。消費者の渇望を引き起こせるかどうかを最も確実に予測できる因子は至福ポイントだが、それに次ぐのが口当たりである。

　ドクターペッパーの試飲では、味だけでなく色に対する反応も調査され、影響力がかなり高いことが示された。ライズナーが報告書の92ページをクリックすると、色の好みを示したグラフに鮮やかな青線が引かれていた。「ドクターペッパー・フレーバーを強くすると、色が濃くなって、好感度が落ちました」とライズナー。データは、年齢、性別、人種ごとの好みも見られるようになっている。モスコウィッツの顧客企業にとって最も驚きだったのは、糖分の至福ポイントに関するある事実だった。「至福ポイント」という名前は誤りだったことをモスコウィッツは発見したのである。それは単一の点《ポイント》などではなく、点の集まりだった。つまりこういうことだ。「U」字を逆さにしたグラフを考えてみよう。最上部は「プラトー」と呼ばれる水平域だ。この範囲内では、生じる喜びの強さは一定である。ドクターペッパーにとって、これは金銭的に重大な発見だった。モスコウィッツは、試飲と「最適化」の数学モデルから、ドクターペッパー・フレーバーの量が最も多いバージョンは使わなくても済むことを見いだした。ドクターペッパー・フレーバーを少しだけ減らしたバージョンでも、同じレベルの満足度が得られるからだ。

　この現象は、報告書83ページのグラフにわかりやすく示されていた。私はライズナーの説明を聞きながら手元のコピーを眺めた。魅力を最大にするために必要なドクターペッパー・フレーバーの量が細い青線で示されているが、それは直線ではなく、弧を描いている。30年前にモスコウィッツが陸軍で研究していた至福ポイント曲線とちょうど同じように。そして弧の最上部にあるのは、単独の点ではなく、幅を持った範囲だ。節約できるフレーバーの量はほんの数パーセントで、カロリーを気にする個々の消費者にとってたいした意味はない。が、メーカーにとっては「ちりも積もれば山」で、膨大な経費削減だ。商品の魅力を損なうことなく、ドクターペッパーの核心成分である甘いシロップを減らせるのだから、商品が売れれば売れるほど経費を節約できることになる。

ライズナーが私に言った。「私たちは、ドクターペッパー・フレーバーを減らしてもいい、つまり経費を節約できる、ということを示すことができました」。たとえばの数字だが、フレーバーを2ミリリットル使う代わりに1・69ミリリットルにしても同じ効果が得られる、ということである。「一見、違いはありませんが」とライズナー。「ものすごい金額です。何百万ドルにもなるでしょう」

キャドバリー社は、モスコウィッツに依頼した新フレーバーの発売期限を2004年秋に定めていた。新商品はそれに間に合っただけでなく、業界でも大成功と評された。同社はウェブサイトでファンに警告した。「一気飲み？　だめだめ。リッチな味わいを堪能してください。どこまでも続く豊かな風味でくつろぎのひとときをどうぞ」

2006年には、同社CEOのトッド・スティッツァーがこの成功を投資家たちに誇らしげに語るようになっていた。(注20)新フレーバーは、既存のファン「ペッパーズ」の間で大ヒットとなったうえに、新たなファンも獲得した。テキサス州生まれのドクターペッパーは、南部の11州で米国人口のわずか2割が全出荷量の半分を消費していたのだが、今や販売網が拡大しつつあった。同年、スティッツァーはウォール街の経済アナリストたちにこう話している。「ドクターペッパーの人気は独特のクセのある味に根差したものだ、と認識しています。2004年10月発売のドクターペッパー・チェリーバニラもこの歴史を踏まえて作られました。その成果はわれわれの期待も、誰の期待も上回るものでした」。この勢いに乗って、さらに新しいフレーバー「ベリーズ・アンド・クリーム」を程なく発売する、と彼は付け加えた。同社は、復活祭のお菓子として定着している商品「クリームエッグ」を、より大きいキャンディーバーの形態で売り出したばかりであり、後の食事会でそれを「ドクターペッパー・ベリーズ・アンド・クリーム」と一緒に出すことにしていた。同社の製品はすべて、糖分の至福ポイントを最大限に追求して作られていると言ってもいいだろう。

「今夜の食事会ではクリームエッグ・バーのお供の飲み物にベリーズ・アンド・クリームをお出しします」とスティッツァー。そしてアナリストたちに警告した。

「皆さん、夜が更けるころには糖分ショックを起こしますよ」

第3章 コンビニエンスフード

1946年春、(注1)24歳のアル・クローシは大戦中の駐屯地だった南太平洋から戻ってニューヨーク市ブルックリンにいた。実家で両親と暮らしながら、今後の人生で何をしようかを見定めようとしていた。大学で化学を専攻した彼は、メリーランド州ボルチモアのジョンズ・ホプキンス大学医学部の求人に応募し、結果を待ちながら何週間かを過ごしていた。ある日、父親が玄関から飛び込んできた。父は在郷軍人会の地区会合に出かけた帰りで、会の冊子を手にしていた。求人広告が載っていた。

「父がこう言った。『お前、化学者だろう？ ニュージャージーの食品会社が化学者の求人広告を出してるぞ』と。私は『なんで食品会社が化学者を？』と聞いた。私はナイアガラの滝の近くの爆薬工場で働いたことがあり、石油や薬品の化学なら知っていた。が、食品？ 私は好奇心でその仕事に就いた」

その会社がゼネラルフーヅだった。本社はマンハッタンのパーク・アベニューにあるが、クロー

そうやって何分もかけて煮詰めたら、鍋からプリンカップに移して、室温まで冷ます。これに1時間くらいかかる。食べるなら冷たいほうがいいから、冷蔵庫に入れる。これでまた1時間か2時間。夕食のデザートに食べたいなら昼過ぎには作りはじめる必要があった」

この作業を1時間でも2時間でも短縮できれば決定的優位に立てると気づいたゼネラルフーヅの首脳陣が、インスタント製品を他社に先駆けて開発するようクローシに命じたのだった。

食品の開発は、電撃的にできることもあれば、数カ月かかることもある。このプロジェクトは数年を要した。(注3) 1947年から1950年にかけて、クローシの研究チームはひたすらプディングを作り、食べ、においをかいだ。化学組成をいじりまわし、物理的な構造も変えてみた。基本成分はコーンスターチにしたいというのが会社の意向だったが、彼らはジャガイモをはじめ、あらゆるデンプン質を試した。クローシ自らプロペラ機でインドネシアを訪ねてサゴヤシを入手したこともあった。が、どれもうまくいかなかった。最大の難関は、当時のゼネラルフーヅが純粋な原材料にこだわっていたことだった。ホウ酸などの保存料や人工着色料といった食品添加物は徐々に普及していたが、ゼネラルフーヅは、消費者がこれらの成分、特に人工成分を深く恐れていることを知っていたからである。デンプンと砂糖と天然香料だけでインスタント・プディングを作る、これがクローシに与えられた厳命だった。

それが1949年夏にひっくり返った。クローシがニューヨーク州東部のキャッツキル山地で釣り三昧の2週間を過ごして戻ってくると、社内は大騒ぎになっていた。競合の一つナショナル・ブランズ社(注4)が、合成材料を一つどころか複数使ったインスタント・プディングで特許を出願したのである。同社は、水道の防錆剤や食品のpH調整剤として使われるオルソリン酸塩、食品の粘度を高めるピロリン酸塩、賞味期限を延ばす酢酸カルシウムなどの水溶性塩といった成分を使っていた。休暇明け初日のクローシのデスクに「すぐに開封されたし」と書かれた封筒が乗っていた。中身はこの特許出願書類のコピーだった。上司であるデザート部門の責任者のところに行ったクローシは、ルール変更を告げられた。市民の不安など知ったことか、というわけだった。クローシは私に次のように話した。

「彼は『マーケティング部門が、競争に勝てと言ってきた』と言った。緊急事態だ、と。『デンプン100%でないといけませんか』と私が聞くと、彼はこう言った。『その話はもうなしだ。とにかく、30分で作れるインスタント・プディングを開発しろ』。一晩で縛りがなくなり、何をしてもいいということになった。これで扉が開けた。ナショナル・ブランズの特許を見ると、酢酸カルシウムという化学物質が使ってあった。牛乳をゲル化して固める成分で、加熱したのと同じような状態にできる。だが欠点もあった。化学反応が止まらなくて、固化し続けてしまうことだ。15分でプディングができあがるが、5分か10分以内に食べないと、どんどん固くなってゴムのようになってしまう」

クローシは会社の図書室にこもって牛乳の化学組成を勉強しはじめた。試行錯誤の数カ月を経て、彼は調理過程の代用となる二つの化学物質に行きついた。牛乳を凝固させるピロリン酸塩と、固化を速める促進剤として作用するオルソリン酸塩である。こうしてできた加熱不要のインスタント・プディングは、品質もはるかに良く、安定していた。「ゲル化に成功しただけではなかった」とクローシ。「向こうが15分のところを、こちらは5分で完成した。しかもそこで反応が止まる。だからゴム状になったりしない。『ジェロー』の名を継ぐすばらしい商品があっという間に完成し、成功を収めた」。ナショナル・ブランズの特許は、結局、生産に至らなかった。クローシの開発したプディングはゼネラルフーヅの経営基盤を支えるヒット商品となった。

私がクローシに初めてインタビューしたのは2010年の夏だった。場所はニューヨーク市から1時間ほど、コネチカット州グリニッジの彼の事務所である。彼は今でもここで食品業界のさまざまなプロジェクトに携わっている。当時88歳、頭には豊かな白髪をたたえ、半袖のワイシャツの首から厚いフレームの老眼鏡をぶらさげていた。ドアのそばには特許番号第2801924号のコピーが貼られている。彼をゼネラルフーヅの伝説の人物にしたインスタント・プディングの特許だ。デスクの後ろの壁には木製フレームに収められた巨大なコラージュがある。ニューヨーク州タリータウンの同社研究施設で彼のために働いた人々の顔写真だ。デスクの向かい側の棚には、彼の別の大ヒット商品、粉末ジュース「タング」の配達トラックのおもちゃが飾られている。彼はゼネラルフーヅでの40年間のできごとをすらすらと語り、ときどき話を中断して書類を探した。スピーチ原稿、計画文書、その他の社内記録が二つほどの段ボール箱に保管されている。その中で繰り返しテーマに挙がったのが食品添加物だった。

世間は時に添加物に神経質になる、とクローシは言った。事故の見出しが新聞を賑わせるときは特にそうで、たとえば1950年には、オレンジ1号という着色料が大量に使われたハロウィン用キャンディーで多数の子どもが体調を崩し、世間の懸念が高まった。1960年頃には、食品メーカーが製品の加工、保存、着色などに使う添加物が急激に増え（香料だけでも1500種類）、規制当局は承認済みの添加物を一斉に再審査する方向に動いた。だが、首都ワシントンでこの動きにとりわけ強く反対した勢力の一つが、ほかならぬゼネラルフーヅ、かつてインスタント・プディングの開発に際して若きクローシに化学物質の使用を禁じたその同じ企業だった。幹部らは、添加物を再検討するという連邦政府の決定を行きすぎた官僚主義だと非難した。同社は化学物質についてクローシの考えを採用するようになっていた。それは「安全に用いる限り、化学物質の使用は正当どころか業界の使命を果たすのに欠かせない」という考えである。化学物質を使って加工食品の品質を改善することは、株主の利益になるだけではない。急増する米国民に、安全で便利で値ごろな食品を提供することは業界の役割である。これは国の繁栄に不可欠な使命であるのに、化学物質が引き起こした個別の事故に過剰反応する人々によって歩みが止められている。そう彼らは考えていた。「産・官・学のどこに属していても、あるいは一般市民でも、分別のある人々はみな、化学物質が必要であることをわかっていたし、われわれが適切に管理して使うことを求めていた」とクローシ。そして添加物の中では、彼がインスタント・プディングに使ったリン酸塩は科学者たちもほとんど心配しなかった。消費者団体である公益科学センターも、大量に摂取した場合のみ健康上のリスクが生じる可能性がある、と今日では同意している（同センターは140種類以上の添加物を毒性リスクで整理した表を作成していて、リン酸塩は「安全」に分類されている）。やがて、舌を噛みそうな名前を持つ化学物質の毒性に対する市民の懸念は、単純な名前を持つ三つの成分に対するもっと根本的な懸念に移り変わっていった。塩、砂糖、脂肪である。

クローシは化学物質をめぐる会社との格闘を貴重な教訓と捉え、その後40年間の開発業務で自らの指針とした。化学物質を使わないというゼネラルフーヅの当初の方針は、もう少しで高い代償を伴うところだった。彼にしても、程なく彼が社内で率いることになった何千人もの食品技術者たちにしても、加工食品で何が健康的だとか何が適切だとかいった時代遅れの考えには縛られないようになった。「あのとき学んだことはいつも念頭にある」とクローシは私に言った。「それはこういうことだ。『革新を求めるなら、目的地を告げてくれ。だが、そこまで行く手段について指図は受けない』」

CEO就任前のチャールズ・モーティマーが奮闘していた同社のマーケティング部門では、クローシの作ったプディングが別の意味で重役たちを歓喜させていた。彼らが聞いたこともない数種類のリン酸塩よりずっと大きなテーマだった。彼らから見れば、クローシが壁に貼っている特許は、単に同社に勝利をもたらしただけではなかった。「プディングの材料配合およびその製造工程」という無味乾燥なタイトルのこの特許は、食品添加物が食べ物の概念に影響を及ぼし、新しい潮流を生み出すことを示したのである。彼らがこのプディングのために打った広告には、彼ら自身の、そして市民の興奮が表れていた。ある広告は、ぴかぴかのキッチンで満足そうに微笑む母親とそれを見上げる2人の子どもを描き、「手早く簡単！」(注5)とうたった。「忙しい日の新デザート」「5分で作って食卓に」という広告もあった。

それでも、ゼネラルフーヅのマーケティング部門をほんとうに歓喜させたものはリン酸塩でもほかの化学物質でもなかった。同社を世界最大かつ最も裕福な企業にしたのは添加物そのものではない。インスタント・プディングは、忙しくなるばかりの現代人に、生活を楽にする方法を見事に示したのだった。チャールズ・モーティマーは、1950年代初頭にマーケティング部門から全社統括の立場に移ると、この現象を「コンビニエンス（便利さ）」と呼ぶようになった。(注6) それが単に添加物だけの話ではないことを、彼は業界団体への講演で語っている。

「現代の消費者に商品を提供することは、創造的な営みです。コンビニエンスという要素が、競争の激しいビジネスを一変させつつあります」

インスタント・プディングによって、クローシは社内で「危機の時はあいつを呼べ」という存在になった。そして程なくこの若い化学者に大きなチャンスが巡ってきた。1952年、彼はミシガン州バトルクリークに送られた。朝食用シリアルで成功を収めていた「ポスト」部門が苦境に陥っていたからである。事態を好転させるには、添加物ではなく、もっと根本的なてこ入れが必要だった。それは、砂糖をたっぷり使うこと、そしてモーティマーの「コンビニエンス」創造力を投入することだった。

1800年代末から1940年代にかけて、朝食用シリアルはポスト製であれ他社製であれ、さくさく、ぱりぱりに作られてはいたが、甘味づけはほとんどされていなかった。それまで米国の朝食で主流だったスパムやベーコンやソーセージに代わる健康的な食品として売られていたのである。事実、コーンフレークを発明した医学博士のジョン・H・ケロッグは甘いものに関して徹底した禁欲主義者で、砂糖を一切禁止したサナトリウムでシリアル会社を経営していたほどだった。それが1949年に一変した。ポスト社が米国ブランドで初めて、砂糖でコーティングしたシリアルを売り出したのである。(注7)子どもたちの食器に入る糖の量は、親ではなくメーカーがコントロールできるようになった。同社は「シュガー・クリスプ」などの商品を次々に打ち出し、子どもたちは夢中になった。

だが、シリアル業界は独走が決して長続きしない世界である。すぐに他社もこの大騒ぎに乗じてきた。彼らは、巧みなマーケティング手腕でみるみるシェアを奪っていった。まずゼネラル・ミルズが「シュガー・ジェット」「トリックス」「ココアパフ」の3商品を出し、派生商品も次々に打ち出して、売り場を制圧していった。1951年にはケロッグが虎のキャラクター「トニー・ザ・タイガー」で子どもたちの人気を集め、トップに躍り出た。

3位に後退させられたゼネラルフーヅは巻き返しを図ることにした。経営陣はシリアル部門のトップを解任し、残った重役たちをニューヨークの本部に呼び寄せて、言い渡した。シリアルでケロッグやゼネラル・ミルズと渡り合えないのなら、朝食用に別の製品を出さなくてはならない。それは、シリアルと同じくらい、手軽で簡単で、子どもに受けるものでなくてはならない。

当時のゼネラルフーヅ(注8)は、食品メーカーというより、大手ブランドを次々に買収する巨大なショッピングカートの様相を呈していた。1895年にポスタム社として創業した頃は、焙煎小麦をベースにしたコーヒー代用飲料「ポスタム」を売る小さな会社だった。健康的な食事への関心が生まれはじめた時代で、広告は「ニューオーリンズの糖蜜をどうぞ」とうたった。1929年、「グレープナッツ」というシリアルも売るようになっていた同社は、冷凍食品メーカーを買収し、社名をその冷凍食品メーカーの名前「ゼネラルフーヅ」に変更した。金融グループのゴールドマン・サックスに支援されて、ゼネラルフーヅは米国の主要な加工食品ブランドを次々に買収した。ジェロー、子ども向け粉末飲料のクールエイド、オスカー・メイヤーの加工食肉、マクスウェルハウス・コーヒー……、焼き菓子やシロップやマヨネーズも傘下に収めた。1800万ドルでスタートした新興企業は、1985年にフィリップモリスに買収されたときには90億ドル規模の業界トップになっていた。このとき、従業員は5万6000人、研究予算は1億1300万ドル。粉末ドリンクやシリアル、コーヒー、食肉加工品、ホットドッグ、ベーコンなどで圧倒的なシェアを握っていた。

ゼネラルフーヅは1950年代初めまでニューヨーク市を拠点としていたが、パーク・アベニューのオフィスが手狭になったため、郊外のホワイト・プレインズに5ヘクタール余りの土地を確保し、大金を投じて大学構内のような複合施設を建設した。設計したのは伝説的な建築家フィリップ・ジョンソン。駐車場まで最新式で、美しく整備された歩道にはヒーターも設けられている。それは1200人の従業員に「あなたは重要だ。われわれは成功を収める」と告げていた。1956年のその日、バトルクリークから到着したアル・クローシも、自分が重用されていることをはっきり感じていた。34歳になっていた彼は、社内で最も若いマネジャーの1人となり、「ポスト」ブランドを立て直すべく奮闘していた。

しかしこの頃には、他社製シリアルの多くで砂糖がふんだんに使われ、製品重量の50％以上を占める最大の原材料となっていた。そこで勝負しても勝ち目がないと考えられていたが、クローシは視点を変えることで勝機を見いだした。文字の形をしたシリアル「アルファビッツ」を発明したのである。ある日、夕食にパスタを食べていた彼は、シリアルだって面白い形にできるはずだ、と思いついたのだった。「われわれは、子どもが喜ぶだろうと考えた」[注9]とクローシ。「アルファビッツの売りは、まず形。それから、あくまでオーツ麦とコーンを使ったシリアルであって、スナック菓子ではない、という点だった」[*1]

このプロジェクト最大の難関は、糖分量の最適化ではなく、シリアル製造工程との格闘にあった。シリアルを作るには、オーツ麦粉とコーンスターチを混ぜて生地を作り、それを大砲のような装置で部屋ほどの大きさの容器に打ち出す。圧力が急に下がるので、生地に含まれていた高温の水分が蒸気となり、これで生地が加熱されて、さくさくしたシリアルができあがる。容器内を舞う生地がアルファベットの形に保たれるよう、クローシは試行錯誤を繰り返した。ついに「アルファビッツ」が完成すると、それ以降、さまざまな形のシリアルが店頭に並ぶようになった。まず同社が蜂の巣や動物やワッフルの形の商品を出し、他社も続いた。

クローシは化学だけにとどまらないエキスパートになりつつあった。彼は優れた対人スキルを持つ社交的な人物で、そのため、内向的な傾向がある食品技術者の世界で特異的な存在になっていった。彼は、化学者たちが黙々と実験に取り組む研究室と、会社の攻撃部隊であるマーケティング部門のオフィスとを容易に行き来した。販売担当の幹部らは、製品を開発する技術者たちに、とげとげしい視線を向けるのが常だった。クローシは仲介役を買って出た。繊維質を増やせとか脂肪分を減らせといった消費者の要求が高まってくると、彼の役割はますます大きくなっていった。マーケティング部門の重役が技術者たちに即刻の変化を求めると、クローシが両者の間を取り持った。「彼らは技術者たちを発狂させる」[注10]とクローシ。「反応が極端なんだ。低脂肪が売れると見れば、『全製品を今すぐ低脂肪にしろ！』と言ってくる」

　有能なクローシだったが、米国民の食習慣について自分のような食品開発者に何ができるのか、長い見通しはまだ持っていなかった。それを与えたのがチャールズ・モーティマーだった。彼は、シリアル戦争で被った傷と対応を検討するためニューヨークで会議を開き、クローシらバトルクリークの技術者にも出席を求めた。モーティマーはマーケティング部門の生え抜きであり、CEOに任命されるまで同部門のトップを務めていた。子ども時代の彼は[注11]「おデブさん」と呼ばれていた。ブルックリン生まれのクローシと同様、彼もずんぐりした子どもで、肉とジャガイモを食べて育った。本の虫でもあった。だが経営者となって従業員に容赦なく結果を求めた彼には、新しいニックネームができた。「ハウ・スーン・チャーリー」、由来は「それはいつ《ハウ・スーン》できるのかね？」という口癖である。彼が支配権を握った1954〜1965年はゼネラルフーヅの黄金時代と言われている。この間に売り上げが倍増、収益が3倍になった同社は、米国民の食事観を変える中心的存在にもなった。

＊1　クローシの記憶によれば、「アルファビッツ」は、甘味が特に強いいくつかのシリアル製品と比べて糖分がはるかに少なかった。しかし1983年の消費者訴訟では、同社製シリアルで糖分が最も多い製品として名前が挙げられた。10年後、同シリーズの一つである「マシュマロ・アルファビッツ」は、糖分が49%だと『コンシューマー・レポート』誌に記載された（この頃には、同社は塩分・糖分・脂質の含有量のラベル記載を始めていた）。

モーティマーは、引退した年に、企業幹部らに向けた講演でこう話した。「昨今、消費者の期待は非常に高くなっています。新商品が出るペースもかつてなく速い。主婦たちは、進取的な企業が作った新しい製品を店頭で見かけるまで、自分がほんとうに欲しいものは何か、わからずにいます。私がCEOに就任したのは11年前ですが、当時ゼネラルフーヅが販売していた商品で、大きな改良なく今もそのまま食料品店に並んでいるものは一つもないでしょう」(注12)

モーティマーが「ポスト」ブランドの朝食用シリアルの責任者たちをバトルクリークから呼び寄せたのは、彼らをなじるためではなかった。それはモーティマーのやり方ではない。彼は重役らに、他社と真っ向勝負する気概を持ち、攻勢に転じることを求めた。見方を少し変えるだけで今の弱い立場を強みに変えることができる、と彼は話した。シリアルの販売が得意な企業にやられているのだったら、朝食用にほかのものを売ることを考えればいい。消費者がそれを考えつくことは期待できないから、自分たちで発明しなければならないかもしれない。だが可能性は無限だ、自分が課す制約はほんの少しだ、とモーティマーは言った。それは、買うのも、保存も、開封も準備も、そして食べるのも簡単な食べ物、という制約だった。

「便利さの追求」はモーティマーのテーマとなっていた。彼が目指したのは、自分の会社をこの新世界へ導くことだけではなかった。産業全体を巻き込んでいきたいという強い情熱を持っていたのである。後に彼は、自分の考えを他の食品メーカー、さらにはすべての消費財メーカーの重役たちにも伝えるようになる。だがこの時点では、朝食市場でシェアを失いつつある自社の立て直しが急務だった。「シリアルしかないなんて誰が言った?」(注13)とモーティマー。「君たちは朝食用シリアルのメーカーじゃない。朝食用食品のメーカーだろう」

最後の一押しとして、そして部下たちの自由な発想を促すため、彼は自宅での愉快な話をした。彼自身の子どもが朝起きてキッチンにやってくるときの情景だ。彼らは「シュガー・クリスプ」や「ココアパフ」といったシリアルにとらわれない。

「私の娘は、朝食にケーキを食べるのが好きだよ(注14)」

50年以上が過ぎても、この日のモーティマーの言葉はアル・クローシの中で反響していた。ケーキの話も、それ以外の話も、単に発奮材料になっただけではなかった。彼はオフィスで私にそう話した。モーティマーのとばした檄は、主婦にアピールし、主婦を助ける新しい道をクローシに示したのである。それは、彼が想像もしなかった道だった。便利さをどれほど必要としているか彼女らが知らずにいるのなら、クローシのような開発者がそれを示すことができる。「あれが視界を広げてくれた(注15)」と彼は言った。

ゼネラルフーヅでの40年間で、クローシはスーパーマーケットの通路を渡り歩くように仕事をした。ペットフードに関わったこともある。クローシ自身の感想によれば、最も改革が簡単だった分野だ。彼らが携わるまで、ドッグフードは箱入りや袋入りで売られていて、どれも骨のようにぱさぱさし、まったく退屈な餌だった。理由は細菌だった。湿気で繁殖するので、安全のためには乾燥させるしかない。しかし砂糖の化学特性を学んでいたクローシには別の方法が浮かんだ。糖分を加えると、水分が抱え込まれて細菌には利用できなくなるので、湿っていても細菌が増えない。こうして、従来品と同程度の賞味期限を持つウェットタイプのドッグフードが生まれ、ハンバーガー肉のような外見から「ゲインズバーガー」と名付けられた。細菌対策に砂糖を使うという手法は、現在では多数の加工食品、特に脂肪分を減らした製品に用いられている。

だがクローシの職歴で最も輝かしいプロジェクトはドッグフードではない。彼が化学知識と対人スキルをフル活用して1956年から取り組んだその仕事は、朝の食卓に欠かせない天然アイテム、オレンジジュースの刷新だった。人工化合物と糖分だけを原料として工場生産される100％非天然飲料「タング」の誕生である。

「タング」プロジェクトが始まったのは、ホワイト・プレインズでモーティマーが熱弁をふるった直後だった。(注16) クローシは、バトルクリークに戻る前に、古巣であるホーボーケンの研究所に立ち寄った。モーティマーの言葉を胸に、物事を広く考えようと思っていた。「朝食用の食べ物や飲み物で研究中のものはありませんか？」(注17)と彼は技術者たちに尋ねた。

「人工ジュースを開発しているよ。オレンジジュースとかね」。研究所長のドメニク・デフェリーチェが言った。「だが道のりは長そうだ」

「見せてもらえませんか」とクローシは言った。

ホーボーケンの科学者たちは見事な配合にたどり着いていた。特にオレンジ味はすばらしく、クローシがそれまでに試飲した他の粉末飲料のような水っぽさがなかった。コクがあり、口当たりもよく、風味は本物のバレンシアオレンジを思い起こさせた。当時主流だったジュースをはるかに凌いでいた、とクローシは私に言った。「当時は、今と違って生オレンジジュースが普及していなかった。あったのは濃縮冷凍ジュースか缶ジュースだ。冷凍ジュースは解凍に半日かかるし、パルプが多くて子どもが嫌がる。缶ジュースは缶臭さや熱処理独特の味がする」

しかし、デフェリーチェら研究スタッフは困り果てていた。栄養成分を本物のオレンジジュースと同じにするためビタミンやミネラルを加えると、ひどい苦味と金属味がするというのだった。クローシは一通り彼らの話を聞くと、今度は外交スキルを携えてマーケティング部門に赴いた。責任者のハワード・ブルームクイストは、技術者たちは細かいことにこだわりすぎだ、というより消費者の懸念を読み違えている、と言った。(注18) ほとんどの人にとってオレンジジュースといえばビタミンCで、技術者たちが加えようとしているほかの栄養素のことなど気にしない、というのがブルームクイストの意見だった。これは願ってもない幸運だった。原材料に加えても味を損ねなかった唯一の栄養素がビタミンCだったのである。クローシは研究所を再訪し、ビタミンC以外の栄養素のことは放念するように技術者たちを説得した。こうして、慌ただしく朝食をとる全米の人々への技術者からの贈り物、「タング」が生まれた。1958年に発売されたタングは、朝の食卓で母親たちの仕事をまた一つ減らした。ゼネラルフーヅのコピーライターたちも存分に腕を振るった。「インスタント飲料、新登場！　冷たい水と混ぜるだけ」「絞る手間も、解凍の手間も不要。目覚めの一杯。いつも変わらない太陽のおいしさ」「朝の食卓にやってきた史上最高の幸福」といったキャッチコピーがメディアに躍った。

クローシによれば、タングの開発陣には、糖分を本物のジュースより多くする意図はまったくな

当時、さまざまな製品分野の経営者たちが毎年ニューヨーク市で会合を開いていた。会合を支援していたのは、現在「消費者信頼感指数」で知られている非営利の民間調査機関、コンファレンスボードである。1955年のディナーでスピーチしたのがチャールズ・モーティマーだった。彼は単刀直入に話した。衣食住は依然として重要である。しかし今や生活に不可欠な第4の要素がある。それは「『コンビニエンス』という1語で表すことができます」と彼は言った。

「要求の厳しい今の消費者を満足させたいと思うなら、コンビニエンスという添加物を設計し、組み込み、組み合わせ、混ぜ合わせ、織り込み、注入し、挿入し、あるいは何らかの形で製品やサービスに取り入れなくてはなりません。コンビニエンスこそ、消費者に受け入れられるかどうかを左右する新しいスタンダードなのです」

ひと口にコンビニエンスといってもいろいろある。その一つは形態のコンビニエンスだ、と彼は続け、クローシが開発したドッグフード「ゲインズバーガー」を引き合いに出した。ハンバーガー肉のように柔らかいが、日持ちするので棚にストックしておける。また、時間のコンビニエンスもあり、その好例は食料品店だ。働く女性の増加に対応するため、夜遅くまで営業する店が各地で増えつつある。そして包装のコンビニエンスもある。たとえばビールは、かつては瓶を店に返却する必要があったが、使い捨て容器になってその面倒がなくなったし、パイ焼き皿もアルミホイル製のものが登場している。

「現代の米国民は、このコンビニエンスという添加物にお金を払ってもいいと考えています」とモーティマー。「それはわれわれが怠け者だからではありません。豊かになったわれわれは、その豊かさでもっと充実した人生を買おうと思っているのです。われわれには、かき混ぜたり、並べたり、切り落としたり、量ったり、加熱したり、盛り付けたりといった、生活の中の単調な繰り返し作業よりも、もっとできることがあるのです」

まるで示し合わせたかのように、この年は時間節約型の商品が次々と店頭に並び、消費者は豊かになった財布からお金を少し余分に出せばキッチンで費やす時間を省けるようになった。ひもを引っ張るだけで開封できる、チューブタイプのビスケット生地が登場した。水滴跡が残らない食洗機専用の洗剤も発売された。牛乳やシロップを注ぎやすいよう、容器にはめるプラスチック製の注ぎ口を売り出したベンチャー企業もあった。

食品メーカーがこぞってモーティマーの考えを取り入れ、スーパーマーケットの隅々まで「コンビニエンス」商品が行き渡ったが、モーティマーが思い描いた社会変化を強固に妨げるものがまだ一つあった。昔ながらの家庭料理をあくまで推進する、何万人もの教師と政府機関の職員たちである。全米各地で教育や啓蒙に携わる彼らは、子どもや若者たちに料理の仕方だけでなく、加工食品を避けて買い物することも教えていた。国や州の農政担当部署から派遣され、若い消費者たちに野菜の育て方、缶詰の作り方、栄養を考えた献立などを教える農業相談員だけでも数千人が存在していたが、何と言っても最強の部隊は、高校で家庭科を教える2万5000人の教師たちだった。

家庭科教師の典型例を1人挙げるとすれば、当時30歳だったベティー・ディクソンだろう。彼女は、サウスカロライナ州ヨーク郡の農場で育った。1750年にスコットランド系アイルランド人が定住した都市シャーロットのすぐ南西、深い森に囲まれた歴史的地域である。ディクソンの両親は主に綿を育てていたが、自分たちが食べる野菜も作っていた。冷蔵庫もない環境で、ディクソンは母親から料理を習った。彼女は大学まで進んで教師の資格を取ったが、農場で身につけたローテクの生活技術を高校生に伝えることを選んだ。

「私は基本的なことを教えました(注25)」とディクソンは回想する。「生徒たちは、お湯の沸かし方くらいは知っていました。いえ、それも知らない子もいたかもしれません。ともあれ、授業ではビスケットを焼いたり、肉や野菜を調理したり、デザートを作ったりという基本的なことを実習しました」。買い物実習もあった。町内に小さな食料品店があり、彼女は買い物の基本ルールを生徒たちに教え込んだ。必要ないものを買わずに済むように、まず買い物リストを作ることを教えた。「値段を比べるようにも言いました。お金は自由に手に入るわけではありませんから」

ディクソンが所属していた米国家政学協会(注26)の創設者、エレン・H・S・リチャーズは、マサチューセッツ工科大学で化学を専攻し、後に消費者活動家となった女性である。リチャーズは、市販の食品に毒性の混入物がないかを検査したり、値ごろで栄養のある料理を家庭でも学校でも食べられるよう陳情活動を行ったりした。そして、『コンビニエンス』を握るのは加工食品メーカーである」という考えにも強く抵抗した。主婦もコンビニエンスを実現できるし、メーカーよりうまくできる、と同協会は主張した。実証のため、彼女らは1957年に2段ケーキ作りの実験を行って、市販のミックス粉と手作り品を比較した。市販品に黒星が付いた。協会誌に載ったレポートによれば、手作りケーキのほうが費用が安く、味が良かったうえ、準備から完成までに要した時間も5分しか違わなかった。おまけに、自家製のミックス粉は大量に用意して保存しておき、ケーキが欲しいときにすぐ使えるという「コンビニエンス」も持ち合わせていた。

しかし、家庭料理を守ろうとするディクソンらの奮闘と裏腹に、1955年には社会のきしみが際立ちはじめていた。当時すでに、米国女性の38％近くが働きに出るようになっていた。夕方、仕事から帰った彼女たちには、夫や子どもの面倒を見るというさらに厳しい仕事が待っていた。

食品メーカーがにらんだとおり、彼女たちは助けを必要としていた。家族の健康のためにはすべて手作りするほうがいいと思っていても、その余裕がない。夜は慌ただしい時間帯となった。テレビの普及も追い打ちをかけた。居間のテレビでドラマ『名犬ラッシー』や西部劇『ガンスモーク』が流れているのに、ダイニングルームでゆっくり夕飯を食べたりキッチンで皿を洗ったりしたいと思う人がいるだろうか？ 家庭科の教師たちが社会の急激な変化を見落としているのなら、家事のあり方を変えるのは自分たちの使命だと、加工食品メーカーは捉えていた。

1950年代半ば、食品業界はこの働く女性たちを取り込むため、(注27)二つの巧妙な作戦に打って出た。まず彼らは、独自に家庭科の専門家を養成した。スマートでファッショナブルな彼女らが料理コンテストを主宰し、実演用のキッチンを整え、母親と娘たちを対象に料理教室を開いた。学校で教える家庭科教師たちとの真っ向勝負である。ゼネラルフーヅは、1957年には60名の家庭科専門家を擁し、製品のプロモーションやコンビニエンス食品の開発にあたらせた。彼女らがスタイリッシュで魅力的だったことは、アル・クローシもよく知っている。彼の結婚相手がその1人だった。

だがもっと影響力が強かったのはおそらく二つめの作戦だろう。ベティー・ディクソンのような教師が教える家庭料理に対抗するため、食品業界は「コンビニエンス主義」を布教する女性を担ぎ出した。名前はベティー・クロッカー。架空の人物であるにもかかわらず、彼女はたちまち米国で最も有名な女性の1人になった。ウオッシュバーン・クロスビー社（ゼネラル・ミルズの前身）の広告部門マネジャーが生み出したこちらのベティーは、不眠不休で活躍した。最初に登場したのは、広告部門が顧客に送付する手紙だった。文面の最後に彼女の親しげな署名が入れられたのである。程なくして彼女は、熱心なファンから送られてくる1日5000通もの手紙に返信するようになった。1950年に同社のミックス粉「パーティーケーキ」が大好きだと手紙を送った女性スプリンガー氏も、ベティーの返信を受け取った1人である。「『パーティーケーキ』『チョコレートケーキ』『ジンジャーケーキ』『クーキー』、どれも時間を節約できるすばらしいミックス粉ですよ[注28]」と書かれていた。

「何個焼いても失敗ゼロ。いつも完璧なケーキをお約束します」といったベティー・クロッカーの宣伝文句が、ラジオでも雑誌でも、そしてテレビでも流れた。「ベティーのキッチン」というショールームも各地に作られ、ゼネラル・ミルズの製品を使った簡単・手軽な料理の教室が開かれた。ベティーのキッチンは非常に有名になり、1959年、モスクワで開かれた米国産業博覧会の会場にも設置されたほどである（このセットは、副大統領リチャード・ニクソンとソ連共産党第一書記ニキータ・フルシチョフによる有名な「キッチン討論」の会場としても使われ、ソ連の人々に米国の近代的な生活を見せつける結果となった）。ベティー・クロッカーの料理本も次々に発行され、ベストセラーとなった。それらは、単にデザート作りを勧めるだけの本ではなかった。スーザン・マークスが著書『Finding Betty Crocker（ベティー・クロッカーを探して）』で指摘しているように、これらの料理本に書かれたレシピやアドバイスは「米国民の食生活を根底から揺さぶり、陳列棚の常連となりつつあった加工済みコンビニエンスフードへと向かわせる」性格を帯びていた。

しかし、ベティー・クロッカーをもってしても、ベティー・ディクソンの教えを完全に突き崩すことはできなかった。それを成し遂げるにはもっと狡猾な戦略が必要だった。フーバー長官時代の連邦捜査局（ＦＢＩ）が敵対者リストの対象者を追跡したように、食品業界は家政学協会にじわじわと入り込んでいった。協会誌の記録によれば、この作戦はまずお金と広告で始まった。ゼネラルフーヅは、１９５７年だけでも[注29]協会の助成金や奨学金に28万８２５０ドルを拠出し、若手教師たちの感謝を勝ち取った。次に、協会誌の一部のセクションがインスタント食品やケーキ用ミックス粉といったコンビニエンス食品の宣伝に割り当てられるようになった。協会主催のフェア会場ではゼネラルフーヅなど各企業が凝ったブースを出して、来場者に食べ物や飲み物をふるまった。

それから食品業界は、家政学協会を意のままにすべく、人を送りはじめた。業界寄りの姿勢が明らかな人物が協会のリーダー的地位につけるよう、後ろ盾となったのである。ゼネラル・ミルズ重役であり１９８７年に家政学協会の会長となったマーシャ・コープランドは、手間をかけた家庭料理の衰退は、同社の構想というより、女性の社会進出に伴う必然の成り行きだった、と私に話した。「１９６３年に私がゼネラル・ミルズに入社したときには、料理を一から手作りするための時間も関心も人々は持っていませんでした[注30]」とコープランド。「手作りするのは得意料理だけ。たとえばポットローストだったり、デザートだったり、あるいはパンを焼いたり。楽しみとして作るわけです。ゼネラル・ミルズの従業員には、食べ物を楽しくすることを考えるように言ってきました」

一方、ベティー・ディクソンのような教師たちは、現代主婦にのしかかる多数の問題に対応するため、カリキュラムの変更を余儀なくされた。ディクソンを米国最後の家庭科教師と呼ぶのは愚かだ。家庭科教師は今でも存在する。しかし授業内容は1970〜80年代にかけて様変わりした。協会には「ティーチャー・オブ・ザ・イヤー」という賞があり、ディクソンも1980年に選ばれた。受賞理由は「料理と買い物をカリキュラムに残している」というものだった。(注31) しかしそれ以降は、食事の作り方などの家事を教えたからではなく、いかに仕事を得て消費者になるかを教えたという理由で受賞者が選ばれるようになった。

ディクソンの負けが決まったのは1959年と言えるかもしれない。彼女が教師になってまだ6年目のことだった。雑誌『タイム』にコンビニエンスフードの特集が載った。同誌は当初、表紙を飾る顔として、新しい時代の料理の良さを象徴する人物を探し回った。しかし最終的に選ばれたのは、「コンビニエンスフード」という言葉を生み出したその人、ゼネラルフーヅのCEOチャールズ・モーティマーだった。記事には「現代生活《モダン・リビング》」という見出しがつき、「温めて盛り付けるだけ」というコピーとともに、ハリウッドのある秘書の話が紹介された。平日の夜、仕事から戻った彼女は、14人のゲストを招いてディナーパーティーを開いた。食卓には、オードブル、シュリンプカクテル、ニューバーグ風ロブスター、サラダ、アスパラガスのオランデーズがけ、米、ロールパン、ケーキ、アイスクリームが並んだ。記事は「彼女がゲストの眼前に並べたご馳走のほとんどは、彼女の手元に届く前に『工場のメイドたち』が洗い、切り、皮をむき、混ぜ、調理し、1人分ずつに取り分けたものだ」(注32)と興奮を伝えている。「こんな超スピード料理は、一昔前だったら非難の嵐を呼んだだろう。だが今の米国では、何百万人もの主婦たちに笑顔を運んでいる。『インスタント』『すぐ完成』『温めて盛り付けるだけ』といったスローガンとともに急増している『コンビニエンスフード』、つまり加工食品は、米国の食習慣に変革を巻き起こし、キッチンにささやかな奇跡を届けている」

「米国の料理革命にどこよりも貢献した企業が、世界最大の食品加工会社、ゼネラルフーヅである」と記事は続いた。「同社は、売り上げトップを続けている冷凍食品シリーズ『バーズ・アイ』で革命の火付け役となった。昨年は250種(風味などのバリエーションを含む)の製品を計45億パッケージ出荷し、売り上げは11億ドルに達した。西海岸から東海岸まで、ジェロー、マクスウェルハウス・コーヒー、ポスト・シリアル、スワンズダウン・ケーキミックス、ミニットライス、ゲインズ・ドッグフードなど、同社の商品名はすっかり生活用語となった」

そして、家庭料理擁護派への最後の一撃として、料理本の代名詞的存在『ファニーファーマーズ・クックブック』を読んだモーティマーのコメントが紹介された。彼が読んだページには、ウロコ取りや骨抜きから始まる魚の調理法が長々と説明されていた。

「主婦は、そんな血なまぐさい作業をやっと片付けた揚げ句に、指をやけどしたり、キッチンを魚臭い煙でいっぱいにしなければならない」

彼は勝ち誇ったように続けた。「冷凍フィッシュフライの包装には何と書いてありますか?『温めて盛り付ける』、それだけです」

『タイム』誌が祝福した手軽な食品が普及し、手作り料理が大きく後退した1960年代から1970年代にかけて、家庭科のあり方も変わっていった。ベティー・ディクソンはこの変化を、言葉を慎重に選んで説明した。「私たちはかつて技術を教えていましたが、それが時とともに変化し、消費者教育という色合いが強くなりました。世の中の仕事が増え、人々が使えるお金も増えて、とてもよかったと思います。でもそれが常に最良だったわけではありません。お金の使い方が変わりました。高校生も車が必要になり、そして車を手に入れるために仕事が必要になったのです(注33)」

チャールズ・モーティマーは1978年に死去し、所有していたニュージャージー州の牧場に埋葬された。牧場は後に、孫の1人によってワイナリーとなった。モーティマーの伝説を守る役割はアル・クローシに残されたが、それについて語る現在のクローシはかすかな苦渋の色を見せた。彼は私に、モーティマーのコンビニエンス主義で最も注目に値する点は、プディングがあっという間にできあがることでも、スプーン数杯の粉末でオレンジ絞りの手間を省けることでもないし、「工場のメイドたち」が用意した食品を冷蔵庫や冷凍庫から取り出すだけでフルコースのディナーをふるまえることでもない、と言った。クローシによれば、コンビニエンス主義で最も注目に値する点は、新しい世代の消費者、つまり簡単調理のパッケージ食品に歓声をあげた人々の子どもや孫たちから疑問を投げかけられるようになったことだという。

「消費者が便利さを重視していることは変わらない(注34)」とクローシ。「だが以前と違って、人々はもっと問いかけるようになった。どのように便利なのか？　どんな成分が入っているか？　便利さの代償に支払うものは何か？　といった問いかけだ」

クローシは現在でも食品コンサルタントの仕事を続けているが、最近、そんな自分に笑ってしまうできごとがあったという。ゼネラルフーヅの古いライバルから仕事を依頼されたのである。ケロッグだ。主力商品であるシリアルの売り上げを伸ばしたいという相談だった。クローシは、消費者が便利さに疑問を持ちはじめていることを念頭に、糖分以外のもので関心を集めることを提案した。「ナッツ類のようなタンパク源で朝食用シリアルを作れませんかね？」と彼はケロッグの担当者に言った。「ナッツ類は栄養が豊富ですから」

だがケロッグこそ、1950年代初頭に砂糖を大量に使ってゼネラルフーヅを追い落とし、以後ずっとシリアル市場をリードしてきた企業である。実のところ、同社は糖分にすっかり頼り切っていて、簡単には後戻りできなくなっていた。(注35) 消費者が糖分を気にするようになったからといって、糖の使用量を減らせば生き残れない。世界最大のシリアルメーカーは、消費者をつなぎとめておく別の道を見つけなくてはならなかった。彼らは、加工食品業界で日々存在感を強めていたマーケティングの分野にその道を見いだすことになる。

第4章

それはシリアルか、それとも菓子か

ジョン・H・ケロッグが1800年代後半にミシガン州の草原地帯でサナトリウムを始めたのは、ある病気を治したいとの思いからだった。(注1) ガスの膨満による胃痛、いわゆる消化不良である。ある人物が「アメリカ病」と呼んだほど全米に蔓延していたこの胃痛は、朝食に大きな理由があった。19世紀米国の典型的な朝食は、ソーセージ、ビーフステーキ、ベーコン、油で揚げたハムなどで、後には塩漬け豚肉やウイスキーも加わった。脂肪分が人々の朝の楽しみになっていたのである。

若いころ、ニューヨーク市にあるベルビュー病院医学校の学生だったケロッグは、この食習慣の影響を目の当たりにしていた。消化不良の蔓延に懸念を抱いた彼は、早々に故郷のミシガン州に戻り、適切な栄養摂取を推進する人物がこの国には必要だ、と心を決めた。

デトロイトの西200キロメートルほどの草原地帯にバトルクリークという町があり、小さな保養所があった。ケロッグはその管理者となって、「バトルクリーク・サナトリウム」と改名した。日光浴室や体育館を建て、ゴムの木を植えた温室も作った。次第に、健康にいいという評判が立ち、部屋は予約で埋まるようになった。繁忙期には400人の利用者が滞在し、1000人のスタッフが世話にあたった。入浴、浣腸、運動といったプログラムがぎっしり組まれていたが（ちなみに、「バトルクリーク・サナトリウム・マーチ」という歌に合わせて足を高く上げるエクササイズもあった）、利用者たちは喜んで参加した。しかしケロッグが何より力を注いだのは、厳密な食事メニューで彼らの食習慣を変えることだった。サナトリウムの食卓には、小麦グルテンの粥、オートミールのクラッカー、全粒粉のパン、南アフリカの草を使った茶などが並んだ。ケロッグは、塩分と糖分の取りすぎが米国民の健康を損ねた主因だとして、この二つを徹底的に排除した。そのため、サナトリウムの食事は塩と砂糖をまったく使わずに作られ、脂肪分も少なかった。「肉抜き、全粒粉」が彼の食事改革の中核をなしていた。

１８９４年にコロラド州デンバーに旅行したケロッグは、１人の起業家に出会った。消化不良に悩んでいた彼は、全粒小麦のビスケットから作ったシリアルを発明していた。そのアイデアにほれ込んだケロッグは、独自に朝食用シリアルを作ることを決心した。バトルクリークに戻ると、妻の協力も得て、シリアル作りに取り掛かった。小麦粥の残りを機械でつぶしてシート状に広げ、オーブンに入れると、フレーク状のシリアルができあがった。彼はそれをサナトリウムの食事に出した。利用者たちの反応は、まずまずだった。食感が斬新であることは確かだった。

そのまま何も起きなければ、食事の選択肢がないサナトリウムの利用者が、彼のシリアル市場のすべてとなっていたかもしれない。だが、身内から小さな裏切りが出た。ジョン・H・ケロッグにはウィルという弟がいて、サナトリウムの経理を担当していた。（注２）健全な経営管理が急務だった時期にも医学遊びにふけっていた兄と違って、ウィルは利益を上げることに強い関心を持っていた。彼は、シリアル事業の実権を握り、裏庭の納屋を勝手に使ってフレークを作るようになった。兄弟は「サニタス・ナット・フード・カンパニー」という会社を興してこのシリアルの販売を始めた。細部に気を配るウィルの才覚もあって、砂糖不使用にしてはまずまずの売れ行きとなった。1896年の販売量は51・4トン。購入者は主にサナトリウムの利用者と地元の人々だった。ウィルは、兄に勧められて、醸造業者が使うひき割りトウモロコシ粉でもフレーク作りの実験を始めた。2人は、できあがったシリアルを「サニタス・トーステッド・コーンフレーク」と名付けた。

そして裏切りが起きた。

1906年、ジョン・H・ケロッグが医学の情報収集のためヨーロッパ旅行に出かけた。その間にウィルは砂糖を買ってきて、コーンフレークの生地に加えてみた。今回は患者たちの反応もすこぶる良かった。戻ってきたジョン・H・ケロッグは激怒した。兄のもとを離れたウィルは、数カ月後には「ケロッグ・トーステッド・コーンフレーク」と名付けたシリアルを1日2900箱も出荷するようになった。2人は、一族の名前の商用権をめぐって法廷で2度争った。勝ったのはウィルだった。1922年12月11日、彼は経営する会社の名前を「ケロッグ」に変更した。

こうして米国に甘い朝食が誕生した。そしてこの経緯は、その後、食品業界にとって中核的な戦略となった。塩分、糖分、脂肪分という3本柱のどれかで健康上の懸念が持ち上がっても、食品メーカーがとるべき対策は単純である。問題の成分を減らして、そのとき問題になっていない成分を増やせばいい。この場合で言うと、脂肪分の多かった19世紀の朝食が消化不良の蔓延で糾弾され、糖分たっぷりのシリアルが20世紀の朝食となった。それは新たな健康問題を生み出してゆくのだが、市民に懸念が広がるのはもっと先の話である。

だが、甘いシリアルの普及に関する功績と責任は、ウィル・ケロッグだけに属するわけではない。サナトリウムの最初期の利用者の1人に、C・W・ポストというマーケティングの名人がいた。(注3) 滞在中の入浴や食事などに触発された彼は、やがて自分でビジネスを始めた。1892年、彼はバトルクリークの東側で温泉施設を開業し、ケロッグ兄弟のライバルとなった。そして、コーヒー代用飲料の「ポスタム」や、「グレープナッツ」シリアルといった健康志向の商品を次々に打ち出した。「グレープナッツ」といっても、「グレープ」とは彼が「グレープシュガー」と呼んだ麦芽糖のことで、「ナッツ」とはナッツ風の香料のことだった。やがて彼は、「ポスト・トースティーズ」という甘いコーンフレークも売るようになった。

とはいえ、ポストが食品業界に残した最大の功績は、シリアルではなく、巧みなマーケティング技術だろう。米国史上初の広告キャンペーンといえる活動の中で、彼はコーヒーを「有毒な」カフェインを含む「薬物飲料」と呼んで、ポスタムを売り込んだ。最初のシリアルの販売では、「脳は『グレープナッツ』で作られる」というスローガンを掲げた。そして「ポスト・トースティーズ」では、緑と白の箱に預言者エリヤの絵を描いた。世紀の変わり目に全米を覆ったスピリチュアル・ムーブメントを狙ったことは明らかだった。1897年には、ポストは広告費に年間100万ドルを費やし、年間100万ドル以上の利益を上げていた。*2

ウィル・ケロッグもマーケティングに打って出た。そしてケロッグとポストの2人が富を築きあげる中、バトルクリークはシリアルの町として活気づいた。全米から起業家たちがやってきて工場

料品店の陳列棚を占拠しており、競争の生じる余地がなくなっていた。ビッグ・スリーによるシリアル市場の支配があまりに強固だったため、（注6）１９７６年、連邦取引委員会（ＦＴＣ）は、共有独占状態を作って価格をつり上げたとして３社を提訴した。それによれば、３社は、文書による合意はないものの、他の企業が陳列スペースを確保できていた場合より１箱当たり20〜30セント高い価格をつけていた。こうして３社が消費者に不当請求した金額は１９５８年からの累計で12億ドルにのぼり、カルテルが解消されなければさらに毎年１億２８００万ドルが上乗せされることになる。しかし、この提訴でＦＴＣの評判が高まることはなかった。ビッグ・スリーは提訴内容を否定して強力な抗弁を行い、法的措置は遅々として進まなかった。３社はＦＴＣ側の法的追及を巧みにかわし続け、ついに１９８２年、ＦＴＣは提訴取り下げを決定した。

一方、箱の中身に関するもっと重大なことについては、ビッグ・スリーと渡り合おうとする人物はワシントン界隈にはいないようだった。ケロッグも他のメーカーも、連邦政府、特に食品医薬品局（ＦＤＡ）と太い人脈を築いていたのである。ＦＤＡは、農務省の管轄である食肉と乳製品を除き、すべての加工食品の製造を監督する立場にあったが、糖分を国民の健康への脅威と見ることは断固として拒否していた。糖分添加量のラベル表示をメーカーに義務付けるよう求める動きもたびたびあったが、同局はこれにも応じようとしなかった。大ヒットのシリアルに子どもたちが飛びつくのはなぜか、親たちにもだいたい察しはついていた。しかし、具体的な数字が何もないため、糖分への懸念は漠然としたままだった。

それが１９７５年に一変した。シリアルメーカーの利益の要石である糖に対して突然、消費者の警戒心が高まったからである。手を打てずにいる政府当局を尻目に、2人の人物が市民の代弁者としてビッグ・スリーに対峙した。1人は、テキサス州ヒューストンの退役軍人病院に勤務していた進取的な気性の歯科医、アイラ・シャノン。(注7) 子どもの虫歯が爆発的に増えたことに危惧を抱いた彼は、ついに我慢ならなくなった（当時のある推定によれば、米国人の未治療の虫歯は10億本あったという）。シャノンは地元のスーパーに出かけると78種類のシリアルを買い込み、実験室で糖分量の精密測定に取り掛かった。3分の1の商品は糖分量が10～25%だった。3分の1は糖分が50%近くあった。さらに高いものが11種類。その一つ「スーパー・オレンジ・クリスプ」は、70・8%が糖分だった。各商品をテレビ広告の記録と突き合わせると、糖分量が多いものは、土曜朝のアニメ番組の枠で子ども向けに盛んに宣伝されているものであることがわかった。

この歯科医の報告書を手に、シリアル業界にとってさらに大きな脅威となる2人目の人物が立ち上がった。ハーバード大学の栄養学教授であり、後にタフツ大学学長となるジーン・メイヤーである。貧困と空腹の研究で名を知られるようになった彼は、食に関する分野で強大な影響力を持っていた。1969年には、リチャード・ニクソン大統領の顧問として「食と栄養と健康に関するホワイトハウス会議」を組織し、低所得者に対する食品割引券制度や、低所得世帯の子どもに対する学校給食拡充制度などを導入した。こうした制度は食品の販路拡大につながったので、メイヤーは食品業界から歓迎されていた。

しかし、メイヤーが肥満を「文明病」と呼んで先駆的な研究を始めると、業界は彼を脅威として見るようになった。(注8) 食欲をコントロールするのは血糖値と脳の視床下部で、この二つはいずれも糖分に大きく影響される。このことを発見したのがメイヤーだった。彼は、糖尿病との関連性を指摘して、糖を最も危険な食品添加物の一つと考えるようになり、早くから糖分使用を批判した。そして、「糖には低価格でカロリーを提供するという貴重な役割がある」という食品業界の主張に断固として異議を唱えた。1975年、糖分に対する懸念をシリアル業界にぶつけるため、彼は1本の論説を書いた。この論説は「それはシリアルか、それとも菓子か」という見出しで全米の新聞に掲載された。メイヤーの意見はこの上なく明確だった。歯科医シャノンの報告書と、消費者の健康保護という責任を放棄したFDAの実態を紹介しながら、彼は食品業界の主張を一つ認めた。シリアル商品の多くは、確かに、ビタミン類やミネラル類が強化されている。だがこの強化は策略でしかない。一部のキャンディーバーは大方のシリアルよりタンパク質が多いのである。メイヤーはシリアルを「糖分コーティングしたビタミン剤」と呼び、次のように書いた。「糖分50％以上のシリアルは『シリアル模倣品』あるいは『シリアル菓子』と表示し、陳列もシリアル売り場ではなく菓子売り場にすべきだ（注9）」

メイヤーが反対運動を続け、親たちの疑念が強まると、今度ばかりはビッグ・スリーも反撃しなかった。新聞の食品担当記者や編集者が毎年集まる会議で、1977年の中心的話題は糖分となり（注10）、複数の食品メーカーが苦しい対応を迫られた。ベビーフードメーカーのガーバー社もその一つである。同社の会長は、栄養活動家らの圧力を受けて、特に甘味が強い「ブルーベリー・バックル」と「ラズベリー・コブラー」の2商品を打ち切りにしたことを話した。「当社はこれらのベビーフードについて、栄養が特に優れていると言ったことは一度もありません（注11）」と彼は言った。「おいしい、と言っただけです」。ケロッグには、「糖分たっぷりのシリアルをどうしてシリアルと呼べるのか」という質問が飛んだ。本来「シリアル」は、穀物で作った食品を指す単語だ。答えたのは、後に同社の北米地域を率いることになる、広報担当副社長のゲリー・コストリーだった。「ライフスタイルに合わせたから、というのが率直な答えです」と彼は言った。「もしかすると、『朝食用シリアル』という呼び方をやめて、『朝食用食品』と言うほうがいいかもしれません。これらの商品は、手間暇《てまひま》かけた料理に代わるものであって、穀物で作ったかどうかはわれわれは気にしません」

そうは言っても、ケロッグは糖分に関してタオルを投げ入れたわけではなかった。コストリーの言葉は、立ち位置を巧みにシフトさせていこうとする同社の戦略を物語っていた。その後何十年かのケロッグを特徴づけるのは、同社の覇権そのものではなく、シリアル市場の支配力をあくまで保ち続けようとする姿勢だったと言えるだろう。糖分に対する消費者の懸念が高まり、ポストとゼネラル・ミルズ以外の企業との競争にも直面して、ケロッグは糖を前面に出さないことで売り上げ増強を図ろうとした。中には明らかな変化もあった。たとえば、主力ブランドである「シュガー・フロステッド・フレーク」の名前が「フロステッド・フレーク」に変えられた。他のメーカーも、商品名からそっと「シュガー」を落としていった。

糖分重視からの脱却は商品名だけにとどまらなかった。消費者の懸念に対応するにはマーケティング計画を根本から見直す必要があることに、各社とも気づいたのである。甘さで売ることをこれ以上続ければ減収は避けられない。宣伝手法は売り上げに直結する。宣伝を成功させるには、もっと強力で役に立つテーマが必要だった。

糖分以外のもので消費者の関心を引くためにケロッグが立てた戦略は、1世紀前、ライバルのC・W・ポストが宣伝文句の作成に発揮した創造力と、どこか似たものがある。そしてこの時の路線変更は、同社の本質をも変化させた。製品そのものではなく、製品を売ることに熱意と専門性を持つ重役たちが主導権を握るようになったのである。同社はみるみる変わっていった。それは間一髪の変化でもあった。ずっと糖分を放置していた連邦政府当局が、にわかに攻撃に出たのである。

ワシントンで糖分闘争の引き金を引いたのは、虫歯の急増だった。(注12)１９７７年、医療専門職１万２０００人が署名した請願書が連邦取引委員会（ＦＴＣ）に提出された。請願内容は、糖分の多い食品の広告を子ども向けテレビ番組で流すことを禁止するというものだった。請願に同調した複数の消費者団体も動いた。彼らは、小児歯科医の協力で虫歯を２００本集めて、袋に詰め、広告規制の請願書と一緒にＦＴＣに送った。

ＦＴＣの反応は業界を驚かせた。63年前に開設されたＦＴＣは、長らく、政治的支援の見返りにポストを得た人々の吹きだまりだと見られていた。職員はみな消極的で、能力的にもさまつなプロジェクトしか扱えない、というのがもっぱらの評判だった。だが、ニクソン政権が人事を一新したことで、理想主義の若い法律家たちが集まるようになり、ついに彼らが、価格つり上げや虚偽広告について各業界との真剣な戦いに乗り出した。１９７７年初頭、ジミー・カーター大統領は、上院商業委員会の首席顧問を務め、消費者活動家として信頼を集めたマイケル・パーチャックをFTCの委員長に任命した。パーチャックは、子ども向け広告の問題を、一つの重要な取り組みというだけでなく、FTCの組織活性化の好機としても捉えた。気持ちの上でも消費者と結びつき、「われわれは本気だと示す最大の伝達手段」となるプロジェクトが、ようやく動き出したのだった。

「タバコのときもそうだったが、われわれは虚偽や誇張の疑いがある個々の広告を問題にしているわけではない。子ども向け広告のあり方自体を問うているのだ」とパーチャックは言った。「子どもたちを取り巻く環境にこれらの広告が及ぼしている影響は、たとえ意図的でないにしても、明白な危険信号を灯す性質のものだ（注13）」

消費者活動家らがFTCに求めたのは、甘い食品の子ども向け宣伝活動を抑止することだけだった。だがFTCは、それにとどまらない複数の勧告を行った。その中には、食品であれ何であれ、子ども向けの広告をすべて禁止すべき、というものすらあった。カーター政権は政治的見識の評判が芳しくなかったが、この広範な広告規制も金額にして6億ドルにのぼるという問題をはらんでいた。食品産業にとって広告宣伝は、塩分・糖分・脂肪分と並んで、魅力を作り出すための強力なツールであり、他社との差別化に使える唯一の手段である場合もあった。

シリアルは利益率が高いため競争が激しく、広告の重要性がとりわけ高い。現在、売り場では200種ものブランドとそれらの派生商品が買い物客の注意を引こうと競い合っており、各社がつぎ込む広告費は原材料費の2倍近い。そうでなくとも、シリアルメーカーは1970年代にはすでに大手広告主となっていた。子ども向け商品をすべて合わせた広告費は、マスメディアにとって年間

6億ドルの収入源になっていたのである。

この巨富を攻撃するのは愚行だ、とFTCに警告した人物がいた。シボレー社の大衆車コルベアの安全性が低いことを明らかにして伝説的存在となっていた消費者活動家、ラルフ・ネーダーである。ネーダーは、この貴重な収入源を守ろうと業界は徹底抗戦してくるだろうが、子ども向け広告に関する市民の懸念はそれに勝てるほど強くはない、とFTC委員長のパーチャックに言った。「広告主を攻撃すれば、規制当局者たちの白骨死体を砂漠にまき散らす結果になるだけだ」(注14)

それでもパーチャックとFTCは強硬策に出た。相手は、海千山千の産業界ロビイストたちである。(注15) 平手打ちを食わされて黙っているはずがなかった。ワシントンの有力ロビー会社パットン・ボッグスのトミー・ボッグスが、32の広告主、食品会社、テレビネットワークを組織して、FTCの提言に対抗した。伝えられるところによると、彼らが調達した活動資金は1600万ドル。当時のFTC年間予算の4分の1に相当する額である。結局パーチャックは、早まった判断をしようとしており、さらに、主要メディアを味方につけようと積極的に活動したとして、FTC公聴会を監督する資格を剝奪されてしまった。

それまで、民間企業との力のバランス上必要であるとしてFTCの業務をおおむね支持していた『ワシントン・ポスト』紙の編集部も、この子ども向け広告の一件では強い反対に転じた。(注16) 同紙はある日、「国の過保護な乳母」と題した社説を掲載した。社説は、業界のやり方に一石を投じて子どもたちの糖分摂取を減らすことは健全な目標かもしれない、としたうえで、こう続いた。「しかし、子どもたちは何から守られるべきなのか。虫歯の原因となる菓子や甘いシリアルだろうか。それとも、『だめ』を言えない親たちだろうか。広告に何が起きたところで、食料品店の棚に商品が並ぶことは変わらない。FTCの提言は、事実上、親の弱さから子どもを守り、駄々をこねる子どもから親を守ることになってしまっている。それはもともと（雇えればの話だが）住み込みの家庭教師の仕事である。政府の仕事として適切ではない」[*3]

子ども向け広告の規制が失敗に終わっただけではなく、議員にも規制をやりすぎだと考える人が多く、FTCは次第に味方を失って転覆寸前にまで陥った。（注18）1980年5月1日、ついに財源が尽きて、FTCは1日閉鎖されたのである。開設以来初めての事態だった。FTCの若い活動家で法律家だったブルース・シルバーグレードは、このときFTCを辞め、請願書を提出した消費者団体「公益科学センター」に移った。現在は食品会社を代理するロビー会社に勤務する彼は、このときのFTCの閉鎖が、後のクリントン政権下で起きた政府機関全面閉鎖の前触れとなり、消費者保護

＊3 「過保護な乳母」という比喩は35年後に復活する。（注17）2012年、メガサイズの清涼飲料の販売を規制しようとしたニューヨーク市長の提言に対抗するため、飲料業界の団体がこの表現を用いた。団体は、市長をロングドレスとスカーフ姿で登場させた全面広告を作成して「過保護な乳母殿。ここが自由の国というのは思い込みでした」とコピーを書いたのである。このとき、飲料業界団体の広告掲載紙でもあった『ニューヨーク・タイムズ』の編集部は業界寄りの立場を取った。同紙の社説は「健康的なライフスタイルを広めることは重要である」としたうえで「糖分が多い飲み物の場合、よく言われる『コーラ2リットルで900キロカロリー』という指摘は有用だろう。だが過保護になりすぎて規制を設ければ、人々は耳を貸さなくなってしまう」と主張した。しかし、『ワシントン・ポスト』紙が「過保護な乳母」の表現を使った当時と異なり、過剰消費がすべての米国民にとって問題となっていたことを、同紙は指摘しそびれている。飲料業界が年間7億ドルの広告費を費やして売上増加を狙う一方で、肥満による健康障害に関連してニューヨーク市と国が拠出する医療費は年間900億ドルを超えていた。

活動にも不吉な影を落としたと考えている。彼は私にこう話した。

「あれがワシントンの一つの転換点になった。『過剰規制』という概念があのときから始まったのだ」(注19)

パーチャックはその後も数年間委員長を務めたものの、実質的な権限は剝奪され、彼の立てた計画も放棄された。FTCの舵取りは、それほど積極的でない一派が担うようになった。パーチャックは1984年の退任時にこう話した。「彼らはFTCのエネルギーを抑制し、職務を無視し、資源を無駄にして、知的道楽にふけってきた。彼らがぶらぶらしている一方で、消費者は苦しんだ」(注20)

次の委員長には、政府による規制をずっと批判してきたジェームズ・ミラーが就任した。ミラーは、パーチャックには変化を起こす機会があったはずだとして、彼の批判を払いのけた。当時の彼の言葉である。「率直に言うが、連邦取引委員会の重点や見解は変化してきた。われわれは不正行為には関与しない」(注21)

とはいえ、パーチャックの取り組みがまったくの無駄に終わったわけではなかった。産業界との戦いの中で、彼のスタッフは340ページに及ぶ調査報告書を作成していた。(注22)そこには、食品業界の宣伝活動に糖分が果たした大きな役割と、子どもたちへの影響が明らかにされていた。

報告書は、最初の段落から挑戦状を叩きつけて、次のように記していた。子どもは欺かれやすく、テレビCMを情報提供プログラムとして見てしまう。そのうえ、特に糖分に関しては「テレビ広告が自分に及ぼす影響」を把握することができない。1979年時点の典型例では、米国の子どもが2〜11歳の間に目にするCMは2万件以上で、甘いシリアルや菓子類、ソフトドリンクの広告がその半数以上を占める。「糖分の売り込みは各ネットワークで30分当たり4回にも達し、ファストフードの広告も含めれば30分当たり7回である」。そして報告書は、栄養に関する別の問題点も指摘していた。食品メーカーは、消費者に甘いものをもっと食べさせようとしているだけではなく、甘いものの消費量が減らないよう、消費者の注意を健康的な食品からそらさせようとしている、というものだった。

投票権を持つ委員らを動かそうと、報告書の作成スタッフはさらに付け加えた。「子ども向けに作成されたテレビ広告で最も多いのは、糖分を多く使った食品である。こうした食品の摂取は子どもの歯の健康を損なう恐れがあり、他の面でも健康を損なう可能性がある」

ＦＴＣのスタッフは、こうした非難を安直に発したわけではない。報告書作成にあたって、彼らは足でデータを集めるとともに、週末日中のテレビを9カ月間にわたって調査した。糖分たっぷりのシリアルの広告は３８３２件、キャンディーやガム類が１６２７件、クッキーやクラッカーが８４１件、フルーツ飲料が５８２件、ケーキやパイなどのデザートが１８４件あった。ちなみに、肉、魚、野菜ジュースなど、甘味づけしていない食品の広告は全部で何件あっただろうか？　４件である。

ＦＴＣの報告書はそれで終わらなかった。実名を挙げ、業界資料からの引用も載せた。その中には、子ども向け広告の核心を極めて簡潔にまとめたケロッグの内部文書もあった。「すぐ食べられるシリアルを子ども向けテレビＣＭで宣伝すると、子どもの消費量が増える」。報告書の言及は放送事業者にも及び、放送業界雑誌『ブロードキャスト』の自社広告が紹介された。そこには、広告主向けに率直なアドバイスが書かれていた。「少年チャーリーに商品を売るにはどうすればいいでしょう。買うのは彼の母親です。でもまず売り込むべき相手はチャーリー。彼のお小遣いはせいぜい週50セントですが、その購買力たるや全米規模の現象です。ゼネラル・ミルズやマクドナルドに聞いてごらんなさい。チャーリーは気に入ったものをたいてい手に入れています。もちろん、チャーリーに売り込むには、座っているときか、少なくとも静かに立っているときに彼をつかまえる必要があります。これは簡単ではありません。でも幸い、チャーリーはテレビが大好きです」

同誌の広告はさらに続く。「そしてもちろん、チャーリーは1人でテレビを見るわけではありません。ジェフやトミー、クリス、スージー、マーク、それに弟のジョンも隣にいることでしょう」

「これが『キッズ・パワー』です」

憤激したスタッフは言葉を続けた。

「われわれが集めた広告事例には、砂糖をたっぷり使った特定ブランドのシリアルがなければ朝食は『全然楽しくない』と子どもに教えたテレビCMもあった。また、砂糖を大量に使ったフルーツ風味のあるシリアルの広告では、果物売りがその商品を食べた後に売り物の果物を放棄する場面が描かれ、実質的にそのシリアルは新鮮なフルーツよりいい、というメッセージになっているものもあった。ほかにも、『糖分を取ることは望ましく楽しいことだ』『朝食であれ間食であれ、これは空腹を満たす普通の方法だ』『糖分を取っている少年少女は健康で幸せだ』というメッセージになっているCMが非常に多数あった」

子ども向けテレビ広告を規制するというFTCの提言は、報告書の内容を報道した記者たちに火をつけた。(注23) そして、FTCが追及をやめた1980年以降も、加工食品に含まれる糖分は引き続き市民の関心の対象となった。1985年、運動の端緒となった公益科学センターは、消費者が壁に貼って利用できるよう、特に人気が高い加工食品ブランドについて糖分量の目安を示した図表を作成した。『ニューヨーク・タイムズ』紙の健康記事専門家として大きな影響力を持つジェーン・ブロディは、この図表を紹介した記事の中で、米国人なら誰でも「一度の食事で摂取されている糖分量にびっくりする」だろう、と書いた。

糖分に対する根強い攻撃は、ある程度の効果をあげた。同年、ポスト社は「スーパーシュガー・クリスプ・シリアル」の商品名を「スーパー・ゴールデン・クリスプ」に変更した。ただし、糖分量はやはり50%を上回っていた。当時の同社の広報担当者は、この変更は「砂糖《シュガー》という単語への感度が高まっているとの認識で」行われたと説明し、「古い商品に新しいイメージを持たせるためのマーケティング手法です(注24)」と付け加えた。

「シュガー」の語を落とすこの方法は、ケロッグが「シュガー・フロステッド・フレーク」を「フロステッド・フレーク」に、「シュガー・スマック」を「ハニー・スマック」に変えた動きに続くものである。いずれも糖分が50%を超える、同社の主力商品だった。だが、糖分を売りにするのがシリアルのマーケティング戦略としてスマートでなくなると、ケロッグには、さらに優れたシリアル販売方法を見いださなければならない、という強いプレッシャーがのしかかった。

1990年代はケロッグにとって難題の連続で始まった。まず、「ビッグ・スリー」の独壇場だったシリアル市場に、セーフウェイやクローガーといった巨大小売りチェーンが参入してきた。それらチェーンは、有名ブランドをまねたコピー商品を出す一方で、「ビッグ・スリー」のような高額の広告を避けて、価格を3分の2に下げた。(注25) その結果、売り上げが急増し、1994年にはシリアル市場の10％に迫る5億ドル弱に達した。

ケロッグにはさらに頭痛の種があった。旧来のライバルであるゼネラル・ミルズが新しい価格戦略でシリアル売り場を制しつつあったのである。長年、ポスト、ケロッグ、ゼネラル・ミルズの3社は、じりじりと値上げを続けることで着実に利益を確保してきた。ところが1994年春、ゼネラル・ミルズが一抜けして価格を引き下げ、(注26) 同時に、値下げ分を補うため販売のてこ入れを行い、販売量を増やそうとした。同社シリアル部門トップのスティーブン・サンガーは、消費者を引き付けるためのキーワードを持っていた。「流動性」である。サンガーの考えによれば、製品には常に動きがなくてはならない。買い物客がシリアル売り場に来るたびに、お気に入りの商品に何か違いが見つかるようにして、前回と同じだけ、あわよくば前回よりたくさん買いたいと思わせる。これを「製品ニュース」と呼んだ彼には、消費者を引きつける才覚があった。たとえば、糖分量を増やして、さくさく感をアップさせる。あるいは、「おまけ」をつける方法もある。シリアルの箱の中にマイケル・ジョーダンのポスターが3種類入っている、といった類いだ。つまり「このシリアルは新しくて面白いですよ」と買い物客にささやくものが「製品ニュース」である。ゼネラル・ミルズで1990年から1992年まで子ども向けシリアルのマーケティングマネジャーを務めたジェリー・フィンガーマンによれば、顧客調査、製品開発、販売、法務など各部門の重役たちが知恵を出し合って製品ニュースを発し続けたという。「サンガーから強い催促があった」とフィンガーマン。「この業界では常に新鮮で機敏でいなくてはならない、とね」(注27)

そんなゼネラル・ミルズの製品開発を大きく牽引したのが糖分だった。糖分が重量比わずか3・5％と最も健康的なブランドだった朝食用シリアルの「チェリオズ」でさえ、1988年に甘い製品が登場した。糖分43％の「アップルシナモン・チェリオズ」である。米国民は手軽に食べられる食品を好むようになり、甘いシリアル以外にもピザ、ベーグル、清涼飲料などの売り上げが急増しはじめた。ゼネラル・ミルズはこの動きを逃さなかった。同社が成功した鍵の一つは、移動中でも口に放り込みやすい製品デザインや包装にある。早くも1992年には、「フィンゴ」というスーパーコンビニエンスフードが発売された。(注28) ボウルに盛る代わりに手づかみで食べられるシリアルである。この商品は、手を突っ込みやすいように箱の口も大きく設計された。

出し抜かれたケロッグは、1990年、シリアル市場でのシェアが1％も低下し、37・5％となった。1970年代の45％と比較すると大幅なダウンである。ゼネラル・ミルズとの競争が激化した状況で、この数字はいっそう重くのしかかった。「この市場では0・5％のシェア獲得も厳しい戦いだ」(注29)。当時のケロッグCEO、ウィリアム・ラモスの言葉である。ケロッグも独自の「製品ニュース」を生み出すべく努力していたが、ラモス自身1991年のインタビューで認めたように、必要な開発部門が迷走してしまっていた。彼らは年間四つものペースで新製品を打ち出していたが、必要なテスト販売は行われず、ひどいときには消費者の反応が悪くてもそれが無視されていた。ラモス

や、主役はマーケティング担当者に移った。まず彼らが、ケロッグの広告宣伝ニーズに合うアイデアを探し出す。消費者の舌をどう喜ばせるかはそれから考える。マーティンによれば、この逆転を促したのは、ブランド戦略が決定的に重要になったとの認識だったという。「ライス・クリスピー」にしろ、「フロステッド・フレーク」にしろ、「スペシャルK」にしろ、ケロッグの主力商品はどれも、何億ドルもの広告宣伝によって丹念に磨き上げられたアイデンティティーを持っている。安価なプライベートブランドとの違いは、この商品イメージによる部分が大きくなっていた。どのブランドも、それぞれ消費者に伝えるイメージがある。「コーンフレーク」なら伝統、「フロステッド・フレーク」なら楽しさ、「スペシャルK」なら豊富な栄養、といった具合だ。

ケロッグはこれらのブランドを米国消費者の心に焼き付けるべく工夫を重ねた。そして、この方針のもと、味はすばらしいがブランドイメージに合わない製品候補は次々に却下された。マーティンは言った。「開発者が、小さなボウルに入れた製品候補を七つか八つ持ってくる。われわれは味見して、こんなふうに言う。『ふむ。味はいいが、ブランドコンセプトにそぐわない』」。一方、かの作戦室も、独自のシリアル戦略を描きつつあった。その野心的なアイデアは大ヒット商品につながる可能性があると思われたが、ほんとうに作れるのかどうか、誰にもわからなかった。着想のもとになったのは、同社が長年販売している甘いスナック商品「ライス・クリスピー」だった。

シリアルで午後のおやつの楽しさも演出できれば、朝食用だけではなく、スナックとしても売れるのではないか。ケロッグはスナック菓子「ライス・クリスピー」を1927年から販売し、程なく、シリアルとバターとマシュマロを使った手作りデザートとして宣伝するようになった。チームは、「シリアル」と「デザート」という二つのキーワードを見て、デザートのようなシリアル「ライス・クリスピー・トリート・シリアル」を考えついた。それは、消費者の心に強力に働きかけるはずだ。シリアルを買う親たちに、懐かしい子ども時代の幸せな記憶を呼び起こすだろう。しかし、開発に取り掛かった技術陣からは、数週間後、どうしてもうまくいかないという報告が上がってきた。デザートのようにしようとすると、粘っこい固まりができて、牛乳を加えたとたんにドロドロになってしまう。「ボウルの中のあのドロドロは無残だった」とマーティン。「子どもは特にさくさくした食べ物が好きなんだ」

技術者たちは糖分の増量まで試みたが、さくさく感は出なかった。牛乳を加えたとたんに、さくさくしたシリアルともっちりしたマシュマロが両立しなくなってしまうのである。この窮地を救ったのがマーケティング部門だった。彼らは少人数の消費者を募り、この新商品のアイデアについて自由に意見を言ってもらった。すると「別にデザートのようにもっちりしていなくてもよい」という声が出た。「デザートのような風味があればいい」というのである。食品マーケティングではこれを「パーミッション（許容）」という。便利さや値段と引き換えになくなってもよい、と消費者が考えるものだ。確かに、小さい頃に食べたのと同じ「ライス・クリスピー」だったら、消費者は喜ぶだろう。しかし、別にそこまでしなくてもよい、というのが彼らの答えだった。「このパーミッションが得られて、ついに青信号がともった」とマーティン。「そっくり同じものでなくても、風味さえ再現すれば売れるという見通しが立った」

1993年に発売された「ライス・クリスピー・トリート・シリアル」は、ケロッグがマーケティング主導の商品開発に乗り出す一つの転機となった。(注32)売れ行きは初年度からすばらしく、甘い「ココア・クリスピー」や健康志向の「オールブラン」もやすやすと抜いて、同社の膨大なラインナップの中でいきなり11位に躍り出た。発売に先立って流されたレオ・バーネット社制作のテレビCMも、製品コンセプトを完璧に伝えていた。四角く切り出された従来のスナック「ライス・クリスピー」が、皿の上に5段に積み重ねられている。それがくるくると回転して、大きなシリアルボウルに変わる。優に4人分か5人分は入りそうな大きなボウルだ。糖分はコカ・コーラ1缶とほぼ同じ、小さじ8杯分。出演者の男の子が大喜びで食べはじめたところに、ナレーションが入る。「すごい！　あのライス・クリスピーの味がこんな形で新登場！」

しかし、製品開発チームがケロッグに貢献できたのはせいぜいここまでだった。新しいものを商品化する道は非常に険しく、成功より失敗のほうがはるかに多い。2005年には、ケロッグのシリアルはまたシェア低下に陥った。状況は前回よりさらに厳しく、3分の1以下というありさまだった。小売業者によるプライベートブランドの商品がシェアの半分近くを占めるようになっていたのである。覇権を取り戻すには、既存ブランドをてこ入れする方法を見つけなければならなかった。そこでケロッグは再度、マーケティング部門に目を向けた。レオ・バーネット社から広告のスペシャリストも呼んだ。(注33)シカゴを拠点とする同社は、家庭的でやや垢抜けない雰囲気を売りにして、ニューヨークの広告代理店と一線を画してきた。ピルズベリー社（当時）の「ジョリー・グリーン・

ジャイアント」、ケロッグの「トニー・ザ・タイガー」などは、同社が生み出したマスコットである。しかし広告業界では、もはや「家庭的」なイメージでは「先鋭」に勝てない、という見方が広がっていた。

レオ・バーネットも「先鋭」に方向転換した。

2004年、同社は、ケロッグの人気シリアルの一つ「アップル・ジャック」の新キャンペーンを展開した。CMは、3人の女の子がテーブルでこのシリアルを食べているところから始まる。そこに2人のアニメキャラクターが登場する。1人は「シナモン」という名前のシナモンスティック。機敏で感じが良く、細身の長身で、西インド諸島のなまりがある。もう1人はリンゴで、名前はなんと「バッド・アップル」。背が低くずんぐりして、ずるそうで不機嫌な顔つきだ。ナレーションが入る。「『アップル・ジャック』をボウルに入れると、やさしいシナモンが駆けつけてくれるよ。でも、バッド・アップルが先を越そうとするんだ」(注34)。競争が始まる。元気あふれるシナモンは、地下鉄の車両をすいすいと通り抜け、開いた窓から飛び出して、公園のベンチを飛び越える。ずんぐりむっつりのバッド・アップルは、角を曲がるたびにつまずき、転び、粉々に砕けてしまう。そして高らかなナレーション。「今回も、マシュマロ入りの甘いシナモンの勝利!」

なぜケロッグがリンゴをこのように扱ったのか、理由ははっきりしない。「アップル・ジャック」が発売された40年前、果物入りのシリアルは新鮮な驚きを呼んだ。開発に携わった1人、ウィリアム・シリーは、当時マサチューセッツ工科大学の2年生で、夏期インターンとしてケロッグに来ていた。彼は、自分が育ったリンゴ農園からヒントを得た、と私に話した。「昔はよくリンゴで料理を作ったので、いろいろな食材と相性がいいことを知っていました」[注35]とシリー。初期のCMには、子どもがこのシリアルを食べるまではやせこけていじめられていた、というものもあったほどで、リンゴの栄養の高さが強調されていた。登場したリンゴは、大きくて強く、フレンドリーだった。だがケロッグはどこかの時点で、子どもたちがリンゴの味をあまり好まないのではないか、と心配するようになったようだ。ただし、このシリアルにどれほどリンゴの味があるか、定かではない。「アップル・ジャック」の最大の成分は糖分である。糖分量は1カップ当たり小さじ3杯、シリアル全体の43％を占める。

消費者保護団体である商事改善協会からの苦情を受けて、ケロッグはリンゴに悪印象を与えるCMの演出を改めることに同意したが、その一方で、CMを見た子どもたちはシリアルに含まれるリンゴ風味があまりおいしくないと思うだけで、リンゴそのものが悪いわけではない、とも主張した。しかし消費者活動家らは、子どもの栄養改善を目指した活動方針の一つが揺らぎかねないと強い危惧を抱いた。連邦政府は新鮮な果物を食べるよう子どもたちに促す取り組みを強化していた。そこにケロッグのこの宣伝である。公益科学センターは、ケロッグの会長兼CEOであるジェームズ・ジェネスに対し、「『アップル・ジャック』のリンゴ含有量はごくわずかである――リンゴまたはリンゴ濃縮果汁の含有量は塩分より少ない――が、ケロッグがリンゴの味をけなすのは不当である」という書簡を送った。書簡にはこうも書かれていた。「また、『アップル・ジャック』が甘いのは、他のどの成分より糖分が多いからであり、シナモンが添加されているからではないという可能性が非常に高い」

ジェネスはケロッグCEOとしては異色の人物だった。[注36] 同社には、社内叩き上げの人物が経営を担ってきた伝統があり、他の食品会社と比べてもその傾向が強かった。ジェネスの前任カルロス・グティエレスも、かつてはシリアル販売の現場に立ち、トラックの運転までしていたことがある。2004年にグティエレスがブッシュ政権の商務長官に就任して退社すると、社内には、伝統を破るべき時期だという切迫感が募った。ジェネスは、ケロッグで働いたことはなく、レオ・バーネット社での広告業務でキャリアを積んでいた。ケロッグが競争に必要だと感じたものを持っていたのがジェネスだった。彼はCEO就任の2年後に、ロータリークラブの会合でこう話したことがある。「強力なライバルに囲まれたこのゲームは、食うか食われるかだ。気を抜いたとたんに、がぶりとやられる[注37]」

「アップル・ジャック」はピーク時でもシェアが1%を超えることはなく、ケロッグ商品の中では10位にとどまった。それでも、市場の再制覇を狙う同社は、弱小ブランドも含めたすべての商品で入念な販売キャンペーンを展開した。主力商品は、ほんの少しでも劣勢の兆しがあると全力で巻き返しが図られた。

2006年、「フロステッド・フレーク」に次ぐケロッグの主力商品「フロステッド・ミニ・ウィート」にただならぬ問題が生じた。それはまさにアイデンティティーの危機だった。問題はふすま（ブラン）にあった。シリアル市場では、ふすまも含んだ全粒粉の小麦粉がブームになっていた。ふすまにはコレステロールの低下、心臓病の減少、胃腸の健康改善、肥満リスクの低下などが期待できるというコメントが栄養学者らから次々に出され、連邦政府は、米国人の摂取量が不足していると注意を喚起したからである。そんななか、ケロッグの競合であるポスト社が快挙を成し遂げていた。シリアル業界ではごく少額である1200万ドルで広告キャンペーンを打って全粒小麦粉の使用を喧伝し、7年越しのスランプに陥っていた「グレープナッツ」と「シュレッデッド・ウィート」を救ったのである。(注38)売り上げは9％も上昇した。ケロッグの「フロステッド・ミニ・ウィート」もふすまを使っていたが、糖分が1カップ当たり小さじ2杯以上も入っていて、健康志向の人々に売れにくかった。状況を分析したケロッグは、このブランドが「一貫性を失って」しまっており、「基本的な栄養組成だけでなく消費者の心まで含めた深い洞察を要する」という結論に達した。(注39)そしてシェアを奪回すべく反撃に出た。

「グレープナッツ」の向こうを張るためにケロッグが取った方針は、糖分カットではなかった。そもそも、「フロステッド・ミニ」シリーズの売りは甘さにある。派生商品も「シナモン・シュトルーゼル」「リトルバイツ・チョコレート」「バニラクリーム」など、デザートを連想させる名前がそろっている。この根幹をいきなり変えることはブランド戦略に関わることであり、それはできない相談だった。ターゲットは子どもたちであり、彼らはデザートを朝食にしたがっている。しかしケロッグとしては、商品にお金を払ってくれる人、つまり親たちを失うわけにもいかなかった。そこで同社は、「フロステッド・ミニ」を「脳にいい食べ物」として売り込むキャンペーンを計画した。

このキャンペーンによる広告は徐々に内容が変化し、ついに2008年初期には「『フロステッド・ミニ・ウィート』は学業成績の向上に役立つ」という前提に立ったテレビCMが登場した。キャンペーン内容を高らかにうたったメディア向け発表原稿には、「集中力の評価で『A』を取らせてあげましょう」(注40)と書かれた。

CMの舞台は小学校の授業風景。(注41)板書していた教師の手がふと止まる。「えっと、何の話をしていたかしら」。生徒たちは飽き飽きした様子で机に突っ伏し、気怠そうに頭を持ち上げる。1人の男の子がさっと手を挙げる。元気に目を輝かせている。「57ページの3段落目です。先生は、古代ローマ人が造った導水橋という石の構造物のことを説明していました。そして、それを書いていたときにチョークが折れて、三つの破片になりました」

「そうだったわね」と教師が驚きの表情を浮かべる。

ここでナレーションが入る「臨床試験では、『フロステッド・ミニ・ウィート』の朝食でおなかを満たした子どもは集中力が20％近く向上しました。しっかり食べて、集中力を保たせてあげましょう」

この広告はテレビだけでなく、インターネットや、牛乳パックの側面といった紙媒体でも展開された。親たちは、「20％の向上」が自分の子どもにとって実際にどういう意味を持つのか、さぞ悩んだことだろう。「ええっと。うちのビリーはこの前のテストで70点だった。20％プラスということは84点。『B』は確実ってこと?」。しかし、この教室広告キャンペーンで引用された臨床研究は、ケロッグが依頼し、費用も負担したものだった。その時点で疑問符が一つつく。科学者なら誰でも承知しているように、研究結果は研究方法の組み立て方によって変わってくるからだ。しかしこのキャンペーンで最も注目すべき点は、研究結果を額面通り受け取ったとしても広告文句を裏づけるには程遠い、ということだった。「フロステッド・ミニ」を食べた子どもの半数は、記憶・思考・

推論能力を測定するテストの成績が食べる前と何ら変わらなかった。そして、18％以上の向上がみられたのは7人に1人しかいなかった。

このことを発見したのは、シリアル業界が昔からかなわない相手、連邦取引委員会（FTC）だった。(注42) 1980年に子ども向け広告の規制で大失策をして以来、失地回復を目指してきたFTCは、「フロステッド・ミニ」の研究にいち早く疑念を抱き、一連の広告は虚偽または紛らわしいとして、法的手続きを開始した。シリアル業界では、1世紀前、ケロッグの古いライバルであるC・W・ポストが「『グレープナッツ』シリアルで虫垂炎が治る」とほのめかしたとして告発されたことがある。無論、ケロッグのキャンペーンは、そこまで悪質ではなかった。しかし、年間10億ドルがつぎ込まれている同社の宣伝活動は、米国民の購買習慣に深い影響を及ぼす可能性がある、FTCはそう警戒した。

「大企業が、試験や研究の結果を誇張せず、広告の真実性に今以上に『注意を払う』ことは、非常に重要である」とFTC委員長は声明で皮肉った。「無論、FTCも今後は広告主に対して、より一層注意を払っていく」＊4

しかし、この案件は調停に至るまで非常に長い時間がかかった。そのため、消費者の感じ方に対する同社の広告の威力は実質的にほとんど変わらなかった可能性がある。私はこの案件の詳細記録の開示をFTCに求めたが、調査対象企業の競争力を損なう可能性がある情報は原則公表しない方針だとして、開示は拒否された。ケロッグは、知力を高めるという主張のもとになった研究内容の提示を拒否した（これとは別に消費者による集団訴訟もあり、2011年、同社は、「フロステッド・ミニ」の代金払い戻しとして最大280万ドルを支払い、500万ドル相当の製品を慈善事業に寄付するという和解に応じた)。同社から私宛ての電子メールには次のように書かれていた。「当社は、責任あるマーケティングを行ってきた長い歴史があり、自社の広告に関する懸念は常に真摯に受け止めております。FTCからのフィードバックを受けた際は、指針に沿って情報伝達のあり方を見直しました」

しかし情報公開法によって、私は電子メールやその他の記録を入手することができた。それによれば、FTCはこの広告について2008年3月にケロッグに最初にコンタクトしている。FTCは、広告の正確性について質問し、「20%近い集中力向上」が真実であるという裏づけを求めた。しかしそこからFTCの足取りは重くなり、ケロッグに対してこの主張を禁じる決定が下されるまで1年以上がかかった(注43)。FTCによれば、このようなケースにおける権限は限られているという。

その時すでにケロッグはこの広告を終了させていた。とはいえ、終了は2008年9月下旬で、

＊4　1年後の2010年、再び誤解を招く広告があったとしてFTCがケロッグを告発し、同社が調停に応じると、FTC委員長はさらに厳しい批判を述べた。ケロッグは、「ビタミンと抗酸化物質を添加した『ライス・クリスピー』シリアルは病気に対する子どもの〝免疫力〟を強める」とうたっていたが、それをやめることに同意した。委員長は、調停を公表するにあたり、この広告が「フロステッド・ミニ・ウィート」のケースと酷似していることを指摘し、次のように話した。「われわれが米国の大企業に期待することは、自社のシリアルで子どもの健康が増進するという疑わしい主張を、それも一度ならず二度も、行うことではない。ケロッグは、親たちが子どものために最良の選択をできるよう、次の広告キャンペーンを展開する際には事前に内容をよく吟味していただきたい」。委員長は、同時に公布された通知において「われわれが子どもたちに与える食べ物に関して、ケロッグは、宣伝活動で正しい行いをするという責任を回避してはならない」とも書いた。

FTCの最初の問い合わせから6カ月後のことである（これほど遅いタイミングでも、ケロッグは「FTCと最初に実質的な討議を行った広告終了の1カ月前」だと説明した）。広告キャンペーンにおいて6カ月は長期間である。教室を舞台にしたような効果的な広告ならなおさらだ。他の企業と同様、ケロッグも広告の費用効果には細かく気を配っている。このケースはどうだったのだろうか。費やされた広告費は、見事な成果をあげた。調査によれば、実に成人の51％が、集中力の話を信じたばかりでなく、効果があるのは「フロステッド・ミニ・ウィート」だけだと考えていた。(注44) つまり彼らは、このシリアルを買い物かごに放り込むだけで子どもの成績が上がると思ったのである。甘いシリアルに対する消費者の心配が高まり、実際に「フロステッド・フレーク」の人気が低下した一方で、糖分量の多い「フロステッド・ミニ・ウィート」の2008年の市場シェアは3・5％に達した。

FTCの通達から数カ月後、ケロッグは作戦を少し変更して新しい知力キャンペーンを開始した。今度は、「フロステッド・ミニ・ウィート」を他社のシリアルと比較する代わりに、朝食を食べない場合と比較したのである。これなら、消費者活動家はともかく、FTCの調査は逃れられるだろう、という算段だった。広告は「臨床試験では、『フロステッド・ミニ』を食べた子どもは朝食を抜いた子どもより記憶力が23％優れていました」とうたった。*5 キャンペーンのターゲットはこれまでと同じく、学齢期の子どもを持つ女性たちである。実際、このやり方は、彼女らの不安にうまく働きかけるようだった。ケロッグはキャンペーンの一環として「ママのホームルーム」というウェブサイトの開設に資金を提供した。子どもの成績向上のためにどうすればいいか母親たちが相談できるサイトである。ある母親は次のように書き込んだ。「息子は今でも文章を読むのにすごく苦労しています。もうどうしたらいいのかわかりません。助けて！」

「ママのホームルーム」は２０１０年に業界の広告賞を勝ち取った。受賞に際してケロッグは成功の理由を次のように説明した。「『フロステッド・ミニ・ウィート』は学業成績向上を軸として何年もキャンペーンを行ってきましたが、それでも母親たちに売れませんでした。時代が変化し、違う戦略が必要になったのです。そこでわれわれは、母親たちに語りかけることをやめて、彼女たちの会話に参加することにしました。彼女たちに信頼されている情報を集め、学校関係のものがすべてそろうオンラインショップを開設しました。こうして『フロステッド・ミニ・ウィート』は、われわれが単にセールストークをするだけの存在ではなく、子どもの学業を助けるための彼女たちの真のパートナーであることを示したのです」

＊5 ケロッグが、オートミールや全粒粉パンのトーストなど、栄養学者が推奨する朝食と自社のシリアルを比較したかどうかは、このキャンペーンでは言及されていない。

第5章 遺体袋をたくさん見せてくれ

ジェフリー・ダンは、コカ・コーラでの最初の仕事で、子どもの頃に聞いた話はすべてその通りだったなと改めて思った。彼の父親はジェフリーが5歳のときにコカ・コーラに入社した。販売責任者としてスタートした父は、やがてマーケティングの先鋒となり、コカ・コーラを世界中の大規模スポーツイベントに登場する飲料へと変身させていった。彼は、宿敵ペプシコを制するためにどんな戦いをしたか、毎晩話して聞かせ、ジェフリーは父の武勇伝に胸を躍らせた。父は、マクドナルドが敵の手に落ちるのを食い止めた日もあれば、ヤンキースタジアムでの独占販売を守った日もあった。「父がペプシの『悪いやつら』とどんな戦いをしてコカ・コーラのブランド力を守っているか、私たち家族はいつも知っていた(注1)」とダン。

やがてジェフリーの番がやってきた。1984年、27歳の彼はコカ・コーラのファウンテン販売部門に配属された。ファストフード店やコンビニエンスストアを回ってディスペンサー向けの飲料を売るファウンテン販売は、社内の海兵隊と呼ぶにふさわしいタフな部署である(訳注＊米国では、日本のファミリーレストランに設置されているような飲料ディスペンサーがコンビニやドラッグストアの店頭にも設置されており、客はレジで代金を払って自分で容器に飲み物を注ぐ）。よく日焼けした元運動選手で、勝つのが好きな以上に負けることが嫌いなジェフリーは、理想的な人材だった。ファウンテン販売の世界に安住はない。飲料業界を掌握して米国民の食習慣を変えようとしていた当時のコカ・コーラにとって、ファウンテン販売はキャンペーンの最前線であり、戦いを制するための上陸作戦だった。そしてこの戦線でコカ・コーラは、ペプシに対し2対1の優位に立っていた。Lサイズより大きい「スーパーサイズ」が登場したのもファウンテンである。ハンバーガーやフライドポテトと一緒にもっとコカ・コーラを売る方法としてマーケティング部門が編み出した売り方だった。ペプシとの小競り合いは果てしなく続いた。販売員たちは、戦いに負けることを「ポジションを取られた」と呼んでいた。そして会社がジェフリー・ダンに間違いなく期待できることが一つあった。彼にはポジションを取られるつもりは毛頭なかったということである。

彼は私にこう話した。「この市場では皆が常にポジション取りをしているから、現状というものがない。前進か後退しかありません。ポジションとは、世界の中で自分の立ち位置はどこか、ということです。競合企業は顧客を獲得しようと絶えずプッシュしてくる。だから押し返さなければならない。自分のポジションをしっかり確保していなければ取られてしまうからです。ソフトドリンク業界にいると、このことが骨身に染みてわかる。激しい競争のなかでは、『どんなブランドイメージで行くか』と考えるだけではだめで、『他のブランドに対してどうポジショニングするか』を常に考えることになります」

ポジション取りならケロッグやゼネラル・ミルズなどの食品メーカーも得意にしているかもしれ

ないが、コカ・コーラの前ではかすんでしまう。３５０億ドル規模の同社は、企業というよりは小国家のようだ。ケロッグは消費者の不安や望みを見つけだすために特別チームを編成して作戦室を設けたが、この頃のコカ・コーラは組織全体が作戦室と化していた。ジョージア州アトランタにある本部では戦略を示した図表や文書がデスクにも会議机にもずらりと並び、すべての従業員は長時間を会社に捧げることを期待されていた。先進的企業を自負する同社だが、１９９０年代、会議でこんなことがあった。コカ・コーラの１日は午後６時にはとうてい終わらない。子どもを持つ従業員は学校や保育園への迎えに四苦八苦していた。そこである女性重役が、社内託児所の設置を検討してはどうかと尋ねた。子どもがおらず週７日働くこともざらだった当時の社長ダグラス・アイベスターは、しばし彼女を凝視し、それから言った。

「この敷地内に託児所ができることはない[注2]」

この社風を浸透させた人物ロバート・ウッドラフ[注3]は、古典的な企業戦士だった。彼は自動車メーカーのホワイト・モーター社で働いていた１９２３年、父親に請われてアトランタに移ってきた。父のアーネストは、４年前、投資家たちに働きかけて、利益が出なくなったコカ・コーラ社を２５００万ドルで買い取っていた。しかし見通しは悪くなる一方だった。同社は、瓶を６本単位で販売できる厚紙のカートンを導入するなどして消費拡大を狙ったが、売り上げは落ち込んでいった。瓶詰め業者（ボトラー）との関係悪化も経営の足を引っ張っていた。コカ・コーラは、本社が供給する濃縮液をボトラーが糖分・水・炭酸と混合して瓶詰めし、出荷している。当時、１２００あったフランチャイズ・ボトラーとの争いが生じていた。

ロバート・ウッドラフは、その後60年にわたってコカ・コーラを経営した。彼は幅広い実績を残しているが、中でも二つがよく知られている。一つは、1927年に海外部門を設立したことだ。これによってコカ・コーラは世界中に輸出されるようになった。そしてもう一つは、第二次世界大戦中の決断である。彼は、同社にどれだけの費用負担がかかっても、戦地を問わず軍服を着たすべての兵士にコカ・コーラを1本5セントで販売する、と発表し、実行した。軍務を終えた兵士たちは、男も女も、コカ・コーラの大ファンになって帰国した。

だが、ビジネススクールの事例研究ではあまり取り上げられないが、同社の華々しい成功の要因には、ウッドラフの別の資質もあった。彼は、食品やビールやタバコも含めた消費財業界の誰よりも、人々の情動に訴える方法を知っていたのである。スローガンや有名人のコメントや費用をかけた広告も役に立つが、ウッドラフの方法はそれらを必要としない。もっと深いところに働きかけるのである。彼は、メッセージが最も届きやすい状況でコーラを飲んでもらえるように仕掛けた。その状況とは、幸せな時間、特に子どもにとって幸せな時間である。こうしてコカ・コーラは米国人の娯楽のパートナーとなった。「社内で定番の語り草があります」とジェフリー・ダン。「ウッドラフさんがこう言ったという話です。『子どもの頃、父が初めて野球の試合に連れていってくれた。父と過ごした最高の思い出だ。そのとき父が買ってくれた飲み物は何だと思うかね？　氷が入った冷たいコカ・コーラだ。それは幸せな記憶の一部になった（注4）』」

ダンは続けた。「つまり狙いは、こうした特別な時間が生じる場所にコカ・コーラを必ず存在させる、ということでした。人々の特別な記憶の一部になろうとしたのです。これは、マーケティング戦略として史上最高か、少なくとも3本の指に入るでしょう。消費者は、誰それがテレビCMに出ていた、といったイメージを持つだけでなく、自分がそのときその場にいて、感情の動きがあって、その商品を飲んでいるのです。コカ・コーラはこうした場面のシェアを見事に獲得しました。つまり、いたるところに《ユビキタスに》商品を存在させた。社内では『ユビキティ戦略』と呼んでいました。ウッドラフさん流に言えば『願望の手が届く範囲内に製品を置け』ということです」。こうしてコカ・コーラは単なる製品以上の存在になった。あらゆる食品メーカーがうらやむ世界最強のブランド、人々の心に深く根ざして、熱心な固定客になってもらえるブランドになったのである。

　コカ・コーラも、そしてペプシや他のソフトドリンクも、売り上げが2倍、3倍と伸び続け、同時に米国人の飲みすぎの傾向も強まっていった。栄養学者らは肥満の原因について議論するようになり、食料品店で売られる6万点もの商品のなかで直接的原因として最も問題視されたのが清涼飲料だった。最終的に体重増加をもたらすのはカロリーだが、栄養学者らが懸念を強めたのはカロリーそのものではなかった。問題はその形態にあった。液体で摂取されたカロリーは必要量をオーバーしていても体に認識されにくい、という研究結果が報告されていたからである。とはいえ、非難の対象となったのは、1本当たり小さじ約9杯分の糖分を含む缶入りコカ・コーラではなかった。コカ・コーラが問題視された（見方によっては、コカ・コーラが成功を遂げた）理由は、スーパーサイズの戦略にあった。肥満が急増した1980年代、缶のコカ・コーラは一線を退いていく。代わりに登場したのが、20オンス（訳注＊600ミリリットル弱）（糖分小さじ15杯分）、1リットル（同じく26杯分）、64オンス（訳注＊2リットル弱）（同じく48杯分）などの大容量ボトルだ。そしてボトルサイズ以上にコカ・コーラの成功に寄与したのが、消費者、特に子どもたちの毎日の消費量だった。1995年には、子どもの3人に2人が20オンスボトルを1日1本飲んでいた。(注5) しかもこれとて全米平均にすぎない。コカ・コーラ社の重役たちは「顧客」や「消費者」という言葉さえ使わなかった。彼らの関心の対象は「ヘビーユーザー」(注6)、すなわち1日2本以上飲む人々に向けられていたからだ。ヘビーユーザーが増加の一途をたどる頃、ジェフリー・ダンの同社でのキャリアは10年を過ぎようとしていた。

この大量消費を追い求めることで、ダンは会社のトップ近くまで登りつめた。(注7) コカ・コーラ北米部門の社長に就任したのである。消費者9億人のブランドロイヤリティーを勝ち取るのが彼の職務だった。彼はコカ・コーラとともに生き、同社の多くの従業員と同じように、仕事と会社をこよなく愛していた。自分が売る商品に疑問を持ったことは一度たりともなかった。彼は、この心の平和は、自分が売るものについて考えないことで得られたものだという。彼は売ることしか考えなかった。そして売るという仕事はすばらしかった——ある瞬間までは。

2001年、彼は部下に案内されて、世界で最もエキサイティングな国を訪れていた。ブラジルである。経済は好況で、清涼飲料の販売量はいずれ米国と同レベルまで膨らむことが期待できた。同社は消費者たちに道を示すだけでよいはずだ。しかし、ターゲット地域を巡っていたダンは、胃がずしりと重くなるのを感じた。突然、目の前の子どもたちが米国の子どもたちと重なって見えた。圧倒的な力を持つ同社の戦術の前になすすべもなく、コーラの依存性に取り込まれてゆく子どもたち。ダンは、自分の会社はやりすぎた、と確信した。それから彼は、栄養も考える方向に会社を立て直そうとしたが、4年後に退社した。同社の最も深い秘密は、最終的にダンを最も深く後悔させるものになった。彼がこれらの秘密を話すことにしたのは、それ以来初めてのことである。

ジェフリー・ダンは、通常の告発者とかなり異なる。彼は、コカ・コーラ時代を苦く振り返ることもなければ、かつての同僚を悪く言ったりもしない。社員たちは勝ちたいという気持ちで状況が見えなくなっているのだ、と彼は言った。「コカ・コーラの社員は自分たちが正しいことをしていると信じている、私はそう思います。悪いことをしていると思ってそれをごまかしているなら、心情的に耐えがたいはずです。私は今でも社内に友人がいますが、彼らには『内部にいて自分自身の姿を見るのはとても難しい』と言っています」[注8]

ダンは続けた。「でも、肥満の増加は著しい。そして、その根っこがファストフードやジャンクフードやソフトドリンクの消費拡大と直結していることは疑いの余地がない。では具体的にどれが原因か特定できるのか、というのはおそらくフェアな質問でしょう。ソフトドリンク業界の人間は常にそう言ってきた。ですが、肥満率と、糖分の多いソフトドリンクの1人当たり消費量をグラフにして重ねてみればわかることです。間違いなく、99・999%相関するでしょう。逃げ隠れはできない」

ダンは、「自分は将来コカ・コーラで働くんだ」と最初に思ったのがいつかよく覚えていないが、たぶん7歳か8歳頃だろうという。そしておそらく、兄弟の中でそう思ったのは彼だけではなかった。彼はロサンゼルスの北にあるサンフェルナンド地区で、男ばかり5人兄弟の末っ子として生まれた。兄弟は、野球をしたり、サーフィンをしたり、互いに議論したりして育った。時代は1960年代で、髪も長く伸ばした。母親はディズニーで作画の仕事をしていたが、退職して、フルタイムで息子たちの面倒を見ることにした。ダンいわく「僕らを刑務所送りにしないためにね」。夕方、ジェフリーと兄たちが玄関から転がり込んでくると、1日で最高に楽しい時間が始まる。父親が帰宅して、仕事の話を聞かせてくれるのだ。

父のウォルター・ダンはコカ・コーラの社員だったが、上院議員といっても通じそうな人物だった。背が高くハンサムで、大きな頭に見事な白髪。そのうえスピーチの才能があった。5人の子どもたちは、父が紡ぎ出す戦いの物語に夢中になった。話に登場する相手は決まってペプシだ。「ほかの子どもたちが家に帰って学校の話をしているとき、うちでは父が帰ってきて、今回はペプシにどう挑んだかを僕らに話して聞かせました」とダン。「父はコカ・コーラのロサンゼルス支店のファウンテン部門で働いていました。あるとき、セブンイレブンがコカ・コーラだけでなくペプシも扱うという決定を下した。父はそれを阻止するために呼び出されて、クリスマス休暇返上で駆け回りました」

1970年、ダン一家はコカ・コーラ本社があるジョージア州アトランタに引っ越した。同社が最重要視する部門のマーケティングがウォルターに任されることになったからである。(注9) 一家の夕食の席で語られる話はいっそう色鮮やかになった。ウォルターが、「スポーツ・マーケティング」や「エンターテインメント・マーケティング」と呼ばれる手法を開発した（いや、発明したといったほうがいいだろう）のがこの頃である。会長であるロバート・ウッドラフの指示のもと、ウォルターは、競技場や映画館、遊園地、青空市場など、人々が楽しむあらゆる場所にコカ・コーラのロゴを登場させるべく奔走した。コカ・コーラを宣伝してもらえるよう、運動選手やスポーツチームや競技場と次々に契約を交わした。10代になっていたジェフリーにとっては、夢がそのまま現実になったような話だった。彼は言う。「父は仕事をとても真剣に捉えていました。当時、重要販売先とされるマーケットは8割がたコカ・コーラが握っていて、ペプシは一つでも多くを奪おうと挑んできた。父はこれを個人的な挑戦と受け取っていました。コカ・コーラ・ブランドの完全性を保つのが自分の使命だと思っていた。私は、バッファロー・ビルズやドジャーズやヤンキースといったスポーツチームの名前を父から繰り返し聞きました。少年にとって、こうしたチーム名は特別な響きがあります(注10)」

ジェフリー・ダンは、父の話を聞きながら、コカ・コーラで成功するのに必要な職業観を自分が持っていると認識するようになった。だが、単なる勤勉以上のことができると自覚したのは高校生になってからだった。他者を率い、鼓舞して、より大きなものに向かわせる資質が、父と同様にあったのである。彼はバスケットチームの主将をしていた。実力伯仲のある試合で、早々にファールをした彼を、コーチはベンチに引き下げた。コーチが臆病すぎると思ったダンは、椅子をつかむとスタンドの8列目まで投げ入れた。コーチはその場でダンをロッカールーム送りにした。しかし、ダンを主将として強くなってきたチームメイトたちの考えは違った。ハーフタイムになると、ダンを試合に戻すようコーチに迫ったのである。コーチはその通りにした。

コカ・コーラで働こうと思ったダンは、小さなハードルに直面した。同社には縁故採用に関する厳しい規則があり、彼の父は並の従業員ではなかった。会社に大きな富をもたらした父はスター社員になっていて、履歴書を持ってやってきたその息子が見過ごされるはずはなかった。当時ジェフリーは27歳。すでにE&Jガロ・ワイナリーで働き、ミシシッピ州の酒販店を足で回ってワインを売った経験があった。店主とのやりとりや、商売、競争のコツをつかみ、業績を上げた。酒造業のシーグラムに勤めたときは、2年足らずで販売責任者に登用され、西部17州を任された。それでも、ずっと働きたいと思ってきたコカ・コーラへの入社は一つの試練だった。

1985年初頭、ダンは同社の重役チャーリー・フレネットに何度も面接を申し込んだが、返事をもらえないまま数週間が過ぎた。ついに、同情した1人の秘書が、フレネットの次の出張予定を教えてくれた。ダンはアトランタに飛び、フレネットと同じ飛行機に乗った。「彼はファーストクラスにいました(注11)」とダン。「私はエコノミーです。シートベルトサインが消えると、私は彼の席に行って、話しかけました。『チャーリーさん、こんにちは。なかなか会っていただけないので、飛行機の上で少しお時間を頂くのが一番いいと考えました』。彼は『おやおや』という表情で私を見て、言いました。『今ちょっと忙しい。大事な仕事があるんだ。到着直前に時間が取れるか考えてみよう』」。ダンは結局、面接はしてもらえなかったが、採用試験は受けることができた。着陸直前、フレネットがダンを自分の席に呼び寄せた。そして、レストランチェーンの「デニーズ」向けに準備したプレゼン原稿を見せると、批評するように言ったのである。「それで採用が決まりました」とダン。「笑い話ですが、結局、われわれはいい友人になってしまいました。彼はよくその話を販売員たちにしたものです。『誰かに会ってもらう方法を見つけだした男がいる。要するにノーという答えを受け付けなければいいんだ』ってね」

ダンはまず、カリフォルニア州アーバインの支店でファウンテン販売の仕事に就いた。最初に担当した大手営業先はハンバーガーチェーンの「カールス・ジュニア」だった。彼がこの仕事で初めて目の当たりにした清涼飲料の「スーパーサイズ現象」は、やがてファストフード業界を席巻し、食料品店にも及んでいくことになる。「大きいほどいい、という世界でした」とダン。「ファウンテン部門の中に、マーケティング専門の大きな部署がありました。彼らは、マクドナルドを皮切りに、コーラを含めたセット商品というアイデアを消費者に売り込むことにしたのです。当時、ハンバーガーとフライドポテトのようなセット商品を売るチェーン店はなかった。しかしわれわれは、そうすればコカ・コーラを飲む人が増えるはずだと踏んだ。少なくとも1980年から2000年にかけて、ファストフード商品でコカ・コーラの消費を確立するというこの戦略がマーケティングの主軸でした。私が担当していた当時のカールス・ジュニアでは、セット商品にコカ・コーラを売り込んだだけでなく、ドリンクバーも導入しました。ドリンクを一つ買うと好きなだけおかわりできるというあのシステムです。狙いは、消費者にとってのファストフードの価値を高めて、確実にソフトドリンクを買ってもらえるようにすることでした」

1990年代前半には、ダンはコカ・コーラ軍の一個大隊を率いるようになっていた。コンビニエンスストア、レストラン、カフェテリアなどへのファウンテン販売で年間30億ドルを売り上げる800人の戦力である。愛されるリーダーの例にもれず、ダンも部下たちからニックネームを授かった。彼はある日、スタッフを集めて話をした。彼はその時のことを私に話した。「販売員はスコアをつけるのが好きです。一般に、人付き合いが得意でスコア記録が好きでなければ、販売の仕事はできない。野獣の本性です。私はその販売員の大隊に向かって、ペプシの話をしました。ファウンテン部門ではコカ・コーラが市場の7割か8割を占めていて、ペプシは5年ごとに大きな戦いを仕掛けてくる。そこで私はその時、勝利について話して、こう言いました。『われわれは戦争しているようなものだ。戦争でのスコアは、前線から運び出された遺体袋の数だ。要は、われわれの遺体袋より彼らの遺体袋を多くすることだ。全員、前線に出て、スコアアップに貢献してほしい。遺体袋をたくさん私に見せてくれ』」

「実際にはもうちょっと強い言い方でした」とダン。「遺体袋とは、われわれの取引先を奪えなくてクビになるペプシの販売員のことです。それで、その後10年、私のニックネームは『遺体袋《ボディバッグ》』になりました」

コカ・コーラとペプシの間の敵意や、互いに対する疑いの目は、誇張の余地がないほど強いものだったが、とりわけ最悪の状態が訪れたのは1984年だった。ペプシコが世界最大のスター、マイケル・ジャクソンとの広告契約にこぎ着けて話題をさらった。ペプシコ優勢を確実にしかねないこの動きがプレッシャーとなったのか、翌年、コカ・コーラが新商品「ニュー・コーク」の発売準備を始めると、両社の関係はさらに悪化した。コカ・コーラの正式発表前日、ペプシコは全米各紙に広告を出し、ペプシの勝利を高らかに宣言した。以前から「コカ・コーラより甘いペプシのほうが消費者に好まれている」と主張していたペプシコは、コカ・コーラの決定は、事実上、世界に向けてそれを認めたものだ(注12)、というキャンペーンを張ったのである。ペプシコの分析によれば、ニュー・コークは従来のコカ・コーラより４％甘く作られていた(注13)。コカ・コーラはこの一撃をなすすべもなく見守るしかなかった。ペプシコは、ニュー・コークの登場を祝って、全社員に１日の休日を与えた。

ウォール街からマスメディアまで、この清涼飲料業界の巨人２社のライバル関係は「コーラ戦争」として知られるようになった。しかし実のところ両社は、互いに争った以上に、消費拡大を共に牽引してきた。１９６０年代はコカ・コーラがペプシを玉砕し、１９８０年代はペプシが勝利、そして１９９０年代はコカ・コーラが挽回(注14)。しかし、勝ち負けなどささいな問題であることに、社外のほとんどの人は気づいていなかった。この間ずっと、コカ・コーラもペプシも売り上げが増えつづけていたのだ。「コーラ戦争」と言われながら両社とも大して血を流していないことを初めて明かしたのは、ペプシコのＣＥＯ、ロジャー・エンリコだった。

エンリコは、１９８６年に出した自伝『コーラ戦争に勝った！　ペプシ社長が明かすマーケティングのすべて』（新潮社）で「もしコカ・コーラ社が存在していなかったら、誰かが作ってくれるよう祈っただろう」と書いている。「ペプシとコカ・コーラの競争に人々が興味を持ってくれれば、コカ・コーラが負けた分だけペプシが勝つとか、ペプシが負けた分だけコカ・コーラが勝つということにはならない。全員が勝てる。消費者の興味が市場を拡大させるからだ。われわれが楽しさを提供するほど、人々は商品を買ってくれる――すべての商品を」

無論、彼らが提供する「楽しさ」の大部分は商品そのものだ。そしてここで鍵となったのが糖分だった。糖分は、水に次ぐコーラの最大の成分である。カフェインも少なくない。両社とも他の成分や配合比率は極秘にしているが、時折メディアに漏れてくる情報によれば、コカ、ライム、バニラなどの抽出物が含まれるとされる。

しかし、やがてジェフリー・ダンも知ることになるように、コカ・コーラが強い依存性を持つ理由は、糖分や秘密の成分以外のところにあった。その正確なところは、ダンを採用したチャーリー・フレネットが１９９０年代後半に分析に踏み切るまで、コカ・コーラの社員ですら知らなかった。成分の秘密を厳重に守ることで知られる同社だが、最高マーケティング責任者となっていたフレネットは、スイスを本拠地とする世界最大の香料・香水メーカーであるジボダンに、コカ・コーラの魅力の根本的な理由を明らかにするよう依頼したのである。分析を終えたジボダンは、まず炭酸そのものの魅力が非常に大きいことを指摘した。これは、炭酸が抜けたコカ・コーラをひと口飲んでも実感できることだ。だがジボダンは別の発見もした。それは、われわれの体の奇妙な癖から来るもので、今やあらゆる加工食品メーカーに利用されている特性である。われわれは、はっきりした強い風味を持つ食べ物を好むが、それに飽きるのも非常に早い。

たとえば肉なら、味付けの濃い七面鳥のグラタンは、シンプルなハンバーグより最初はすばらしいと感じられても、食べ飽きるのが早い。食品メーカーにとってさらに問題なのは、消費者はこのことを覚えていて、次に買い物に行くときにハンバーグ肉を買う可能性が高いということだ。食品科学者はこの理由について、さまざまな栄養素を取るという本能的な必要性がベースにあると考えている。さまざまな食べ物を食べれば多様な栄養素を取り込みやすいからだ。一つのものを食べすぎると、脳は「飽きた」という信号を送って、別の食べ物に向かわせようとする。

強い味が満腹感を呼ぶこの現象は、専門用語で「感覚特異性満腹感」という。ハワード・モスコウィッツのような食品科学者は、糖分の多い食品や飲料の至福ポイントを見いだそうとして、常にこの現象と苦闘している。売れつづける製品を作るには、興奮を呼ぶ最初のひと口の強い風味と、慣れ親しまれた味との間の稜線を歩かなくてはならない。コカ・コーラはこのバランスが他のどの製品よりも優れているのだとジボダンはフレネットに報告した。プロジェクトに携わったダンは言う。「ほかのソフトドリンクと比べてコカ・コーラがすばらしいのはバランスが完璧なことだ、と彼らは言いました。飲んだ時、味に角がない。彼らが引き合いに出したのは極上のワインです。バランスが取れていて、飲んだ後、口の中に角が残らない。コカ・コーラの技術者たちはずっと直観的にわかっていたのだと思います。でもマーケティングの観点からは『ああ！』という瞬間でした」(注15)

しかしジボダンの発見はコカ・コーラ社内にしまい込まれた。華々しい広告キャンペーンには向かなかったからだ。要するにスイスの香料専門家たちは、コカ・コーラが売れるのは忘れやすい味に配合されているからだ、と指摘したのだった。少なくとも、脳が青信号を灯し続けるような風味バランスになっている。このことをもう少し理解するため、私はペンシルベニア州立大学の感覚評価センターで責任者を務める食品科学者、ジョン・ヘイズを訪ねた。彼は、コカ・コーラの魅力の評価に関しては、科学者としての専門性以上のものを投じてきた。若い頃の彼は、350ミリリットル缶を1日6本消費する根っからの清涼飲料ジャンキーだった。ある日、「こんなこと、体にいいわけがない」と気づいて、飲む量を減らしたという。そんな彼だが、コカ・コーラについて話すときの熱を帯びた声を、私は今でも思い出せる。「われわれは解剖学的な視点から嗅覚や味覚について話してばかりいます。でも風味には、みんなが忘れている三つめの柱がある。体性感覚、つまり触覚です。たとえば、炭酸の泡がはじける感じや、トウガラシをかじったときのひりひり感、あるいはクリーミーさといった感覚です。コカ・コーラで興味深いのは、これらの感覚モードすべてに働きかける飲み物だということです。バニラやシトラスのいい香りがするし、シナモンやナツメグといったさまざまなスパイスの風味がある。甘さもある。リン酸塩の喉ごしがあるし、炭酸も入っている。風味を構成するあらゆる感覚要素が刺激されるんです」

そんな途方もない力を持った原料配合のコカ・コーラだが、ジェフリー・ダンは、長く勤めるにつれて、販売拡大の陰には風味以上のものがあると確信するようになった。コカ・コーラの魅力の源は、缶やボトルの中身と同じくらい、缶やボトルの外側にもある。それがロゴであり、「コカ・コーラ」というブランドだ。「みんな、コカ・コーラの成分を分析してまねすればいいじゃないか、なんて言います」。ダンは缶を手に掲げるそぶりをしながら話した。「でも、商標を外したとたんに、それは違うブランドになってしまうんです」。研究では、同じコカ・コーラでも、プライベートブランドのコーラではなくコカ・コーラだとわかって飲んでいるときのほうが好感度がはるかに高い、という結果が出ている。(注16)

ダンの父がスポーツ・マーケティングの確立に奔走していた1970年代、コカ・コーラはブランドの売り込みをある程度抑えていた。が、1980年に転機が訪れた。米国の肥満率はこの頃から急増しはじめる。この年、同社は砂糖の使用を打ち切り、より安価でコカ・コーラ原液との混合が容易な異性化糖に切り替えた。高齢になった会長のロバート・ウッドラフは惜しまれながらも退任した。彼が新CEOに選んだのは、キューバ出身で仕事に人一倍厳しいロベルト・ゴイズエタだった。同年、コカ・コーラはマーケティング強化にも乗り出す。宣伝広告費が倍増し、1984年には1億8100万ドルに達した。

当時マーケティングを統括したセルジオ・ザイマンは、容赦なく消費者を追い求める人物として知られていた。そのザイマンの指示のもと、同社は俳優のビル・コスビーと契約し、コカ・コーラを「本物」として売り込んだ。「ペプシは違う」というほのめかしである。クリスマスの季節にはプレゼント風に楽しく包装した12本入りパックを販売し、イスラム教徒のラマダンの時期が来ると、日没まで飲食しない彼らの習慣に合わせてテレビCMの放送時間を夜間に変更した。ザイマンは、ペプシとの戦いを綴った著書『われわれが知るマーケティングの終焉』で次のように書いている。

「マーケティングとは、物をたくさん売ってお金をたくさん得る仕事である。自社の商品を、より多く、より頻繁に、より高い価格で買ってもらう。そんなことは不可能だというマーケターもいるかもしれないが、マーケターの真の仕事とは、企業が利益を見込んで作れるあらゆるものを売ることであり、投入された資金と資産に対する見返りを管理する究極の管理者になることである」

コカ・コーラの断固としたマーケティングが世界市場を見据えたものであることを示す例として、

ザイマンは、メキシコ政府が1994年に通貨ペソを切り下げたときの危機について書いている。そのとき、彼はスキーを楽しんでいた。ニュースを聞いてすぐさま電話のところに駆けつけ、社長のダグラス・アイベスターに連絡を取った。彼はアイベスターに、メキシコでの販促キャンペーンを縮小させてはならないと力説した。メキシコでは物価が高騰し、一夜にして富める者は貧しくなり、貧しい者は食事に困るようになった。しかしザイマンにとっては、それこそマーケティングを強化する理由だった。富める人にも貧しい人にもコカ・コーラを飲んでもらうチャンスと見たのである。「もはやそれは、市場シェアや人々の心のシェアを巡る戦いではなくなった」とザイマン。「不可分所得を巡る戦いになったのだ。メキシコ市場のあらゆる商品やサービスと競争しなければならなくなる。だからこそ、積極的に出て行って、コカ・コーラを買うということを消費者に覚えていてもらう必要があった。この戦略は見事に当たった。コカ・コーラの売り上げがメキシコ経済とともに下落することはなかった。逆に、メキシコのあらゆる層の人々がわれわれの広告に反応し、売り上げは競合の3倍の速さで伸びた[*6]」[注17]

米国でも同じように、強気のマーケティングが容赦なく展開された。「コカ・コーラにしてもマクドナルドにしても、なぜマーケティングを行うのでしょう」とダンは言った。「なぜなら、そこには前進か後退しかないからです。大きな概念マップを描き、商品のさまざまな特性を見て、伝え

*6　加工食品産業にとって不況が概ね追い風となるのは米国でも同様で、2008年に始まった景気後退でも同じ状況が見られた。財布のひもを締めた買い物客には、新鮮な野菜や果物より、清涼飲料、スナック菓子、冷凍食品などのほうが購入されやすい。

ダンの部下の1人で、1997年から2000年までコカ・コーラに勤めたトッド・パットマンは、同社が消費者を追い求める貪欲さに驚愕したという。(注20) 目標は、単に競合ブランドに勝つことではなくなっていった。同社は、牛乳から水まで、人々が飲むあらゆる飲み物より多く売れることを目指すようになった。「私にとって強烈なパラダイムシフトでした」とパットマン。「目指したのは市場シェアの獲得でも、ペプシやマウンテンデューに勝つことでもありませんでした。われわれはあらゆるものに勝とうとしていました(注21)」

話がコカ・コーラの1人当たり消費量に及ぶと、パットマンは、当時のマーケティング部門の取り組みは一つの問いに集約できると言った。「どうすれば、もっと多くの人の体に、もっと頻繁に、もっとたくさん流し込めるか?」という問いである。

このようなマーケティングの一環として、需要てこ入れのための価格調整も行われた。当時は全米を戦略地図のように見ていたとダンは言う。たとえば、同じメモリアルデーの週末に、サンフランシスコでは1リットル入りコーラが1ドル59セントで売れても、ロサンゼルスでは99セントでなければ売れないかもしれない。同社は、その祝日の各地の習慣と需要を読んで価格を設定した。しかしヘビーユーザー獲得のために行われたのは価格設定だけではない。同社は、コカ・コーラ派かペプシ派かまだ決まっていない層に狙いを定めた。習慣やブランドロイヤリティーがまだ確立されていない、未来のヘビーユーザーである。コカ・コーラはかつてない強力な布陣で彼らの獲得に動いた。

「早期のブランド浸透を促すため、ティーンエイジャー層が戦場に選ばれた」とダン。

コカ・コーラには子ども向けマーケティングに関するポリシーがあり、ダンも当初はそこに安心感を見いだしていた。同社は広告の自主規制を早期に導入した企業の一つで、12歳未満の子どもに対するマーケティングに明確な一線を引いていた。テレビやラジオであれ、携帯電話であれ、インターネットであれ、視聴者の半数以上が11歳以下であるプログラムには広告を一切出さなかった。2010年にはこの方針がさらに強化され、視聴者の3分の1以上が11歳以下ならば広告を出さないことになった。

同社は、エネルギーの効率的利用や、水不足地域での水源保全など、さまざまな社会活動に取り組んでおり、「アクティブ・ヘルシー生活」と銘打った健康推進プログラムでは、ボトル入りウオーターなどの低カロリー飲料を子ども向けに提供するほか、体を動かす手段としてダンスのプロモーションなどもしている。そして子ども向け広告に関するポリシーも、こうした包括的社会責任の一環だとうたっている。同社のウェブサイトにはこう書かれている。「この地球上には6億8000万人のティーンエイジャーがいます。彼らの未来のための投資は、われわれができる最も重要な投資の一つです」

ダンは、この広告ポリシーは従業員にとって誇りの一つだと言い、同社がこの立場を取っていることを評価する。(注22) しかし彼は、実際には自主規制に限界があることも指摘した。自主規制が適用されるのはマスメディアの広告だけで、ロバート・ウッドラフが最初に示した貴重なマーケティング、つまり「子どもにとって特別な時間」は、対象外である。「野球場やそのほか子どもが行きそうな場所にコカ・コーラが存在しているか、という視点で考えれば、確実に子どもへのマーケティングが行われている」(注23)とダン。それだけではない。定義上「ティーンエイジャー」は13〜19歳だが、彼らは12歳になったとたんに「6億8000万人のティーンエイジャー」と一括りにされ、まるで狩猟解禁になった獲物のように、コカ・コーラの強大なマーケティング戦力の標的になる。

いろいろな意味で、ティーンエイジャーは小さい子どもより「大きな獲物」だ。一般に米国では、12歳になると小遣いが増え、親の送迎ではなく自分で通学し、学校の外で昼食を取る子どもも多くなる。そして何より、この頃に好き嫌いがはっきりしはじめ、確立された好みは生涯続く。もちろんコカ・コーラもこうした特性を研究し、その知見に基づいてキャンペーンを計画してきた。ダンは言う。「子どもがたとえば1年に250本のソフトドリンクを飲むようになると、この消費行動は生涯続く傾向があります。ブランド戦争の戦場になるのもこの年代です。なぜなら、コーク派だとかペプシ派だとかマウンテンデュー派だとかいったブランド選択は、10代後半に決まる傾向があるからです」

ブランドロイヤリティーの確立ではティーンエイジャーを重視したコカ・コーラだが、マーケティング戦力を特に集中させたのは若い成人層だった。目標は消費量の維持と拡大である。この点に関して同社の戦略には一分の隙もなかった。(注24)まず、マーケティング担当者にレーザー並みの精度で指南を与える専任機関が設立された。「コカ・コーラ小売研究評議会(CCRRC)」と名付けられたこの機関は、社会科学の手法で買い物行動を分析して、どうすればティーンエイジャーと成人への売り込みが成功しやすくなるかを探っている。食料品店において、清涼飲料の売れ行きは今やパンと肩を並べ、牛乳、チーズ、冷凍食品などを大きく上回っている。それでも同評議会は、米国人の買い物行動について史上最大規模の研究を実施した。2005年に発表されたその結果には、清涼飲料の売り上げをさらに伸ばすためのヒントやアドバイスがちりばめられていた。その一つが「買い物客密度マップ」である。多くの買い物客が足を向ける「ホットスポット」を鮮やかな黄色や赤で示した地図だ。客はスーパーマーケットの正面ドアから入ると、右側からスタートして反時計回りに移動し、そして驚くべきことに、後戻りしてくる。したがって、清涼飲料のメイン棚は、店の右側後方に置くべきなのだ。一方、店の中央部は通行量が少ない。報告書はこのエリアを「死の領域《デッドゾーン》」と名付けて警告した。

　この研究でコカ・コーラは、買い物客を無防備な状態でつかまえるよう小売業者に念押しもしている。肥満急増と戦う連邦政府の職員たちは、食料品店に入るときは必ず買い物リストを持つようにアドバイスしている。そうすれば糖分や塩分や脂肪分たっぷりのスナックを食べたいという衝動を抑えやすいからだ。だがコカ・コーラの研究報告には、最も用心深い消費者も逃さない戦術がいくつも紹介されている。たとえば、目を引く大きな表示を、通行量が最大になる右側通路の前方に掲げて「早い段階で買い物客を引き込みます」。こうした表示は、通常の飲料売場ではない場所に配置する。また、衝動買いが最も発生しやすいのはレジ横のゾーンだ。ここをガム、キャンディー、雑誌などに占有させてはならない。コカ・コーラを満載した背の高い冷蔵庫をレジのすぐ横に置く。報告書には「スーパーマーケットでの購入決定の60％は完全に無計画になされます」とも書かれている。「何であれ、購入の意思決定をより速く、より楽にするものは」こうした無計画な購入を促す、という。

コカ・コーラはまた、消費者の性別、人種、年齢が売り上げにどう影響するかにも細かい注意を払っている。ダンが私に話したところによれば、同社は食料品店チェーンの顧客カードの記録を調べることで、こうした人口統計的データを集めたという。すると、たとえばアフリカ系米国人は、甘いだけでなくフルーツ風味のする飲み物を好む傾向がある、ということなどがわかってきた。「人々が何を買っているか、買い物かご単位でも、マーケット単位でも、人々のグループ単位でも把握できました」とダン。「そこでわれわれは、その人たちが買いそうな物に合わせた売り方をしました。たとえば『コカ・コーラを2リットル買うとポテトチップが1袋無料』といった具合です」

研究報告には、少数民族が甘いものを好むという知見や、清涼飲料を他の食料品と組み合わせて売ることの利点も書かれている。また、小売業者の商品陳列に役立つように、米国の買い物客を、地方在住者、都市近郊の高所得者、都会の少数民族といった五つの基本グループに分けて、各グループの飲料の好みも詳しく説明している。たとえば、新しい商品群であるエナジードリンク類は「都市近郊の高所得者」に売れる可能性が高く、「都会の少数民族」と「地方在住者」は清涼飲料へのロイヤリティーがやや高い。報告書には、顧客層に応じて「それぞれの店に独自のDNAがある」とも書かれた。

コカ・コーラ社が米国人の買い物行動に最も大きな影響を与えた場は、おそらくコンビニエンスストアだろう。コンビニには、スラム街にある家族経営の小さな食料品店から、郊外のガソリンスタンド兼食料品店を全国展開するチェーンまで、さまざまな形態があるが、どこでも便利《コンビニエンス》さとともに売られているのが、塩分・糖分・脂肪分がとりわけ多い食品だ。肥満を心配する栄養学者から見れば、これらの店は、麻薬蔓延の温床となる隠れ家に等しかった。住宅街に近く、飲み物を1本単位で売っていて、子どもたちを引き付ける。店内の配置も彼らをターゲットにして計算されている。米やスープやパンといった食料品は店の奥にあり、たいていは入り口のすぐ横に清涼飲料、チップス、菓子類が並べられている。レジ横には単価の低いキャンディー類。残った小銭も首尾よく回収するためだ。ニューヨークやフィラデルフィアやロサンゼルスといった大都市では、何千ものこうした店が学校の近くに戦略的に配置されている。

コンビニが米国民の健康に大きな影響を与える存在となったのには、外部からの強力な助力があった。1980年代にコンビニが急増したのは、コカ・コーラやペプシなどの飲料メーカー、それにフリトレーやホステス社などのスナック菓子メーカーが打ち出したマーケティング戦略の成果である。これらの企業にはコンビニ専門の部署があり、社員や契約業者が店舗を毎週訪れて製品を配達している。売上高に応じて報酬を受け取る彼ら販売員は、店舗の在庫を補充し、陳列を整えながら、自社製品を目立たせ、他社製品がそのスペースに侵入してこないよう目を光らせている。事実、こうした企業はコンビニ店内の棚や冷蔵庫を所有している。私は、栄養を考えた陳列に取り組もうとしたペンシルベニア州フィラデルフィアのある店長に会った。彼は店内の目立つところにバナナを置こうとしたのだが、清涼飲料の配達員に、そのスペースは彼らのものだと叱りつけられたという。だがこういう店長はまれだ。コンビニのオーナーは配達員を大歓迎している。清涼飲料やスナックは単に利益率が高いだけでなく、コンビニがやっていけるのはこうした商品のおかげだからだ。私が食品業界の複数の幹部から聞いたところによれば、昨今、コンビニは法外な金利でローンを組ませるシンジケートによって売り買いされていて、オーナーが利益追求に走らざるを得ない状況に追い込まれるケースも増えているという。

　コンビニブームを生んだこのマーケティング戦略は「アップ・アンド・ダウン・ザ・ストリート（道を行ったり来たり）」という名前で呼ばれるようになった。配達トラックが地区の店舗を回って道路を行ったり来たりするところからついた名前だ。清涼飲料とスナックのメーカーにとって、この戦略の狙いは、単に商品を売ることではなく、店の常連である子どもたちを自社商品のファンにすることにあった。「アップ・アンド・ダウン・ザ・ストリート」はマーケターたちの合言葉になり、彼らが売り上げ増大と顧客層拡大を図るときに立ち戻る基本となった。「コカ・コーラしかり。ペプシしかり。菓子メーカーも同じことをしました（注25）」とダン。「すべての食品メーカーが、手っ取り早い消費を中心に戦略を描くようになりました。それに伴ってコンビニの売り上げが増えた。そして、コンビニの新規出店計画が次々に打ち出された。だから今では、アトランタのような都市に行くと1ブロックごとにコンビニがあります」

「そうするうちに疑問が湧いてきます」とダン。「炭酸飲料やスナックが売れるから店頭に置かれるのか、店頭に置かれるから売れるようになるのか、わからなくなってくるんです。でも、フライドチキンとポテトチップと2リットルのコーラを一度に平らげるのがほんとうにいいことかどうか、誰も立ち止まって考えようとしなかった。みんな『これは売り上げ増につながるだろうか？』としか考えなかった」

2005年、コカ・コーラはこの疑問に答える新たな研究を行った。(注26) コンビニオーナーを配布対象とし、「次世代のロイヤリティーを確立する」と題されたその報告書は、コンビニにやってくる客で最大の利益をもたらすのは誰かを示していた。それは、おそらくオーナーたちの想像とは違う客層だった。

報告書は次のように記している。「一度に10ドル以上使ってくれる32歳のお客もいれば、コカ・コーラとサンドイッチとキャンディーバーだけという10代のお客もいます。あなたの店舗にとって価値がより大きいのはどちらでしょうか。実は、昨今、10代のお客は30代のお客に匹敵します。彼らは、支払額は少ないですが、来店回数が多いのです。20代になっても彼らをつなぎとめておければ、店舗にとっての価値はさらに大きく高まる可能性があります」。郊外では、10代後半の客のコンビニ利用は主に車の給油が目的だが（訳注＊米国ではほとんどの州で16歳から運転免許が取得でき、車で通学する高校生も多い。また、郊外ではガソリンスタンドがコンビニを併設していることが多い）、来店理由として2番目に多いのは「空腹を満たすため」で、ここに大きな商機がある。「ティーンエイジャーは少しずつ何度も給油に訪れる」と報告書は続ける。「小売店は、彼らの来店回数の多さを認識し、店に入りやすい工夫をすることでこの利点を活かす必要があります」

つまり、郊外であれ大都市中心部であれ、子どもたちは生涯続くブランドロイヤリティーを確立する機会を与えてくれている、ということだ。報告書の表現を借りれば、「ティーンエイジャーは

『自分はどうなりたいか』という学習曲線の重要段階にいます」ということである。

ジェフリー・ダンは以前からこのことをよく知っていたが、報告書が作成されたときには社を去っていた。

2000年のある日、コカ・コーラ本社の角部屋にあったダンのオフィスに、本が届いた。(注27) 頼んでもいないのに送られてきたものだった。それからいろいろな出来事があって、ダンは忠誠心厚い戦士から不信仰者に変わり、今に至っている。『シュガーバスター──カロリー神話をぶっ飛ばせ!』(邦訳版は講談社)というその本の共著者には、ニューオーリンズの医師も2人含まれていた。彼らは、糖分摂取の急増が米国人の健康を大きく損ねていると主張し、主な矛先を清涼飲料に向けていた。「過去30年間で成人も小児も肥満が激増し、この間に清涼飲料の消費量は約3倍に増えている」と同著。「一般的なソフトドリンクには小さじ10杯分の糖分が添加されている。これを実感するため、紅茶を入れたグラスに砂糖を小さじ10杯入れて飲んでみなさいと言ったら、実行する人がどのくらいいるだろうか?」。彼らは、健康的なスナックと一緒に取ったとしても、清涼飲料に含まれる糖分のカロリーは脂肪として体内に蓄積される、と書いていた。

ダンは本を家に持ち帰って読んだ。ページを進めるうちに二つの考えが頭の中をぐるぐる回りはじめた。「うなずける話だ。そして、これはよくないことだ」

同じ年、ダンは、ある女性と付き合うようになった。自由人で、体つきは鉄道のレールのように細く、糖分を一切取らず、根っからのアンチ・ジャンクフード派であるその女性は、コカ・コーラに対するダンの見方をさらに揺さぶった。彼女はアマゾンの熱帯雨林を何度も旅行しては、帰国するたびに、ダンの才能はコカ・コーラを売る以外のことに使うべきだと力説した。「私は彼女と結婚しようとしていました。例の本も読んでいる。そして同時に、会社では次期社長を目指して仕事に励んでいました」とダン。

2001年初頭、44歳のダンはコカ・コーラ北南米部門の社長兼最高執行責任者として、同社の年間総売上高200億ドルの半分以上を統括していた。そしてメキシコとブラジルを頻繁に訪問していた。同社がコカ・コーラの販売拡大に力を入れはじめたからである。ブラジルは巨大な可能性を秘めた市場だった。景気は上向きで、活気ある若い世代は、いずれ中流階級になっていくことが予想された。だが彼らの多くはまだ都市近郊の貧困地域に住み、貯蓄も少なく、加工食品になじみがなかった。コカ・コーラは、ボトル1本の容量を190ミリリットルと少なくして1本わずか20セントで販売することで、この有望市場の支配権を握る戦略を立てた。(注28) ブラジルに目をつけたのも、少量化の戦略を採用したのも、同社だけではない。ネスレやクラフトといった食品大手も、商品を少量包装にし、単価を下げる戦略に出た。ネスレは女性販売員の大部隊も現地に投入した。住民の多くはまだ料理をすべて手作りしていたが、中流の装いに強いあこがれを持っていた。販売員はそんな彼らの家を1軒1軒訪問して、米国スタイルの加工食品を売り歩いた。ジェフリー・ダンも、コカ・コーラの販売戦略を考えながら、重要ターゲット地域の一つであるリオデジャネイロの貧困地域を歩いていた。それは突然のことだった。「頭の中で声がしました。『この人々が必要とするものはたくさんある。でもコカ・コーラは必要ない』と。ほとんど吐きそうだった。その瞬間から、仕事の面白味は消えうせてしまいました」

ダンは変化を起こす決心を胸にアトランタに戻った。清涼飲料ビジネスを捨てたくはなかったが、健康も考慮するように会社の方向性を立て直したいと思っていた。彼はまず、ボトル入りウオーターのブランド「ダサニ」を立ち上げた。次に、公立学校でのコカ・コーラ販売をやめるよう要請した。しかしすぐに、清涼飲料販売に関わる金銭的インセンティブがどれほどのものか、目の当たりにすることになった。コカ・コーラの瓶詰めを行う独立業者たちは、彼の計画を反動主義的なものだと受け取った。大手ボトラーの経営者サマーフィールド・ジョンストンはコカ・コーラ経営陣にダンの解任を求める手紙を出した。(注29)ダンは言う。「私のしたことは50年間で最悪のことだと彼は書いていました。私の計画は、人々にコカ・コーラを飲むのをやめさせようとするクレイジーな人たちをなだめるくらいの効果しかない。私は同社の恥であり、クビにすべきだ、と」

2004年2月に同社はリストラを行い、ダンも、社長の椅子を争った1人スティーブン・ヘイヤーによって解任された。(注30)社を去る前にダンは最後のスピーチをした。講堂にはお別れを言うため多数の社員が集まった。

「取締役の1人で、私の指導者のようになってくれていたピーター・ユベロスに頼んでおいたんです。『おそらく取締役たちはいい顔をしないと思いますが、どうしてもお別れが言いたいのです。この会社は私が生まれたときから家族の一部でしたから』と。それで、スティーブが私を紹介しました。私は演壇に向かう途中で彼と抱き合い、耳元で『ありがとう』とささやきました。スティーブは私を見て『何が？』と言いました。私は言いました。『自分では絶対にできなかったことをあなたがしてくれた。コカ・コーラを去るなんて、とても決断できませんでした』と」

ダンは、今コカ・コーラ社のビジネスについて語ることは生易しいことではない、と私に言った。彼自身もまだ食品業界で働いており、リスクがある。「決して怒らせたくない相手です」とダン。「海の底に沈められるとか、そういう意味ではありません。でもこの手のことに関して、彼らにユーモアのセンスはありません。非常にアグレッシブな企業です」

ダン自身は自分を告発者として見ていない。かつて、タバコ業界の内部告発者たちは、勤め先の企業がニコチンを操作して作用を強めていたと非難したが、それとは状況が異なるという。「私はほかの人より事情をよく知っているかもしれません(注31)」とダン。「でも、隠された証拠を突きつけたわけではありません。証拠はみんなの目の前にある。隠されているわけじゃない。そこがコカ・コーラの賢さです」

2010年4月27日、ダンは、新しいスナックを米国市場で売るための企画書を手に、カリフォルニア州サンタモニカのフェアモントホテルに赴いた。面会相手は、シカゴを拠点とする未公開株投資会社「マディソン・ディアボーン・パートナーズ」の重役3人。幅広い投資ポートフォリオを展開する同社は、近くのサンホアキン・バレーにある食料品業者を取得したばかりで、ダンはその経営者として招かれていた。重役たちは彼のマーケティング計画を聞くためにはるばるカリフォルニアまで来たのだった。

太平洋の眺めがすばらしいホテルの会議室で、マディソンの3人の重役は、それまでに聞いたどんなプレゼンテーションとも異なる語り口を目の当たりにした。間違いなく、ダンは恐るべき相手だった。職歴も申し分ない。コカ・コーラでの20年間で磨き抜いたマーケティングスキルのすべてを、彼はその企画書につぎ込んでいた。(注32)

ダンは、大胆で、不遜で、抜け目なく、遊び心がありながら挑発的な性格を商品に持たせるべきだと話した。目的は「これこそ究極のスナックだ」と消費者に伝えることだ。彼は、スナックを日常的に食べている米国人が1億4600万人いることを指摘し、彼らは「注意を引かれた新商品を試すことでスナック習慣のマンネリ化を防いでいる」と話した。そして、この特別な消費者セグメントをどのようにターゲティングすればよいか、詳しく説明した。

重役たちが消費者をイメージしやすいよう、ダンは仮想の人々を画面に登場させた。たとえば34歳の女性、オーブリー。じっとしていない性格の彼女は、子どもには「あらゆる楽しさを味わわせたい」と思い、オレオやゴーグルト、デルモンテのフルーツ缶詰などを買い与えている。27歳の女性、クリスティーン。スターバックス常連の忙しい専門職で、ナッツとドライフルーツのミックスや、ディップにつけて食べるチップスを好む。23歳の男子大学生、ジョッシュ。初めて家を離れた彼は、「ドリトス」と「マウンテンデュー」で腹を満たしながら冒険の機会を探している。

次にダンは、入念に計算されたキーフレーズも紹介しながら、戦略的な物語り《ストーリー・テリング》を広告キャンペーンでどのように展開するかを説明した。発売までの道のりも詳しく立案してあった。医療ドラマの『ドクター・ハウス』、犯罪ドラマの『CSI：科学捜査班』、バラエティー番組の『サバイバー』にCMを出す。口コミを狙って、商品独自のテレビゲームを使ったゲリラ的PR活動を展開する。ブログやネット掲示板などのデジタルメディアも活用して話題性を高める。

45分後、ダンは話し終えた。最後のスライドを表示して、「サンキュー」と言った。ブランドマネジャーとの打ち合わせに慣れているマディソンの重役たちにとっては、ダンが通常より一段格上の相手であることを除けば、いつもどおりの会合だった。いつもどおりでなかったのは、ダンが販売しようとしているスナックだった。投資家たちも塩分・糖分・脂肪分の魅力は重々承知している。マディソンが展開する180億ドルのポートフォリオには、「バーガーキング」の世界最大のフランチャイズや、高級レストランチェーン「ルースクリス・ステーキハウス」、加工食品メーカーの「ピエール」も含まれている。ピエールの主力商品でありコンビニエンスフードの代表格である「ジャムウィッチ」は、ピーナッツバターとジャムを耳なし食パンで挟んだ冷凍食品で、デキストロースからコーンシロップまで4種類の糖が使われている。だが、ダンがプレゼンしたのは、それらとは別種の食品だった。

それはニンジンだった。糖分も塩分も加えず、ソースやディップもつけない、ただの新鮮なベビーキャロットである。収穫後、洗って袋詰めにされ、平凡この上ない野菜売り場に並べられるニンジンは、コカ・コーラの対極にいた。売れないのは売り方に問題があるからだというのがダンの見方だった。彼は、問題を解決するには、加工食品で効果が実証されたマーケティング手法を持ち込む必要があると考えた。

彼は重役たちに「われわれは、野菜ではなくスナック菓子のように動きます」と言った。「ジャンクフードの法則を活かしてベビーキャロットの話題性を高めます。ジャンクフード的に振る舞いますが、立場はアンチ・ジャンクフードというわけです」

ダンは、この新しい仕事のことを私に話しながら、自分はコカ・コーラ時代の罪の償いをしているのだと言った。彼自身の表現では「私はカルマの借金を返済しているんです」ということだった。とはいえ、その日サンタモニカでマディソンの重役たちが考えていたのは売り上げのことだ。そもそも、彼らがはるばるシカゴからやって来たのはダンのプレゼンを聞くためである。マディソンは、全米の2大ベビーキャロット生産農場の一つについてすでに買収に合意しており、その経営者にダンを抜擢していたからだ。(注33)ダンのプレゼンを聞いて彼らは安心した。ダンは、加工食品業界の営業戦術が何より役立つと判断し、コカ・コーラの20年間で身につけたあらゆる手段を盛り込んだ。食品の売り方は、食品そのもの、あるいはそれ以上に売れ行きを左右する。それが、ダンがコカ・コーラで学んだ、加工食品業界の鉄則の一つだった。

第6章 立ち上るフルーティーな香り

1990年2月下旬、月曜の午後2時。フィリップモリスの経営トップ12人が本社会議室に集まった。（注1）マンハッタン中心部パーク・アベニュー、グランドセントラル駅中央入り口の真向かいに建つ、御影石づくりの26階建てのビル。地下には重役専用の駐車場があり、天井の高いロビーには、ホイットニー美術館が展示を手掛けた芸術作品が置かれている。高層階からは南方にニューヨーク港が望める。世界最大のタバコ企業の中枢であるこのビルは、喫煙する社員のため、ほとんどのフロアにシーリングファンが設けられてもいる。経営者たちが集まったのは、最上階の「マネジメント・ルーム」だ。六つの会議机が中央に寄せて並べられ、椅子の前にそれぞれノートパッドとペン、水の入ったグラスが置かれている。フィリップモリスの頭脳である12人の重役たちは、同社の重要ブランドのマネジャーから報告を受けるため、「全社製品検討委員会」と呼ばれるこの会合を月に1度開いている。

いつもどおり、CEOのハミッシュ・マクスウェルが席に着いた。彼の2人の前任者、ジョセフ

・カルマン三世とジョージ・ワイスマンも入室してくる。(注2) 彼らは70代になっていたが、顧問として大きな影響力を保っていた。ドイツ人葉巻製造業者の曾孫であるカルマンは、1960年代にビール醸造のミラー社を買収して、フィリップモリスをタバコ以外の分野に初めて進出させた人物である。1日2箱の喫煙者でニュージャージー州ニューアーク市の『スターレッジャー』紙で記者をしていた経歴もあるワイスマンは、「マールボロ」の男性的イメージの確立に貢献した。1978年にCEOに就任した際の彼の言葉は有名になった。「私はカウボーイではないし、乗馬もしないが、『マールボロマン』が体現する自由を持ちたいと思っている。彼はタイムカードを押さない。デジタル化にも染まっていない。自由人だ」

この月の議長は、マクスウェル直属の部下、オーストラリア出身で52歳のジェフリー・バイブルだった。財務マネジャーである彼がやがてCEOに昇格するのは4年後のことだが、この会議の議長は重役たちが持ち回りで務めていた。そしてバイブルはこのときの議長として適役だった。議題の多くをタバコ以外の製品が占めていたからである。1カ月前、マクスウェルはバイブルに、ある部門のマネジメントに専念し、業務を掌握するよう指示していた。消費財を手広く扱うフィリップモリスに新しく加わったその部門は、巨大で扱いにくい、加工食品部門だった。

ゼネラルフーヅとクラフトの買収によって、米国人が食料品に費やすお金の10分の1がフィリップモリスに入ってくるようになったが、同時に同社のバランスシートは劇的に変化した。タバコ販売で巨額のキャッシュを集めたフィリップモリスが食品ビジネスに進出したのは、経営を多角化し利益を有効活用するためだった。が、食品大手2社の併合が完了した1989年の時点で、両社を合わせた年間売り上げ230億ドルはフィリップモリスの総収入の実に51%を占めていた。(注3) 食品が、タバコ企業である同社の最大部門になっただけではない。重役たちは突然、全米最大の食品会社を経営し、オスカー・メイヤー、ランチャブルズ、ジェロー、マクスウェルハウス・コーヒー、タング、ポストブランドの各種シリアルなど、誰もが名前を知る商品を大量に扱うことになったのだった。

かつて整然とまとめられていた製品検討委員会の配布資料は、今や、食料品店の中をよたよたとさまようようなありさまになった。しかも、あらゆる項目にライバルとの熾烈な争いが見て取れた。この月の会議前、食料部門のブランドマネジャーたちは数日がかりで、戦略資料、売り上げグラフ、試験結果などを準備した。とはいえ会議はいつもどおり落ち着いたトーンで進められていった。フィリップモリスの重役はみな海千山千の猛者であり、顧客獲得に揺るぎない自信を持っていた。看板ブランドであるマールボロは、1940年代には一時市場から撤退するほど苦戦したが、1960年代にマールボロマンの広告が始まると全米トップに躍り出て、やがて世界でもベストセラーになったという歴史がある。それに、今月の議長ジェフリー・バイブルは、多数の競合との果てしない攻防に苦しむクラフト・ゼネラルフーヅ部門（後に「クラフトフーヅ」と改名）のマネジャーたちに共感するようにもなっていた。彼は販売員たちと一緒に現場に出て、陳列スペースを確保するため小売業者と渡り合う彼らの骨折りを痛感した。消費者に商品を手に取ってもらうためには、中身の商品と同じくらい広告やパッケージも魅力的でなければならない。そうした難題の数々も目の当たりにした。

バイブルは2002年にフィリップモリスを退社してからコネチカット州グリニッジに事務所を構えている。私は2011年暮れ近くにそこで彼に会った。73歳の彼はコカ・コーラ元重役のジェフリー・ダンより20歳年上だが、2人とも握手が力強く、よく日焼けしている。食事に気を付け、元勤務先の会社が売るような食品を取りすぎないようにしているのも共通点だ。ダンはカリフォルニアのくつろいだ空気を漂わせているし、バイブルは今でもオーストラリア育ちの雰囲気を残している。が、2人とも、企業人としては、急所を外さない恐るべき相手として業界で知られた存在だった。

バイブルが席に着いた。彼のデスクの上には、株価をチェックするためのモニターなどが置かれている。しかし灰皿はなかった。彼はかつて1日1箱吸っていたが、医師の指示で2000年に禁煙したという。「タバコ業界では、世界最大のブランドを持つわれわれはどこに行っても歓迎された。販売業者はわれわれの商品を仕入れようと死に物狂いだった。だが食品は違った。商品を扱ってもらうためにこちらが死に物狂いだった。食料小売チェーンのバイヤーは容赦なくて、私は打ちのめされたよ。こちらがクラフトやゼネラルフーヅのような大手でも『ここで何してる？　二度と来るなとこの前言っただろう。あの無様なプロモーションは何だ。出ていけ』だ。肉の担当者にそう言われて、次にマヨネーズの担当者のところでまた同じことを言われる」

タバコのマーケティングは、たとえば「マールボロマン＝武骨なカウボーイ」のように、理想的なイメージを提示するのが王道である。しかし食品のマーケティングはこれとかなり異なるうえ、競争がさらに厳しい。「タバコは、外見がどれもよく似ているし、宣伝活動ではあこがれを刺激する要素が強い」とバイブル。「しかし食品では、その商品はほかの商品よりいい、お金を払う価値がある、と消費者に確信させなければならない。『こんな成分が入っていて体にいいですよ』とか『こんなに素敵ですよ』と伝えることが主眼になる。その商品だから買う、という差別化を行わなくてはならない」(注4)

1990年2月の製品検討委員会はこのような状況で開かれた。まず、香港とドイツでのタバコの販促計画が手短に説明され、次に、ビールの「ミラー」を新たに200ミリリットルの使い捨てボトルにして東部と南部の州で発売することが確認された。それから議題は食品に移った。テーマは収益力が特に強い商品、フルーツドリンクである。当時、粉末飲料は年間10億ドル近く売れており、同社は子ども向けの「クールエイド」、レモネードの「カントリータイム」、オレンジ風味の「タング」といった商品で市場の82％を占めていた。しかし、ブランドマネジャーたちが作成した資料は、「クールエイド」が危機に瀕していることを示していた。この商品の歴史は長い。マスコットの「クールエイドマン」は、かわいらしさと温かみでコカ・コーラやペプシに対抗するため1950年代に生み出されたものだ。しかし競合とのシェア争いが激しくなり、クールエイドは歴史の中に消え去りそうになっていた。それは何としても阻止しなくてはならない。フィリップモリスの経営陣はマネジャーたちの説明を静かに聞いた。彼らが説明した計画は、規模も戦略も前例がないマーケティング活動の最初の一弾となるものだった。

その一連のマーケティング計画には一貫するテーマがあった。一部の商品はコカ・コーラに引けを取らず甘味が強いが、消費者が糖分への懸念を強めているので、それは売り文句にしない。子どもと親たちに売り込むため、フィリップモリスの社員となったマネジャーたちは別の方法を使うことにした。それは、フルーツ、というよりフルーツっぽさを打ち出して、健康を連想させるというものだった。

タバコ企業の経営陣がクールエイドを救済するというのは、少々皮肉なことでもあった。1927年にクールエイドを発明したネブラスカ州出身のエドウィン・パーキンスには、「ニクソチン」という発明品もあったからだ。(注5)ハーブと硝酸銀を混ぜた飲み物で味はひどかったが、タバコ依存が治るとして人気を博した。しかし、クールエイドはマーケティングを考慮して非常に巧みに開発された商品で、フィリップモリスもそこを評価していた。起死回生の取り組みもその線に沿って行われることになった。

パーキンスは商売人気質の食料品卸売業者だった。扱うさまざまな商品の中に、飲み物に風味をつけるためのフレーバーがあったが、当時の商品は瓶入りの液体で運送コストがかかり、売れ行きも平凡だった。ミックス粉やパウダーをいじるのが好きだったパーキンスは、このフレーバーを粉末にして袋入りで売り出した。合成フレーバーと鮮やかな色と糖の甘味が特徴的なこの商品は「クールエイド（当初のスペルは Kool-Ade で、後に Kool-Aid に変更）」と名付けられ、発売後すぐにセンセーションを巻き起こした。が、大恐慌で売り上げが停滞する。そのころすでに他の製品に見切りをつけてクールエイドに特化していたパーキンスは、経営破綻直前でまた思い切った行動に出た。1袋10セントだった価格を5セントに下げたのである。これが功を奏した。クールエイドを陳腐な贅沢と見ていた消費者たちが、不況下でも気軽に楽しめるソフトドリンクとして買い求めるようになった。彼の会社は、ゼネラルフーヅに譲渡された1953年には、1日100万袋以上を出荷する規模に成長していた。

ゼネラルフーヅはクールエイドをさらに強力に売り込んだ。最盛期には、米国人が年間にかき混ぜて飲んだこのドリンクの総量は21・5億リットルに達し、売上高8億ドルを記録して同社の粉末飲料のトップとなった。(注6) しかし1980年代にまた低迷が始まった。今度の原因は、景気ではなく、炭酸飲料だった。コカ・コーラとペプシコの2大巨頭が子ども市場に大きく食い込んできた。そのうえ同社は、旧来のライバルにも出し抜かれた。1987年、ゼネラル・ミルズ社が、柔らかいプラスチックボトルを握って絞り出すという斬新なスタイルの飲み物「スクイージット」を発売したのである。1本当たり糖分23グラムというコカ・コーラ以上の甘さで、色も鮮やかなこのドリンクに、子どもたちは夢中になった。初年度売り上げは7500万ドル。ゼネラル・ミルズは新しいフレーバーを次々に打ち出し、そのたびに食料品店のマネジャーたちは陳列スペースを確保した。クールエイドは突然、陳列棚から追い出された。危機を感じ取ったフィリップモリスの重役たちは、この対応を製品検討委員会の最優先検討事項に据えたのだった。

縄張りを取り返すためにクールエイドのチームが出した結論は、こちらも絞り出しボトルで対抗するというものだった。飲むときの楽しさをさらに演出するため、ボトルは首が曲がるように設計され、「クールエイド・クールバースト」という商品名がつけられた。委員会で提示された戦略構想には、ゼネラル・ミルズを打倒するための作戦が詳しく記されていた。戦略の中核をなすのは子ども向けのプロモーションである。それはフィリップモリスの重役たちがタバコ販売で使えなくなった方法でもあった。喫煙に対する政治的圧力の高まりをしのぐため、タバコ業界は1965年、子どもを直接の対象としたプロモーション素材を使用しないという自主規制を設けた。(注7) たとえば漫画などがこれに該当する。しかしゼネラルフーヅが甘い飲料の販促に漫画を利用しても規制には抵触しない。事実、コミック大手のマーベル社が制作しゼネラルフーヅが無料で配布した「クールエイドマンの冒険」(注8) という全6巻の漫画が大人気を博したばかりだった。しかしクールバーストの販売戦略はさらに踏み込んだものだった。ゼネラルフーヅには、子どもだけの名前と住所を集めた販促用の膨大な住所録があった。クールエイドの担当マネジャーは、製品検討委員会に提出した資料に「ゼネラルフーヅの子ども住所録を活用して子ども向けイベントを行い、子どもたちの需要を獲得する」(注9) と記していた。

しかしこのマーケティング計画で何より巧みだったのは、子どもにも母親にもアピールする仕掛けだった。クールバーストの主な原料は、糖分、合成フレーバー、保存料である。しかし同社は、本物の果汁をほんの少し加えることにした。社内記録によれば、ボトル1本当たり小さじ半分、割合にして5%(注10) という少量である。が、果物のイメージだけでも販促上は千金の価値があることを、製品マネジャーたちはよく知っていた。

彼らが果物の価値を確信したのは3年前だった。糖分ベースの別の飲料「タング」を見直した時である。フィリップモリスがゼネラルフーヅを取得した直後の1987年、飲料部門のマネジャーたちはタングに少量の果汁を加え、パッケージも小さな箱に変更した。外装に新鮮なオレンジとチェリーの絵を描き、新たに「タング・フルーツボックス」として売り出した。結果は上々だった。売り上げだけでなく、1992年には「健康的で楽しい飲み物」という巧みなキャンペーンを展開したとして広告業界羨望の賞も受賞した。(注11) スローガンの「そっと加えた栄養分」を、同社は「ソフトドリンク、ならびにソフトドリンクの調製に用いられる粉末、シロップおよび濃縮液」の商標として登録した。(注12)「栄養分」とは、少量の果汁と、もともとタングの売りだったビタミンCである。タングの広告は、ニンジンやグリーンピースを子どもの食事にそっと混ぜ込むテクニックを引き合いに出して、「栄養分を隠す四つの賢い方法」とうたった。(注13)「タング・フルーツボックス」を買った母親たちは、子どもには楽しそうにしか見えない飲み物で「体にいいもの」をそっと与えた、という称賛を受け取ることになった。

この「楽しいけれど健康的」をテーマに据えたブランドマネジャーたちは、果汁添加だけにとどまらなかった。「クールエイド・クールバースト」では、新鮮な果物のイメージを喚起するためのあらゆる方策が講じられた。技術者たちは、チェリー、グレープ、オレンジ、トロピカルパンチなど、さまざまな人工香料を駆使し、ボトルを開けたときに強い香りが発散するよう腕を振るった。ボトルにも果物の形がエンボス加工された。製品検討委員会でプレゼンしたマネジャーたちは、果物を想起させるこれらの特徴が、子どもたちはもちろん、母親たちにも訴求すると請け合った。「6~12歳の子どもにとって、クールエイド・クールバーストは最も楽しい飲料ブランドになるでしょう」(注14)とブランドマネジャー。「楽しさをもたらすのは、クールエイドのすばらしい味、立ち上るフルーティーな香り、そして何より、わくわくするようなパッケージです。母親にとっては、クールバーストは子どもが間違いなく喜ぶ『お楽しみの1本』です。信頼しているブランドのこの商品は高い好感度で受け入れられるでしょう」

重役たちは、試験販売について質問したり、フレーバーごとにボトルの色を変えるほうがよいか話し合ったりした後、[注15]当初の販促予算として2500万ドルを承認した。これにより、クールバーストは初年度で1億1000万ドルの売り上げを達成してスクイージットを追い抜いた。1992年、フィリップモリスは株主向けの発表で「クールエイド・クールバーストの全米販売に牽引されて」飲料部門が優れた業績を上げた、[注16]と胸を張った。

クールバーストの成功によって、フィリップモリスは果物の販促パワーの味をしめた。そして同社にとって幸運なことに、ゼネラルフーヅの買収がこの欲望を満たす手段を与えてくれていた。それは、加工食品業界で最大かつ最先端の研究所である。製品検討委員会がクールバーストにゴーサインを出したちょうどその頃、研究所の科学者たちは、糖の甘味を強める画期的方法の仕上げにかかっていた。

研究所は当時「テクニカルセンター」と呼ばれていた。10年前にアル・クローシがインスタントのプディングを開発したホーボーケンの研究所が古く手狭になったため、ゼネラルフーヅが1957年に建てたものだった。マンハッタンから北に40キロメートル、ニューヨーク州タリータウン近くの美しい敷地に、3階建ての建物が四つ立っている。530人の科学者とその助手を含む900人が食品の最先端研究に従事し、主だったブランドにはそれぞれ専門のスタッフと広い研究室が割り当てられていた。(注17)ジェロームの研究チームは2号館の2階。3号館の最上階にはコーヒーのマクスウェルハウス、その隣にクールエイドの部屋があった。

テクニカルセンターは、ごくたまに一般公開されることがあり、人工香料の合成過程や、脂肪から特有の匂いを除く処理、工場での高速生産を可能にするための技術など、科学が加工食品に活かされている様子が紹介された。1977年の見学会では、クールエイドの研究室スタッフが参加者に説明した。「フレーバーのバランスを取ることが粉末ソフトドリンクでいかに大切か、味見で体験していただけます。飲み物の色とフレーバー認識に密接な関係があることもおわかりいただけるでしょう」。技術者たちにとってこのセンターは発見とイリュージョンの詰まったびっくりハウスであり、自分たちの実験が大ヒット商品になってゆく興奮を味わえる場所でもあった。

そんな興奮の一つがやって来たのが1990年だった。少人数の研究者たちが、加工食品の要石の一つ、糖の改善に取り組んでいた。当時、製品に甘味をつける方法はたくさんあった。コーンシロップ、デキストロース、転化糖、麦芽、糖蜜、蜂蜜、それに顆粒状、粉末状、液体状の砂糖。これらをうまく組み合わせて、最小限のコストで最大限の魅力を作り出す。しかし、これらほとんどの糖に共通する一つの化合物があった。フルクトースである。フルクトースは12個の水素原子が6個の炭素と6個の酸素に挟まれた白色の結晶で、ある一つの性質がクールエイドの研究室に大きな興奮をもたらした。それは、普通の砂糖よりはるかに甘味が強い(注18)ということだった。

商業利用される甘味料の中で純粋なフルクトースがどんな役割を果たしているかは、今でもかなり誤解されている。砂糖（正式名はスクロース）は半分がフルクトースで半分がグルコースだ。異性化糖も同様で、最も一般的な配合ではフルクトースとグルコースが概ね半々である（1960年代半ばに商用生産が始まった当初はフルクトース〔果糖〕の割合が高かったため、高フルクトース・コーンシロップ〔HFCS〕と呼ばれ、このHFCSという呼称が定着した）。

純粋なフルクトースは1847年にフランスの科学者によって発見された。それから140年後、この無臭の白い結晶は食品産業にとって大きな恵みとなった。1980年代後半に結晶フルクトースと呼ばれる商用品が登場すると、販売員たちは類いまれな特長を持つ添加物として食品メーカーに盛んに売り込んだ。純粋なフルクトースは水に非常によく溶けるが、他の糖と違って分解しにくいので使用期限が長く、加工食品業界の要求にかなう。結晶化を妨げる性質があるので、ソフトクッキーの硬化を防ぐことができる。焼くと、食欲をそそる芳香とぱりぱり感が出て、表面の色も家庭で調理した時のようなキツネ色になる。冷凍温度では氷の形成を防ぐ。こうしてフルクトースは、ヨーグルトからアイスクリーム、クッキー、パンまで、あらゆる食品に使われるようになり、年間生産量は24万トンに達した。

しかし何と言ってもフルクトースの最大の力は甘味にある。(注19) 砂糖のもう一つの成分であるグルコースよりずっと甘いのである。砂糖を100とする相対的な甘味度で、グルコースは74、フルクトースは173だ。

納入業者の売り込みを聞いて、ゼネラルフーヅの飲料部門は興味を引かれたが、一つ問題があった。フルクトースは湿気に非常に弱い。シロップにしておけば問題ないが、乾燥状態で置いておくと、ほんの少し湿気があるだけでも固まってしまう。つまり、粉末飲料であるクールエイドに使うと、消費者が飲む前にレンガ状になってしまう。「フルクトースチーム」(注20)と名乗っていたテクニカルセンターの研究グループには、固化しないフルクトースの開発という課題が与えられた。

チームの1人は、エジプト出身のファアド・サリーブだった。ゼネラルフーヅでの30年間で発明の山を築きあげ、「発明王」(注21)と呼ばれた化学者である。彼にとって、耐水性フルクトースの開発はわくわくする挑戦の一つだった。まず、湿るのを防ぐためデンプンを加え、それから固化を防ぐためにクエン酸カルシウム、リン酸三カルシウム、二酸化ケイ素などを使った。「固化しないフルクトースができるまで2~3カ月かかったと思う」とサリーブ。「品質管理が厳しいから、高温で12週間放置しても安定していることを確認した」

このフルクトースをクールエイドに使う前に、サリーブには解決すべき問題がもう一つあった。会社は粉末飲料の生産ペースに見合うよう原料フルクトースを大量に購入しなくてはならない。固化防止剤を加えるまでそれをどう保管しておくかというジレンマがあった。そこでサリーブは、貯蔵庫にかぶせる巨大なオムツのような装置を設計した。これで除湿しようというのである。こうしてゼネラルフーヅは、耐水性フルクトースという新しいスーパーシュガーの実りを収穫する準備が整った。

利点はいくつもあった。まず、粉末ドリンクに使う糖の量を10%以上減らすことができる。これは製造コスト低下と利益増大をもたらす。1990年、同社のマネジャーだったトニー・ナスララーは、これだけで利益が年間370万ドル増えると見積もった。[注22] 二つめの利点は、糖分の重量比が少なくなるため、体にいい飲み物として売り込めることだった。フィリップモリスの重役にプレゼンを行ったナスララーは、タングの広告で「糖分10%カット、オレンジ風味をさらにアップ」とうたえることを示した。クールエイドも同じ路線で母親たちにアピールできる。

「糖分はコカ・コーラやペプシより25%少なくなっています」

糖分が少ないという宣伝文句どおりになるのは、粉末を水で溶いてドリンクを作る人（たいていは小さな子どもだ）がラベルの指示どおりに注意深く計量した場合に限った話である。それでも、糖に対する世論が厳しくなる中、製品の糖分量を減らすことは、栄養面を強調して売り上げを増やすための確実なステップだと考えられた。食品医薬品局（FDA）はまだ、糖の影響として虫歯以外のものに言及することには二の足を踏んでいた。しかしゼネラルフーヅが耐水性フルクトースの開発に成功したのと同じ1990年、糖に対する非難がさまざまな方面から上がった。エール大学は、カップケーキを2個食べた子どもはアドレナリン量が10倍になり異常行動が見られたという研究を発表し、メディアで大きく取り上げられた。[注23] 世界保健機関（WHO）も、糖尿病、循環器疾患、肥満との関連性を指摘した多数の研究を引用して、1日のカロリー摂取に占める糖分量を10%まで減らすという栄養指針の変更を提案した。[注24]

この提案には食品業界から強い反論があり、結局WHOは撤回したが、それでも糖の評判は下がるばかりだった。科学者たちが新しい研究テーマに着手したからである。それは、糖と依存性物質との関連性というテーマだった。1993年、ミシガン大学のアダム・ドレウノウスキーは、強迫的な過食の問題を調べるために新しい手法を導入した。彼は、糖とアヘン剤依存との間に関連性があることを知っていた。たとえば、麻薬をやめるときの離脱症状は甘い食べ物で和らぐことがある、といった研究報告があったからだ。そこで彼は、被験者を募って薬物依存治療のような実験を行った。(注25) まず被験者に、薬物過量摂取の治療に用いられるナロキソンという薬を投与する。これはアヘン剤と拮抗する作用を持つ薬だ。それから被験者に菓子を食べてもらう。ドレウノウスキーは、糖分の少ないポップコーンや、糖分も脂肪分も多いチョコチップクッキーなど、さまざまな菓子を用意した。すると、この薬によって魅力が最も少なくなるのは、糖分も脂肪分も多い菓子であることがわかった。

糖を気にする消費者の間で、異性化糖は砂糖より評判が悪い。しかし、異性化糖の取りすぎは砂糖の取りすぎより体に悪いのか、という議論は適切でない。専門家たちの意見は「どちらも等しく悪い」で一致しているからだ。(注26) ともあれ、消費者が糖分カットに取り組み始めたこの頃、食品業界は異性化糖に賭けて出た。安価で製造に使いやすい異性化糖によって、清涼飲料もスナック菓子も生産量がかつてない水準まで増えた。

さまざまな検討が行われてはいるものの、フルクトースは今でもほとんどフリーパス状態で使われている。しかし、心配な研究報告も新たに出てきている（強調しておく必要があるが、何カ月もかけて厳格な条件で行われる薬学研究などと比べて、栄養科学は概してかなり信頼性が低い。したがって、フルクトースに関する研究も、砂糖に関する研究と同様、注意して受け取る必要がある）。2011年、カリフォルニア大学デービス校の研究者らは、フルクトースに関して、重要と言える

ピーディーに出荷できるよう、製造工程が大胆に見直されて、生産性が大きく向上した。だが成功にはそれ以上の要因があった。クールエイドやタングと同じく、カプリサンも主な甘味料は異性化糖だったが、新しく濃縮果汁も使われることになったのである。そのため、製品史上初めて「天然のフルーツドリンク。人工成分不使用」とうたえるようになった。母親にとっては、子どもに持たせる昼食やおやつにこのドリンクを加えることへの安心感が高まる。非常に強力なセールスポイントだった。

私はカプリサンの元ブランドマネジャー、ポール・ハラデーに、味を変えずに濃縮果汁を使わない原料構成にすることは可能だったかと尋ねた。「ええ、できました」とハラデー。「濃縮果汁は甘味の主成分ではありませんでしたからね。でもカプリサンは常に濃縮果汁を使ってきました。広告で『天然』をうたうのに役立つからです(注30)」

「当社は、消費者に誤解を与えないよう常に正確なラベル記載を行ってきたことに誇りを持っております」とクラフトの広報担当者は私に言った。「果汁使用による栄養情報や『天然』という表記は、ラベル記載の規制に準拠しています」。しかし、カプリサンのマーケティングで使われた「天然」という言葉は、2007年に砲火を浴びることになった。フロリダ州のリンダ・レックスという女性が、アイルランドから訪ねてきた親戚の孫娘のためにカプリサンを1ケース購入した。彼女は言う。「『すべて天然』という表示を見て、炭酸飲料より健康的そうだと思いました。でも家で眼鏡をかけてよく見たとたん、ゴミ箱に放り投げました。異性化糖が入っているし、ほとんど炭酸飲料と同じだったからです」。事実、カプリサン・シリーズのいくつかは糖分が炭酸飲料より多かった。たとえば「ワイルドチェリー」は190ミリリットルパウチ一つ当たり28グラム、小さじなら6杯以上の糖が含まれていた。コカ・コーラ350ミリリットル缶の糖は39グラムで、1ミリリットル当たりでは28％少ない。レックスは公益科学センターの弁護士の力を借りて、不当なマーケティングだとしてクラフトを訴えた。18日後、クラフトは「すべて天然」という言葉を「人工の着色料、フレーバー、保存料を不使用」に変えると発表し、和解への謝意を表明した。(注31) 同社によれば、後にこのドリンクの糖分量を16グラムに減らしたという。

こうした譲歩によってカプリサンの売り上げが低下したかどうかは定かでない。2008年、クラフトはさまざまな要因のため5％の売り上げ低下が見込まれると発表していたが、6〜12歳の子どもをターゲットにした新しい広告キャンペーン「リスペクト・ザ・パウチ（訳注＊飲み終わった袋（パウチ）を膨らませて踏みつけたら、自分がパンクしてしまったというコミカルなCMが人気を呼んだ）」により、販売量を再び17％以上急伸させた。(注32) しかし、カプリサンを助けたものはもう一つある。1990年代に最初に採用されたその戦略は、フィリップモリスの重役が打ち出したといってもいいものだった。

ゼネラルフーヅとクラフトを買収したフィリップモリスの重役たちは一つの難題を抱えることになった。彼らは加工食品のことをほとんど何も知らなかったのである。そのうえ、食品業界双璧の経営者たちは互いを嫌い、不信感を持っていた。2社の業務スタイルはこれ以上ないというほど異なるものだった。多数の食品科学者を擁するゼネラルフーヅは、製品開発を理知的・実直に行い、食物繊維や低脂肪といった消費トレンドに合わせて販売活動を調整する。ゼネラルフーヅ出身で後にクラフトの重役となったある人物は、ゼネラルフーヅを古代ギリシャになぞらえた。文化的で博学で、戦闘にはさして関心がない。対してクラフトは、情け容赦ない進軍で世界を掌握しようとするローマ軍だ。メガブランドの強力な商品群を誇り、ファストフード並みに変化しつづける。社長のマイケル・マイルズは広告代理店レオ・バーネットの元重役で、ケンタッキーフライドチキンの会長でもあった。彼は、クラフトに着任するとすぐにアイビーリーグ出身のMBA保持者を多数採用し、プロクター・アンド・ギャンブルの重役たちも招いた。彼らは、価格アップと広告キャンペーンを同時に行うなどして競合を抑えた。フィリップモリスによる買収後、食品部門全体のCEOに任じられたマイルズは、チームをまとめるため、両社のトップ経営陣を率いてフロリダ州キーウェストで3日間の会合を持った。しかし1990年末には、この合併はクラフトによる買収のような様相になった。残った35人の重役のうちゼネラルフーヅ出身者は2人だけになっていた。(注33)

CEOのハミッシュ・マクスウェルを筆頭とするフィリップモリスの重役たちは鷹揚な経営スタイルで、もしかすると控えめな雰囲気のゼネラルフーヅびいきだったかもしれないが、彼らにとってより重要だったのはクラフトがもたらす収入だった。二つの「国家」統合をできるだけ円滑に進めるために彼らが出した答えは、マクスウェル直属の重役ジェフリー・バイブルをシカゴ近郊のクラフト本社に送り込み、道を示させるというものだった。バイブルの合言葉は「シナジー」である。それはフィリップモリスの戦略と軌を一にするものでもあった。(注34) たとえば、タバコ広告に巨額を投じてきたフィリップモリスは、その後数カ月間、ミラービールの広告を割引料金で出すことができた。ジョイント・プロモーションも得意で、バージニアスリムのテニス選手権でタバコと「ポスト」シリアルを宣伝するなどしていた。マールボロとセブンイレブンとの契約も、「オスカー・メイヤー」ホットドッグの年間売り上げを2000万ドル押し上げていた。社内も同様で、フィリップモリスでは、全社の技術者やブランドマネジャーが互いに交流して成功の秘訣を教え合うよう、強く後押ししていた。

バイブルは1990年末の戦略会議でクラフトのマネジャーたちに話した。(注35)「『シナジー』の考えの基本にあるのは、二つ以上のものを組み合わせると単体では決して得られない強さが生まれる、という強力な概念です。それはもちろん、今日ここにお集まりの皆さんの各事業部門にも言えることです。KGF、*7 ミラービール、フィリップモリス傘下の各社が持つ膨大な創造力を一つに集めて、消費者理解に役立てることができれば、単独ではとても出せないほどの力をマーケットに放つことができます。つまりこれが今日の会議の目的です。全社的なシナジー連鎖反応をスタートさせましょう。連鎖反応の最終目標は、われわれの製品を買ってくれる人々をもっと理解することです」

彼のメッセージがとりわけ強く響いたのが飲料部門だった。ゼネラルフーヅが製造しクラフトが販売するフルーツ飲料は、1996年には店頭の飲料コーナーにずらりと並ぶようになった。クールエイドをはじめとする同社ブランドは、年間売り上げが10億ドルの大台に乗っただけでなく、コ

*7 1995年に「クラフトフーヅ」に改名されるまで、この食品部門は「クラフト・ゼネラルフーヅ(KGF)」と呼ばれていた。

カ・コーラ、ペプシの両雄に次ぐ3位の地位を不動のものにした。

クラフト飲料部門のマネジャーたちは「シナジー」の方針を余すところなく取り入れ、消費者の理解とターゲティングに取り組んだ。1996年夏、フィリップモリスの製品検討委員会に再度出席した彼らは、勝利の戦果を詳しく報告した。(注36) 重役たちは相次いで賛辞を贈り、議事録にも祝福ムードが漂った。

このとき出席したフィリップモリス重役の1人ナンシー・ランドは、議事録に次のように書いた。

「七つのコアブランドを持つ飲料部門は、生産量も売り上げも10億の大台に迫っている(訳注*生産量10億〔ポンド〕=約45万トン)。1995年が転換点で、この1996年は記録更新ペースである」(注37)

細部の報告を担当したのは副社長兼飲料部門責任者のジェームズ・クレーギーだった。ハーバード大学を卒業し13年前にクラフトに入社したMBAである。このときの彼のプレゼン内容から、単にクラフトが売り上げを伸ばしたという以上のことが垣間見える。飲料部門の成功の裏には、食品業界と糖との長い蜜月関係や、加工食品のマネジャーたちが実験室やマーケティング戦略室から少しずつ集めて積み上げてきた巧妙な工夫があった。この膨大なスキルやリソースをすべてつぎ込んで、彼らは米国人の食生活の一大部門を作り変え、開拓しようとしていた。それがノンアルコール飲料である。

市場獲得のため、クラフト飲料部門のマネジャーたちはまず郊外に目をつけた。主なターゲットは糖分を心配するようになった母親たちである。「至福」をもたらす味であることは変わらないが、果物を前面に出して、栄養的に優れた糖を使っているかのような商品が次々に発売された。その一つ「クールエイド・アイランドツイスト」は、「本物の果物のフレーバーがとても健康によさそうだとして母親たちから極めて高い評価を受けた」と製品検討委員会で報告された。(注38) この商品は、ライバルのクエーカーオーツ社が当時権利を持っていた飲料「スナップル」を容易に圧倒し、売り上げで2倍以上の差をつけた。

母親の次に彼らがターゲットにしたのはアフリカ系米国人だった。緻密な消費者調査を行って彼らの好みを分析し、広告戦略を練った。「調査から、アフリカ系米国人は果物やフレーバーを加えてクールエイドをカスタマイズするのが好きであることがわかった」(注39)。そこでマーケティング部門は広告テーマを見直し、「どんなクールエイドがあなた好み?」というキャッチフレーズを採用した。

次にクラフトは、スーパーマーケットで巧みな陳列戦略を展開した。毎年4月になると、販売員たちが全米のスーパーに5段ラックを計3万架、持ち込んだ。最上段に商品名や写真が掲げられたこのラックは、背も高く、買い物客の目を引いた。普通なら、このラックは飲料消費のピークである夏を過ぎると撤去されてしまう。しかしクラフトは、姉妹ブランドのデザート商品をこのラックに陳列してもよいと認めることで、ラックを冬まで設置しておくようスーパーを説得した。こうして、米国人が甘いドリンクを飲む期間は次第に長くなっていった。

一方、米国の都市中心部はスーパーマーケットが少ない。そこで彼らは、まるで不注意な人を待ち構える罠のようにあちこちの街角に存在している小規模店に目をつけた。「アップ・アンド・ダウン・ザ・ストリート」戦略でこれらの店と直接取引していたコカ・コーラやペプシと違い、クラフトが商品を置いてもらうのは大変な仕事だった。しかしクラフトには、フィリップモリスからじかに借りられる秘密兵器があった。飲料部門のスタッフはこれらの店に電話攻勢をかけ、クラフトの飲料を扱うことの利点を説いた。最も強調したのは、価格の低さが彼らの常連客である低所得層のニーズに合うことだった。とはいえ、クラフトの社員は電話帳をめくったわけではない。彼らの手には、フィリップモリスがタバコ販売で蓄積してきた販売店リストがあった。これもフィリップモリスが推し進める「シナジー」の一環だった。

「こうした店舗の顧客はわれわれのブランドにとって大きな可能性となる層ですが、これまでアクセスできずにいました(注40)」と飲料部門のマネジャー。「そこでフィリップモリスの企業規模を活かして、タバコのデータベースを利用し、入念にターゲティングを行ったうえでテレマーケティングを展開しました。最初の3カ月の試験販売の成果として100万ドルの売り上げ増がありました」

糖尿病患者、つまり、そもそも同社の飲料を飲みすぎたのかもしれない人々にも、クラフトは目を向けた。皮肉なことに、患者数の増加によって新しい市場が生まれつつあったのである。飲料部門はプレゼンで次のように説明した。「糖尿病患者をターゲットとした無糖ブランドで新しいキャンペーンを展開します」

製品検討委員会で担当者は「糖尿病患者はすでに米国人口の12%に達しており、残念ながらこの数字はベビーブーマー世代の高齢化に伴って今後も増えると予想されます(注41)」と説明した。患者にとっては「残念ながら」の出来事だったが、人工甘味料を使った同社の製品「クリスタルライト」の売り上げにとっては違った。「糖尿病患者をターゲットにした販促キャンペーンによって、大きな可能性が新たに開けると考えます」。クラフトは、クリスタルライトの糖尿病キャンペーンを、無糖タイプの「ジェロー」のキャンペーンと組み合わせる計画を立てていた。

最後に彼らは、加工食品黎明期のスター商品を取り上げた。1956年、「創造的になれ」というCEOチャールズ・モーティマーの号令を受けてゼネラルフーヅの開発担当者らが生み出した最初の粉末飲料、タングである。売り上げ停滞に瀕して、クラフトの飲料マネジャーらはブランドの若返りを検討した。主な消費者の年齢を見た彼らは、コカ・コーラでさえ踏み込まなかった領域に進むことを決めた。コカ・コーラは子ども向け広告に関して12歳という線を引いていたが、クラフトはさらに下の層を追うことにしたのである。[注42] 報告書には「ターゲット消費者を母親から9～14歳の子どもに変更することによってブランドを再生した」と書かれていた。

議事録を作成したフィリップモリス重役のナンシー・ランドは、タングに関するプレゼンを次のようにまとめている。「タングについては、新しいターゲット、新しいポジショニング、徹底的なマーケティング計画という三部構成でブランドを再生」[注43]

1996年6月24日のこの製品検討委員会で、タングとクールエイドは大きな項目だったが、重要な議題はほかにも多数あった。マンハッタン中心部で丸1日かけて行われたこの日の会議は、委員会の歴史の中でも特に長い会議の一つとなった。[注44] 朝一番の議題はマールボロで、同社が新しく獲得した販売テリトリー、ネパールでの展開戦略が話し合われた。飲料部門のプレゼンは昼食を取りながら行われた。その議論の中心に糖があったと言えるだろう――消費者を引き付ける力や、代替甘味料の力などが話題に上った。しかし、議論の中心は次に別のものに移った。次の議題は冷凍ピザだった。この頃冷凍ピザは、魅力を高めるため、トッピングにも生地にもチーズがふんだんに使われるようになっていた。ファストフードのピザチェーン店に対抗する必要があったからである。

糖と同じく、このチーズや、フィリップモリスの他の商品群に含まれる脂肪分も、やがて消費者の激しい反動にぶつかり、マネジャーたちは技能と経験をすべて投入して対応に当たることになる。1990年代以降、脂肪分はある意味で糖分以上に強力なツールとなり、フィリップモリスなどの食品メーカーに莫大な富をもたらした。しかし、これらの企業にかつてない難問をもたらしたのもまた脂肪だった。

SALT
SUGAR
FAT

第II部 脂肪分

第7章 あのねっとりした口当たり

食品科学者の間で語り継がれている伝説がある。食べ物の味を感じる能力を世界で最初に探究したのはアリストテレスだというものだ。この能力、味覚は、視覚や嗅覚と並ぶ五感の一つで、アリストテレスはこれらの感覚の研究や、そのほか生命活動に関する幅広い思索によって、西洋史に名を残す偉大な哲学者となった。ソクラテスの弟子であるプラトンに師事したアリストテレスは、古代ギリシャでアレクサンドロス大王らの家庭教師となり、紀元前335年にはアテナイ郊外にリュケイオンという学園を開設した。彼が物理学から音楽、倫理学、動物学、政治学、詩学にまでわたる広範にしてエレガントな著作を著したのが、この学園だったとされている。著作の一つ『霊魂論』は動植物の生命の力を論じたもので、味覚に関する考察も試みられている。リスト作成が好きだったアリストテレスが味覚のリストで真っ先に挙げたのは甘味だった。彼はこれを純粋な滋養だと説明している。他の味覚として苦味、塩味、えぐ味、辛味、渋味、酸味などが挙げられているが、これらは、「甘味は滋養がありすぎ、また胃の中で浮くので」それとバランスを取るための「脇役」にすぎない、とされた。しかしリストの最後に挙げられた味は、喜びを生み出す力が甘味に匹敵するとされた。アリストテレスはそれを「脂肪または油性の味」と呼んだ。
24世紀後の現在、脂肪は、糖よりさらに強力な、加工食品の最重要成分だと見られている。アリストテレスが指摘したように、脂肪の中にはべたべたしたものもある。キャノーラ油、大豆油、オリーブオイル、コーン油などはいずれも粘っこい液体で、脂肪分であることがすぐに見て取れる。一方で、食物中の脂肪には、室温で固体で、認識されにくいものもある。たとえばチェダーチーズは、タンパク質、塩分、少量の糖分も含むが、3分の1は脂肪分だ。だが脂肪分の力はそれだけではない。このチーズのカロリーの3分の2はこの脂肪分が担っているのだ。脂肪分が含むエネルギーは糖分の2倍以上である。

しかし、食品にどのくらい魅力を与えるか、という話になると、脂肪の味をうまく説明することは難しい。現在、味覚は、甘味・塩味・酸味・苦味・うま味という、たった五つの基本要素で構成されるとされていて、脂肪は含まれていない。脂肪を基本味に加えるべきだという一部の食品科学者もいるが、彼らは基本的なハードルに直面している。基本味として認められるには、その味が味蕾とどう相互作用するかが明らかにされていなければならないが、脂肪はこれがまだ解明されていないのである。(注1)他の基本味はすべて味蕾の中の受容体が発見されていて、甘味も他の基本味もこれらの受容体を介して脳に伝えられることが分かっている。

しかし脂肪はこうした受容体が見つかっていない。

それでも脂肪は、食品業界が何より頼りにしている成分である。各種チップスのぱりぱりした歯ごたえ、焼きあがったパンのふんわりした柔らかさ、ランチョンミートの食欲をそそる色は、すべて脂肪がもたらすものだ。脂肪の種類によっては、糖分と同じように、加工食品にとって最も基本的な要件である賞味期限に貢献するものもある。クッキーは脂肪分によってかさが増え、ざくざくした食感が出る。クラッカーにやさしい口当たりを与えるのも脂肪だ。ホットドッグは脂肪分によってゴムのような食感が和らぎ、色合いが濃くなり、グリルにくっつきにくくなる。そのうえコストダウンというボーナスもつく。ホットドッグに使われる脂肪分の多い端肉は、赤身の多いカット肉より安いからだ。事実、毎年300万トン以上のひき肉を扱うハンバーグ肉業界は、脂肪を中心に回っている。ハンバーグ肉は、世界中の食肉処理場から購入される、牛の骨回りの端肉を混ぜて作られる。端肉は脂肪分の比率によって呼び名が異なり、最も脂肪分が多い端肉はタンパク質と脂肪分が半々なので「50／50」と呼ばれる。これを「90／10」など脂肪分のより少ない肉と混ぜることで、望みの脂肪比率のひき肉が得られる。ウォルマートなどの小売業者が食肉加工業者にハンバーグ肉を注文するときは、5～30％の範囲でひき肉の脂肪比率を指定している。驚くことに、脂肪はひき肉の栄養価決定でも重要な役割を果たす。米国農水省はオンラインの計算ツールを提供しており、ひき肉の脂肪比率を入力するとカルシウム、ナイアシン、鉄分などの量が増減するようになっている。このときもちろん、心臓病と関係がある飽和脂肪酸の量も変化する。

脂肪にはほかにも、食品メーカーが重宝するさまざまな機能がある。たとえば脂肪は、同じ食品に含まれるほかの風味を隠すことと伝えることを同時にやってのける。好例はサワークリームだ。サワークリームの酸味成分自体は、あまりおいしくはない。脂肪分は舌に膜を作り、この酸味が味蕾を刺激しすぎることを防ぐ。次に、この同じコーティングは作用の方向が逆転する。サワークリームの持つ繊細な風味が舌に吸収されやすくなるのだ。もちろんこれが、食品メーカーが味蕾から脳に伝えさせたい風味である。他の風味を伝えるというこの作用は、脂肪分が持つとりわけ貴重な機能の一つだ。

これだけではない。脂肪分には、加工食品にとって糖以上に重要な最後の特長がある。脂肪分は、糖分のようにはわれわれの口を爆撃しない。脂肪分の魅力はもっとひそやかなところにある。脂肪分のふるまいについて科学者たちに話を聞いていて、私は麻薬を引き合いに出さずにはいられなかった。加工食品における糖分が、素早く強力な作用を持つ覚醒剤のメタンフェタミンだとすれば、脂肪分はアヘン剤だ。あまり目立たず、さりげなく作用するが、麻薬としての威力は覚醒剤に劣らない。

味覚に関するアリストテレスの考察は非常に優れたものだった。彼が人体の仕組みをそれほど正確には理解していなかったことを考えるとなおさらである。アリストテレスは、師のプラトンと異なり、脳は心の働きをつかさどる臓器であるという考えを否定して、心臓の温度を調節する臓器だと考えていた。彼の推察によれば、心臓は身体面でも精神面でも中心的な役割を果たす臓器だった。味覚に関しても、舌は仲介役でしかなく心臓が主要な組織だとアリストテレスは考えていた、という古典学者もいる。もちろん現在では、食べ物の魅力や、われわれの摂取量コントロール能力（あるいはその欠如）を理解するうえで、脳が重視されている。このテーマに関して興味深い研究を行っているのが、オックスフォード大学の神経科学者エドモンド・ロールズである。彼の研究テーマは、ごく大ざっぱに言えば、脳が情報をどのように処理するかを調べることだ。ロールズは、のどの渇きや食欲に脳がどう関与するかという研究では、イギリスを拠点とする世界的食品企業ユニリーバから資金提供を受けているが、食品科学者ではない。彼は、さまざまな刺激に対する脳の反応を医療用の画像装置で観察する手法で、脳研究の分野を広く探索している。２００３年には、二つの物質に対する脳の反応をまとめた研究報告を発表した。(注2) その物質が糖と脂肪である。

糖を摂取すると、報酬中枢と呼ばれる脳の側坐《そくざ》核《かく》などの部位が反応して強い快感が生じることはすでにわかっていた。この反応は、食べ物を食べるなど自己保存の活動をしたときに生じるものだ。脳に対する糖の作用は非常に強く、今では、特定の食品に依存性があるかもしれないと考える科学者もいるほどである。ニューヨーク州ロングアイランドにあるブルックヘブン国立研究所では、加工食品とコカインなどの薬物について脳の反応を調べる研究が行われ、その結果、一部の薬物の魅力や依存性は、食べ物に対する神経回路と同じ回路で生じることが明らかにされた。(注3) この研究で使われたのは、甘い食べ物と、甘くて脂肪分を含む食べ物だったが、ロールズは脂肪分だけでも麻薬的な作用が起きるかどうかを調べることにした。彼は、健康な成人12人を被験者とし、食後3時間の軽い空腹状態で、脳の機能を調べるｆＭＲＩという装置に入ってもらった。(注4) 装置はトンネル状で被験者は腕を動かすことができないため、口からプラスチック製のチューブを伸ばし、そこから糖や植物油の液体を送り込んだ。この植物油は地元のスーパーマーケットで購入されたキャノーラ油で、飽和脂肪酸、一価不飽和脂肪酸、多価不飽和脂肪酸という3種類の脂肪酸をすべて含むものだった。また実験では、糖および植物油の比較対照として、唾液を模した液体も用いられた。ロールズは、液体が被験者の口に送り込まれ、脳の反応が記録されるのを見守った。予想どおり、人工唾液では特に何も起こらなかった。糖の液体でも特に驚きはなかった。モニターに描写された鮮やかな黄色が、脳の電気活動をありありと示していた。いよいよ脂肪である。ロールズらは目を見張った。糖とまったく同じように鮮やかな反応が見られたからだ。反応の部位も、まさに神経科学者が見慣れた場所だった。糖でも脂肪でも、空腹と口渇に関連する脳領域で反応が見られたが、それに加えて、快感を生み出す報酬中枢も光ったのである。糖と脂肪のどちらがより強力かと尋ねた私に、ロールズは言った。「どちらも脳で強い報酬反応を引き起こします」(注5)。五分五分、ということだ。

近年、世界最大規模の食品メーカーのなかには独自に脳研究を行って脂肪の魅力を探究しているところもある。ユニリーバもその一つで、脳の画像撮影といった先進的な研究手法を用いて食品がもたらす感覚を調べている。最近まで同社の研究チームを率いていた科学者フランシス・マグローンは、急速に進展している科学領域を自由に歩き回るような仕事だった、と振り返った(注6)。300万ドルの脳撮影装置をはじめとするさまざまな検査法で人々の好き嫌いを調べていくと、少人数の消費者を集めて自由に議論してもらう「フォーカスグループ」の調査方法では決して得られない知見が得られたという。ユニリーバは、石鹸やシャンプーの「ダヴ」や「ラックス」から、アイスクリームの「ベン&ジェリーズ」、乾燥スープの「クノール」まで、健康と美容の分野で膨大な製品ラインナップを持つ。これらの製品を渡り歩いて改善方法を探し出すのがマグローンの仕事だった。

彼が最も力を注いだのは、大きな魅力を持つ特定の製品について、何がその魅力をもたらすのかを正確に探り当てることである。食品メーカーで職を得る基礎科学の専門家の多くがそうであるように、マグローンの語り口にも、消費者を実験対象として見る冷静なトーンがある。彼は私に言った。「（ユニリーバで）私が目指したのは、報酬系に焦点を当てた研究方針を確立して、事業を下支えすることでした。同社の事業は基本的に食べることと身づくろいがすべてです。67億の人々、私の見方で言えば67億の霊長類のね。食べることと身づくろいはヒトの非常に典型的な行動だと私は考えています。誰かになぜあるものが好きなのかと尋ねても、たいした収穫はありません。そんなこと本人にはわかりっこないからです。これらの基本行動を起こさせているのは、非常に低いレベルのプロセスです。私が画像検査を使うことにしたのは、必要とあれば口をうまく迂回して、行動の裏にある神経プロセスだけを見ることができるからです(注7)」

マグローンは、被験者に話しかける必要がなかった。脳の中をのぞき見ることができたからである。彼のチームの発見はどれも、加工食品にすばらしい魅力を持たせることがいかに多様で複雑かを裏づけるものだった。彼らは五感のすべてを探究した。たとえば、匂いが食品に果たす役割を調べるため、ハーシーが販売する飲料「クッキー&クリーム・ミルクシェイク」の匂いを被験者にかがせた(注8)。すると飲んだときとまったく同じように脳の快楽領域が反応した。聴覚の研究では、チームの1人チャールズ・スペンスが、ポテトチップを食べているときの音を増幅して被験者に聞かせた(注9)。すると、音が大きいほど魅力が大きいことがわかった。音が最も大きいチップスが最も新鮮で歯ごたえがいいと評価されたのである（この研究は、すばらしいが風変わりな研究に贈られる「イグノーベル賞」を受賞した）。そしてマグローンは、食べ物を見ただけで脳が興奮する仕組みを研究している。

「ブレイヤーズ」や「ベン&ジェリーズ」といったブランドを擁する世界最大のアイスクリームメーカーであるユニリーバは、脂肪分と糖分の絹のような滑らかさに脳がどう反応するかを調べたマグローンの研究結果に歓喜した。この研究プロジェクトが始まったのは、マグローンが消費者理解の研究責任者と会話を交わした2005年のことだった。(注10) 彼らは、「アイスクリームは人を幸せにする」という見方を科学的に裏づけできれば、商業的に大きな価値があるかもしれないと見込んだ。

そこでマグローンは大学院生8人を集め、MRIで脳を撮影した。撮影中、助手がバニラアイスを一さじ唇の上に載せた。アイスは溶けて被験者の口の中に流れ込んだ。この実験の科学的な重みについて、マグローン自身はやや歯切れが悪い。彼は、この研究を論文にして発表するつもりはないと私に言った。被験者の数が少なく、変動要因が多すぎるため、(注11) 専門家の批評に値するきちんとした科学の水準に達していないからだという。それでも、「ユニリーバのアイスクリームに被験者の快楽中枢が反応した」という実験画像に、同社のマーケティング部門は沸き立った。副社長のドン・ダーリングは食品業界紙に次のように語った。「アイスクリームは人を幸せにする、ということを初めて示すことができました。臨床試験を行うと、『カルト・ドール』をひと口食べるだけで脳の幸福領域が光るのです(注12)」。ユニリーバはこの実験結果を発表し、「アイスクリームを食べるとハッピーになる――公式発表です！」というスローガンを掲げた。米国を含む世界中のメディアに同社とそのアイスクリームの記事が躍った。*8

とはいえ、脳の研究がなくても、食品メーカーは製品に魅力を与える脂肪分の力を昔からよく知っていた。食品業界が脂肪分をどれほど頼りにしているかは、カーギルのような供給業者がセミナーを開いていることでもわかる。ミネソタ州ミネアポリスを拠点とするカーギルは世界最大の民間企業の一つで、食品メーカー向けに原材料を販売する大手供給業者である。(注13) 取り扱う甘味料は17種類、塩は40種類で、脂肪分でも、スナック菓子に使われるココナッツオイルやパームオイル、揚げ物用のピーナッツオイルなど、21種類のオイルとショートニングをそろえている。そのカーギルが食品メーカー向けに開催した近年のセミナーでは、スナックを揚げる際の油の吸収を減らすにはどうしたらよいか、という質問が出た。

糖分や塩分と同様に、加工食品の脂肪分を減らすことはメーカーにとって単純な課題ではない。味や食感が損なわれれば、売り上げが落ちる。脂肪分カットがコスト上昇をもたらせば、利益が出ない。多くの場合は、より健康的な商品に消費者がどのくらいお金を出すつもりがあるか、ということが焦点になる。このときのセミナーで、カーギルのマネジャーであるダン・ランパートは、揚げ油に手を付ければ食品メーカーの収支に重大な影響がある、と強調した。製品の脂肪分を減らすこと自体は可能だ。油の温度を上げればいい。ただし温度が高いほど油の劣化が早く再利用が難しくなるので、結局、新しい油を買わなくてはならなくなる。「必ずしもではありませんが、原理的には、油の温度が高いほどスナックによる吸収は少なくなります」とランパート。「われわれとしては、そのほうがたくさん売れてありがたいのですが。冗談ですよ」

加工食品で発揮するパワーに関して、糖分・塩分と比べて脂肪分が極端に不利な点が一つある。消費者のイメージが良かったためしがないことだ。

糖分は、少なくとも肥満の急増が始まった1980年代までは、食品メーカーがこぞって宣伝した成分だった。「甘さ」「ハチミツがけ」「シュガーコーティング」「キャンディーコーティング」といった楽しげな言葉は、消費者を引き付けるための有効なマーケティングツールだった。一般的にも、「スイート《甘い》」という単語は、良いもの、無垢なもの、魅力的なものという意味で用いられる。塩も同様で、高潔な人が聖書で「地の塩」と呼ばれていることもあり、1980年代に米国人の血圧が上昇しはじめるまでは好意的なイメージで受け取られていた。大きな塩の結晶をまぶした焼きたてのプレッツェルを想像してみてほしい。おそらくあなたの脳は、今この瞬間、快楽信号を発し

＊8　ユニリーバによれば、同社の神経科学研究は継続中であり、アイスクリームを食べることの楽しさを強調した「シェア・ハッピー」キャンペーンの計画立案では広範な消費者調査を行っているとのことである。同時に、同社の広報担当者は、塩分・糖分・脂肪分の低減も含めて「当社製品をより健康的にするための取り組み」が多数進行中だと話した。子ども向けアイスクリームのカロリー低下にも着手しており、2014年までに1食分当たり110キロカロリー以下を目指すとのことである。同社によれば、これらの取り組みが始まったのは2003年で、すでに大幅な減少を達成しているが、2010年にさらに新しい目標を設定し、2012年の時点で商品ポートフォリオの25%がこれらの目標をクリアしたという。同社はウェブサイトで次のように述べている。「取り組み開始から達成してきた減少幅を考えると、これは大きなチャレンジです。それでも私たちは、何億もの人々の健康的な食生活の実現に寄与するため、さらに先を目指します」

ていることだろう。

今度はそのプレッツェルを油に浸してみよう。それほどイメージは良くないのではないだろうか。もちろん、例外もある（ロブスター料理がバターなしで出てきたところを想像してほしい）。しかし概して言えば、脂肪は必要以上のマイナスイメージを負わされてきた。まず、言葉の響きが良くない。脂肪分が多い料理は「油っこい」「重い」などと言われる。そのうえ、食品に含まれる脂肪はそのまま体脂肪を連想させる。これにはそれだけの理由もある。脂肪はエネルギーの塊だ。1グラム当たりの熱量は9キロカロリーで、糖分やタンパク質の2倍以上である。いくつかの調査によれば、栄養表示ラベルを読む買い物客が真っ先に確認するのは脂質の含有量だという。このため、脂肪分が少ないことをうたった製品が市場にあふれるようになった。そして食品業界は、脂肪分を減らしたように見せるため、あの手この手を使うようにもなった。牛乳を例に見てみよう。1960年代、カロリーの点でも心臓病との関連の点でも脂肪分に対する消費者の懸念が高まり、牛乳はその矢面に立たされて売り上げが低迷した。しかし同時に、酪農業界はこの風当たりを和らげる方法を見つけだした。脂肪分を少しだけ除去した牛乳を「低脂肪」や「2％」と表示したのである。この牛乳はあっというまに人気を獲得し、今では無脂肪のスキムミルクを含めたあらゆる種類の牛乳の中でトップに立っている。しかしここに一つの仕掛けがあった。「2％」と聞くと、脂肪分の98％が除去されたと思う人がいるかもしれないが、実際には、そもそも全乳の脂肪分が3％しかないのである。1％または無脂肪の牛乳を推奨するいくつかの消費者団体は、「2％」の表示は誤解を招くとして何年も前から禁止を求めているが[注14]、実現に至っていない。

脂肪分は、イメージでこそ苦戦続きだったものの、食品業界にとっては昔からすばらしい友人であり、その気まぐれで不思議な性質が精力的に研究されてきた。ニューヨーク州タリータウンにあるゼネラルフーヅの研究センターに1986年まで勤めたポーランド出身の科学者アリーナ・ズクゼスニアクは、研究生活を脂肪に捧げた1人である。彼女はさまざまな業績を残しているが、その一つは、脂肪の魅力が味覚とまったく関係ないところにもあると気づいたことだった。視覚もしかりで、たとえばピザの表面にオイルがたっぷりかかっているのが見えなくても、食べたときの魅力には影響しない。脂肪の力が食感にあること、そしてこの力が加工食品において極めて強力に働くことを初めて把握したのがズクゼスニアクだった。口の中で派手に威力を発揮する糖分や塩分と異なり、脂肪分には、それと気づかれることなく私たちを引き込む力がある。

ズクゼスニアクの仕事の一つは、ジェローや疑似ホイップクリームといった商品の新バージョンを評価することだった。用いた検査法は、一般人を募ってサンプルを味見してもらい、食感を答えてもらうというものだった。(注15) 彼女は検査法の開発にあたって、脂肪分の多い食品の食感を説明するための単語リストを作成した。(注16)「滑らか」「固い」「弾力がある」「うねるよう」「消え去る」「つるつる」「ゴムのよう」「溶ける」「湿っている」「濡れている」「温かい」など、長いリストができあがった。この検査システムは現在でも食品業界で使われており、これらの食感は脂肪の「口当たり」と呼ばれるようになった。脂肪では味覚と同様に触覚の要素も重要であるというズクゼスニアクの発見は、神経科学によっても強く裏づけられている。現在では、脂肪の感触を伝えるのは三叉神経であることがわかっている。口の上部後方、脳のすぐ近くから複雑に伸びる三叉神経は、唇、歯茎、歯、顎などの触覚情報を拾って脳に伝えている。われわれが食べ物の粉っぽさと滑らかさを区別できるのも、サラダの中に砂が混じっているとげんなりするのも、三叉神経のおかげだ。脂肪に関して言えば、フライドチキンのぱりぱりした食感、チョコレートやアイスクリームが口の中で溶けるときの滑らかさ、チーズのクリーミーさを感知しているのが三叉神経である。そしてこの神経が多数の筋肉とともに感覚を伝えていることが、ネスレによる最近の脳研究で明らかにされた。

ゼネラルフーヅが脂肪の研究に一区切りつけた頃、今度はネスレが研究に乗り出した。ネスレにはそれだけの理由があった。同社は、1800年代半ばに創業した当時は、唯一の製品であるミルクチョコレートだけを気に掛けていればよかった。しかし今やネスレは1000億ドル規模の巨大グローバル企業となった。製品群にはアイスクリームの「ハーゲンダッツ」、スナック菓子の「キットカット」、冷凍ピザの「ディジョルノ」など、脂肪分が欠かせない加工食品がずらりと並び、中には、1食分の脂肪分が成人の1日推奨摂取量の半分に相当する8グラムという製品もある。[*9]

ネスレはたびたび脂肪分を減らそうとしてきたが、そのたびに脂肪分が経営上いかに重要かが明らかになるばかりだった。1980年代前半、同社の食品科学者の1人スティーブン・ウィザリーは、ピザソースのチーズを減らしてコストを下げようと試みた。彼は、チーズの代わりに、チーズ特有の風味を持つ化合物を使ってみたが、チーズに含まれる脂肪分が風味以外の働きもしていることに気づいた。脂肪分は、ピザソースに滑らかで豊かな食感を与えていて、これこそ人々が求める口当たりだった。そしてこの食感を出せる化合物はどこにもなかった。「われわれは常にコストを下げようとしていました」と彼は私に話した。「しかしチーズに手を付けると、必ず見破られました。人はチーズソースの食感が大好きなのです。ピーナッツバターにも似た、あのねっとりした口当たり。みんなあの食感を求めて、私の試食に参加したがりました。チーズの何かが人を狂喜させるのです（注17）」

スイスのジュネーブに近いネスレの研究開発センターでも、脳の研究が行われている。研究者の1人で、ドイツで学んだ生物物理学者のヨハネス・ルクートルは、オックスフォード大学などの研究機関と同様の脳マッピング手法を研究に利用している。彼が使う検査法の一つが脳波記録法（EEG）だ。電極のついたネットを頭に被せて、さまざまな刺激に対する脳の反応を記録する。2008年、彼は15人の成人被験者を募り、脂肪分が多い食品と少ない食品の写真を見せるという実験を行った（注18）。まず彼は、脳が両者を識別するかを調べた。結果はイエスだった。だが、実験を進めるとさらに新しい発見があった。食べ物の写真によって生じる神経信号は、わずか200ミリ秒で脳に到達していたのである。脳は驚くべき速さで脂肪を認識する。ルクートルはさらに理解を深めるため、産業界と学界の研究仲間に依頼して脂肪に関する知識をくまなく集め、609ページという分厚い本にまとめあげた。2010年に出版されたこの『脂肪の検出――味、食感、消化後の作用』は、脂肪の力を商品に活かすためのロードマップとして食品や飲料のメーカーに重宝されてい

＊9　2010年、米国農務省で栄養指針の策定を担当する専門家チームは、総摂取カロリーに占める飽和脂肪酸の割合を7％以下にすべきという新基準を発表した。これは、1日2000キロカロリーの場合は約15・6グラムに相当する。現在の米国人平均は約11～12％である。

る。本の導入部でルクートルは問いかける。「なぜ脂肪分はこれほどおいしいのか？　なぜわれわれは脂肪分を渇望するのか？　食事中の脂肪分は健康と病気にどんな影響を及ぼすのか？」(注19)

なぜ渇望するのかという問いに関して同著は、チョコチップクッキーについて画期的な発見をした米国人科学者、アダム・ドレウノウスキーを取り上げている。こうした甘い食べ物の強迫的摂取の抑制に、ヘロイン中毒の治療薬が役立つことを発見した人物だ。彼のこの発見は、肥満と薬物依存症との類似性を示す最初の証拠の一つだった。しかしドレウノウスキーは、脂肪分が食欲を刺激することについても、同じくらい重要な発見をしていた。

ドレウノウスキーは栄養科学の複数の分野で先駆的な研究を行っている。その一つが、肥満急増と加工食品の関係だ。ワシントン大学の疫学教授であり、同大学の肥満研究センターの責任者も務める彼は、近年、「食事の経済学」をテーマに据え、新鮮な果物や野菜より加工食品が売れる要因や、人々が食卓に並べるものをどう選ぶかを研究している。「私は人々の妥協点を知りたい」とドレウノウスキー。「値段も重要だが、制約はほかにもある。子どもを持つ人なら『値段がそれほど高くなくて、子どもが嫌がらずに食べて、手間がかからないものは何だろう？』と考える。豆や卵は安くて栄養も豊富だが、調理しなくてはならない。野菜は値段が高い。高くないのはジャガイモとニンジンくらいだ。すると『ジャガイモとニンジンでどれだけの料理が作れるか』ということになり、結局『ケンタッキーフライドチキンもそう悪くない』となる。それから、私のもう一つの研究テーマは『空腹を感じたくないという気持ちが製品の栄養価を上回るポイントはどこか』ということだ。たとえば、目の前に1ポンド（訳注＊500グラム弱）2ドルのトマトがある。栄養はあるが、満腹にはならないだろう。一方、冷凍ピザはどうか。栄養は乏しいが、間違いなく満足できる。ポテトチップの大袋と野菜を比べるとなれば、これがもっと顕著になる(注20)」

ドレウノウスキーが脂肪に興味を持ったのは1982年のことだった。オックスフォード大学で生化学の学位を取得し、ニューヨークの名門ロックフェラー大学に進んだ彼は、数理心理学の研究室で博士論文のテーマを探していた。興味があるのは栄養学だったが、そこは人間関係が緊密な世界で、皆が互いの研究に目を光らせていた。糖分の研究は同僚たちがすでに押さえていた。彼は、甘味の至福ポイントを見いだしたハワード・モスコウィッツの研究報告や、ゼネラルフーヅのアリーナ・ズクゼスニアクが脂肪分の食感について書いた論文を読んだ。彼女が作った評価システムが食品科学者の間で広く利用されていることも知っていた。しかしドレウノウスキーは、脂肪分に関して、ほとんど手つかずのまま残っている研究分野があることに気づいた。脂肪分そのものの魅力をきちんと測定した者はいなかったのである。強い食欲に関するそれまでの研究には、脂肪の力を覆い隠してしまうようなミスがあった。キャンディーバーのような食べ物は糖分も脂肪分も多いが、研究者たちは糖分にしか着目してこなかったのだ。「私は、糖分が多いとされる食べ物のほとんどは糖分だけでないことに気づいた。たいていは、脂肪分と切っても切れない関係にある」

ドレウノウスキーは実験を開始した(注21)。牛乳とクリームと糖をさまざまな割合で混ぜた20種類のサンプルを用意して、女性11人、男性5人、計16人の大学生による試食を行い、各サンプルがどれくらい好きかを尋ねた。そして、数学の知識と最初期のコンピューターを用いて結果を分析した（1983年の論文共著者は、後にクリントン政権の科学アドバイザーも務めたM・R・C・グリーンウッドである）。すると、二つの大きな発見があった。

ドレウノウスキーも承知していたように、糖分は至福ポイントを超えるとかえって食べ物の魅力を低下させる。「しかし脂肪には至福ポイントというものがなかった」と彼は私に話した。脂肪分がいくら増えても、実験に参加した16人の誰からも「降参」の声があがらなかったという。彼らの脳は脂肪分を大歓迎し、ストップの信号を出さなかった。「脂肪分は多ければ多いほどいいという状態だった」とドレウノウスキー。「至福ポイント、あるいはブレークポイントがあるとすれば、それは濃厚なクリームよりさらに上にあるということだった」

もう一つの発見は脂肪分と糖分の関係だった。実験では、最も脂肪分の多いクリームに少量の糖分を加えると、被験者の評価がさらに上がった。糖と脂肪分の間には、何かしら強力な相互作用があるらしかった。互いに魅力を高めて、単独では到達しえない水準に達する。

加工食品業界は、経験的で大まかにとはいえ、このシナジー効果を以前から知っていたに違いない。スーパーの売り場の景色を思い浮かべて、ドレウノウスキーはそう確信した。しかし知りたがり気質の彼には、答えるべき問いがまだまだあった。脳は、緊急事態に備えてエネルギーを蓄えておく最良の方法として、体の要求に従って暴食に走っているだけなのか？　それとも、糖と脂肪の間には何かほかの要素があるのか？　数年後、ドレウノウスキーは大学生50人を集めて、糖分と脂肪分の割合を変化させたケーキ用クリーム15種類の試食実験を行った。被験者たちは、各サンプルの糖分量は非常に正確に言い当てたが、脂肪分ではそうはいかなかった。彼らの推量はまるで的外れだったのである。それどころか、脂肪分の多いサンプルに糖分を加えると、脂肪分が減ったと感じるほどだった。糖分によって脂肪分が隠れてしまう。食品メーカーにとっては、脂肪を使えば、消費者からの強力な反発を心配せずに商品の魅力を高められるということだ。スープ、クッキー、ポテトチップ、ケーキ、パイ、冷凍食品などの食品は、カロリーの半分以上が脂肪によるものである。それでも消費者は、これらを「脂肪分の多い食品」とは見ない。販売には極めて好都合だ。万全を期すには、糖分を少し加えておけばよい。

ドレウノウスキーはこの実験結果を「見えない脂肪」という論文にまとめて1990年に発表し[(注22)]、加工食品業界が使う脂肪分は両刃の剣であることを示した。特定の食品では、条件によって、商品の魅力を大きく損ねることなく脂肪分を減らせる可能性がある（ただし、商品によっては魅力を保つために糖分を増やす必要があるかもしれない）。一方で食品メーカーは、脂肪分をいくらでも望むだけ増やすことも可能である。消費者は、栄養表示ラベルを注意深く読まない限り、脂肪分をどんどん摂取してしまうことになる。体には食べすぎを警告して体重をコントロールする仕組みがあるが、脂肪分に関してはそれが働かないからだ。

ドレウノウスキーは言った。

「食べ物や飲み物に脂肪分がたっぷり入っていても、人々は気づかない。これはメリットでもあるしデメリットでもある。脂肪分を減らせる点ではメリットだ。しかし、食事の脂肪分が多くても気づけない点ではデメリットになる。脂肪分は糖分よりトリッキーだ。実験を行った当時に強調したかったのは、糖分と脂肪分が入った加工食品はたくさんあるが、どれもカロリーの大部分は脂肪分が担っているということだった。この点で、肥満の原因は炭水化物だと考える研究者たちとぶつかったよ。彼らはキャンディーバーの『スニッカーズ』やチョコレートの『M&M's』を見て『ほら、甘い食べ物、つまり炭水化物だ』と考える。糖分も炭水化物だからね。私が言いたかったのはこういうことだ。確かにそれらは甘いし、糖分が入っている。だが『炭水化物フード』として見るのは間違いだ。カロリーの60%か70%、あるいは80%は脂肪なのだから。脂肪は、研究者にとってさえも、見えない存在になっていた(注23)」

第8章 チーズがとろーり黄金色

食品科学者としてクラフトに38年勤めたディーン・サウスワースは、退職後、フロリダで静かな生活を楽しんでいた。妻のベティーと暮らすのは、ヤシの木が並ぶフォートマイヤーズビーチの慎ましやかな住宅。エステロ湾から輝く朝日が昇り、雄大な夕日がメキシコ湾に沈む。サウスワースはようやくその両方を楽しめるようになった。クラフト時代は、競争に遅れないよう新製品の開発に心血を注ぐ日々だったが、今では長い散歩をしたり、地元のキワニスクラブの運営を手伝ったりしている。とはいえ、以前の生活をまるきり捨て去ったわけではない。彼は、気が向くと（それはかなり頻繁なことだ）、自分の最大の業績の一つを楽しんでいる。スプレッド（訳注＊パンやクラッカーに塗って食べる食品の総称）の「チーズウィズ」だ。

サウスワースがチーズウィズの開発チームに参加したのは1950年代前半のことだった。チームの課題は、チーズトースト用のチーズソースの代わりになる手軽な商品を作り出すことだった。チーズトーストは人気の食べ物だが、パンにかけるソースを作るのに30分はかかる面倒な料理だった。開発チームが申し分ない味にたどり着くのに1年半かかったが、その努力は十分に報われ、チーズウィズはコンビニエンスフード最初期の大ヒット商品の一つになった。サウスワース夫妻にとっても生活に欠かせない一品になった。「私たちはトーストにも、マフィンにも、ベークドポテトにも乗せた」とサウスワース。「風味もいいし、すばらしいスプレッドだ。夜、クラッカーに乗せてマティーニで一杯やってもいい。現代生活に実にうってつけの商品だった（注1）」

そんなサウスワースは、2001年のある夕方、地元のスーパーで買ってきたチーズウィズを少し味見すると、思わず振り返って妻の顔を見た。「私は『なんだこれは！　車軸のグリースみたいな味じゃないか』と言った。ラベルを見て『あいつら一体何をしたんだ』とも。それからクラフトに電話した。苦情窓口のフリーダイヤルだ。私は言った。『あんたらが売ってるのは車軸のグリースだ。どういうつもりだ！』とね」

その頃すでに、チーズウィズは栄養学者たちにとって悪夢のような存在になっていた（注2）。クラフトは1食分を小さじすりきり2杯としていたが、それだけでも、飽和脂肪酸が1日推奨上限の3分の1近く、おまけにナトリウムも大多数の米国成人の推奨上限の3分の1に相当した。飲み物とクラッカーと一緒にテレビの前に座れば、1日許容量を瞬く間に超えてしまう。

味に関しては、濃厚で癖のあるスティルトンチーズとは似ても似つかないことをサウスワースも認めている。クラフトとて、似ているとは言わなかったし、そんなことを目指したのでもなかった。彼らが研究室で追求したのは広く受け入れられるマイルドな風味だったからだ。1953年7月1日の発売時のキャッチコピーは「すぐ楽しめるチーズソース。すくって、温めて、塗るだけ（注3）」で、強調されたのは味ではなく便利さだった。

しかしその日、サウスワースは自宅のキッチンで、何かが変わってしまったことを知った。製品ラベルを眺めていた彼は、しばらく考えてようやく犯人を突き止めた。ラベルには27の成分が記載されていた。まずは牛乳を加工するときの副産物である乳清。続いてキャノーラ油、コーンシロップ。次の乳タンパク濃縮物は、米国の製乳業者が作る粉乳より安い代用品として、食品メーカーがこの頃輸入を始めた原料だ。だが、ラベルを読み進めても、ある重要な成分が見当たらなかった。チーズウィズは発売当初から常に本物のチーズを使っていた。サウスワースによれば、それは風味だけでなく、製品分類の妥当性の上でも欠かせなかったという。しかしそのチーズが、主要な成分でなくなったばかりか、ラベルに記載すらされていなかった。

驚くには値しないだろうが、クラフトはこの変更を社外に告知しなかった。私がサウスワースから話を聞いたのは9年後のことだが、それでも、この変更に関する公的な資料は見つけられなかった。そこで私は、2011年にクラフト本社を訪れた際に、サウスワースの言うとおりチーズウィズにチーズは使われなくなったのかどうか尋ねた。広報担当者は、チーズはまだ使っているがかつてほどの量ではない、と言った。どのくらい使っているかという私の質問は答えてもらえなかった。彼女はラベルに記載されなくなった理由を説明した。クラフトは、長くなりすぎた成分表示を簡潔にするため、チーズのような成分を一つひとつ記載する代わりに、牛乳という原料表示にまとめることにしたという。彼女は言った。「乳製品の調達先を調整した結果、チーズの使用量が減りました。しかしどんな変更においても、消費者に期待される味をお届けできるよう努めております」(注4)

サウスワースは、自分の創作物に何が起きたかという推定を無遠慮に話した。「おそらくマーケティングと利益の絡みだろう。チーズは風味の点でも食感の点でも、使う前にある程度の熟成期間がいる。チーズを使わずに済めば、その間の保管コストを削減できて、利益が増える」(注5)

サウスワースは心底立腹し、クラフトに残っていた食品科学者仲間に電話して苦情を言ったほどだった。しかしチーズウィズは、60年の歴史を持つ原材料の変更や、チーズか否かという問題以上に、大きなトラブルを抱えていた。発売当初こそ米国人の間食やカクテルパーティーを一変させたチーズウィズだったが、この頃には過去の存在になりつつあった。クラフト自体、疲れ知らずの製品開発によって、しゃれたチーズ関連商品を次々に発売していたからである。矢継ぎ早に繰り出されるこれらの商品は既存の定義からはみ出すものばかりで、規制当局は「チーズ食品」「チーズ製品」「低温殺菌アメリカプロセスチーズ」といった名称を新しく設けて対応せざるを得なかった。一般にチーズと呼ばれる食品を、作り変え拡大しようとする食品業界の取り組みは、やがて劇的な結果をもたらすことになった。

米国人は現在、チーズおよびチーズもどき製品を1人当たり年間15キログラム食べている。これは1970年代初頭の3倍の消費量である。炭酸飲料でさえ、この間の消費量は倍増でしかないうえ(1人当たり年間消費量は200リットル弱に達した)、最近では糖分入りのお茶などに切り替える動きがあり、減少の傾向にある。これに対し、米国人のチーズ摂取量は右肩上がりで、2001年以来1人年間1・4キログラムのペースで増え続けている。*10

チーズは栄養面でもショッキングな数字をもたらしている。製品による違いはあるが、15キログラムのチーズがもたらす熱量は6万キロカロリーで、これだけで成人1人の1カ月分の必要カロリーをまかなえる。そのうえ飽和脂肪酸も3100グラム含まれている。1年間の上限（推奨される最大摂取量）の半分以上だ。米国人の脂肪摂取量は、平均すると上限を毎日50％以上上回っており、(注6)チーズだけが悪いわけではない。しかし現在、米国人の食事に含まれる飽和脂肪酸を単一の食品で最も多く供給しているのがチーズなのである。

われわれのチーズ摂取量が急増しているのは決して偶然ではない。加工食品業界は、時間も労力もつぎ込んで、チーズとその役割を根本から変えるべく取り組んできた。その一つは、長く日持ちし、安く速く生産できるように、チーズの物理的性質を変えること、すなわちプロセスチーズの製造である。1世紀前にプロセスチーズの製造で先陣を切ったクラフトは、世界で年間70億ドルを売り上げる米国最大のチーズ製造業者にもなった。

とはいえ、チーズ製造の工業化だけが消費増大の理由ではない。40年間で消費量が3倍にもなった背景には、チーズの食され方を変えようとする食品業界の精力的な取り組みもあった。昨今、チーズはゲストとともに食前に楽しむ贅沢品ではない。食品メーカーの手によって、チーズは他の食品に加えるための成分に変わった。それもただの成分ではない。今やチーズは、「トリプル・チー

＊10 この数字の情報源は米国農務省である。同省はチーズを含むさまざまな食品の生産量を集計しているが、廃棄分は無視しているため、消費量はこれより少ない傾向がある。人々が実際に食べているチーズの量をより正確に計算すると、最も低い推計では年間12・2キログラムという可能性もある。とはいえ、1970年から消費量が3倍になったというトレンドは変わらない。

ズ」とうたう冷凍ピザから、ピーナッツバター・チーズ・クラッカー、朝食用の冷蔵サンドイッチ、「エクストラ・チーズ」のような商品名の電子レンジ食品まで、およそありとあらゆる加工食品に使われている。さらに、家庭での消費量を増やそうと、調理に便利な形態の新しいチーズが続々登場している。かつて、チーズ売り場といえば、チェダーチーズとスイスチーズのブロックがいくつかと、スライスチーズが数パック置いてあるだけだった。今では、細切りチーズ、キューブ状チーズ、ブレンドチーズ、裂けるチーズ、粉砕チーズ、スプレッド用チーズ、チーズとクリームチーズのミックスなど、多種多様な商品がそろっている。

料理に加える材料としてチーズを展開したことは、食品メーカーにとって「棚ぼた」となった。チーズも、チーズの使用を売りにした加工食品も、よく売れたからである。結果としてクラフトは全米最大のチーズメーカーになっただけでなく、加工食品メーカーとしてもトップになった。しかし消費者は喜んでばかりいられなかった。材料として投入されるチーズは、至福をもたらすのは間違いなかったが、同じくらい過食ももたらしたからである。

チーズ製造の工業化は1912年のシカゴにさかのぼる。38歳のジェームズ・ルイス・クラフトが天職を見つけた瞬間が、その第一歩だった。(注7)彼は、荷馬車でチェダーチーズを売る卸の行商だった。毎朝、夜明け前に起きてサウスウオーター街の市場で仕入れてくるチーズは、値段も品質も高く、得意先によく売れた。しかし一つ問題があった。どうしても廃棄分が出て、利益を食うのであ

る。彼は日記にこう書き残している。「12月の損益を計算。損失17セント。思ったより多い」(注8)

夏場には、すぐにだめになってしまうからと全く買ってくれない食料品店もあった。切り売りするたびに端の部分が無駄になるとか、露出した表面が固くなってしまうといった不平を言う客もいた。クラフトは生計を立てるため寸暇を惜しんで対策を考えた。とはいえ彼は食品科学を正式に学んだわけではなかった。カナダのオンタリオの農場で育ち、実家を出て最初に就いた職は食料品店の店員である。それでも、住んでいた下宿屋で夜な夜な実験に取り掛かった。数種類のチェダーチーズを挽き、銅鍋で加熱してみた。が、べたべた、ねちゃねちゃのどうしようもない代物ができあがっただけだった。熱によって油分とタンパク質が分離したためだった。

こんな実験を3年ほど続けたある日、1915年のこと、解決法が偶然にやってきた。そのとき彼はチーズを温めながら15分ほどかき回していた。ふと鍋に目を落とした彼は、分離が起きていないことに気づいた。かき回し続けたことで、油分とタンパク質が混ざったままに保たれたのである。滑らかで均質なこの混合物は、容器にするすると流し込むことができ、そしてまた固化した。彼は3・5オンス缶と7・5オンス缶(訳注*それぞれ約100ミリリットルと約220ミリリットル)をかき集めてきて、滅菌し、このチーズを入れると、「クラフトチーズ」と銘打った。そして「どんな気候でも日持ち」する「クリーミーで豊潤なチーズ」と書き添えた。この売り文句は、すぐに全米を夢中にさせることになる。彼は程なくして荷馬車を売り払った。食料品店の注文が殺到し、トラックが必要になったからだ。

唖然としたチーズメーカー各社は、クラフトがこの商品をチーズとして販売することを阻止しようと議員に働きかけ、「防腐処理チーズ」「模造チーズ」「改造チーズ」など、食欲を削ぐようなありとあらゆる名称を提案した。(注9) 乳製品の生産を監督する農務省は、最終的に「アメリカチーズ食品」「アメリカチーズ製品」など、もう少し食欲をそそる名称を設定した。しかし結局、クラフト自身の特許に由来する名称が最も広く定着することになった。その特許とは「チーズの滅菌プロセスおよびそのようなプロセスにより生産される改良製品」であり、ここから、工業的に改良処理されたチーズは「プロセスチーズ」と呼ばれるようになった。

批判も受けたものの、クラフトのチーズは兵士の戦闘食として申し分ないことがわかり、第一次世界大戦中に米国政府は2700トンを購入した。そして、冷蔵せずに何カ月も日持ちするチーズという発想は、食料品店にも徐々に受け入れられていった。仕事が忙しくなったクラフトは4人の兄弟も迎え入れた。彼らの会社は1923年には世界最大のチーズメーカーとなり、工場を次々に増設。新技術も絶え間なく導入して、生産時間の短縮と製造コストの低下を図った。

同社の人気ブランドの一つが「ベルビータ」だった。これはクラフトが開発したのではなく、1928年に別の起業家から買収したブランドである。当時のベルビータは、牛乳、乳脂肪、そして以前は製乳業者が廃棄していた乳清から直接作られていた。そこに、クラフトが銅鍋で行っていた撹拌作業の代わりに、リン酸ナトリウムを使う。(注10) リン酸ナトリウムは、牛乳中の脂肪とタンパク質の分離を防ぐ乳化剤として働くが、それだけではない。リン酸ナトリウムによって、製品のナトリウム含有量が2倍以上に増え、チーズ特有の風味が取り除かれる。プロセスチーズの味が非常にマイルドなのはこのためだ。

クラフトの技術者たちは、プロセスチーズをより速く、より安く生産できるよう、奇跡的な新技術を次々に編み出してきた。1940年代、クラフト兄弟の1人ノーマンは冷却ローラーの仕掛けを発明した。溶けた熱いプロセスチーズをこのローラーに乗せて急速に冷やすと、薄いスライスに切り出すことができる。1960年代にはスライスの個別包装が始まり、便利さが大きく増した。1970年代は酵素が多く使用されるようになって、熟成と風味づけの工程が短縮され、生産量が10年間で70％も増えた。

だが何と言っても最大の成果は、1985年に同社がミネソタ州とアーカンソー州に建設した二つの新工場だった。ここには、チーズの製造工程を格段にスピードアップする最新技術が惜しみなく投入された。同社はナチュラルチーズ（チェダーチーズ、スイスチーズ、モッツァレラチーズ）の大規模生産も続けていたが、これらは熟成工程も含めると製造に1年半以上かかる。低コストで作れる良い方法を長年夢見てきた幹部らは、技術者の「特殊部隊」を編成して、課題を出した。「現在のチーズ作りをすべて忘れて、新鮮な目で問題を見よ」[注11]

10年近い年月を要したが、二つの新工場稼働によってついに舞台が整った。工場の端で新鮮な牛乳を投入すると、もう一方の端からチーズが出てくるようになったのである。牛乳に限外濾過という厳密な処理を施し、さまざまな段階で各種の酵素を添加し、撹拌機と複数の乳化剤が脂肪分の分離を防ぐ。これらをすべて連続処理で行う。こうして、仕込みと熟成に18カ月以上かかっていたチーズが数日で生産できるようになった。クラフト社員は、この華麗な技術革新をずばり「ミルク・イン、チーズ・アウト」[注12]と呼んで称えた。

チーズを電光のような速さで製造できるようになると、残った仕事は、人々にもっと食べてもらうことだった。しかしこれは容易ではなかった。酪農業界、連邦政府、クラフトが力を一つに合わせなければ越えられないハードルがあったからである。

１９８５年には、米国民の多くが高脂肪の乳製品、特に牛乳を控えるようになっていた。先陣を切ったのが成人や思春期の女性である。１９５０年代以降、体重維持のために我慢する食品と言えば牛乳だと考える女性が、徐々に、しかし着実に増えた。牛乳３５０ｃｃは２２５キロカロリーである。１９６０年代になると、牛乳の脂肪分が心臓病との関連を指摘されるようになった。同じく３５０ｃｃの牛乳には、１日上限の約半分である７・５グラムの飽和脂肪酸も含まれている（ちなみに牛乳は糖分もかなり多く、３５０ｃｃの牛乳に小さじ4杯分のラクトースが含まれている）。１９８８年、食料品店が販売する低脂肪乳は史上初めて全乳を上回った。

脂肪分を控えようとする消費者の動きによって、酪農業界は危機に陥り、余った全乳の海で溺れているような状態になった。そのうえ、全乳から無脂肪乳を作るときに取り除かれる脂肪分、つまり乳脂肪も、在庫が増える一方だった。原因は、牛が無脂肪乳を作れないという単純な自然の摂理にあった。牛は全乳しか作れない。脂肪分が敬遠されるようになると、乳脂肪を除去してどこかに保管しておかなければならなくなった。だが酪農業界が抱える問題はそれだけではなかった。牛乳産業が擁する乳牛は、もはや普通の牛ではなかったからである。かつて乳牛は、農家に数頭ずつ飼われて、のんびりと牧草を食み、搾乳も人手で行われていた。(注13)主な産地は北部のウィスコンシン州で、牛は体温を保つだけでも大量のエネルギーを消費した。しかし1980年代に入ると、乳業の中心がカリフォルニア州に移る。とはいえ、うららかな気候は乳牛に起きた大変化の序章でしかなかった。酪農業者は、人工授精によって交配した500～2000頭の乳牛を巨大な牛舎で飼うようになった。牛舎には生産量を増やすための人工照明も設けられた。餌はトウモロコシが中心となり、ご丁寧に脂肪分まで添加された。こうして米国の乳牛は、桁外れの生産量を誇る牛乳製造マシーンへと変わった。1頭当たりの生産量は、かつて1日せいぜい6リットル弱だったが、現在では23リットル近くに達している。

牛乳の消費量が減っていたのに、どうして業界は生産量を減らさず、逆に増やそうとしたのだろうか？　なぜなら、減らす必要がなかったからだ。牛乳は米国の食品流通システムの中でも過剰生産がとりわけ顕著な一例で、それがやがて肥満急増をもたらすことにもなった。しかし、この業界の不合理な繁栄を理解するには、少々説明が必要だ。

米国の製乳業は普通の企業とかなり異なる。自由市場経済の制約を受けないのである。1930年代、連邦政府は牛乳を国民の健康に欠かせない食品と考え、それ以来、業者が経営難に陥らないように手を尽くしてきた。余剰生産分は国民の収めた税金ですべて買い取り、価格を維持してきた。そのため酪農業界は、通常の食品メーカーが直面するような問題に頭を悩ませなくてもよかった。スーパーサイズ化だの、ヘビーユーザーのターゲティングだのといった販促戦術とは無縁でいられた。作れば作っただけ政府が買い上げてくれたからだ。

政府が買い支えたのは牛乳だけではない。乳脂肪も同様だった。製乳業者が乳脂肪を放り捨てて経営の安定を保つことは難しかったからである。話の核心はここからだ。牛からは売れる以上の牛乳が出てくるうえ、人々は脂肪分を取り除いた牛乳を飲みたがっている。そこで業界は、巧妙な解決策を見いだした。売れない牛乳と余った乳脂肪から別のものを作ることにしたのである。それがチーズだった。チーズの製造には大量の牛乳と乳脂肪が必要で、チーズを1キログラム作ると牛乳が8リットル以上はける。こうしてチーズの生産量が急増したが、やはり製乳業者は売れ行きを心配しなくてもよかった。食料品店が買わない分は、乳業支援の大義名分のもとに政府が買ってくれたからである。

こうした政府購入は、あまり広く知られずに続いていたが、1981年に変化が起こった。この頃には、製乳業者が余った大量の牛乳と乳脂肪をこぞってチーズメーカーに納入するようになり、政府はついに購入したチーズをさばききれなくなった。バターや粉乳も合わせた保管量は総計86万トンにもなり、費やされる税金も年間40億ドルに達した。それでもなお荷を積んだトラックが毎日やってくるありさまで、乳脂肪の山は国家負債より速いペースで膨らみつづけ、保管費用だけでも1日100万ドルずつ増えていった。ついに政府は、買い入れた乳製品をミズーリ州カンザスシティー近くの巨大な石灰岩廃坑などに運び込むようになった。『ワシントン・ポスト』紙の農業担当記者は、1981年12月にその圧倒的な光景を描写している。「ここ地中深くに、想像を絶する数の袋、ドラム缶、箱が並んでいる。わが国の乳牛が成し遂げた驚異的な偉業が、暗く冷たいこの場所に安置されているのだ。ここに保管されているのは政府所有の牛乳、バター、チーズである。量は増えつづけるばかりで、何百万ドル、何億ドルもの貴重な財源が保管料に消えてゆく。どうすればよいのか、誰にもわからない」(注14)

1981年は、政府予算削減の方針を掲げたレーガン政権が発足した年でもあった。新しく農務長官になったジョン・ブロックは、打ち切りにするプログラムを検討していて、チーズの巨大保管庫に気づいた。(注15) 彼は、保管費用の拠出はもちろん、余剰分の政府購入もやめることを決めた。しかし乳業はかなりの政治的影響力を持つ巨大産業で、抜け目ない論陣を張る必要があった。あるとき、少々演出が必要だと感じたブロックは、もうひと押しで説得できそうな議員たちに見せるため、保管庫からカビの生えたチーズを持ってこさせた。彼のこの離れ業は一部に禍根を残した。保管されていたチーズの大部分は、長期の保存に耐えられるプロセスチーズだったからだ。カンザスシティーの保管施設の副社長は、当時「この人物がカビたチーズを掲げて回りそうだというので、当方では苛立ちの声も上がっている。プロセスチーズは適切な条件下なら5年間持つ」とコメントした。(注16)

最終的にブロックが勝った。プロセスチーズか否かにかかわらず、政府は余剰の乳製品の購入を停止したのである。余剰生産を抑える試みとしてインセンティブが導入され、牛乳生産を減らした経営者に総計9億9500万ドルが支払われた。(注17) 業界も、乳牛33万9000頭を処分する形で協力を約束した。しかし経営者らが程なく乳牛を買い足したため、この取り組みは骨抜きにされ、ほとんど成果を残さなかった。

1983年、議会は別の解決法を編み出した。情け深い議員たちは、問題は乳牛にはない、と考えた。消費者が牛乳を十分飲んでいないことが問題だというのだった。そこで議会は、乳製品の消費を増やす仕組みを作り出した（この法律はタバコ産業の支援も含んでいたため「乳製品及びタバコ調整法」と呼ばれた）。同法のもと、連邦政府は、全米のすべての牛乳生産業者を対象に査定を実施するとともに、牛乳とチーズの魅力を高めるマーケティング戦略に予算を投じることになった。

こうして最後の疑問が残る。脂肪分の多い牛乳を敬遠していた人々が、もっと脂肪分の多いチーズを食べるようになったのはなぜか？

答えの一つは、ほかに選択肢がなかったからだ。人々が食べてもいいと思うような無脂肪チーズは存在しない。少なくとも、本物のチーズに近い製品は一つもない。酪農業界も、低脂肪乳と同じくらい魅力的な低脂肪チーズを作ろうとある程度努力しているが、脂肪分を減らして作ったチーズの大半は、味も食感もかなりひどい。結局、脂肪分を除去していないチーズが市販品の9割以上を占めている。

しかしチーズが売れるのには別の理由もある。牛乳と違って、人々はチーズを脂肪分の多い食品だと見ていないのである。実際には、チーズは脂肪分が多い。特に、心臓病との関連性が指摘されている飽和脂肪酸が多く、栄養学者らが勧める不飽和脂肪酸は少ない。「良い脂質」とされる不飽和脂肪酸を多く含むのは、キャノーラ油、オリーブ油、ベニバナ油などだ。しかし、ここが栄養科学が悪いほうに役立つ最たる例の一つなのだが、「悪い脂質」とされる飽和脂肪酸は、見た目も感触も脂肪らしくない。室温ではタンパク質分子としっかり結合して溶け出さないため、隠れてしまうのである。

もちろん、すべての米国人が脂肪分を気に掛けているわけではない。全乳を飲み、チーズを食べる人もいる。中にはチーズを大量に食べて、独特の風味とベルベットのような口当たりを楽しむ人もいる。2010年の冬、私はそんな1人に会った。ドイツ生まれのチーズ専門家で、名前はウルフェルト・ブルックマン。チーズに対する彼の愛情は驚嘆に値するほどだ。酪農業界で47年働いた経歴を持つ。クラフトにも2回、5年ずつ勤務したが、1984年に関係が終わった両者の間に愛は残っていない。ブルックマンによれば、解雇された彼はクラフトからかなりの和解金を勝ち取った。解雇の理由は、チーズ製造のスピードアップを目指した同社の姿勢に不満を持ったことだと彼は言う。ブルックマンが特に嫌ったのは、熟成工程の代わりに酵素の使用量が増やされたことだった。クラフト本社から30キロメートルしか離れていないイリノイ州リバティービルの自宅を訪ねた私に、彼は言った。「彼らはあらゆるものを安く作った。嘆かわしいことだ」（注18）

彼の自宅のダイニングテーブルでチーズの話をしながら、私は冷蔵庫を見てみたいと言った。彼は冷蔵庫の一段をチーズ専用に使っていた。チェダー、ジャック、ブルー、ゴルゴンゾーラ、ブリー、カマンベール、スイスチーズが陶器の皿にきれいに並べられている。私はつばが出てきたが、ブルックマンの家でチーズを食べるには時間と忍耐が必要だ。急いではならない。彼は、チーズを食べるときは必ず、まず冷蔵庫から出してしばらく置き、室温まで温めるという。チーズの芳香が漂ってくるのを待つためだ。長身でスリムなブルックマンは、70代前半とは思えないほど元気で、今でも自転車で160キロメートルは走る。彼は、食べ物の脂肪分を気にしていない。それどころか、自分が健康なのはチーズをたくさん食べる習慣のおかげだという。

彼は言った。「朝はパンと一緒に食べる。ヨーロッパ式にチーズを4種類か5種類食べて、バターも塗る。夜もワインと一緒に楽しむよ」。彼が買うチーズにクラフト製は一切ない。大量の酵素を使っているのが味でわかるからだという。彼は、職人が1年半以上の手間暇をかけて作るチーズを好む。

これほどチーズへの愛が深いブルックマンだが、彼の流儀は、余った牛乳と乳脂肪という業界の問題解決にはつながらなかった。そうするには、チーズという食品に関しても、その食べ方に関しても、彼のこだわりは強すぎたからだ。1人当たりの年間消費量を3倍の15キログラムまで増やすには、新しいスタイルでもっと手軽に食べてもらう必要があったし、原材料も見直す必要があった。ブルックマンの退職から程なくして、クラフトは乳脂肪問題の現実的な解決に取り組みはじめた。

チーズをもっと手軽な食品にするという同社の取り組みは、当初、あちこちでつまずいた。チーズ部門のマネジャーたちは、まず、最大のブランドである「フィラデルフィア・クリームチーズ」に目を向けた。バターのようなホイル包装で親しまれているクリームチーズだが、彼らは、これを35グラム単位でスライスして個装すれば忙しい人に便利になるだろうと考えた。1989年5月、同社はこのスライスタイプの商品を136トン製造し、ニューヨーク州北部とカンザスシティーで試験販売を行った。(注19) チーズ部門の予想では、年間販売量が1万2000トン伸び、売り上げが6100万ドル増えるはずだった。その根拠は、同じ年の夏に同社幹部に配布された社内文書に残されている。それによれば、レンガ形のクリームチーズは主にベーグルやトーストに塗って使われ、朝食にしか登場しない。スライスタイプの新商品は固さが増しているので新しいレシピが生まれ、用途が昼食や夕食に広がると考えられた。社内文書にはこう書かれていた。「新タイプの導入によってクリームチーズの消費が増える。昼食や夕食にもクリームチーズが使われるようになれば、大幅な消費拡大が見込める」(注20)

しかし、この商品は失敗に終わった。発想そのものが消費者に受け入れられなかったのである。人々は、レンガ状の塊にナイフを入れて自分でチーズを切り出すことを楽しんでいたのだった。スライス状になった便利さはこの楽しさを上回っていない、クラフトはそう悟った。

クラフトにとって幸運だったのは、少し前にフィリップモリスに買収され、2000年に本部経営陣の切り札ジェフリー・バイブルがクラフト本社に着任していたことだった。クリームチーズの冒険が失敗だったというデータが入ってきたのはその直後だった。バイブルは間髪入れずチーズ部門のマネジャーたちに指針を示した。彼は、勝者になるためには人々が何を好むかを考え抜かなくてはならない、と話し、あるときの会議でこう言った。「私はフィラデルフィア・クリームチーズを非難するつもりはない。これはわれわれの製品群の輝ける星だ。しかし今回の件は、消費者から目をそらして面白い技術だけを追求しすぎるとどうなるかを示している。われわれは、クリームチーズをスライスして出荷する方法を見つけだした。すばらしい技術力だ。問題は、それが消費者ニーズに応えるものだったかということだ。確かにわれわれは世界で唯一それを成し遂げた。だが残念ながら、そんなことに頓着したのもわれわれだけだったようだ。誰も買ってくれなかった。消費者とクリームチーズについてわれわれが今さら知ったことは何だ？　みんな自分で塗るのが好きだ

という ことだ。なぜか？ 楽しいからだ！ クリームチーズのすばらしさは、朝、固まりからがばっと取ってベーグルに塗りたくるところにある。つまり、クリームチーズに関しては、『自分でやる』ということも消費者ニーズの一部なんだ」(注21)

バイブルの言葉はマネジャーたちの胸に届いた。クリームチーズは甘いクッキーの「オレオ」とは違う。だが、楽しいという要素は盛り込めるはずだ。そう彼らは考えた。彼らはまた、糖分が多い別の商品、コカ・コーラのマーケティング戦略を応用できることにも気づいた。できない理由がない。コカ・コーラは、もともとたくさん飲んでいた層を狙うことで販売量を増やした。チーズでも同じことができるのではないか。マネジャーたちは、用語までコカ・コーラに倣って、チーズファンを「ヘビーユーザー」と呼ぶようになった。そして彼らをターゲットに、「クラフト・クロッカリー」という新しい製品ラインナップを登場させた。楽しさとヘビーユーザーという二つのテーマのもと、さまざまな風味を持たせたチーズスプレッド食品である。広告には「楽しさ、それは塗ること」というキャッチコピーが使われた。

チーズ部門のマネジャーたちは、社内文書で戦略を披露した。「この商品のターゲットは、チーズをおやつにする人々、特にチーズのヘビーユーザーである。プロセスチーズの全消費量の67％はヘビーユーザーが担っており、広告媒体はこうしたヘビーユーザーの女性買い物客を狙うように選定する。キャッチコピーも、楽しくエキサイティングなチーズ味をどんな食品にも加えられる、まったく新しい商品として『クロッカリー』を位置づけることを狙う」(注22)

クロッカリーは大人気となった。クラフトは次第に、チーズが甘い食品と同じかそれ以上に好まれる理由に気づきはじめた。甘さは、好まれる限度がある。ある程度を過ぎると人々に好まれなくなり、売り上げも低下する。これが、食品科学者たちが言う「至福ポイント」である。しかしチーズは違う。チーズは脂肪分の多い食品だ。そしてアダム・ドレウノウスキーなどの食品科学者が見いだしたように、脂肪分は多ければ多いほど好まれる。ということはつまり、他の商品にチーズを加えても、消費者にそっぽを向かれる心配はない、ということになる。むしろ、脂肪分が増えることで商品の魅力が増すと考えてよいはずだ。

クラフトがこの方向で最初に力を入れたのが、人気商品の「マカロニ&チーズ」だった。社内で「ブルーボックス」と呼ばれるこの青い箱入りの半インスタント食品は、価格が1箱わずか1ドル19セントで、堅調に売れていた。それを年間売り上げ3億ドルのメガブランドに押し上げたのが、チーズ増量品を中心とした18種類の新バージョンだった。「ポテト&チーズ」「パスタ&チーズ」「ライス&チーズ」といったシリーズが登場し、それぞれに「チェダー・ブロッコリー」「チェダー・チキン」「チェダー・ピラフ」「スリー・チーズ」などの商品が展開された。チーズ部門のマネジャーたちは戦略文書に「チーズで差別化を図る」と記した。

チーズ増量を売りにするこの戦略は、肉を加えるだけで完成するパッケージ食品「ベルビータ・チーズィ・スキレット」にも採用されて、多数の派生商品を生んだ。1箱わずか2ドル39セントのこのシリーズには、最大15グラムの飽和脂肪酸が含まれていた（調理の際にひき肉を加えると飽和脂肪酸はさらに増える）。テレビCMにはハンサムでたくましい鍛冶屋が登場し、レードルを鍋に入れてみせた。鍋の中には黄金色のチーズが溶けている。鍛冶屋はそれをゆっくりすくい上げ、バリトンで「チーズがとろーり黄金色ぉー！」と歌い上げた。

チーズをパッケージ食品の売りにするクラフトの手法に、もちろん他の食品メーカーも追随した。このゴールドラッシュを追跡した市場調査会社「パッケージドファクツ」が報告書に記したように「原材料としてのチーズはスーパーマーケットのあらゆる売り場に可能性を見いだす」[注23]ようになったのである。たとえばウォルマートは、独自ブランドのスープ「ローデッド・ベイクドポテト」を売り出した。チェダープロセスチーズを含むこの商品は、飽和脂肪酸も1日上限の半分以上である9グラムを含んでいた。ウォルマート系列の会員制スーパーマーケット「サムズ・クラブ」も、アーティチョークにつけて食べるチーズソースを発売。ネスレは、インスタント食品ブランドの「スタウファー」から、チーズを3種類使った新しい冷凍サンドイッチや、チェダーチーズを加えたチキンサンドを出した。

このチーズブームでとりわけ賑わったのが冷凍食品売り場だった。冷凍ピザは、原料コストを節約するため、チーズの使用量を最小限に抑えて作られていた。しかし今やチーズをめぐる方程式は逆転した。チーズを入れれば入れるほどピザが売れる。売れれば、価格を上げることができる。クラフトも他の食品メーカーも、チーズを2種類、3種類、4種類使った冷凍ピザを売り込むようになった。くせの強いブルーチーズを使った商品まで登場し、さらに、生地にもチーズがふんだんに使われるようになった。2009年、冷凍ピザの年間売り上げはクラフトだけでも16億ドル、業界全体では40億ドルに達し、さらに天井知らずの勢いで伸びていた。

脂肪分の取りすぎが健康に及ぼす影響について消費者はどう考えているか。クラフトは何年も前からこのことに注意を払っている。1993年に作成された社外秘の戦略計画では、チーズづくしの製品ラインナップの大きな「弱点」の一つとして、この栄養面の懸念が挙げられた。それによれば、同社の「ポートフォリオが大きな比重を置いているビジネス分野は、原材料および／または脂肪分の方向性が消費者の支持する方向性と離れており、バイタリティーに欠けて」いた。

しかし、脂肪分が最も多い食品であるチーズが、売り上げ増大の主役として業界を席巻している状況は変わらず、クラフトのチーズ部門は難しい舵取りを迫られた。同じ戦略計画には次のようにも書かれていた。「すべての食品カテゴリーで競争が激化している。消費は上向きである。コナグラ社も『ヘルシーチョイス』ブランドにチーズを投入した。各社ともカテゴリー首位を狙っており、競争戦略が収斂しつつある。情報によれば、大手各社は年間3％以上の販売量増大を目標に据えている。クラフトとしては、企業規模を活かして競合他社より『速く、うまく、隙なく』動かなくてはならない」(注24)。1995年、クラフトはフィリップモリスの経営陣に、業績が数年連続で好調で、チーズ販売量は90万トン、売り上げは50億ドルに達したと報告した。

チーズは、原料化しようとする加工食品業界の精力的な取り組みに伴って、消費量がうなぎ上りに増えたが、それに気づいた者はほとんどいなかった。米国人の食事の健全化を目指して努力していた消費者活動家らでさえ、チーズは見過ごしていた。しかし、基本的な食品をすべて追跡している農務省は、チーズの動向も細かく把握している(注25)。それによれば、チーズの消費量はほぼ毎年のペースで記録を更新していた。1人当たりの平均値で、1970年、米国人は1年にチーズを5キログラム食べていた。それが1980年に8・2キログラム、1990年に11・3キログラム、20

00年に13・6キログラムとなり、2007年は15・0キログラム。その後、景気後退で消費量はいったん減少するが、再び増加に転じている。

チーズ消費の増大を鏡写しにするように、全乳の消費量は低下した。米国消費者が飽和脂肪酸の主な摂取源として避けたのが大きな原因だが、この考えは誤りだったことがやがて明らかになる。1人当たりの牛乳消費量は、1970年には年間約95リットルだったが、現在では約23リットルである。国全体で見て、このチーズと牛乳のトレードは、まったく分の悪い取引だ。現在の消費量から計算すると、飽和脂肪酸の年間摂取量は1人当たりざっと200グラム増えたことになる。もちろん、チーズ摂取量が増えたことに気づいた人はほとんどいなかった。2010年には、原材料としてのチーズの水門は全開状態になっていた。

クラフトのチーズ部門マネジャーたちが、クリームチーズをスライスタイプにした失策でフィリップモリス経営陣に叱責されてから、20年が経過した。タバコ業界出身の彼らが指摘したように、製品の形状をいくらいじり回しても、消費者マインドを読み取ることにも同じだけのエネルギーをかけなければ無意味になってしまう。食品の「売り方」は食品そのものと同じくらい重要なのだ。

しかし2010年には、チーズ部門のマネジャーたちもこのことをすっかり体得していた。彼らは、かつて敗北を喫した商品「フィラデルフィア・クリームチーズ」で新たなキャンペーンを展開し、今度は華々しい成功を収める。

彼らが目をつけたのは、料理の材料として使われる、脂肪分の多い商品群だった。サワークリーム、細切りチーズ、ピザソース、缶入りスープといったこの種の商品は年間73億ドルが売れていると推定され、「フィラデルフィア・クリームチーズ」もここに参入することにしたのだ。多種多様な商品の中で目を引くには、特別なしかけが必要だった。クラフトは後に、このキャンペーンを次のように振り返った。「従来のアプローチではこの分野で勝つことはできなかった。消費者の声をよく聞いて、惜しみなく応える必要があった[注26]」

「『フィラデルフィア・クリームチーズ』が、ベーグル用のスプレッドやチーズケーキの材料として米国で大人気となったことは、われわれの誇りだ。しかし成長が停滞し、われわれは消費者に買ってもらえる新しい理由を探した。そして、ブランドイメージを料理という軸に移行して販売拡大を目指すことにした。それには、クリームチーズを使ったレシピを消費者に広める必要があった。これにより、5年間横ばいだった購入回数の増加を狙った[注27]」

基本路線は、クリームチーズの新しい使い道を示す料理好きの女性を登場させることだった。しかしクラフトは、従来の宣伝手法だけに頼るつもりはなかった。広告は、確かに買い物に影響を及ぼせるが、多くの米国人は、有料広告の本質が大げさな売り込みであることも承知していたからである。クラフトは、実在の人物がプロモーションを担ってくれれば、マーケティングの信頼性が高まるはずだと考えた。そこで彼らは「本物の女性《リアル・ウーマン》」というスローガンを掲げた。「クリームチーズを使ったレシピを試してみたら、すばらしかった」という話を隣人からフェンス越しに聞くイメージである。見事な発想だった。

だがクラフトは、一般女性だけに頼るのではなく、彼女たちを引っ張るリーダー的存在も必要だと考えた。ＣＥＯをテレビＣＭに出演させて、身近な雰囲気で信頼性をアピールしようとした企業もあるが、クラフトの結論は多くの視聴者の見解と一致するものだった。「（その種のＣＭは）『フィリー（フィラデルフィア）・クリームチーズ』の用途を広げるだけの信頼性を持たない。しかし、信頼感があり、『フィリー』を愛し、たくさん使ってくれる有名人であれば、そして、彼女が『本物の』女性たちのコミュニティーに日常的に参加するならば、成果が期待できる」

白羽の矢が立ったのがポーラ・ディーンだった。

食専門のテレビ局「フード・ネットワーク」の番組に多数出演してスターになっていたディーンは、この役にもってこいだった。彼女の名前を冠した料理番組『ポーラのホームクッキング』の定番は、バターやマヨネーズ、そのほか飽和脂肪酸を含む材料をたっぷり使った南部料理だった。「マカロニとチーズのフライ」という料理が登場したこともある。このとき彼女は、焼けたマカロニとチーズを鍋からすくい取り、ベーコンでくるんで丸め、油で揚げてみせた。ネット上でこのレシピに五つ星をつけたある視聴者は「コレステロールの塊を食べてるみたい！　作るのも食べるのもおいしくて楽しい！」とコメントした。

クラフトと契約したディーンは、日中のトークショー『ザ・ビュー』などのテレビ番組に出演したほか、料理コンテスト入賞者らとともにクリームチーズ料理の本も執筆した。クラフトは、クリームチーズの新キャンペーンにも、彼女が持つ巨大なソーシャルメディア・ネットワークを活用した。その中心となったのが、クリームチーズを使ったレシピのコンテストで、クラフトは４人の入賞者にそれぞれ2万5000ドルの賞金を出した。コンテストを取り仕切ったのはディーンである。

ディーンは4カ月にわたって毎週、動画投稿サイトの「ユーチューブ」に登場して、応募されたレシピのデモンストレーションを行い、入賞者を称えた。(注28) 応募者が自ら撮影した動画も紹介した。これらの動画や、ディーンによるその他のプロモーション、そしてクラフトがこのキャンペーン用に開設したウェブサイトは、同社が望んだとおりの反応をもたらした。クリームチーズを使った料理のレシピが洪水のように押し寄せたのである。クラフトも自社の調理室でクリームチーズのレシピを研究し、10年で500種類ほど開発したが、「リアル・ウーマン」キャンペーンにはまるで及ばなかった。5000ものレシピが3カ月で集まった。クラフトはそれを、フェイスブック、ツイッター、グーグル広告などのソーシャルネットワークに広めた。

フィラデルフィア・クリームチーズの売り上げは瞬く間に5%増えた。(注29) 実に5年ぶりの増加だった。さらに、買い物客の追跡調査では、パンやベーグルに塗るスプレッドとしての利用は減っていたものの、料理の材料としての利用が増えていた。

唯一の不測の事態が2012年1月に起きた。ディーンが、3年前に2型糖尿病と診断されていたことを公表したのである。彼女は、インスリンをはじめとする糖尿病治療薬で世界最大手の製薬会社ノボノルディスクと契約して、同社の広報担当となった。そして、このことを発表する際に糖尿病のことも公表したのだった。食品業界は大騒ぎになった。ディーンがプロモーションしていた脂肪分たっぷりの料理こそ、糖尿病の大きな原因だと批判を浴びたからだ。

ディーンは自分の立場を説明するため、情報番組『トゥデイ』に出た。インタビューは、何度もダイエットに挫折した後、2002年に胃の縮小手術を受けて減量に成功したアル・ローカーが担当した。食習慣を変えるつもりはあるかと聞かれたディーンは、毎日食べるという想定で自分のレシピを紹介したことは一度もない、と答えた。「私は常に、適度ということを勧めてきました。私は、脂肪分たっぷりのおいしいレシピをみんなに伝えたい。でも『ほどほどに、ほどほどに』と話しています」

クラフトのクリームチーズ・キャンペーンや、そのほかチーズの消費増大を目指した業界の取り組みを調べていた私は、ハーバード大学栄養学部門の責任者ウォルター・ウィレットに電話をかけた。米国人の食生活を長年研究しているウィレットは、飽和脂肪酸にも非常に詳しい。その彼にとっても、チーズの摂取量がこれほどまで増えたことは驚きだった。彼は私に言った。「チーズを完全にやめる必要は、もちろんない。良質なチーズを少し食べるなら、健康的な食事と言えるだろう。だが米国の消費量はあまりに多すぎる」[注30]。彼が特に心配するのは、食べ物の魅力を高めるための材料としてチーズが使われていることだ。脂肪分とカロリーが多いチーズのような食品は、食品そのものを味わって直接食べるほうがいいという。他の食品に混ぜてしまうと、飽和脂肪酸やカロリーといったマイナス面が認識されにくくなるからだ。

2008年、オランダの研究チームが、食品中の脂肪分が目につきやすいかどうかによって人々の食べる量が変化するかという実験を行った[注31]。「実験に使ったのはどれもオランダ人が普通に食べている食べ物ですが、脂肪分が目に見えるバージョンと見えないバージョンを用意しました[注32]」と研究リーダーのミーレ・ヴィスカール＝ヴァン・ドンゲンは私に話した。たとえばトマトスープは、植物油を上に浮かせたものと、スープに混ぜ込んだものが使われた。パンは、バターを上に塗ったものと、生地に練り込んだものが用意された。「ソーセージロールも使いました。米国で売っているかどうかわかりませんが、オランダではよく食べます。脂肪分が目に見えるバージョンでは、ソーセージを包むロールをパイ生地で作りました。てらてら光って、手に取ると指が油でべたべたします。もう一つのバージョンにはパン生地のロールを使いました。これだと脂肪分が目につきません」

実験には57人が参加した。脂肪分が目につくことの影響を正確に測定するため、バターや油の量は、被験者がおそらく慣れていると思われる量より多く設定された。したがって、実生活での影響はおそらくもう少し小さいだろう。それでも、結果は衝撃的だった。被験者たちはまず、食べ物を見て、脂肪分とカロリーの量を推測した。脂肪分を隠したバージョンでは、脂肪分もカロリーも実際よりかなり少なく見積もられた。次に試食である。被験者は食べたいだけ食べるように言われた。脂肪分が目に見えるほうのグループは早く満腹になった。しかし脂肪分が見えないほうのグループは、なかなか満腹にならずに食べつづけた。肥満に関して、見過ごされがちな一つの鍵がある。食べる量が少し多いだけでも、それが毎日続けば体重増加につながるということだ。1日100キロカロリーを余分に取るだけでも、長く続けば体重が何キロも増えることになる。実験の参加者たちはこのとおりのことを示してみせた。食べ物の脂肪分が目につかないと、食べる量が10％近く、エネルギーでは約100キロカロリー増えたのである。

チーズなど、脂肪分が多い食品を料理の材料として大量に使う人にとって、これは悪い知らせかもしれない。生地に混ぜ込まれたチーズや、パイ生地が冷えるときに固まった油分は、次に体重計に乗った時に体脂肪として姿を現すかもしれないからだ。しかし、脂肪分が隠れることによって消費量が増えるのなら、加工食品業界にとってはもちろん悪い知らせではない。人々が食べる量が増えるということは売り上げが増えるということだからだ。やがて、脂肪分を隠すことは、チーズだけにとどまらず、加工食品業界全体のテーマとなってゆく。

第9章 ランチタイムは君のもの

1988年夏、ウィスコンシン州マディソン。メンドータ湖の東岸をなぞるパッカーズ・アベニューのすぐ横で、オスカー・メイヤー社の加工ラインがフル稼働していた。加工ラインとはいっても、1800人の従業員(注1)が整然とした製造ラインでハムの盛り合わせやホットドッグを作っている工場ではない。そのラインは作業台の寄せ集めのような体裁で、しかも場所は本社ビルの7階だった。

この広いスペースは、研究開発スタッフが製品アイデアを試すのに使う場所だった。間に合わせのコンベヤーベルトに沿って20人ほどのスタッフが並んでいる。一見、流れてくるものは平凡に見える。仕切りが設けられた小さな白いプラスチックトレーだ。薄く軽くて、段差のところでは、ぶつかるというよりひらひら揺れている。スタッフの背後の机には、製品が山と積まれてトレーに入るのを待っていた。スライスされたボローニャソーセージだ。(注2)(訳注*本書で言及されるボローニャ(bologna)は、イタリアのボローニャ地方の伝統的ソーセージ「モルタデッラ」のことである。本来のモルタデッラは細びきの豚肉に脂身を加えて作るが、米国では豚肉のほか、牛肉や鶏肉を使ったものも「ボローニャ（ソーセージ）」と呼ばれている。典型的には直径が20センチメートル前後で、スライスされたパック商品の外見は日本のスライスハムに近い）

豚ひき肉に脂身を加えて作るボローニャソーセージはオスカー・メイヤーを代表する商品だったが、何年も前から米国での人気が徐々に低下していた。飽和脂肪酸と塩分が多いのが理由の一つだった。同社はそれまでずっと、ボローニャをボローニャだけで販売してきた。スライスして半ポンド（訳注＊約230グラム）単位のパックにし、食肉売り場に置いてもらう売り方である。しかしこのトレーは違った。中に入るのはボローニャだけではない。パッケージも、肉よりは楽しさを前面に押し出したものだ。トレーは仕切りで区切られていて、スタッフはまずその一つにボローニャを8枚入れた。ラインを進むうちに、8枚の黄色いスライスチーズ、8枚のバタークラッカー、黄色の紙ナプキンが入れられてゆく。最後に、トレーはプラスチックフィルムで密閉され、スクールバスのような黄色の箱に収められる。うまくいけば、それらは各地の卸売業者の倉庫に入り、小売チェーンの配送センターを経て、全米のスーパーに届き、食肉売り場の冷蔵棚に積み上げられるはずだ。

やや怯えたような面持ちで、少し離れたところからスタッフの動きを見守っていたのは、この商品「ランチャブルズ」の開発責任者として2年半にわたって食品技術者とデザイナーのチームを率いてきたボブ・ドレーン。この小さなトレーができあがるまでの道のりは長く困難だった。チームは、ホテルの会議室に食品と画材を山のように持ち込み、連日詰めたこともあった。「食品の遊び場」と名付けたその部屋（注3）で、彼らは切ったり貼ったり試食したりを繰り返して、食品とパッケージの完璧な組み合わせを見つけだそうとしたのだった。ラインから出てきた最初のトレーを目にして、ドレーンは、すべて失敗だったのではないかと不安になった。

ドレーンは、1985年にオスカー・メイヤーの副社長に就任し、新事業の戦略立案と開発を担当していた。製品立ち上げに長く携わってきた彼は、新しい加工食品の成功確率を骨身にしみて知っていた。一般的な食料品店には1万5000～6万点の商品が並んでいる。そこに毎年1万4000点の新商品が参入する。(注4) 三つに二つは数カ月で姿を消してゆく。ここで生き残った商品のうち、業界で「まずまずの成功」とされる年間売り上げ2500万ドルに達するのは10分の1だ。加工食品の新規開発は油田を掘るのにも似ている。皆、巨額のお金を投じて平凡な油井から延々と採油を続ける。ときに大きな油脈を掘り当てることがあると知っているからだ。

結局、ランチャブルズの売れ行きを心配したドレーンは正しかった。が、それは彼が考えた理由からではない。食料品店から嚙みつかれるどころか、ランチャブルズは発売当初から売れに売れ、販売額は最初の1年で2億1800万ドルに達した。(注5) 小売店は競うように冷蔵棚のスペースを確保してランチャブルズを並べ、オスカー・メイヤーの販売員も、最初こそ150グラム足らずのトレーの売り込みに耳すら貸してもらえなかったが、マディソンの工場に駆け戻ってきて、完成品をありったけ寄越せと騒ぎ立てるほどだった。

ドレーンが頭を悩ませたのは損益バランスだった。売り上げはすばらしかったが、製造コストもしかりだったのである。オスカー・メイヤーは、殺到する注文に追いつくための生産ライン拡大に苦心していた。ランチャブルズの単価はわずか1ドル29セントで、売れれば売れるほど赤字だった。結局、1年目は2000万ドルの損失(注6)となってしまった。

私はある日の午後、マディソンにあるドレーンの自宅オフィスを訪ねた。当時のことを彼はこう話した。「ぐちゃぐちゃの大混乱だ。どうすればこのトレーを妥当なコストで何百万個も作れるか。わかっていたつもりだったが、実際にはわかっていなかった。オスカー・メイヤーはホットドッグやボローニャソーセージを作っているが、流れてくるトレーにあれこれの材料を詰めるという作業はまったく経験がない。販売が始まると、コスト構造が大変なことになって、莫大な無駄が出た。赤字がどんどん累積していく。銀行の役員が毎日やってくる。彼らは私の正面に座って言うんだ。『一体どうなっているんですか。消費者にどんどん売れて御社は結構でしょうが、当方は一銭も得ておりません。どうなさるおつもりですか』とね」

ドレーンは彼らをオスカー・メイヤーの会計士に紹介したが、程なくして銀行側の心配はさらに高まった。ランチャブルズの発売から数カ月後、同社がクラフトと合併したからだった。アイビーリーグ出身の財務屋たちは、責任を追及されて失職する前にこのプロジェクトをたたんでしまおうと考えているようだった。ドレーンは需要に応えるため合計3000万ドルかけて生産ラインを10本増設するよう求めたが、財務担当者たちはランチャブルズが一時的な熱狂に終わるのではないかと恐れた。もし販売が落ち込めば、利益が出ない商品だったというだけでは済まない。役立たずの生産ラインを持つ工場をいくつも抱えることになってしまう。

早期のあるとき、ドレーンはデータを抱えてニューヨークに飛んだ。クラフトのトップとは毛色の違う経営者たちに話を聞いてもらうためだった。かつて新製品導入の難局を一度ならず経験し、大失敗も笑い飛ばしてきた、フィリップモリスの重役たちである。クラフトとゼネラルフーヅを買収したフィリップモリスは、50以上のメガブランドを含む何百もの食料製品を手中に収めていた。ドレーンの小さなトレーは今や彼らのトレーでもあった。

フィリップモリスのトップは、1日1箱の喫煙者であり、タバコのマーケティングで類まれな戦術家として名を馳せたハミッシュ・マクスウェルだった。彼は経営責任者として、ランチャブルズの長期見通しが深刻であることを把握しておく必要があった。細部にうるさいドレーンは、初期データを詳しく説明し、購入者の半数以上がリピーターになっていること、それは食品の新製品では快挙であることを話した。(注7) 会合の最後に、マクスウェルはドレーンのほうに向き直って、もう何も心配しなくていい、と言った。(注8)

マクスウェルは言った。「難しいのは、売れるものを見つけ出すことだ。売れるものが見つかったなら、コストの問題は解決できる」

こうしてドレーンは、生産ラインの拡大と整備に必要な資金を手にしてフィリップモリス本社を後にし、パーク・アベニューから東に向かった。イーストリバー沿いのヘリポートに重役用のヘリコプターがあり、それで空港に戻ることになったからだった。ヘリが上昇を始めると、マンハッタンの街並みがドレーンの眼下に広がった。彼は言った。「ニューヨークに向かったときは、オスカー・メイヤーの販売部隊から毎日せっつかれていた。『やっとまともな商品が出たんじゃないか。みんな欲しがってる。それなのに生産が間に合わないって言うのか。こっちはどこへ行っても大目玉だ。このままじゃ売れなくなっちまうぞ』とね。尻尾を巻いて帰る羽目になることも覚悟していたが、それがどうだ。ヘリコプターから『ビッグ・アップル』(訳注＊ニューヨーク市の愛称)を見下ろしている。そりゃあいい気分だった」

フィリップモリスの経営陣はランチャブルズの可能性をどれほど正確に把握していたのだろうか。ともかく、彼らがその後何年も資金投入して掘り進めた油脈は、並大抵の油脈ではなかった。この小さなトレーは、やがて年間売り上げ10億ドル近くという業界新記録を打ち立てて、加工食品の巨人になってゆく。ボローニャソーセージは、突如として、子どもたちが熱狂する商品に生まれ変わった。そして、ドレーンの目標の一つも達成された。脂肪分の多い肉は健康上の懸念から消費者離れが進みつつあり、彼はオスカー・メイヤー従業員の雇用を守りたいとも思っていたのだった。

だが、健康懸念がさらに高まる一端を担ったのもまたランチャブルズだった。ランチャブルズはまったく新しい食品カテゴリーを作り出した。それまでマクドナルドやバーガーキングといったチェーン店の独壇場だった、ファストフード独特の楽しさが、米国人、特に子どもたちにとって、さらに身近になった。食品メーカーは、コンビニエンスフード路線を年々押し進め、塩分・糖分・脂肪分への依存を強めてはいたものの、1980年代末にランチャブルズが発売されるまで、学校や外出先でそのまま食べられる食品を作ればファストフードをまねできることにはまだ気づいていなかった。おまけに、そうした食品は食料品店で販売できるし、電子レンジさえ必要ない。このカテゴリーは「調理済み冷蔵食品」と呼ばれるようになった。その灯をともしたのがランチャブルズだった。しかし、食品メーカーがこの画期的なコンセプトを取り入れた時期は、まさにこうした食品の力が消費者にとって大問題になってきた時期でもあった。肥満の急増が始まった。誠意を込めてランチャブルズを育て上げたボブ・ドレーンは、やがて自分が手掛けたものに直面させられることになる。

全米を走り回るホットドッグ形の宣伝カー「ウィンナーモービル」で知られるオスカー・メイヤーは、米国で最も人気の食肉会社としての地位を築いていた。温かく親しみやすいイメージを確立し（それが最もよく現れているのが、1960年代に始まったCMソング「ああ、オスカー・メイヤーのウィンナーになりたい」だろう）、消費者を大切にするという評判が高かった。同社は、肉の品質の良さを看板に掲げてシカゴで1883年に創業した。創業者はドイツ・バイエルン地方出身の兄弟、オスカーとゴットフリートである。(注9) 作家のアプトン・シンクレアが後に著作『ジャングル』で暴露するように、当時の食肉業界は、ソーセージ製造器の中に殺鼠剤が入り込んだり、何週間も過ぎた肉を漂白して新鮮な肉として販売したりといったことが横行する世界だった。(注10) メイヤー兄弟は、そうした不衛生な扱いをしないことで差別化を図ろうと考えた。

メイヤー兄弟のように、品質の良さをアピールする手段としてベーコンやソーセージやラードに自分の名前を表示する業者は、当時まだ少なかった。ラベル表示が義務化されるまで、多くの食肉業者は名乗らないことによって疑惑を逃れていたからである。また、シンクレアの告発によって、政府職員が精肉工場を監督・査察するシステムが導入されると、兄弟はそれにもいち早く参加した（当初は任意参加のプログラムとして始まった）。

オスカー・メイヤー社は、徹底的な衛生管理のおかげもあり、20世紀を通じて高い評判を得た。

しかし創業から100年ほどが過ぎると、食品の安全性だけでは済まない問題が生じてきた。消費者の間に、赤身の肉が健康に悪いという見方が広がったのである。たとえば、牛肉ボローニャのスライス1枚には飽和脂肪酸が3・5グラム含まれている。(注11) ナトリウムも330ミリグラムで、これは、大多数の米国成人にとって1日上限の25％近い。

人々は、「脂肪」という言葉を、コレステロールや動脈硬化、心臓発作、脳卒中と同義語のように受け取るようになった。そのため、1980年から1990年の間に赤身肉の消費量は10％以上低下した。(注12) 一方で、飽和脂肪酸が少ない鶏や七面鳥の肉は消費量が50％も増えた。この対比は、米国人の食習慣が大きく変わろうとしている兆候かもしれなかった。どこよりも強い懸念を抱いた企業がオスカー・メイヤーだった。

「1986年から1988年にかけて、ホットドッグやボローニャの商品カテゴリーで脂肪とナトリウムの問題が深刻化しました(注13)」。オスカー・メイヤーの新製品開発マネジャーだったトム・コフィーは、1990年、社外秘のプレゼンでフィリップモリスの経営陣に話した。脂肪分と塩分を気にして、赤身肉の少ない食生活に切り替える人が増えつづけていた。まったく食べないという人まで現れはじめた。

この危機への対応策として、オスカー・メイヤーはまず、原材料を見直して、主力製品より健康的な商品を出すことにした。数年以内に、七面鳥肉をブレンドした低脂肪ボローニャや、牛肉ではなく鶏肉で作ったホットドッグが発売された。しかし市場の変化に十分追いつけず、総売り上げは低下する一方だった。

同社は宣伝戦略にも手を入れて、より広い層にアピールすることにした。ボローニャは、子どもには人気があったが、彼らは大人になると離れてしまう。マーケティング部門が成人を対象に調査を行ったところ、男性はボローニャよりハムや七面鳥肉、ローストビーフを好むことがわかった。10点満点の評価で男性がボローニャ・サンドイッチにつけた点数はわずか4〜5点。(注14)しかし、かすかな希望も見えた。実物よりイメージのほうが悪い傾向が見られたのだ。サンドイッチを実際に試食してから評価してもらうと、点数は8〜9に上昇した。この結果に励まされた同社は、ボローニャのマーケティング対象を子どもから成人男性に広げることにし、ボローニャファンの男性を主役にした新しい広告を展開した。同社は同時に子どものファン層拡大にも乗り出し、その目玉として「タレント・サーチ」というキャンペーンを1995年に開始した。ウィンナーモービル10台が50の都市に繰り出し、子どもたちにCMソングを歌ってもらってコンテストを行うという企画である。「『タレント・サーチ』は目覚ましい初期実績を上げています」(注15)。1995年秋、オスカー・メイヤーの社長ボブ・エッカートはフィリップモリス経営陣に報告した。「すでに700回のイベントを終え、4万5000人近い子どもたちのオーディションを行いました。この間、ホットドッグやボローニャなどのタイアップ商品は小売販売量が前年比10%以上増えています」(注16)

オスカー・メイヤーは、ボローニャのコスト削減にも取り組んだ。まず製造面で、工程や原材料にさまざまな変更が行われた。同社も他の食品メーカーと同様に、製品の質を落とさずにすむ、より安価な原材料を常に探しており、エッカートはこの方面に特に精力的に取り組んでいることをフィリップモリス経営陣に話した。「製品の90%はこの4年間で何らかの原材料変更を行っています」

コスト削減に絡むもう一つの取り組みが価格設定で、オスカー・メイヤーのボローニャ担当マネジャーたちは競争に勝とうと努力を重ねた。人々がもっと買ってくれるだけの低い値段でなければならないが、利益も出さなければならない。同社は最終的にスライス・ボローニャ1パックの価格を1ドル99セントまで下げた。これでボローニャの市場シェア29％を安定的に獲得でき、良い判断だったと思われた。が、それはむなしい勝利だった。いくら3分の1のシェアを持っていても、市場そのものが縮小していた。ボローニャの全売上高は毎年1％ずつ減少し、1995年には1年の減少率が2・6％に達した。

人々はボローニャを好きでなくなっている、それが厳然たる事実だった。オスカー・メイヤーに必要なのは、パンやマスタード以外の何か、赤身肉の脂肪への懸念を上回るだけの魅力で人々の関心をボローニャに引き付ける新しい何かだった。その仕事を担うのは、実験室や調理室にこもって、人気を失った食品の食べ方やパッケージングを見直す人々、製品開発者たちだった。そしてオスカー・メイヤーにとって幸運だったことに、同社の開発陣はいち早く動き出していた。1980年代半ばに売り上げが停滞しはじめるや否や、彼らはほかの仕事を片付け、ボローニャに取り掛かった。パック入りスライス以外の売り方を考えようというのだった。

1985年後半、オスカー・メイヤーは、ボローニャをはじめ、てこ入れが必要な肉製品のパッケージングを見直すことにし、そのリーダーにボブ・ドレーンを指名した。私はドレーンの自宅オフィスで彼に会った。彼は、赤身肉問題の解決策として生み出した商品「ランチャブルズ」の開発と誕生の記録を保管しており、それらを私に見せてくれた。その中に、スライド数合計206枚というプレゼン資料があった。プロジェクトの詳細を他の食品開発者に説明するために準備したものだった。ボローニャの販売が低迷しはじめたときのことを、彼は私に話した。「オスカー・メイヤーは窮地に陥ったわけではない。『さあ、手持ちの駒を現代的に仕立て直す方法を考えよう』と言われたようなものだ。『われわれはランチで知られる会社だ。ランチで有名なブランドがいくつもある。だからランチに集中するんだ。それで、どうなるか見てみればいい』とね」

だがドレーンは変化のダイナミクスを心得ていた。ずっと赤身肉で勝負してきた会社であることも。26枚目のスライドに「警報発令中！」の文字が登場した。「50年代のランチ」という見出しの下に、食パンとボローニャが入った茶色の紙袋の挿絵があり、その隣に「90年代のランチ」という見出しと大きなクエスチョンマーク。次のスライドには、ドレーンと3人のチームメンバーの写真が登場した。全員、オスカー・メイヤーの赤いロゴが入った白いスモック姿で、腕を組み、決意の表情を見せている。

ドレーンが最初に着手したのは、米国人がランチについて感じていることを正確に把握することだった。彼はボローニャを実際に買う人々、つまり母親たちを募って、グループ討議を開いた。会話を聞きながら、ドレーンは、彼女らが抱える最大の問題は脂肪分ではなく時間であることに気づいた。忙しい母親たちは、もちろん健康的な食事を子どもに食べさせようと苦心していた。だからこそ低脂肪の七面鳥肉が売り上げを伸ばしていたのだ。しかしやがて、どんな食べ物であれ、用意する時間がなくなってきた。討議に参加した母親たちは、悪夢のような毎朝の狂乱について延々と話した。テーブルに朝食を並べ、学校に持たせるランチを用意し、靴ひもを結び、子どもを送り出す。ドレーンは、彼女たちの話をこんなふうに要約して聞かせてくれた。「もう大変。何もかもが大慌て。子どもたちは、あれはどこ、それはどこ、って聞いてくる。私だって出勤の準備をしなくちゃいけない。ランチを3人分用意しなきゃならないのに、どんな食材が残っているかさえ覚えてない。子どもたちは平凡なランチじゃ満足しない。私だって子どもが喜ぶものを持たせたい。それに、私もちゃんとしたランチを食べたい。でも食品棚にまともな材料が残っていないかもしれない」

黒いフレームの大きな眼鏡、プロフェッショナルな物腰のドレーンは、情け容赦ない経営者というタイプではなかった。しかしこの母親たちの話が、彼の中の野性を呼び覚ました。水中でかすかな血の匂いを嗅ぎつける鮫のように、ドレーンは商機を、あるいは、彼自身の言葉によれば「失望と問題の金脈」を見いだした。

ドレーンは、デザイン、食品科学、広告などさまざまな専門を持つスタッフを15人ほど集め、「モンテッソーリ・スクール」と名付けたプロジェクトを開始した。他社の工夫をまねするだけでは、ボローニャを救済できない。何か斬新なものを生み出す必要があった。そしてこれこそドレーンの得意分野だった。彼は、チームの想像力を刺激するようなカリキュラムを組み立てた。（訳注＊子どもの五感と自発性を重視する「モンテッソーリ教育法」を実践する学校を「モンテッソーリ・スクール」という）

オスカー・メイヤーの本社ビルに部屋が確保されると、チームはまず、設計上の弱点が修正されてヒット商品に生まれ変わった事例を研究した。たとえば、大型ラジカセ（ウォークマンの誕生）、子どもの靴ひも（マジックテープの普及）、はっきりしない診断を確定するために行われる開腹手術（今ではＭＲＩが主流）などだ。彼らはドーナツ店の「クリスピー・クリーム」にも出かけた。当時、温かいドーナツを売ることで全米にブームを巻き起こしていたからである。同社のドーナツは、脂肪分たっぷりの生地に糖分たっぷりのトッピングが施され、見た目も「至福」を存分に伝えていた。こうして事例を研究したチームメンバーは、サンドイッチに代わるボローニャ食品が何であれ、どんな特性があればそれほど強いインパクトを消費者に与えられるのか、蛍光ペンを手に自由討論を繰り返した。生き生きとした意見交換が続くように、頭韻を踏むというルールを設け、キーワードを片っ端から書き出した。(注17)「Faster（より速い）、fresher（より新鮮）、foolproof（誰でも扱える）、fortified（強化した）、flavorful（風味たっぷり）、flexible（フレキシブルな）、funner（より楽しい）、for me（私のための）」のようなリストができあがっていった。

チームの討論は活気づき、ついに重要な決断に達した。開封すればすぐ食べられるランチを開発する。となると問題は、どんな容器に、何を入れるかだった。

もちろん、会社の赤身肉を使わなくてはならない。そもそも、それで販売を盛り返すのがプロジェクトの目的なのだから。だからまず内容物としてボローニャとハムが決定した。次に、ボローニャといえばパンだ。だがこれが問題だった。チームが目指すのは出荷から販売まで2カ月間保管できる商品だが、パンをそんなに日持ちさせる方法はなかった。だが、クラッカーならいけるはずだ。そこで彼らは、クラフトが製造する「リッツ」を入れることにした。

こうして基本構成が決まっていったが、判断が最も難しかったのがチーズだった。チーズ入り加工食品の人気の高まりを考えれば、チーズは外せない（ランチャブルズの計画が初めて社外に漏れた1987年、チーズが使われるという話は酪農業界にさざ波のような期待感をもたらした。製品の新たなはけ口になると思われたからだ。だがオスカー・メイヤーが1988年にクラフトと合併して、それは期待外れに終わった。同社はチーズを外部から購入しなくても、姉妹企業から原価でいくらでも調達できることになったからだ）。だが、どんなチーズにすべきか？　チームはまずナチュラル・チェダーチーズを検討したが、ぼろぼろ崩れてうまくスライスできない。そこで彼らはプロセスチーズを使うことにした。これならスライスするのも曲げるのも容易だし、いくらでも日持ちする。では、どんな形にするか。モニター調査では、丸形のほうが正方形より楽しさを演出できるという結果が出た。どれくらい好きかという点数評価で、丸形は100点満点中80点、正方形は70点だった。だが製造コストをできるだけ低く抑える必要もある。そうでなければ小売価格が高くなって買ってもらえない。正方形のチーズは丸形よりスライスしやすい。チームは正方形を採用した。彼らは、製造コストを下げても風味や食感が大きく損なわれないか、という物差しであらゆる要素を吟味していった。クラフトのチーズでも通常のチーズより安いが、一段グレードの低い「チーズ食品」なら単価をさらに2セント下げられる。が、これは試食での評価が低い。サラミは実物を入れるか、香料で済ませるか。トレーのカバーは厚紙にするか、印刷した透明フィルムにするか。こんなふうに彼らは検討を続けた。

肉、チーズ、クラッカーという中身とその形が決まると、チームは仕事場を近くのホテルに移した。邪魔が入らない環境で、中身と容器のベストな組み合わせを詰めようというのだった。「成功の要素は何だ？」とドレーンはチームに再確認した。「必要なものがすべてそろっていること。自分のためのものであること。コンパクトで、持ち運びできて、すぐ使えること。そして、楽しくてかっこいいことだ」。彼らは、肉、チーズ、クラッカー、それにありとあらゆる種類の包装材料をテーブルの上にどっさりあけると、イマジネーションを解き放った。試行錯誤を経て、ばかばかしい包装（肉とチーズをごちゃ混ぜにして、セロハンの小窓付きの箱に入れたもの）から、平凡な包装（チーズを肉で巻き、小さな発泡トレーに入れたもの）まで、20種類のデザインができた。そして最終的に選ばれたのが、いくつか仕切りがある白いプラスチックトレーだった。後に同社の経営陣は、このデザインは日本の弁当箱から着想を得た、という神話を語るようになった。が、ドレーンによれば、実際はそんなにエキゾチックな話ではなかったという。包装材の切り貼りを山のように繰り返した揚げ句、彼らが手本にしたのは米国の電子レンジ食品だった。

こうして「モンテッソーリ・スクール」の仕事はあと一つとなった。覚えやすく楽しい名前をつけることだ。彼らは肉用の大きな包み紙を壁にかけ、手軽で便利で楽しそうなキーワードを書き付けていった。「オン・トレー」「クラッカーウィッチ」「ランチキット」「スナッカブルズ」「ミニ・ミール」「ウォーク・ミール」「ゴーパック」「ファン・ミール」などの長いリストから選ばれたのが「ランチャブルズ」だった。(注18) 中身と、試作トレーと、名前が決まると、チームメンバーは自問した。実際のところ、肉とクラッカーとチーズだけのランチを、消費者はどのくらい買ってくれるだろうか？

オスカー・メイヤーの上役も同じだった。そこで彼らは最終試験を行うことにした。ランチャブルズは、子ども、あるいは親自身のランチとして気に入られるか、そして購入を促すにはどんな広告が最も効果的かを判断するため、外部に調査を依頼したのである。

調査会社は、コロラド州グランドジャンクションとウィスコンシン州オークレアで数十の家庭を募り、買い物用のカードを渡した。購買記録からランチャブルズの購入頻度を把握するためだ。また、各家庭のテレビに専用の機材が取り付けられた。これは、一般には放映されないランチャブルズのCMを流すもので、流す回数やタイミング、CMのバージョンなどを変更して、さまざまな広告戦略を試すことができる。

数カ月がかりの調査の結果は、オスカー・メイヤーの最大の期待すら上回るものだった。まず、CM表示によって購入が増えた。さらに、商品内容がごくありきたりであることが、加工食品の鉄則に則っていたことも確認された。ドレーンはこの鉄則を「風変わりさのファクター」と呼ぶ。新商品があまり奇抜だと消費者がたじろいでしまうということだ。ドレーンは私に言った。「私は『80％の親しみ』と表現している。新しい商品は80％の親しみがあるほうがいい。そうでないと、消費者に『なんだこれ？』と言わせて終わってしまう」。ランチャブルズは、トレー包装という外見こそ新奇だったが、中身は人々が慣れ親しんだものだった。

調査結果から、販売開始地域も決まった。「グランドジャンクションの販売量はオークレアの2倍もあった」とドレーン。「これにはわれわれのほうが『なんだこれ？』だった。肉とチーズとクラッカーは、古き良き中西部のオークレアで売れると思っていたんだ。西部のグランドジャンクションのほうが前衛的だと思っていた。だが違った。それでわれわれは西部から販売を開始した。売り上げが伸び始めると、全米で大ヒットになった。それで、需要に追いつくため、設備も人も狂ったように増やすことになった」

ドレーンのチームは、どんな消費者がどんな理由でランチャブルズを好むのか、やがてさらに豊かな洞察に達するようになる。が、最初に貴重な助言を与えたのは、オスカー・メイヤーだけでなくゼネラルフーヅもクラフトも監督する人々、フィリップモリスの経営陣だった。彼らはランチャブルズに強い関心を抱いていた。

フィリップモリスは、1990年にはタバコ市場をほぼわが物にしていた。(注19) 販売シェアは、2位のR・J・レイノルズが29％以下に落ち込む中、42％に増大。そこにゼネラルフーヅとクラフトを買収して、フィリップモリスは消費財の巨人になった。年間総売上高512億ドル、利益35億ドル、従業員は世界中に15万7000人。売り上げの半分は食品部門が占めるようになったが、マールボロを中心とするタバコも堅調で、利益の7割をもたらしていた。ハミッシュ・マクスウェルはCEO退任時にタバコ産業についてこう話している。「愉快なビジネスだ。なぜなら、比較的簡単だからだ。ブランドロイヤリティーが極めて高く、5分ごとに新製品を出さなくてもいい」(注20)

フィリップモリスで何か変更が行われるとき、その判断は非常に速い。ほとんど本能的といえるほどだ。クラフトのある重役は、月例の製品検討委員会で畏怖の念を抱いた経験を話してくれた。(注21) あるとき、オーストラリアのマールボロ担当マネジャーがニューヨークまで出てきて、パッケージデザイン変更の許可を求めた。あの伝統的なパッケージである。彼は「これが古いほうです」と言って机の上に滑らせた。「そして、こちらが新しいほうです」。委員会は、それで行け、と言った。

しかし、新しくできた食品部門は、彼らの采配に多少の足かせをはめることになった。フィリップモリスが二つの食品大手を買収したのは、タバコがもたらす巨額のキャッシュを元手にさらに利益を上げるためだった。狙いは、タバコより社会的圧力が少なくかつ強力なブランドで商品ポートフォリオを広げることである。そして選ばれたのが、「ジェロー」や「ポスト・シリアル」を擁するゼネラルフーヅと、チーズの「ベルビータ」やマヨネーズ風ドレッシング「ミラクル・ホイップ」を展開するクラフトだった。だが出費も大きかった。[注22] フィリップモリスは、1985年11月、約57億ドルを捻出してゼネラルフーヅを買収。3年後のクラフト取得には129億ドルかかったと言われている。特にクラフトの買収は、ウォール街から払いすぎとの批判が出た。これに過剰反応したわけではないが、フィリップモリスの経営陣は、投資は必ず回収すると固く決意していた。

こうしてジェフリー・バイブルがシカゴに送り込まれたのだった。彼は、クラフト本社から1キロメートルほど離れた会社所有のマンションに1年余り単身赴任して、食品業界の取引をひたすら勉強した。彼は私に言った。「ハミッシュ・マクスウェルはすばらしい人だ。私は、歴代最高のCEOだったと思う。食品会社の買収も彼がすべて計画した。彼のモットーは『やるんだったら大きくやれ、ぶらぶらするな』だ。われわれは、買収した2社にちょこちょこ手出ししていたが、うまくいっていなかった。それで彼が私に、1年半ほど出向いて食品ビジネスを勉強してきてくれないか、と言った。バックアップというか、ちょっとした安全弁のつもりだったのだと思う[注23]」

私はバイブルにクラフトの第一印象を尋ねた。クラフトの経営陣は、フォーマルな雰囲気である一方、会社への忠誠心はそれほど高くない。フィリップモリスの重役があまり転職しないのに対して、クラフトには消費財やファストフードの業界を渡り歩いてキャリアを積むタイプが多い。「社風のことはほとんど心配しなかった」とバイブル。「社風は社風だ。変えられない。私は企業買収をたくさん経験してきたからね。変わるとは思わない。彼らはわれわれとは違うし、こう、彼らの様子が何というか……、憤慨というのは適切な表現ではないが、こちらはタバコ企業で、タバコはよく思われていなかった。少し前にゼネラルフーヅを買収していたのも、良かった部分もあるが、衝突もあった。両社の社員はあまりそりが合わなかった。スタイルが違うんだ。だがどちらもすばらしいブランドを持っていた。それがハミッシュを引き付けたのだと思う(注24)」

バイブルの任務の一つが、両社の相乗効果をはぐくんで合併を円滑に進めることだった。研究所では、アル・クローシのような化学者がブランドの魅力を保とうと苦心を重ねている。販売部隊は、製品を一番目立つところに置いてもらえるよう全米を奔走している。広告代理店レオ・バーネットの重役たちは、商品を買い物かごに入れてもらえるようキャンペーンの企画を練っている（レオ・バーネットは、クラフトのチーズ「ベルビータ」などの食品を手掛けただけでなく、1955年にマールボロマンを生んだ会社でもある）。そうしたあらゆる部門で2社の強みを結びつけようというのだった。フィリップモリスは、この「シナジー」のコンセプトを推し進めるため、1990年12月、シカゴ近郊の一等地であるノースショア地区のマリオット・ホテルに各地のスタッフを集め、「フィリップモリス製品開発シンポジウム」という2日間の会議を開いた。

会議ではバイブルも早々に登壇して、戦争体験談のようでもあり激励演説のようでもあるスピーチで社員たちを刺激した。加工食品の世界で優位に立ち続けようとするならば、すべてのマネジャーがすべきことがある。バイブルはそう話した。それは、消費者の心を深く理解することだ。「クラフト・ゼネラルフーヅが挑む世界において、単純かつすばらしい事実は、誰もがものを食べるということです。私が今の新しい職務で特に嬉しく思っているのもこの点です。可能性は無限大であると同時に、尻込みするほど果てしない。人類誕生以来続いているこの食という行動には、まだまだ満たされていないニーズがあります。それを発見するのはすばらしいチャレンジです。現代生活というがれきの山の中で、さまざまなニーズが発掘を待っています。現代のニーズは、味や価値や栄養と同じくらい、時間や便利さにも関わるものでしょう。いつ、どこで、なぜ、どのようにものを食べるのかという機微にも関わるでしょう。ここが第一のポイントです。われわれは、需要を作り出すのではありません。発掘するのです。試掘して、見つかるまで掘るのです」

さらにインスピレーションを刺激するため、マールボロの内輪話も披露された。フィリップモリスが、誰も買わない負け組商品をどのようにして世界最大のブランドに変え、ブランドや製品ラインをどのように拡張してきたかという話である。同社は業界で最もスマートなメーカーになったのではない、とタバコ研究開発部門の幹部ジョン・ティンダルが説明した。(注25)同社は、影響されやすい消費者の動向を、最も速く、最もアグレッシブに追求してきた。1954年に9%だった同社の市場シェアが1989年の42%まで増えたのは、流行を先導したからではなく、ヒット商品を出したライバル企業に素早く追従したからだった。喫煙におしゃれな要素を持ち込んだスリムタイプのタバコもその一つだ。同社は、消費者マインドを常に最優先に据えることで、危機の予兆も黄金に変えてきた。1964年にイギリス王立医師会が喫煙と健康に関する初の報告書を発表したとき、他の企業はパニックに陥ったかもしれないが、フィリップモリスは見事な反応で事態を制した。フィルター付きタバコを「より健康的な」選択肢として売り出したのである。これによってまったく新しい市場も大きく開けた。女性市場だ。ティンダルは話した。「喫煙と健康が話題になったおかげで、突然、タバコのフィルターは『あってもいいもの』ではなく『必要なもの』になりました。フィルター付きタバコは、健康上のメリットがあるというイメージで喫煙者に受け取られ、急増していた女性喫煙者にも歓迎されました。タバコの葉が口の中に入ってこないし、鞄の中にこぼれる葉も半分になったからです(注26)」

フィリップモリスが市場の変化に即応した好例の一つもまさにこの頃の出来事だった、とティンダルは言った。ニコチンの依存性が広く知られるようになり、同社は低ニコチンタバコの開発に乗り出したのである。そしてそれには食品科学が役立った。フィリップモリスは、ゼネラルフーヅが持っていたコーヒーのカフェイン除去技術を借りて、タバコからニコチンを取り除いた。「もちろん、低ニコチンタバコはタバコ産業を滅ぼすのではないかという懸念もありました」と壇上のティンダル。「しかし長年の経営哲学が懸念を上回りました。成功の可能性があるならどんなカテゴリーでも勝負する、という哲学です(注27)*11」

*11 「デニック」と名付けられたこの低ニコチンタバコは短命に終わった。1992年の発売から1年足らずで、フィリップモリスは販売不調を理由にこの製品を市場から引き揚げた。

この日の聴衆は、ゼネラルフーヅの研究開発幹部86人、同じくクラフトの125人だった。シリアルから冷凍デザートまで多数の主要ブランドを代表するスタッフだ。その中でも、消費者マインドを理解しトレンドを追うという主題から最も多くを得たのが、オスカー・メイヤーの担当者たちだったろう。彼らは、ランチャブルズを新たな高みに引き上げる準備を整えていた。

製造コストが収入を上回っていたしばらくの間は、フィリップモリスがランチャブルズの賭けに失敗したかのように見えた。CEOのハミッシュ・マクスウェルが開発費の上積みを承認し、取引銀行が撤退する心配は当面なくなったが、直後に売り上げが低迷して、開発チームは製造コスト削減に奔走した。チーム責任者のボブ・ドレーンも、最後までこだわった黄色のナプキンをあきらめた。「あれをなんとか残そうと狂ったように戦ったよ。せいぜい1・5セント程度のものだ。だが、品質を落とさずにどうコストを削るか、あらゆる要素を細かく検討して、そうなった」(注28)。オスカー・メイヤーもトレーの生産ラインをハイテク化するコツを徐々に摑み、従業員が高速の自動装置に置き換えられて、コストがさらに下がった。1991年は600万ドルの損失が見込まれていたが、収支トントンにこぎ着けた。翌年は800万ドルの利益が出た。

この難局を乗り切った開発チームは、また販売拡大という目標に集中できるようになった。彼らは加工食品の基本ルールの一つに立ち返った。「迷ったときは糖を足せ」というルールだ。1991年初頭、オスカー・メイヤー幹部はフィリップモリス経営陣に「デザート付きランチャブルズは合理的な製品拡張です」と報告した。(注29) それには120万ドルかけて生産ラインをまた組み直す必要がある。しかし同幹部は、「ターゲット」は通常のランチャブルズと同じく、25~49歳の「忙しい母親」と「働く女性」であり、クッキーやプディングの追加にはいくつか利点がある、と話した。まず、「よりおいしく」なることで、現製品に飽きた消費者を引き付けられる。そして、デザートの追加によって単価を30セント引き上げられる。それに、ランチャブルズの成功を見て他社から同じようなランチ商品が出はじめているが、オスカー・メイヤーはデザート付きの商品を出すことで一歩先んじることができる。

1年後、子ども人気の高まりを受けて、デザート付きランチャブルズは「ファン・パック」に生まれ変わった。キャンディーバーの「スニッカーズ」、チョコレートの「M&Ms」、あるいはピーナッツバターとチョコレートのカップ菓子が入るようになり、糖分の多いドリンクも追加された。開発チームが最初に使ったドリンクは「クールエイド」と独自ブランドのコーラで、後に、フィリップモリスが取得したブランド「カプリサン」も加わった。

ランチャブルズは、発売から6年後の1995年には、オスカー・メイヤーからフィリップモリスに上がってくる財務報告の中で数少ない吉報の一つとなっていた。その秋、製品検討委員会に出席したオスカー・メイヤーの社長ボブ・エッカートは、赤身肉の惨敗を伝えた。ボローニャもベーコンも売り上げ減少、ホットドッグですら4%のダウンだった。「加工肉の製品群は、脂肪分、白血病、硝酸塩といったマイナスイメージの影響を必要以上に被っています」とエッカートは嘆いた。(注30)オスカー・メイヤーは対策として、無脂肪のホットドッグ、ボローニャ、スライスハムの製造を開始しており、これらは売り上げが1億ドルに届くと予想された。

しかしランチャブルズは、通常の赤身肉を使いながらもオスカー・メイヤーのスーパースター商品となっていた。かつて赤字商品、エッカートいわく「流血商品」だったランチャブルズが、同社の利益を根幹で支える「成長のエンジン」となったのだった。「わが社はスーパーマーケットの冷蔵棚の最前線をリードしています」とエッカート。同年、ランチャブルズは総量4万5000トンが販売され、売り上げ5億ドル、利益3600万ドルと、大きな数字が続いた。あまりの成長ぶりに、オスカー・メイヤーは増産設備の場所の確保に苦労するほどだった。「生産能力の拡大が必須です」とエッカートはフィリップモリス経営陣に言った。

ランチャブルズの販売拡大に利用されたのは糖分だけではない。やがて、塩分・糖分・脂肪分のすべてが大幅に増量されていった。連邦政府の栄養指針をあざ笑うかのようなシリーズ「マックスト・アウト」も登場した。これらの商品には、子どもの1日上限に迫る9グラムもの飽和脂肪酸と、上限の3分の2のナトリウム、小さじ13杯分の糖分が含まれていた。

私は、子ども向けランチ商品の塩分・糖分・脂肪分を増量したこの動きについて、後にフィリップモリスのCEOとなったジェフリー・バイブルに聞いてみた。彼は栄養面の懸念があったことを否定しなかった。ランチャブルズには発売直後から批判があったという。『ランチャブルズを分解すると、最も健康的なアイテムはナプキンだ』というような記事もあった」

「確かにかなり脂肪分がありましたね」と私は水を向けてみた。

「そうだ」とバイブル。「そのうえクッキーだ[注31]」

しかし、フィリップモリスの食品部門が販売していた製品全体の栄養という話になると、同社は難しい立場にいたとバイブルは言った。少なくとも肥満問題が現在ほど深刻化していなかった1990年代は、同社食品部門のマネジャーたちは需要と供給を中心にものを考えていたという。彼は私に言った。「人々は品物を見て、『糖分が多すぎる』とか『塩分が多すぎる』と言うだろう。だがそれが消費者の求めるものなのだ。われわれが彼らの頭に銃を突きつけて食べさせているわけではない。糖分や塩分を減らせば、売れ行きが落ちる。そして競合企業がわれわれの市場を奪う。罠にはまったような状態なんだ(注32)」

バイブルによれば、製品の栄養面は主にブランドマネジャーに任されていたという。彼らは新製品を導入しようとするたびに苦境に立たされた。しかし移り気な消費者マインドを考えると、塩分・糖分・脂肪分を減らせば失敗するリスクはさらに大きくなる。バイブルは、このことを特に鮮明に覚えている一件があると言った。それは、クラフトの技術担当副社長で2001年に死去したロバート・マクビカーと、同社の元CEOマイケル・マイルズとのやりとりだった。「ボブ(ロバート・マクビカー)は低脂肪のピーナッツバターをどうしても作りたがった」とバイブル。「ピーナッツバターは、われわれにとっては大きな商品ではなかったが、米国全体の消費量は多い。だから作れるならペイするかもしれない。が、かなり経費がかかる見通しだった。そこでマイク(マイケル・マイルズ)は条件を付けた。真っ当な条件だったと私は思う。彼はボブにこう言ったんだ。『研究開発費を回収できるブランドマネジャーが見つかれば、やってみたまえ』と。もし私がブランドマネジャーで、誰かに『ジェフ、たぶん500万ドルかかる。試験販売もしたいなら追加で1

000万ドル、そのあとさらに大規模な試験販売となれば、全部で3000万か4000万ドルだ』と言われたら、私なら『やめます』と言うよ。ボーナスが吹っ飛んでしまう。だから、できないんだ。誰かが『オーケー、引き受けよう。うまくいかなかったら自分はクビかもしれない。売れる商品を出すために給料をもらってるんだから』とでも言わない限りね。栄養を考える動きはあったが、その多くは資金を確保できず、棚上げに終わった。損益は常について回るからだ。私は、皆がベストを尽くしていたと思う。だがやはり、われわれは消費者が求めるものを作る傾向がある」(注33)

ランチャブルズでは、健康的な材料を使う試みもなされた。開発当初、ドレーンは新鮮なニンジンやリンゴを試してみたという。が、すぐにあきらめざるを得なかった。(注34)この手の加工食品は出荷から数週間~数カ月の輸送と保管を経て店頭に並ぶことも多い。ニンジンもリンゴも数日で萎びるか茶色に変色してしまい、うまくいかなかった。また、脂肪分が少ない肉とチーズとクラッカーを使った低脂肪シリーズも後に出たが、低ニコチンタバコと同じで、味が劣っていて売り上げが伸びず、すぐに打ち切られた。

私は2011年にクラフトの幹部に会い、同社の製品や栄養ポリシーについて話を聞いた。彼らは、消費者にわかりにくいよう少しずつ変更を重ねることでランチャブルズの栄養改善に取り組んでいると言った。シリーズ全体で塩分・糖分・脂肪分をすでに約10%減らしており、みかんとパイナップルを入れた新バージョンも開発中だという。これらは「新鮮な果物」が入った健康的なバージョンとして売り出される予定である。しかし、製品の原材料表示にはスクロース、コーンシロップ、異性化糖、フルクトース、濃縮果汁も含めて70以上の項目が並び、一部から強い批判も起きている。「スナック・ガール」というウェブサイトを運営する生物学者で2児の母でもあるリサ・ケインは、2011年11月の記事で次のように書いた。「スナック・ガールは地元のスーパーを頻繁に訪れて最新情報をチェックしています。今日はシャンプー売り場ですごいものを見つけました。なんと『ピーナッツバター＆ゼリー・サンドイッチ・ランチャブルズ』！　シェービングクリームや歯磨き粉、ヘアケア製品のすぐ隣に、オスカー・メイヤーの子ども向けインスタント食品。たとえばハリケーン接近中だったら、私は『備蓄用に買い込んでおきましょう。信じられないほど長持ちするから！』と言うでしょう」

ケインはさらに、この新しいランチャブルズを「買わない理由」を五つ挙げる。（1）37グラムの糖分は、350ミリリットル缶のコカ・コーラ1本分に近い。（2）3ドルという値段は、彼女が自分で作るピーナッツバター＆ゼリー・サンドと新鮮な果物よりずっと高い。（3）容器が再利用できない。（4）パンが全粒粉100％でない。（5）原材料に含まれる「人工着色料、香料、それに『カルナウバ・ワックス』なるもの。私は床や車にはワックスを使うけれど、子どもの食べ物には使いません」

もちろんクラフトは、ランチャブルズの発売当初からこうした批判を巧みにかわしてきた。同社の反論の一つは、子どもたちはランチャブルズを毎日食べるわけではない、というものだ。だから、塩分・糖分・脂肪分が特に多い製品でも、子どもが食べるものの一部にすぎず、親たちが健康的な食品を補えばいい、という主張である。同社はまた、紙袋に入れて持たせる従来のランチなら必ず健康的というわけではなく、親がブラウニーやクッキーやソフトドリンクを入れることもある、と指摘した。子どもはあてにならないという指摘もあった。親が新鮮なニンジンやリンゴや水を持たせても、学校で子どもがそれを食べるとは限らない、健康的な食べ物を捨ててしまってお菓子に飛びついている子どもも多い、というのだった。

クラフトは、「何を食べるかは子どもが決めている」というこの主張をランチャブルズの最初期から使っている。1994年、ある小児循環器科医がランチャブルズを「栄養災害」と呼ぶと、クラフトの広報担当ジーン・カウデンは次のように反撃した。「子どもたちを太らせるための商品ではありません。子どもたちが望んでいる商品です。おにぎりと豆腐のランチを食べたいなんて子どもはほとんどいません」[注35]

この考えはやがて、ランチャブルズの販促キャンペーンの中心テーマとなってゆく。そしてこれこそ、ランチャブルズが収めた最大の成功でもあった。思春期の心理を探った開発チームは、ランチャブルズが子どもたちを喜ばせた本当の理由を知る。それは食べ物ではなく、楽しさ、かっこよさ、そして何より、この商品が彼らに与えた「力」の感覚だった。

「明日マイケル・ジョーダンと一緒にお昼を食べるとしたら、何を食べたい?」

これは開発チーム責任者のボブ・ドレーンが1990年代半ばに子どもたちにした質問だ。彼らは売り上げを伸ばしつづけるためのヒントを探しはじめていた。「答えは何だったと思う?」と彼は私に言った。「ピザだ」

納得できる話だった。当時、ピザは大ブームだった。全米に6万店の店舗があり、ピザだけでも毎年260億ドル相当が売れていた。ピザは米国で最も熱いコンビニエンスフードとなり、その熱はファストフード市場全体にも波及した。ピザハット、ドミノ・ピザ、ジャック・イン・ザ・ボックスといった大手チェーンの総売上高は、1970年には60億ドルだったが、1995年には930億ドル近くに達し、全米のレストランの総売り上げの3分の1近くを占めた。

だが、ピザ人気がわかったところで、どうすればいいのか。ランチャブルズの開発チームは思案した。飲食店で販売されるピザやバーガーは子どもに大人気だが、ランチャブルズには決してまねできない点が一つあった。温かい状態で販売されるということだ。ランチャブルズは食料品店の冷蔵棚で売られ、家庭の冷蔵庫から子どもたちの手に渡る。ランチャブルズにピザを使うなど、できっこない。

が、その考えは間違いだった。

ドレーンは言った。「そこでもう一度『モンテッソーリ・スクール』をやった。『どんなピザならランチャブルズの世界に持ち込めるか？』と考えたんだ。冷たいまま食べるという特徴はそのままにして試作を始めた。温めることも可能だが、学校に持っていくランチとしては現実的でない。そこで、焼いた小さな生地や、小さなソースや、トッピングを用意して、トレーに入れ、母親たちに見せた」。結果は予想どおりだった。ドレーンは続けた。「母親たちは『これはだめ。とてもひどいアイデアね』と言った。大失敗作だとか、冷たいピザなんて誰が食べるの、とか、散々だった。いろいろな試食をしたが、冷たいピザという発想は過去最低のスコアだったと思う」(注36)

それでもドレーンはあきらめなかった。可能性があまりにも大きかったからだ。米国人は、ピザ店の260億ドル相当のピザだけでなく、自宅で温める冷凍ピザにも年間17億ドルを費やしていた。ドレーンはここに希望を持った。冷凍ピザの生地は、温めても生焼けになってしまうことが多く、厚紙を食べているような味がする。それよりはうまくやれるはずだ。ドレーンたちが粘っていると、3カ月ほどで吉報が入ってきた。母親たちは、冷たいピザを子どもに食べさせるという発想にそっぽを向くかもしれないが、子どもはどうやら違うらしい。チームは大急ぎで試作品を作った。ドレーンは言った。「子どもたちに見せたら、こう言ったよ。『わあ、すごい！　食べたい！』」

母親と子どものこの違いは、食べることへのアプローチの違いによるものだ。大人は食べ物の味を重視する。しかし子どもは、少なくとも最初は、見た目で食べ物を判断する。つまり、大人が口で食べるのに対し、子どもは目で食べる傾向があるのだ。冷たいピザのランチャブルズは、子どもにとって楽しさ以外の何物でもなかった。開発チームは、この楽しさをさらに演出することにした。完成したピザのスライスを入れる代わりに、未完成の組み立て商品にしたのである。トレーの一つの区画に生地を入れ、別の区画にチーズ、サラミ、ソースを入れた。これで子どもは、うらやましそうに眺める級友たちの前で、自分でピザを完成させることになる。

しかし、ターゲットは子どもだけではなかった。ランチャブルズに大成功をもたらしたもう一つの要素は、母親たちの心理に巧みに訴える戦術にあった。発売当初の製品は、プレゼントをイメージさせる明るい黄色の厚紙でカバーがかけられていた。ターゲットは、子どもを置いて勤めに出ることに引け目を感じていた母親たちだ。きりきり舞いの朝でも、子どもに手渡す「ちょっと特別なもの」がある。「箱のようにしたのは、子どもへの贈り物として、スペシャル感をアップさせるためだった」とドレーンは言う。(注37) それがランチャブルズの狙いだった。この厚紙カバーは、発売から数年後、過剰包装だという批判を受けて廃止された。「どうなることかと息を詰めて見守る事態が何度かあったが、これもその一つだった」とドレーン。しかし、すでにプレゼントのイメージが十分確立されていて、カバーなしでも行けそうだった。「人々は右脳、つまり情動で買い物をする傾向がある。ランチャブルズは、母親にとっては子どもへのプレゼントであり、子どもにとってはクラスメートに自慢する勲章であることが、われわれにもだんだんわかってきた」

とはいえ、最終的にランチャブルズの命運を握るのは子どもたちである。そこでクラフトは、「力を手に入れる」というこのコンセプトを販促に最大限に利用した。1999年、クラフトのCEOボブ・エッカートはこう話した。「ランチャブルズの本質は、昼食ということにはない。子どもが、いつでもどこでも、自分の食べたいものを自分で乗せられる、ということにある」(注38)。ドレーンも付け加えた。「子どもは、物を組み立てることも、食べ物で遊ぶことも好きだ」(注39)

ターゲットが子どもに移ったことで、クラフトの広告戦略も変化した。同社は、最初のキャンペーンでは、朝のてんてこ舞いを解消する商品として母親たちにランチャブルズを売り込んでいた。しかし今度は、土曜朝のアニメ番組にCMが流れるようになった。

CMはこううたった。「1日中、大人の言うことを聞かなきゃならないよね。でも、ランチタイムだけは君のものだ」

この強力なマーケティング戦略とピザ・ランチャブルズの大成功によって、クラフトの前に突如、ファストフードの世界が広がった。「タコベル」などの大手チェーンがタコスやナチョスといったチーズたっぷりのメキシコ風ファストフードで人気を博しているのを受けて、ランチャブルズも「ビーフ・タコラップ」というメキシコ風バージョンを出した（ピザと同じく、子どもが自分で完成させられるように、材料は別々に入れられた）。もちろん揺るぎない人気を誇るファストフードはハンバーガーで、特にマクドナルドは「ハッピーミール」（訳注＊日本では「ハッピーセット」）で子どもも市場を支配していた。そこでランチャブルズも「ミニ・バーガーズ」という商品を出した。肉のパテ2枚、クラフトのプロセスチーズ、上下のパン、ケチャップまたはマスタード、ソフトドリンク、キャンディーバーが入ったトレーである。程なくして「ミニ・ホットドッグ」も発売された。これは、オスカー・メイヤーのウィンナーを売るというシナジー効果までもたらした。その後、ランチ以外の時間帯を狙ったシリーズも発売され、たとえば1999年には朝食向けにパンケーキやワッフルのランチャブルズが登場した。パンケーキ商品には、シロップ、クリーム、キャンディー、飲料の「タング」も含まれていて、糖分は合計76グラムにも達した。

これらのすべてが、冷たいまま食べることを意図した商品だった。子どもたちは、ピザの時と同様、冷たいパンケーキもまるで意に介さなかった。売り上げは伸び続けて、年間5億ドルを超え、8億ドルを上回り、ついに10億ドルに迫った。食品業界の言葉で言えば、ランチャブルズはもはやヒット商品ではなく、一つのカテゴリーとなった。赤身肉で苦戦していたオスカー・メイヤーが生き残れたのも、ランチャブルズのおかげだった。

他のブランドも同様商品を出すようになり、最終的に60種類以上が市場に出回るようになった。

そのほとんどが子ども向けだった。クラフトは、２００７年、3~5歳を対象にした「ランチャブルズ・ジュニア」まで登場させた。

言わずもがなだが、こうした冷蔵加工食品の多くは、栄養が偏っていた。便利さにはそれなりの代償が伴う。こうした食品に大量の塩分・糖分・脂肪分が使われるのは、魅力を高めるためばかりではない。製造から数週間後、数カ月後でも安全に食べられるために必要だからだ。２００９年、食料品店で販売されるファストフードの急増を調査したある消費者団体は、便利さの代償がもはや子どもの肥満率増加だけでは測れなくなっていることを発見した。糖尿病を発症する子どもが増えていたのである。ショッキングな調査結果が相次いだ。肥満が主な原因とされる2型糖尿病の患者または患者予備軍は、１９９０年代の米国では思春期年齢層の10人に１人だったのが、４人に１人近くまで増えていた。２００８年、70人の子ども（その多くは肥満児）に超音波検査を行った医師たちは、10歳の子どもでも45歳並みに動脈が硬化し血管壁も厚くなっていることを報告した。ほかにも、心臓病のリスクを大幅に増大させるさまざまな異常が見つかった。

ランチャブルズのようなパッケージ食品を調査した「キャンサー・プロジェクト」というグループは、食料品店で販売される60種近い商品の成分表を調べ、そのほとんどすべてが悪夢のような量の塩分・糖分・脂肪分を含むことを見いだした。(注40) たとえば、同グループが発表した「ワースト５」の一つ、アーマー社が販売するボローニャソーセージとクラッカーのセットは、飽和脂肪酸が９グラム、糖分が39グラム、ナトリウムが８３０ミリグラムだった。ランチャブルズは3種類がワースト5に挙げられ、中でも「マックスト・アウト」のハム&チーズが1位となった。これは、脂肪分はアーマー社のボローニャ製品と同等だったが、糖分が57グラム（小さじ13杯弱）で、ナトリウムに至っては子どもの1日上限の3分の2に相当する1600ミリグラムもあった。こうした強い批判を受けて、クラフトは「マックスト・アウト」シリーズを打ち切りにし、他のランチャブルズ製品でも塩分・糖分・脂肪分の低減に取り組んでいる。(注41)

ランチャブルズの開発チーム責任者だったボブ・ドレーンは、こうしたシリーズの多くが開発される前に他のプロジェクトに移っていた。しかし彼は、フィリップモリスに掛け合って増産資金を確保した初期の頃を振り返って、ランチャブルズの成功ももっともだと言った。「あれからすべてがうまく回りはじめた。販売量が増える。売上高が伸びる。コストが下がる。利幅が増える。帳簿が赤字から黒字に変わる。プラットフォーム、つまり土台ができあがって、それがさらに『成長のエンジン』になる。そこまでいけば、あとは長く売れつづける(注42)」

ランチャブルズの台頭と、それによってランチ風景が一変していく様子は、膨大な記録や文書に残されていた。その中には、子どもや母親たちに巧みにアピールするための詳しい戦略文書や、フィリップモリスの重役たちによる称賛の言葉の数々もあった。が、ひょっとするとそれ以上に私の注意を引いたものがあった。それは、ボブ・ドレーンの娘、モニカ・ドレーンの写真である。彼が食品開発者向けにランチャブルズのプレゼンを行ったときに、スライドに差し込んだものだ。写真は1989年、モニカの結婚式の日に撮られた。ウエディングドレス姿の美しい花嫁が、ウィスコンシン州マディソンの自宅の外に立っている。その手に、真新しい黄色のトレー。

私は、ランチャブルズの調査をしていた何カ月かの間、幾度もその写真を取り出して眺めた。何かがひっかかっていた。ほんとうに彼女はそれほど熱心なファンだったのだろうか？ 逡巡した末に、私は本人に聞いてみることにした。「いくつか冷蔵庫に入っていたはずです」と彼女は言った。「たぶん私は、教会に行く前に一つ取り出してきたのだと思います。母が、4人目の子どものようだとよく冗談を言っていました。父は時間もエネルギーもずいぶん注ぎましたから」

しかしランチャブルズについて話しはじめると、モニカは「そういえば」と、まったく趣の異なる出来事を思い出した。それは、写真の日から数年後のことだった。彼女はマサチューセッツ州ボストンに移り、下院議員バーニー・フランクの事務所で働いていた。その日の昼食もスタッフやボランティアと一緒だった。「私はランチャブルズを持っていきました。このかっこいい商品を作ったのは私の父だ、という少し誇らしい気持ちで。そうしたら、ボランティアの女性がびっくりして言いました。『わかってる？ そのプラスチックは全部埋め立て地に行くのよ。それに、そのハムに硝酸塩がどれだけ入っているか』」

「私はミネソタ州の大学を出て、健康的な食事に多少の関心は持ちはじめていたと思いますが、その程度でした。私はリリパット（訳注＊『ガリバー旅行記』に登場する小人）のように縮こまりながら、思いました。『そうよ、彼女の言うとおり。見てごらんなさいよ、この黄色のプラスチック。この原材料』。当時の私は成分表示があることすら知りませんでしたが、『ああ、これは確かにひどい』と思うだけの意識は持ち合わせていました」

私が会ったとき、モニカには10歳、14歳、17歳の3人の子どもがいた。「うちの子どもはランチャブルズを一度も食べたことがないと思います。彼らはそういう商品があることを知っているし、ボブおじいちゃんが発明したことも知っています。でも私たちは、とても健康的な食事をしています」

ボストンでの出来事の後、モニカはしばらく父親を非難したという。「ランチャブルズがどれほど体に悪いと思ってるの、と言いました。でもこの歳になって、自分がいかに思慮を欠いていたか、わかります。父にとっては、地元の雇用を生みだすための努力だった。父は人々を雇う方法を見つけようと真剣に取り組んでいました。それが父の主な原動力でした。それに、父は文化的な視点からも考えていました。ランチャブルズのような商品にはニーズがあると。私は恵まれた環境にいますが、そうでない人もいます。そうしてできあがった商品は、最高に望ましいものではなかったかもしれません。でも動機は正しかった」

ボブ・ドレーンは子ども全員と衝突したわけではない。モニカが言うには、ボブの2人の息子のうち1人はランチャブルズの大ファンになり、学校に通う自分の子どもにも持たせている。しかしボブ・ドレーンによれば、彼のような製品開発者にとって、家庭生活の中に開発のヒントを見いだせないことはめずらしくないという。加工食品の世界には社会階級の問題が存在している。企業の開発者や経営陣は、概して、自らが生み出した商品を口にしない。ターゲット消費者を集めた試食会やモニター調査が盛んに行われるのもこのためだ。

ドレーンは言った。「こうした仕事に就く人の多くは、消費者との共通点が非常に少ない。トップレベルの教育を受け、収入もはるかに多くて、ライフスタイルがまるで違う。その彼らが巨大市場向けの商品を開発するわけだから、たいていは右も左もわからない。だから消費者の声に耳を傾けなければならないし、それが成功の鍵の一つだ。上級副社長の声など聞いてはならない。売りたい相手に、何が欲しいか話してもらうんだ（注43）」

その通りにして、人々が望むものを提供し、何百人もの雇用を守り、朝の慌ただしさを和らげたボブ・ドレーンは、「いま振り返って、あのトレーを生み出したことを誇りに思うか」という私の問いに、ほんの一瞬だけ思案した。「もちろん、たいていのことにはプラスとマイナスがある。それに、どんなことであれ、正当化するのは簡単だ。あの商品は、栄養面をもう少しよくできればよかったなと思う。が、プロジェクト全体としては、人々の生活によく貢献したと自負している。トータルで見て、コンビニエンスフードの世界で多くのことを成し遂げて、人々の役に立った。私は、プラス面がマイナス面を上回ったと思う。あの商品は、調理済みパッケージランチのモデル商品となった。私がイノベーションですばらしいと思うことの一つは、後に続く世代にとって、立ち返り改善を加えていくモデルになるということだ。私は今でも確信しているが、モデル商品は長く生き残って、さまざまな形で子どもたちや母親たち、社会の役に立つ。そして時とともに、人々が必要な方向に修正を加えていく」

ドレーンは今でも、どんな食べ物が好きかという話を子どもたちとしているが、その方向性は変化した。彼は地元マディソンを拠点とする非営利団体のボランティアをしている。団体の主な活動は、経済的に恵まれない家庭の親子間コミュニケーションの援助で、子どもたちは学業不振などさまざまな問題を抱えており、肥満もその一つである。ドレーンはまた、ウィスコンシン大学の学生と肥満問題を話し合うため、食品産業に関する資料もまとめた。(注44)自分が生んだランチャブルズを名指しこそしなかったが、「糖分/脂肪分/塩分/などが多い調理済み食品、加工食品、保存食品の急増」「摂取カロリーが増え、消費カロリーが減り、肥満が増加」と書いて、業界全体が問題の責任を負っていると指摘した。

彼は原稿にこうも綴っている。「ウィスコンシン大学のMBA課程では、マーケティングで成功する方法をこんなふうに教えている。消費者が買いたがるものを見つけだして、それを全力で提供しろ。どんどん売って、自分の職を守れ！ これらの『法則』をマーケターは、食品にはどう応用するか。われわれの大脳辺縁系は、糖分、脂肪分、塩分（自然界では貴重なエネルギー源だ）に目がない。なら、これらが入った製品を作ればいい。利幅を稼ぐために低コストの原料も使おう。次に、『スーパーサイズ化』して販売量（ユーザー数×ユーザー1人当たり販売量）をさらに増やす。そして『ヘビーユーザー』に照準を合わせて、広告とプロモーションを展開する。——山のような後ろめたさがあるはずだ！」(注45)

ドレーンは、この全米規模の問題を一挙に解決できる魔法の薬はない、とも書き、代わりに多数の部分的解決策を挙げた。そして、かつて娘が彼にしたのと同じくらい強い調子で加工食品メーカーを批判した。業界が認識すべきこととして、彼は次のように書いている。「『企業料理』がわれわれの食生活に大きな役割を果たすようになった今や、『売れればいい』いう物差しだけではもはや立ち行かない」。業界は肥満の原因となる原材料の低減や除去に取り組み、「糖分、脂肪分、塩分などが少ない製品をもっと開発」しなくてはならない。また業界は、「どうすれば『企業調理食品』の栄養価が従来の手料理に近くなるかを探る」ための研究にも資金を提供する必要がある。「原材料から、加工／保存システム、迅速な流通システムまで、全面的なブレークスルーが必要だ」

業界の責任を明言して肥満問題の対策を並べたドレーンのリストには、一つ抜け落ちているものがあった。加工食品業界の熱意を後押しするという連邦政府の役割だ。しかし、これには理由があった。食品メーカー各社が熟知しているように、政府は栄養に関して、規制よりも一部の業界慣習を推進することに大きな役割を果たしてきたからである。それらは、消費者の健康を大きく脅かすような慣習でもあった。私も、本書のための調査をマディソンから首都ワシントンに移して、そのことを知った。

第10章 政府が伝えるメッセージ

農務省の本部は、国立公園ナショナル・モールの中、白くそびえるワシントン記念塔から東に少し歩いたところにある。内閣級省庁の中でもこんな立地にあるのは農務省だけだ。すぐ隣のスミソニアン博物館からついでに訪れる観光客も少なくなく、庁舎内にはささやかな案内所も設けられている。11万7000人の職員を擁する同省は、市民に最も近い省庁として国に貢献していると胸を張る。農務省は、米国がまだ農業中心だった1862年に、リンカーン大統領が設立した。(注1)リンカーンはこの省を「人民の省」と呼んだ。

正確には、農務省本部は二つの巨大な建物からなる。(注2)高官が入るメインの建物は、1904年からいくつかの工期を経て建造された。大通りに沿って東西約300メートルにわたる二つの棟は大理石造りで、ボザール様式に典型的な大きく白いコリント式円柱が並ぶ。通りを挟んで南館がある。業務の増大に伴って建造されたものだ。1936年に完成したこの7階建ての建物は、部屋数4500、廊下の総延長11キロメートル余りで、数年後に国防総省の本部庁舎ペンタゴンが完成するまで、世界最大のオフィスビルだった。

一般市民が大歓迎されるわけではない省内部では、建物に負けず劣らず巨大な任務が遂行されている。米国民の食べ物を監督することだ。生命と生活を支える最も基本的な物資が農場から食卓まで無事に届くようにすることが、農務省の最大の使命である。だがこの点に関して同省は、常に利害の衝突に巻き込まれ、リンカーンが思い描いた「人民の省」という根幹を揺さぶられてきた。一方には、同省が保護する義務を負う、3億1000万強の米国民と彼らの健康。もう一方には、1兆ドル産業をなす300強の食品メーカー。こちらも同省は、懐柔し養育する責務を感じている。そして、企業の利益と市民の利益が最も大きく食い違うのが、加工食品の3本柱の一つ、脂肪分である。

ポテトチップからクラッカー、アイスクリーム、クッキーまで、スナック菓子に口当たりという重要な特性を与えているのが脂肪分で、この900億ドル(注3)のスナックフード産業に欠かせない潤滑油であることは間違いない。だが、あまり知られていないが、われわれの脂肪摂取源として最も多いのは、チップス類でもデザート類でもない。医師たちが心配する飽和脂肪酸を最も大量にわれわれの体に持ち込んでいるのは、チーズと赤身肉である。そして、食品業界が社会政策への影響力をフルに発揮したのも、これら二つの食品の生産と販売だった。米国民が肥満と動脈硬化の急増に直面する中、「人民の省」は、業界を規制する以上に、業界の願いをかなえてきた。脂肪分の最大の供給源である食肉とチーズに関して、農務省は食品業界とがっしり手を組んでミッション遂行に当たっている。そのミッションとは、人々を丸め込んで消費量を増やすことだ。

国民の栄養摂取を守る側の農務省職員に会うには、本部庁舎から地下鉄に乗ってポトマック川をくぐり、バスに乗り換えて、バージニア州アレクサンドリアの西のはずれの交差点で降り、そこからさらに500メートル余り歩かなくてはならない。石とガラス造りの建物に入り、エレベーターで10階まで上がると、そこが農務省の栄養政策プロモーションセンターである。この部署の序列の低さが表れているのは、遠く離れたオフィスの場所だけではない。健康的な食事を推進するのに彼らが使える年間予算は、わずか650万ドル。省全体の経費1460億ドルの0・0045%だ。(注4)この制約の中で、同センターは「良い食習慣に関する公式指針を策定・推進する」というささやかな目標にほとんどのエネルギーを投じてきた。

政府の栄養政策のベースとなるこの指針は、肥満の急増が始まった1980年に初めて発表され、(注5)以降、米国民の食習慣も鑑みながら、5年おきに改訂されている。改訂作業を行う委員会には、栄養学者、教育者、研究者、疫学者といった各分野の専門家も参加する。彼らが特に集中的に取り組んできたのが食べすぎの問題だった。作成された分厚い報告書には、糖分や塩分の取りすぎが詳しく記述されている。そして、農務省が2010年に発表した最新の報告書は、とりわけ大きな反響を呼んだ。

飽和脂肪酸の摂取が危機的状況にある、報告書はそう結論していた。

委員会が報告書に記したように、炭素の二重結合や三重結合を含む不飽和脂肪酸と異なり、結合できるすべての腕に水素原子がついている（＝水素原子で飽和されている）この飽和脂肪酸は、以前から心臓病との関連性が指摘されていた。飽和脂肪酸はコレステロール値上昇の主原因である。血液中でべたべたした塊をつくるコレステロールは、心臓発作や脳卒中の原因であると同時に、製薬業界の貴重な収益源にもなっている。米国だけで推定3200万人がコレステロール低下薬を飲んでいるからだ。だがこれだけではなく、委員会は、飽和脂肪酸が別の病気にも関与していることを初めて強調した。食生活の乱れが原因となる、2型糖尿病である。最新の推計によれば、2型糖尿病の米国人は2400万人で、さらに7900万人が予備軍だという。さらに懸念されることに、子どもの2型糖尿病も、少ないながら増えつつあった。新たに2型糖尿病と診断される子ども（その多くが肥満児）が毎年3600人にのぼっていた。

委員会は、米国民の塩分・糖分・脂肪分の摂取量に関するデータを入手することができた。調べていくと、特に子どもで、飽和脂肪酸の摂取量が多い状態が長年続いていた。食べる総量は人によって異なるため、栄養学者たちは、脂肪分が摂取カロリーの何％を占めているかを計算し、比較した。この尺度で見ると、飽和脂肪酸の摂取が最も多いのは1～3歳の子どもで、総摂取カロリーの12％以上を占めていた。(注6) それに迫る多さだったのが4歳以上の子どもたちで11・5％、次が成人の約11％だった。もちろんこれらは平均値であり、食品業界が「ヘビーユーザー」と呼ぶ人々の摂取量ははるかに多い。

この2010年の報告書に、委員会は「飽和脂肪酸の摂取量を減らすため、入念な取り組みが必要だ」と記した。そして成人についても子どもについても、上限を大幅に引き下げた。それまでは摂取カロリーの10％が限度とされていたが、7％まで下げる努力をするよう、国民に呼びかけた。

平均的な子どもでは飽和脂肪酸を半分近く減らす計算だ。[*12]

米国民はこれだけの脂肪分をどこから摂取しているのだろうか。委員会はついに、それに関する連邦政府の調査結果にアクセスすることを許された。そこには驚くべき事実があった。最大の犯人は、チーズと、チーズの運搬車ともいえるピザだった。(注7) 両者を合わせると、飽和脂肪酸の全摂取量の14%以上を占めていたのである。2番手がさまざまな形態の赤身肉で、13%以上。やや離れて6%弱で3位につけたのは、ケーキやクッキーやパイなど、穀物ベースで脂肪分を含むデザート類。以下、冷凍食品からキャンディー類まで、まるで食料品店の中を歩くように、さまざまな食品が並ぶ。ポテトチップやコーンチップなどのチップ類は、飽和脂肪酸の全摂取量のわずか2・4%だった。

健康上の問題、多すぎる摂取量、チーズと肉に大きく偏った摂取源。飽和脂肪酸に関する報告書の指摘から導き出される結論は明らかだった。チーズと肉の食べすぎをやめるべきだということだ。それはまさに、企業に属さない米国トップクラスの栄養学者たちがたどり着いた結論でもあった。その1人、ハーバード大学の公衆衛生学教授ウォルター・ウィレットは、チーズと赤身肉の摂取量を減らすよう、鋭い舌鋒で人々に呼びかけている。(注8) 赤身肉は現在、平均して1日1食分が消費されているが、ウィレットはこれを週2食分まで減らすべきだと言う。さらに、ベーコン、ボローニャソーセージ、ホットドッグ、サンドイッチ用などに加工された赤身肉は、塩分も添加されており、できれば完全にやめるほうがいい。必要なタンパク質は鶏肉や魚など多数の食品から摂取できる。カルシウムも野菜で必要量をまかなえるし、どうしても必要ならサプリメントを使えばいい。そうウィレットは話す。

だがこの点で、消費者活動家らと、農務省の消費者啓発部門は激しくぶつかった。まず、2010年の指針は、飽和脂肪酸の摂取源に関して、全95ページ中の26ページ目に円グラフを1枚示しただけで、詳しい情報を載せていなかった。(注9) そのうえ、肉とチーズを減らすべきだというはっきりした指摘はどこにも書かれなかった。同省は2011年、子どもも含めた多くの国民に食生活改善を呼びかけるため、大皿のような形のイラストも発表したが、何を減らすべきかに関する沈黙の姿勢は変わらなかった。

指針が発表された後、ウィレットと、公益科学センターの栄養部門責任者マーゴ・ウータンは、公的な場で栄養政策プロモーションセンターの担当者に対峙した。2人は、2011年2月、首都ワシントンを拠点とする人気のラジオトーク番組に出演した。そして、健康を害する可能性が指摘されているのに、農務省はチーズと赤身肉は言うに及ばず、特定の食品名を一切挙げていない、と非難した。ウィレットは言った。「人々に飽和脂肪酸の摂取量をほんとうに減らしてほしいと思うなら、赤身肉やチーズ、アイスクリームといった食べ物を控えるように、はっきり言うべきだ。残念ながら、私が思うに、これらの指針には巨大な牛肉産業と酪農産業の指紋があちこちに残ってい

＊12 米国人の標準摂取エネルギーは1日2000キロカロリーとされており、食品の栄養表示もこれに基づいて計算されている。これで目標の7％を達成しようとすると、飽和脂肪酸の上限は15・5グラムとなる。アイスクリームならスプーン3杯、全乳ならコップ2〜3杯程度である。

る」(注10)

これに対し、センター副所長のロバート・ポストはいくつかの一般論を述べたが、ウィレットの批判をかわすにはほとんど役立たなかった。ポストは、農務省は最大限の透明性を確保している、と言った。委員会の会議は一般市民が傍聴できるし、業界の人々だけでなく誰でもオンラインで意見を投稿できる。ポストはまた、自身の考えとして、栄養科学の中心テーマは栄養素であって特定の食品ではないし、健康を守るにはその人の食事全体を考える必要がある、と話し、「特定の食品を取り除くという発想ではない」(注11)と言った。

「人民の省」が指針作りで見せた姿勢が、「人々の食生活改善に関して特定の食品を名指ししない」ということだけだったら、栄養学者たちもこれほど立腹しなかっただろう。もしかすると一般市民も、真っ先に減らすべきはチーズと肉だと思い至ったかもしれない。だが農務省はもっと食品産業寄りだった。2010年の指針には、確かにチーズが登場する。「増やすべき食品と栄養素」という章で、減らすのではなくもっと食べるべき食品の一つに挙げられているのである。肉についても同様だった。同指針は、心臓病リスクを下げるとされる「良い」脂肪酸、ω《オメガ》－3脂肪酸を多く含む魚介類を増やすことを勧めている。が、一方で、肉も乳製品も肥満との具体的な関連性は示されていないとし、「これらの食品は栄養素の重要な摂取源であり、健康的な食生活に必要である」と述べて、いたるところで肉を推奨している。

指針には、これらの推奨事項に関して、注意書きも添えられた。チーズも肉も無脂肪または低脂肪のものにすべき、という勧告だ。だがこれは、実際には問題をはらむものだった。チーズは、無脂肪品は味がひどく、低脂肪品も五十歩百歩なので、扱う食料品店が少ない。肉はさらに深刻だった。農務省は「低脂肪」の肉を脂肪分3%以下と定義しているが、そんな赤身肉はどこにも売っていなかったからである。

最も近いものとして、脂肪分が5%あるいは10%の肉なら流通している。が、脂肪分10%の肉1枚（100グラム弱）に含まれる飽和脂肪酸は4・5グラムで、1日上限の3分の1近くだ。それでも農務省は、この種の肉を食べなさいと言ったのだった。

しかも、1日の3分の1の飽和脂肪酸を含むこの肉でさえ、人々が肉と聞いて思い浮かべるものとはかなり違う。霜降りのステーキがもつ深い味わいやシルクのような口当たりはなく、脂肪分が舌の上に流れ出てきて脳に快楽信号を送ることもない。仮に、農務省のアドバイスに従おうとする人が増えたとしても、脂肪分10%の肉を店頭で見つけるのは、ハイレベルのかくれんぼ並みの仕事だ。(注12) たとえばシリアルなら糖分量の表示が法律で義務付けられているが、肉はそうはいかない。これには、ワシントン事情を少々説明する必要がある。

肉と乳製品以外のすべての食品は、農務省から20キロメートルほど離れたところにある別の連邦政府機関、食品医薬品局（FDA）が監督している。FDAもやはり消費者ニーズと産業ニーズのバランスという問題を抱えているが、1990年代、消費者寄りの大きな一歩を踏み出した。自分がどんなものを食べているのか消費者が把握できるように、製品に含まれる塩分・糖分・脂肪分をパッケージに正確に記載するよう、食品メーカーに義務付けたのである。*13 これに対し農務省は、ようやく最近、食肉に関してこの方向に動き始めたばかりで、その足取りもかなりあやしい。食料品店は、部位ごとの脂肪含有量を、肉売り場付近のどこかに掲示すればよいのである。掲示場所は高くても低くても、あるいは通路の反対側でも構わない。要するに、非常に見過ごしやすい可能性もあるということだ。牛肉業界は、買い物の一助として、部位ごとの脂肪含有量を示したオンラインガイドを作成し、ラベルの読み方に関する助言も掲載した。

2012年、農務省は、牛ひき肉については脂肪分表示をパッケージに直接記載することを義務付けた。(注13) しかしこれには食肉業者への手土産が付いた。同省は、食肉を「リーン（訳注＊lean＝脂肪分が少ない）」と呼ぶ場合の基準を設けているが、業界からの強い要請を受けて、基準に満たないひき肉でも包装に「リーン」の単語を使ってもよいことにしたのである。たとえば、店頭で売られるハンバーグ肉で、脂肪分が特に多いものは、100グラム当たり7グラム以上の飽和脂肪酸が入っている。それでもラベルには「リーン70％、脂肪分30％」と表示できる。もちろん、業界が「リーン」という単語を使いたがるのにはそれだけの理由がある。消費者活動家らが行った調査によれば、この「リーン／脂肪分」式のラベルにすると、買い物客は、脂肪分を実際より少なく感じる傾向がある。しかもそれは、そもそも客がラベルを見たらどう反応するかという話だ。大多数の消費者にとって、買い物の判断は値段で決まる。そしてここにも、政府の食事アドバイスを骨抜きにする現実世界の事情がある。米国の食肉は、脂肪分が多いほど安いのである。2012年の時点で、脂肪分の少ない肉は店頭価格が500グラム当たり1ドルほど高い。

ある面では、肉とチーズに手心を加えた農務省を非難することは難しい。加工食品業界はかなり早くから同省の栄養指針を重要な戦場として捉え、2010年版の策定委員会がまだ発足もしないうちから影響を及ぼすべく動いたからだ。同省の記録によれば、委員13人のうち7人は、全米食料品製造業協会（GMA）が推薦した人物である。GMAは、クラフト、ケロッグ、ネスレ、ペプシコなど、ほぼすべての大手加工食品メーカーを筆頭に、300以上の会員企業を擁する団体だ。私がインタビューした委員は全員、自分の独立性を主張したが、GMAは農務省への推薦状で立場を明確にしている。策定委員会が健康的な食事を討議するには、「食品の製品開発に関する専門性と視点を含める」必要があり、したがって業界のニーズや課題を理解しているメンバーが必要だ、[注14]というのだった。たとえば、GMAが推薦した1人ロジャー・A・クレメンスは、南カリフォルニア大学薬学部で規制科学の研究を率いているが、かつてネスレで製品開発に21年間携わった職歴がある。彼は、「その仕事で、塩分が加工食品を有害細菌からいかに守るかといった知識を深く学んだ」と私に話した。[*14]

GMAは同時に、他の業界団体や個別の企業とも連携して委員会に圧力をかけた。栄養に関する大きな懸念、特に塩分・糖分・脂肪分の問題に深く突っこまれたくなかったからである。彼らは、数々の手紙や、業界に有利な報告、記事などを委員会に送付した。また、糖分や脂肪分を減らそうとすると商品の味や食感がいかに損なわれるかという技術的なハードルも訴えた。

*13　議会承認により1990年に制定された「栄養表示教育法」により、FDAは食品のラベル表示規則を定める義務を負った。

*14　鶏卵業者、シリアルメーカー、国際食品情報協議会（二次加工食品業界が出資する団体）などが推薦した人物も選ばれ、学術機関からも4人が選出された。しかし、全委員13人の中に、消費者団体が推薦した人物はいなかった。私は推薦状を情報開示請求によって入手した。

この強力なロビー活動が何カ月も継続され、農務省には提出された文書が山のように積み上がった。その中でも特筆すべきは、2010年7月15日に届いた二つの見解だろう。そこには、脂肪分をめぐる消費者とメーカーの衝突が如実に表れている。典型的な消費者の意見を書き送ったのは、ケンタッキー州シェファーズビル在住の図書館員で糖尿病患者でもあるボニー・マットローだった。(注15)「老若問わず、地元の食材できちんとした料理を作る力を失ってしまったのは、恥ずべきことです。そうなったのも、企業にお金が流れ、エネルギーばかり多くて栄養に乏しい食べ物の生産が促進されたからにほかなりません。こうした食品を栄養指針に含めてもらおうとすれば、栄養強化を施すしかないはずです。そのうえ、長期保存を可能にするために発音もできないような名前の保存料が添加され、味を取り繕うために砂糖や異性化糖が使われています」

同じ日、潤沢な資金を有するもう一方の側からも、17枚にわたる手紙が届いた。送付者は、年間売り上げ2・1兆ドルの産業と、1400万人の雇用と、1兆ドルの「米国経済への付加価値」を代表するという、GMAだった。手紙は苦情から始まった。「食事指針の諮問委員会による報告書は、加工食品の摂取を減らすことが米国民にとって有益であると繰り返し示唆しています。この推定は科学に基づいておらず、米国の食料供給の価値をおとしめ、加工食品は本質的に栄養に乏しいとの誤った考えを人々に植え付けるものです」。GMAは、栄養強化され1年中食べられる便利な食品が数多く登場したのは、食品の加工技術があったからこそだと主張した。そして、委員会がどうしても加工食品を減らすよう提言するのならば、具体的な情報は盛り込まないよう力説した（GMAは、3カ月前に出した手紙でも「本質的に『良い食品』あるいは『悪い食品』というものはありません」と書き、栄養は食事全体で考えるべきだという主張を繰り返していた）。

ＧＭＡは、飽和脂肪酸の１日上限を引き下げようとする委員会の動きにも、手紙の１ページ以上を費やして反論した。元の上限のほうが達成しやすく、「消費者フレンドリー」だというのがその主な論拠だった。結局、この点については委員会が引き下げを断行したが、業界側は、この変更はさして脅威にはならないとも指摘した。数値を引き下げただけで、それをどのように達成するのかという具体的なアドバイスがないのであれば、米国民の食習慣が変わるはずがない。「飽和脂肪酸の摂取量を10％から７％に減らすというのは、消費者にとって漠然とした概念です」とＧＭＡは委員会に告げた。

はるばるバージニア州まで出向いて、消費者側に立つ農務省職員に働きかけるのは、食品メーカーの省庁担当社員の仕事のごく一部でしかない。彼らがはるかに長い時間を過ごすのは首都ワシントンにある農務省本部だ。彼らは、こちらではもっと自由に影響力をふるうことができる。規制を厳しくしないよう職員に働きかけることも、もちろんあるが、そこに長い時間をかける必要はない。製品を売り込むパートナーになってもらうことが、最大の仕事なのだ。そして食肉とチーズを扱う食品メーカーは、このパートナーシップのおかげで、いくつもの難局を切り抜けてきた。その一つが、脂肪分への不安を強めている消費者に肉とチーズをもっと買ってもらう、というものだった。

農務省がチーズと肉のプロモーションを熱心に担うようになったのは、レーガン政権が乳業の助成を打ち切ろうとした1985年のことだ。農務長官に就任したジョン・ブロックは、過剰生産が問題だと考え、乳牛の頭数削減に乗り出した。政府による費用負担で33万9000頭を処分することが提案されたが、これに危機感を覚えたのが牛肉業界だった。この肉が市場に出回れば、価格の下落は避けられない。

ここに情け深い議会が介入した。

「私はわが国の牧場主たちが心配だ」(注16)。共和党上院議員スティーブ・シムズの1985年の発言である。農業と食料に関する政府方針を定める農業法の改訂が大詰めに差し掛かっていた。シムズは、酪農が盛んなアイダホ州選出の議員である。「日々、農場で汗を流して国民に食料を供給してくれる酪農家たちは、ワシントンにはやってこない。私は答えを持ち合わせているわけではないが、彼らのことを大変心配している。彼らは心からの感謝に値するはずだ。彼らを助けるため、われわれにできることは、ビーフステーキを食べるよう国民に促すことではないだろうか。牛乳もそうだ。皆がコップ1杯か2杯、飲む量を増やせば、乳製品過剰の問題解決に貢献できる」

結局、政府は乳牛の買い上げを実行したものの、農場の経営者らがまた頭数を増やしたため、牛乳の過剰はさして解消されなかった。そしてチーズの生産過剰に拍車がかかった。それでも酪農家は、さまざまな形で1985年農業法に救われた。短期的には、農務省が2年間で9万トンの牛肉を買い上げ、貧困者に支給することになった。そして、さらに巧妙な長期的解決策も導入された。そのおかげで、肉とチーズの生産者は、大規模なマーケティングを展開して、消費量の爆発的増大を狙えることになった。

それまで、米国の牛肉産業と酪農産業がマーケティングを得意としたことは一度もなかった。マーケティングの力をよく理解できておらず、またそのために内輪もめも多くて、組織的な取り組みを妨げていた。議会は、彼らが必要とする解決策を見いだした。牛肉と牛乳のそれぞれについてマーケティング計画を作成し、運営を農務省に任せたのである。(注17)

政府が立てた計画は、マーケティング費用を確保するための仕組みにちなんで「チェックオフ(天引き)」と呼ばれるようになった。それはこんな仕組みだ。牛乳については、生産者は出荷量100ポンド(約45リットル)につき15セントを支払う。牛肉は取引ごとの徴収とし、放牧場から肥育場、肥育場から食肉処理場などへ牛が売買されるたびに、販売者が1頭につき1ドルを納める。すべての牛肉を同じようにマーケティングするというこの案には、反対意見も出た。優れた牛肉を出荷していると自負する牧場主らは、独自の宣伝活動で差別化を図りたいと考えていたからだ。それもっともな話で、採決では牧場主の5分の1が反対票を投じた。しかし大多数は農務省と命運を共にすることを選んだため、結局、すべての業者が費用を納めることになった。

牛肉のマーケティング費は年間8000万ドル以上集まり、やがて総額が20億ドルを超えた。つまり、国民に牛肉を売り込むための予算が20億ドル。かたや、農務省の栄養政策プロモーションセンターが国民を逆方向に促すための予算は650万ドル。しかもこちらは、脂肪分だけでなく糖分や塩分のカットも訴えなくてはならない。とてもフェアな戦いとは言えなかった。

牛肉業者にとっては願ってもないタイミングだった。1976年以来、消費量の低下傾向が続いていたからだ。赤身肉の1人当たり年間消費量は43キログラムから29キログラムに減り、牛肉消費の半分近くをハンバーグ肉が占めるようになっていた。[注18] 同時に、飽和脂肪酸が少ない鶏肉の消費が増え、魚も少しずつ増えていた。

新たな軍資金を得た牛肉業界は、消費者の懸念をうまく回避するための戦略策定に取り掛かった。まず、この資金で市場調査が行われた。すると、牛肉が直面している問題はかつてのチーズと同じであることがわかった。チーズは、チーズそのものを楽しむという食べ方が廃れつつあったが、酪農業界の販促計画にも支えられてクラフト社がチーズの食べ方をがらりと変えると、消費量も売上高も記録的に伸びた。牛肉で同じことができないと考える理由はなかった。

このとき牛肉産業の研究開発部門で働いていた1人が、生化学者のマーク・トーマスである。豪華な研究室などなかった彼の所属先は、牛肉を原材料に使った食品のコンテストを企画し、畜産農家から大小の食品メーカーまで、あらゆる関係者に参加を呼び掛けた。温めるだけで食べられるパッケージ食品に牛肉を使おうという算段だった。

トーマスは私に言った。「私はばかげたアイデアだと思いました。ともかくわれわれは、シカゴの試食室に商品を送ってもらい、審査員たちに五つ選んでもらいました。最高賞金は5万ドルでした。が、われわれが特に力を入れたのはこの新しいカテゴリーのPRです。時間を現在まで早送りすると、牛肉を使ったインスタント食品のブランドが、タイソン、ホーメル、……五つか六つ、あるいは八つくらいはあるでしょう。電子レンジで15分加熱するだけ。私もポットローストを来客にふるまうことがありますが、みんな妻が作ったと思ってくれます[注19]」

鶏肉は、単に消費量が増えただけでなく、ナゲットのようなコンビニエンスフードでも大成功を収めていた。牛肉業界もこれに倣って、手で食べられる牛肉食品を開発することにし、食品科学者のチームを編成した。彼らはありとあらゆる形態を試した。卵とチーズと一緒にパンケーキで包む。チーズを加えて棒に巻きつける。それを穴の開いたロールパンに詰める。さらに、皿の上で直立する形にして、見た目も演出する……。この技術者たちの所属先は、チェックオフ資金によってコロラド州デンバーに設立された「肉牛生産者・牛肉委員会」で、106人の会員はすべて農務長官が指名している。同委員会は、手で食べられる牛肉食品について、開発の原動力となったのは家族で囲む食卓の終焉であり、それは悲しいことでもあるが、一つの可能性として捉えるべきだとの見解をウェブサイトに掲載している。また、プロモーションビデオでは幹部が次のように語っている。

「われわれは、こんにちの消費者について、この2年ほど多数の調査を行ってきました。そしてわかったのは、大人の生活が非常に忙しいということです。子どもたちも同じです。彼らは学校に行き、課外活動もし、習い事に行き、宿題にも多くの時間を費やします。かつて私たちは毎晩、食卓で夕食を食べていました。ですが、それは現代の消費者に必ずしも必要ではありません。われわれは、消費者のライフスタイルに合う新しい商品の開発に取り組んでいます。調査結果に基づき、持ち運びも食べるのもできるだけ簡単で便利な商品を作ることにしたのです(注20)」

つまり、米国人がつまみ食いで1日の食事をまかなおうとするならば、牛肉もそこに参加しようというのだった。そして、すぐに同盟相手が見つかった。チーズである。二つの業界は、牛肉とチーズを使ったレシピを共同で開発するとともに、ファストフードの販促活動でも協力した(注21)。たとえば、大学生をターゲットにした2006年の「ダブルチーズバーガー・デー」キャンペーンもその一つだ。牛肉業界の独自分析によれば、チェックオフ・プログラムが始まった1986年以降、牛肉消費量は毎年3〜5%伸びているという。

牛肉業界は、これらの新しいコンビニエンスフードをPRする一方で、逆方向の活動にも取り組んだ。牛の肩肉など、脂肪分が少ない部位を新たにカット肉として流通させはじめたのである。政府の指針では、1食分当たりの飽和脂肪酸が4・5グラム以下の肉を「リーン」と呼ぶが（訳注＊このほか、脂肪分の総量とコレステロールに関する上限もある）、業界によれば少なくとも29種類のカット肉がこの基準を満たすという。[注22] 読者に思い出してほしいのは、これでも1日上限の3分の1近いということだ。業界はまた、「牛肉は脂肪分が多い」という認識を払拭しようと、亜鉛やビタミンB12といった栄養素を強調して、強力なロビー活動を行った。牛肉委員会の関連団体である全米肉牛生産者・牛肉協会は、2010年の栄養指針の検討に入っていた農務省の委員会に対し、「牛肉は、脂肪分が少なく、脂肪酸の組成も良好であることに加えて、胎児期から老年期まであらゆる年齢層の成長と健康維持に有益な栄養素を含んでいます」と書き送った。

だが実のところ、牛肉業界は脂肪分の少ない肉に苦労していた。これらの肉は、概して硬く、風味も劣る。販売不振に陥る業者もあった。業界は対策として、処理工場で筋肉組織を柔らかくする方法を導入した。一つは、鋼鉄の針が並んだ装置に肉を通す、「機械的軟化処理」と呼ばれる方法だ。現在、毎月2万トン前後の肉がこの方法で処理されている。もう一つは、肉を塩水で処理して組織を柔らかくするという方法である。[*15]

牛肉の脂肪除去に関して、もう一つ導入された方法があった。針も塩水も使わず、ナイフで脂肪分を取り除くのでもない。アンモニアを使うのである。この方法で作られた肉は、脂肪分が非常に少なく、価格は非常に安く、ハンバーグ肉として米国史上最も売れた。が、大きな成功を収めたこの方法は、後に最も大きな議論を呼ぶことになった。アンモニア処理した肉が「ピンクスライム」として世に知られるようになったのである。

農務省が「ごく細びき赤身牛肉（LFTB＝lean finely textured beef）」(注24)と呼ぶこの材料は、牛肉でも特に脂肪分が多い部位（最大で70％が脂肪分）から作られる。もともとはペットフードか獣脂の製造に回されていた部位だ。これを高速の遠心分離にかけると、脂肪分の9割が除去された「リーンな」すり身ができあがる。すり身は、30ポンド（訳注＊13・6キログラム）単位のブロックに成形され、冷凍されて、食肉工場に出荷される。そして、食肉工場で他のくず肉と混ぜ合わされて、ハンバーグ肉が作られる。

この脱脂牛肉がハンバーグ肉メーカーによく売れたのには、別の理由もあった。彼らは、脂肪分の少ない肉を南米からも仕入れていたが（南米では、米国のようにトウモロコシ飼料で脂肪をつけさせる飼育法を行わず、牧草で牛を育てており、もともと肉の脂肪分が少ない）、脱脂牛肉はそれより15％安かった。(注25)節約できる費用は莫大だった。そして、食料品店やマクドナルドなどのチェー

＊15 業界はいずれの方法も安全だと強調しているが、懸念の声も上がっている。(注23)機械的軟化処理に使われる針は大腸菌などの病原体を肉の内部に押し込んでしまう可能性がある。ステーキでは肉の中心部をそれほど高温にしないことも多いため、菌が死滅しない恐れがある。塩水処理では、使われる溶液によって、肉に大量の塩分が残っているケースがある。

ン店以外にも、このハンバーグ肉を購入したところがあった。農務省である。学校ランチのプログラムを運営する同省は、購入するハンバーグ肉を脱脂牛肉入りにすれば、1ポンド（訳注＊約450グラム）当たり最大3セントを節約できることに気づいたのだった。*16

農務省は、1990年代初頭、同省にハンバーグ肉を納入していた業者に脱脂牛肉の使用を許可した。最大の業者はサウスダコタ州を拠点とする「ビーフ・プロダクツ」という会社だったが、(注26)同社の製造工程にはさらにもう一つ問題があった。殺菌のため、加工肉をアンモニアガスで処理することにしたのである。脱脂牛肉の原料となる肉は、食肉処理場での解体中に特に糞便が付着しやすい部位で、大腸菌などの細菌汚染の恐れが他の肉より大きかった。そのためアンモニア処理が行われることになったのだが（その結果、肉の色合いも通常の牛肉より明るいピンクになった）、それは微妙なさじ加減を要する作業だった。同社が行った実験では、病原体が死滅しないか、強烈なアンモニア臭が残るか、そのどちらかのケースが続出した。2003年には、ジョージア州が同社に3トン近い返品をしている。州刑務所に勤める調理人らがミートローフを作ろうとしたところ、肉のブロックから「非常に強いアンモニア臭」がしたという。「肉は凍っていたが、それでもアンモニアの臭いがした」(注27)と州の農務担当職員チャールズ・タントは私に話した。「あんなものは見たことがない」。それでも添加物としてのアンモニアはすぐに普及し、食料品店や飲食店で販売されるハンバーグ肉の7割に使われたと推定されている。*17

アンモニアの使用を懸念した農務省の学校ランチ担当者らは、ラベルへの明記を求めて戦ったが、省内の反対意見に勝てなかった。食肉加工に使われるが一般開示が義務付けられていない化学物質は多数あり、アンモニアもその一つだというのが反対派の意見だった。だがこの問題は消え去らなかった。２００２年、農務省職員の微生物学者ジェラルド・ザーンスタインが、同僚に送った電子メールの中で、この加工牛肉を「ピンクスライム」と呼んだ。

ザーンスタインが使った「ピンクスライム」という言葉が初めて世に出たのは、私が２００９年に書いた記事の中だった。(注28) ビーフ・プロダクツ社のアンモニア処理が問題視されるようになり、私は調査の過程で彼の電子メールを入手した。私の記事は、連鎖反応のようにさまざまな出来事を引き起こした。ビーフ社は加工方法の改善を誓い、農務省は監視の強化を宣言し、そして私の元にはマンハッタンとボストンの親たちから連絡があった。脱脂肉を使ったハンバーグ肉の使用をやめるよう、地区の学校に要請を始めたとのことだった。さらに大きな動きもあった。最大ユーザーの一つ米国マクドナルドが、徐々にとはいえ方針変更に着手したのである。同社は２０１１年、脱脂牛肉を使用したハンバーガーの提供を打ち切った。ビーフ社は、自社の製品は安全で栄養に富むとの見解を崩さなかったが、マクドナルドの動きが報じられると消費者の目が厳しくなり、売り上げが

＊16 節約額は、ハンバーグ肉の提供量や脱脂牛肉の使用率によって変化するため、年ごとに異なる。後に「ピンクスライム論争」によって撤回を余儀なくされたが、２０１２年の農務省幹部の発表によれば、脱脂牛肉の比率を一般的な15％の半分以下とした牛ひき肉を1億１１００万ポンド（約5万トン）購入する計画があった。節約額は1ポンド（約４５０グラム）当たり約１・５セント、計１４０万ドルとなる見込みだった。

＊17 病原体を死滅させる目的で使用されたアンモニアだが、処理後の検査で病原体が見つかり、消費者の手に届く前に廃棄されたケースが複数あった。

大幅に落ち込んだ。[*18]

それでも農務省は、食肉業界は牛肉消費を増やそうと努力してきたという主張を重ねて、ピンクスライムを擁護しようとした。確かにこの肉は安いし、アンモニアによって安全性も確保されている。だが米国の食料事情にとって、さらに重要なことがあった。脂肪分が少ないことである。このことは子どもの肥満対策に欠かせない要素だと、農務長官トム・ビルサックは2012年3月28日の記者会見で話した。「学校のランチで使うことにしたのも、それが理由の一つだ。われわれは肥満の急増を懸念している。学校で提供すれば、脂肪分が少ない赤身肉を子どもたちに届けることができる」[(注29)][(注30)]

だがこの頃には、食肉業界も危惧を抱きはじめていた。ピンクスライム騒動はパンドラの箱を開けてしまったのではないか。このままでは、すべての食肉が打撃を被りかねない——。食べ物にお金をかけられる人だけでなく、すべての人が、加工食品の原材料への関心あるいは不安を強めている、そう話す専門家のコメントもあちこちで紹介されるようになった。食品業界コンサルタントのフィル・ランパートもある記者に次のように話した。「食べ物の中身に対する懸念と関心は、これまでとまったく異なるものになるだろう。しかもそれは、今後強まる一方だと私は考えている」[(注31)]

2007年、ワシントンでもう一つのパンドラの箱が開けられようとしていた。こちらの箱は食肉業界にとってさらに大きな脅威だった。箱を開けようとしていたのは、世界がん研究基金と米国がん研究協会がバックアップする、国際的な科学者チームである。21人の科学者で構成されるこのチームは、がんの原因と考えられる重要物質を5年がかりで検討してきて、その作業が大詰めを迎えていた。とはいえ、彼らが自ら研究を行ったわけではない。発表された700０ほどの論文を突き合わせて総合的な結論を出そうというのだった。彼らは研究の質を重視し、根拠がない、あるいは研究方法が適切でないと判断したものは検討から除外した。かなり確かだと思われる説でも、エビデンス（科学的根拠）が不十分であれば評価が下げられた。たとえば、糖分（特にフルクトース）が多い食べ物をがんと関連付ける研究もいくつかあったが、検討チームはエビデンスが「限定的」だとして、重要度を下げた。度を越した警告は発しないというのが彼らの方針だったからだ。国際チームによる検討はこれが2回目となるが、1回目の1997年には、肉とがんとの関係もエビデンスが乏しいと報告されていた。

だが今回は違った。検討チームは、その後10年間の研究報告を吟味した結果、赤身肉や加工肉で大腸がんリスクが高まるというエビデンスは「確証性がある」(注32)と判断したのである。しかもその主

＊18　脱脂牛肉批判に参加した1人に、ハーバード・ロースクール（法科大学院）の卒業生ベティーナ・シーゲルがいる。シーゲルは、食品の世界的大手ユニリーバでマーケティングと広告の法務を担当した経歴がある。しかし2児の母となったシーゲルは、2012年初期、テキサス州ヒューストン（食肉産業が盛んな土地である）の自宅から「ランチトレイ」というブログを執筆するとともに、学校での加工牛肉提供を禁止するよう求める署名運動を行った。すぐに20万以上の署名が集まり、農務省も対応を迫られた。2012年3月、同省は、学校が脱脂牛肉不使用のハンバーグ肉を選べるようにすると発表した。また同省は、精肉業者が販売する加工牛肉について、「ビーフ」以外の名称をラベルに記載することも認めた。

犯は飽和脂肪酸ではないかもしれなかった。チームは、肉に含まれるヘム鉄という物質が発がん物質の生成を促す可能性があると指摘した。また、肉を高温で調理したときにできる、複素環式アミンや多環式芳香族炭化水素といった100以上の物質も、その人の遺伝的素因によってはがんを引き起こす可能性があるという。チームは、加工肉はがんのリスクが特に高く、それも食べた量に比例する、ともコメントした。彼らが検討した研究報告によれば、赤身肉は週500グラムまでならがんを心配しなくてもよい。しかし加工肉については、ここまでなら食べても安全という水準は見いだせなかったという。加工肉は、1日当たりの摂取量が48グラム増えるごとに大腸がんリスクが21%上昇する、というのがチームの見解だった。

飽和脂肪酸問題は如才なく対処してきた牛肉業界だったが、これは比較にならない脅威だった。がんは消費者の恐れがはるかに大きい。そのうえ、脂肪分を除去したり亜鉛の豊富さをアピールしたりして解決できる問題ではない。発表の9カ月前に報告書の噂を耳にした牛肉業界は、もちろん大騒ぎになった。彼らは最強最大の兵器を頼ることにした。議会が創設し農務省が監督する牛肉マーケティングプログラムである。彼らは、「チェックオフ資金」を利用して、強力な先手を打った。報告が発表される前にその価値を下げ、あわよくば米国民に不信感を植え付けてしまおうというのだった。

この動きの裏側に踏み込むには、通常なら込み入った調査が必要になるところだ。だが、牛肉マーケティングプログラムが公的な性格のものであったため、数百ページの詳細な記録が残っており、誰でも請求さえすれば入手できる。それによれば、牛肉業界はチェックオフ資金から120万ドルを使って、「キャンサー（がん）チーム」という対策チームを発足させた。[注33] また、コンサルティング契約の料金もチェックオフ資金から拠出された。[注34] 契約相手は、産業界の法的問題の対処に強い「エクスポネント」というコンサルティング会社である。同社が近年知恵を貸した取引先には、保険会社（契約者がペルーの村民に水銀汚染の被害を与えたとされるが、有利な和解を獲得）、ウルグアイ（新しいパルプ製造工場に対するアルゼンチンからの環境懸念に反論）、石油会社（農場にダメージを与えたとするイエメン政府の批判に反論）などがある。牛肉業界と契約したエクスポネントは、国際チームが検討した研究報告を独自に分析すると、一部の研究に欠陥を見いだし、エビデンスが弱まったと指摘した。[注35] 後に同社は、チームが作成した報告書そのものにも誤りを見つけだした。国際チームと二つのがん研究団体は、それらの誤りは軽微なもので報告の骨子に影響はないと反論した。しかしエクスポネントは、国際チームの反応は過剰であり牛肉と大腸がんを関連付けるエビデンスは信頼性が低いという結論を崩さなかった。

牛肉業界のキャンサーチームは、牛肉に対するメディアの扱いと世論にも影響を及ぼそうと動いた。この活動の詳細は、酪農業者からのチェックオフの徴収を監督する肉牛生産者・牛肉委員会の監査報告に記録されている。その監査報告には、がんは「感情を揺さぶり恐怖心をもたらす問題」[注36]だと記された。また、複数の業界幹部が、数年前の狂牛病パニックよりはるかに大きな脅威だと認識し、今回の報告書に匹敵する脅威は1977年にまでさかのぼると話した（1977年は、上院議員のジョージ・マクガバンを委員長とする栄養問題特別委員会が膨大な報告書を発表した年である。この報告書は、高脂肪食ががんを引き起こすとしたうえに、農務省の栄養指針と異なり赤身肉の摂取を控えるよう明言していた)。

キャンサーチームは、アップル、JPモルガン、ゼネラル・ミルズなど幅広い顧客を持つ報道分析会社「カルマ」とも契約を交わした。同社は、発行されているレシピから、食の安全、動物の権利、食事と健康といった報道記事まで、ありとあらゆるメディア素材を追跡するとともに、誰が業界の敵で誰が味方かを分析した。そして、牛肉に好意的でないジャーナリストには特に注意の目を向けた。

この情報を元に、キャンサーチームは、少数の一般消費者を集めて自由な話し合いを行ってもらった。食事、運動、栄養について、消費者の関心が今どこにあるかを見極めるためである。次に彼らは、牛肉業界寄りのメディアに流すためのストーリーを組み立てた。狙いは、牛肉に対して消費者に温かい感情を持ってもらうことだ。それらをまず少数の消費者に示して、特に効果が高そうなものをいくつか選び出す。こうして、がん研究チームの報告書の影響を打ち消すようなメッセージが練り上げられていった。

流されたメッセージは、たとえばこんなものだ。「がんのリスクを左右するのは食事だけではありません。喫煙、飲酒、肥満、運動不足といったライフスタイルの要素もがんのリスクを大幅に増やす可能性があります」(注37)。こんなメッセージもあった。「リスクは広い視野で考えましょう。肥満と運動不足はリスクとの関連性が2~3倍高いのです」

結局、がんの原因は「複雑である」と呼びかけ、「適度さとバランスを重視」する牛肉業界の対応策によって、報告書のインパクトは大幅に減じられた。業界にとっては危機一髪の顚末だった。

監査報告は次のように記している。「総括として、チェックオフ制度で流した牛肉メッセージは3１０万人以上の消費者に届き、メディアでも適量の赤身肉は安全だとたびたび報じられている。報道によって消費者の認識は高まったが、加工肉や赤身肉の摂取量が減るという見通しが強まることはなかった（注38）」

私が牛肉マーケティングプログラムについて農務省に質問すると、非常に用心深い答えが返ってきた。まず同省は、チーズなどの乳製品と同様に、これらのマーケティング活動は生産者自身が負担したお金でまかなわれたものであることを強調した。また、監督するのは農務長官だが、それは主として酪農業者らにプログラムを引き続き支持してもらうのが目的とのことだった。さらに同省は、複数の使命を果たせることの裏づけとして、肥満問題に対する取り組みも挙げた。

だがこれらのマーケティングプログラムに、強烈な一撃を浴びせたところがあった。それはナショナル・モールの反対側にある機関、最高裁判所だった。きっかけは、牛肉マーケティングに関する訴訟が２００５年に最高裁に持ち込まれたことだった。最高裁判事の1人ルース・ベーダー・ギンズバーグは、この裁判を担当して、国民の栄養改善を促す政府の取り組みに軋轢が生じていることを知った。もともとこの裁判は、自分たちが生産する牛肉を特別にマーケティングしたいと思っていた酪農業者が起こしたものだった。チェックオフ制度による包括的プロモーションが自分たちの努力を阻んでいるとして、農務長官を訴えたのである。最高裁は彼らの訴えを退けた。だが最高裁が問題にしたのは、マーケティングのメリットではなく、誰がマーケティングを行っているかという点だった。民間運営のプログラムであれば、反対者には訴える根拠がある。しかし、これは民間運営のプログラムではないというのが法廷の判断だった。——脂肪分が少なく、加工食品の原材料としてより便利で有用であると牛肉をアピールする取り組みは、そのすべての意図と目的において、合衆国国民の取り組みである。すなわち、これは政府のプログラムである。このマーケティングプログラムに使われるお金が酪農業者自身から出たものかどうかは問題ではない。この多額の資金の使われ方の決定には農務長官が大きく関与しており、したがってチェックオフ制度によるプログラムは一種の「政府声明」であり、法的追及から保護される——。それが法廷の見解だった。アントニン・スカリア判事が書いた多数意見は次のように述べている。「政治的説明責任を負う農務長官がプログラムを監督し、主要人員を選任および解任し、広告の内容に対しその文言に至るまで絶対的な拒否権を保持している。無論、議会も監督権限を保持しており、言うまでもないが随時プログラムを改正することもできる(注39)」

ギンズバーグもマーケティングプログラムを支持する側に立ったが、一言書き添えずにはいられなかった。彼女は、この販促活動を「政府声明」だとする見解は支持できない、と書いた。農務省内部には肉の摂取量を減らすよう国民に呼びかけている人々もいるのに、なぜ政府声明と呼べるのか。そうギンズバーグは問いかけた。だが、2005年の栄養指針の関連ページを引用しながらこの意見陳述をまとめ上げるのは、ギンズバーグにとってさえも骨の折れる仕事だった。飽和脂肪酸の摂取を減らすべきというメッセージと、飽和脂肪酸を多く含む食品が肉であるというメッセージは、別々の章に書かれている。だが、指針を策定した委員会の意図は明らかだ、と彼女は書いた。「これらの販促メッセージは、1985年の『牛肉販売促進・調査研究法』に基づく資金で作成されたものではあるが、政府に帰属するものではない。政府がその名において伝えているメッセージを鑑みると、私はこれらの販促メッセージを政府声明とみなすことには反対である（注40）」

もちろん、政府がチェックオフ制度を導入したもう一つの食品、乳製品についても、同じことが言えた。その活動たるや、牛肉業界を赤面させるほどだ。チーズたっぷりのピザを控えるよう農務省が国民に呼びかけていた（注41）その同じ時期、乳製品のマーケティングプログラムは大成功に沸き立っていた。ピザやスナック菓子はもちろん、食料品店のどの棚にもチーズ入り食品が並び、チーズ消費量は増えつづけていたからである。乳製品のマーケティングプログラムは、ドミノ・ピザなどのチェーン店とも提携して、生地に2種類、トッピングに6種類のチーズを使った「ウィスコンシンピザ」のような商品まで開発した。「このパートナーシップによってチーズはさらに売れている（注42）」。プログラムマネジャーは2009年の業界紙のコラムにそう書いた。「ピザ1枚当たりのチーズが30グラムほど増えれば、さらに年間100万トン余りの牛乳が必要になる」

農務省は毎年、乳製品マーケティングプログラムの成果を議会に報告している。内容の中心は、米国民にどれだけチーズを食べさせたかという腕前の披露だ。チーズ消費量は1970年から3倍にも増えた。その陰には、単独の食べ物だったチーズを原材料に変えたクラフトの功績もあるので、すべてが農務省の手柄とは言えない。しかし同省は、毎年税金から数百万ドルを投じて、海外でのチーズ消費増大も図っている。こちらの成功は掛け値なしで農務省の武勲と言っていいだろう。2

002年の議会への報告書で、同省はまくし立てた。「メキシコではドミノ・ピザとの共同プロモーションを展開し、米国乳製品輸出協会のロゴを『米国産チーズ100%』のスローガンとともに同社のすべてのピザ箱に掲載した。同社はメキシコで月に160万枚以上のピザを販売している(注43)」。さらに翌年、農務省は、ドミノ・ピザがメキシコ向けメニューに「チーズパン」を追加し、これだけでチーズの販売量が週36トン増えたと報告した。だが、2002年の報告書に記載されなかったことがある。米国民が納めた税金がメキシコでのチーズ販促に使われていたこの頃、メキシコ国民の肥満率が、世界1位の米国に迫る勢いで上昇しはじめていたことだ。

チーズと赤身肉の消費量を増やそうとする農務省のこの熱意は、並々ならぬものだった。私が調査の次の段階で知ったことも、ここからある程度説明がつく。それは業界の姿勢の変化だった。クラフトでさえ、ある時点で、加工食品のプロモーションに慎重さを見せるようになるのである。懸念を抱いた一部の社員たちが、肥満急増への影響力を小さくするという視点で会社の方針を見直すよう、経営陣を説得したのだった。特筆に値する取り組みだった。その結果は、良くもあり悪くもあった。だが、私には率直に書くのがためらわれることもあった。クラフト幹部は、農務省が変わるのを待ってはいられないと感じた。肥満との戦いにおいて、農務省は内部に矛盾を抱えている。消費者のために正しいことをしようとする企業や業界は、自分たちだけでやらなくてはならない。このことを同社は知っていた。あるいは少なくとも、学ぶことになった。

第11章 糖分ゼロ、脂肪分ゼロなら売り上げもゼロ

エレン・ワーテラは、加工食品を好きだと思ったことがなかった。料理を習い、夫とキッチンに立つ時間を楽しんでいた。2人の息子も家庭料理で育てた。息子たちはジャンクフードやインスタント食品を好んだ時期もあった。彼女はそれを咎めはしなかったが、勧めたわけでもなかった。「育ちざかりの時期は、クラフトのマカロニ&チーズも買いました。子どもが好きでしたから」とワーテラ。「でも私は全然好きになれなかった」

息子の1人は中学生のとき、クラフトのもう一つのメガヒット商品、ランチャブルズに夢中になった。特にピザのシリーズが彼のお気に入りだった。だがその熱もやがて冷めてしまった。1990年代後半に高校生になると、2人とも公衆衛生やマーケティングの暗黒面を目にするようになった。2人は特にタバコメーカーを嫌い、寿命を無残に縮めるような習慣を意図的に国民に植え付けていると厳しく非難した。

ワーテラはテキサス大学オースティン校のコミュニケーション学部長だった。その彼女自身も、産業マーケティングについて思うところがあった。テレビのCMや暴力シーンなど、メディアが子

どもに与える影響を30年間研究してきて、12冊の本を出し、１７５件の報告書や論文を書いてきたワーテラは、この分野で米国を代表する1人だった。２００３年、彼女に、青天の霹靂のような電話が入った。クラフトの重役からだった。肥満対策を探るため、健康とマーケティングの専門家による検討委員会を発足させるので、参加してほしいという。ワーテラは話を聞いて、まるで全米医学研究所が立ち上げたような委員会だと思った。クラフトがそうそうたるメンバーを集めていたからだ。糖尿病と公衆衛生に詳しい医師が２人に、行動と肥満を研究している心理学者、肥満と心臓病を専門にする食品栄養研究者など、総勢９人。ワーテラが入れば10人になる。

それまで完全に政府の領分だった仕事に、世界最大の食品会社が取り組むことにしたのはなぜか。委員会設立にあたって、当時２人いたクラフトのＣＥＯがそろって声明を出した。[注1] まずベッツィー・ホールデンが言った。「委員会設立により、当社は社外の重要な声を広く拾い上げられるようになります。彼らは、肥満という世界的課題に対する当社の姿勢を醸成するうえで、重要な役割を果たしてくれるでしょう」。もう1人のＣＥＯ、ロジャー・デロメディも続けた。「われわれは委員会の知識、洞察、判断を歓迎します。それらはすべて、社会的ニーズに沿った製品展開、マーケティング展開を強化してくれるはずです」

ワーテラは心を動かされた。つまるところ、営利企業の存在理由は株主のためにお金を稼ぐことにあるのだし、中でもクラフトは世界最大のマネーメーカー、フィリップモリスと緊密な関係にある。その民間企業が、社会的ニーズを語り、行動を起こす準備に取り掛かっている。しかし、クラフトが15年前からタバコ企業の傘下にあることが、ワーテラの息子たちには問題だった。クラフトからの打診についてワーテラが話すと、彼らは猛反対した。ワーテラは私にこう話した。「2人とも呆れかえりました。根っからの喫煙反対者だからです。彼らは『タバコ推進派の企業なんかのためにどうして働けるんだよ』と言いました(注2)」

しかしワーテラは、多少は役に立てるかもしれないと感じていた。肥満の専門知識こそなかったが、企業の新しい広告戦略は以前から追跡し、また憂慮していたからである。それは、オンラインゲームや各種のソーシャルメディアを利用して子どもを取り込もうとする戦略で、クラフトはこの分野のキープレーヤーでもあった。「もともと私の研究テーマは、幼い子どもたちに、テレビの教育的な内容と、広告の意図的なメッセージとの見分け方を教えることでした。子どもにとって両者の区別は難しいからです。でも今や、こうした新しい戦略によって、区別はまったく不可能になってしまいました」

そして、その戦略は着実に成果を上げていた。2003年には肥満に関するありとあらゆる記録が更新された。成人の平均体重は1960年より10・9キログラム増え、米国人の3人に1人(6〜11歳の子どもでも5人に1人近く)が肥満に該当した。さらに、肥満問題の研究が進むにしたがって、とりわけショッキングな事実が浮かび上がってきた。肥満は極めて治りにくいらしいというのである。過体重の子どもは、それが生涯続く傾向が見られた。

クラフトのCEO2人による宣言があり、打診の電話をかけてきた重役との会話もあったが、それでもワーテラには、クラフトがどこまで真剣なのか疑問が残った。無理もない話だ。これまで専門家という専門家が加工食品を批判したが、クラフトは他社と同様にそれらをかわしてきたのである。社会的ニーズを考えると言われても、おいそれと信じるわけにはいかなかった。ワーテラは逡巡の末、委員会への参加を決断した。ただし、自分にも息子たちにも一つの誓いを立てた。これまでと同じごまかしの繰り返しだとわかったら、そのときは辞める。

委員会の会合はシカゴ近郊のクラフト本社で開かれた。最初の2回は、ワーテラの心配が当たったように思われた。肥満の全体像が話し合われたが、栄養や運動や包装サイズといった、当たり障りのない話題に終始した。室内には常に、350億ドル企業への遠慮が漂っていた。だが3回目に変化が起きた。3回目の議題の一つはマーケティングで、意見を求められていたワーテラは、準備万端で出席した。議論はクラフト幹部のプレゼンで始まった。(注3) 6歳未満の子ども向けには広告を出さないというポリシーも含め、同社の姿勢が美しく語られた。失礼ながら私の意見は違います、そうワーテラは切り出した。

彼女の指摘はこうだ。同社のウェブサイトには、小さい子どもを誘惑して、糖分や脂肪分たっぷりの商品に導くための仕掛けがちりばめられている。たとえば、クッキーの「オレオ」を数えるゲーム。アニメのキャラクターを探すかくれんぼゲーム（ゲーム中にこのキャラクターが糖分たっぷりのシリアル「フルーティーペブルズ」を褒めちぎる）。こうした仕掛けや、商品紹介ページに登場するアニメキャラクターは、子ども向けの宣伝を行わないという同社の自主規制を巧みに回避したものだとワーテラは言った。商品の包装にも、幼い子どもにアピールするため、映画キャラクターの「シュレック」やアニメの「ドーラ」が使われている。

「私はそう指摘して、『よく言っても不誠実、悪く言えば大嘘つきです』と言いました。栄養科学者やほかの委員たちは私の強い語調にやや呆れたようでした。あとで1人か2人に言われました。『あなた、外されるよ』と」(注4)

だがそうはならなかった。クラフト幹部は耳を傾けた。それどころか彼らは、同社のマーケティング手法にさらに踏み込み、より厳しい批判をするよう求めた。ワーテラはその通りにした。次第にワーテラは、当初の心配が杞憂だったと考えるようになった。委員会は確かに変化を起こそうとしている。信じがたいが、クラフトは、肥満急増を促してきた今までのやり方を見直そうとしている。

これは並大抵のことではなかった。2003年というタイミングを考えればなおさらだ。この頃、加工食品メーカーにとっては、塩分・糖分・脂肪分を増やした商品を次々に打ち出すことが唯一の目的になりつつあった。そのうえ業界に新プレーヤーが登場して、陳列スペースの争奪戦をますます激化させていた。ウォルマートが食品の取り扱いを始めたのである。この世界最大の小売りチェーンによる食品・菓子・タバコの販売高は、2000年からのわずか3年で、46%増の394億ドルに達していた。アーカンソー州の同社本部には、自社商品を置いてもらおうとする食品メーカーが殺到した。さらに、大手食品メーカーは別の領域でも全力疾走に入っていた。原材料コストを削って、商品の価格を下げ、加工食品を消費者にとって唯一の合理的選択肢にする。そんな食べ物の経済性をめぐる競争が本格化していた。*19

クラフトもこの競争のただ中にいた。製品マネジャーたちは、魅力アップとともにスーパーサイズ化と低価格化にも取り組み、フルーツ飲料の「カプリサン」(後に大型の「ビッグ・パウチ」が登場）、ランチ商品の「ランチャブルズ」（大型シリーズの「マックスト・アウト」が登場）、冷凍ピザの「ディジョルノ」（3種類の肉を追加し、チーズも増量。900グラム弱のピザ1枚に、上限2日分の飽和脂肪酸とナトリウムが含まれていた）などに新製品を登場させた。社内では「牙城を守れ」「消費を増やせ」と盛んに発破がかけられた。(注6)

だがその同じ企業の中に、異端の考えも生まれはじめていた。一部のクラフト幹部が、1990年代後半から、人々の体重増加に危機感を抱くようになったのである。彼らは、肥満急増は消費者の怠慢と意志の弱さによるものだという業界の見方を受け入れなかった。そして小グループで意見を交わすようになった。彼らの中には、肥満急増には業界の関与が大きいとして、対策を講じる倫理的・道徳的な責任があると感じた者もいた。あるいは、消費者が加工食品に背を向ければ会社の利益に大きく響くと、実際的な観点から懸念を表明する者もいた。上級副社長でこのグループの一員だったキャスリーン・スピアは言った。「長い目で見れば、ここで少し損を被るほうが、会社の評判と繁栄という意味で得るものが多い、私たちはそう話してトップ経営陣の説得を試みました」(注7)

こうして彼らは、専門家委員会の設立を取り付けた。そして委員らの意見を弾薬として使って、会社に行動を起こさせた。クラフトが最初に行った対策は、マーケティング戦略に制限をかけるなど、範囲も限定的で、うわべだけのものでしかなかった。会社を変えるには加工食品の核心部分に直面しなければならない、幹部グループはすぐにそう気づいた。

クラフトは創業当時からずっと、持てる能力とエネルギーのすべてを魅力的な商品作りにつぎ込んできた。魅力アップの中核を担ってきたのは、塩分・糖分・脂肪分である。この三つを駆使し、至福ポイントを正確に探り当てる。それを誰よりもうまく、誰よりも大規模に実行することで、クラフトは伝説を築いてきた。しかし、肥満問題を懸念した幹部たちが行き当たったのも、まさにこの根幹部分だった。彼らは自問した。製品の原材料、特に塩分・糖分・脂肪分が、人々の食べすぎを招いているとしたら？　消費者にブレーキをかけ、かつ会社をつぶさずに済む方法は、見つかるのだろうか？

もし政府の規制当局が同じ質問を問いかけたら、自由企業体制の反逆者という烙印を押されたことだろう。なんといってもこれは、食品業界が最も強固に防衛してきた聖域だ。肥満を懸念した幹部らも、「自分たちの製品が生み出す欲求」という課題をどう扱うか、非常に慎重に歩みを進めなくてはならなかった。スピアは当時の逡巡をこう振り返った。「われわれは食品企業です。どんな商品でも、喜びや楽しさを届けたい。スナックやクッキーは特にそうです。私たちは、自分たちが売っているのはお菓子であって、白いご飯ではないことを心に留めていますし、『大変だ、魅力の少ないお菓子にしなきゃ』という話には決してならない。私たちが考えたのは『直接的にも間接的にも、あるいは潜在意識的にも、食べすぎを助長しないようにしなければ』ということでした」(注8)

＊19　健康的な食品は高いという印象を持たれているが、2012年、農務省の2人の経済学者がこの認識を打ち破ろうと試みた。(注5) 2人は、エネルギー量を基準にすればこの説が正しいことを認めた。1キロカロリー当たりの比較では、たとえばブロッコリーはクッキーよりはるかに値段が高い。しかし2人は、カロリー過多が肥満急増の主因であることに着目し、別の計算方法を提唱した。重量による比較である。100グラム当たりの価格を比べると、ブロッコリーはシリアルなどのパッケージ食品より安い。加工食品の3本柱の二つ、糖分と脂肪分は、高カロリーかつ軽量だからだ。

どんなアプローチが取られたにせよ、人々の食べる量を減らす方策を巨大食品企業が探ろうとしたこと自体が驚異的だった。そしてクラフトは、この後何カ月もかけて、他のどのメーカーよりも深く過食の心理を掘り下げてゆく。それは確かに特別な取り組みだった。しかし、この時期の同社の動きを調べてゆくと、別の力も経営判断に影響を及ぼしたことが見えてくる。すでに何年も前から、コンビニエンスフードを人々に売り込むという同社のモチベーションの源泉は、フィリップモリスの重役たちになっていた。彼らトップ経営陣が、消費者を引き付ける方法を見つけるよう促し、売り上げが増えればその勝利を称賛していたのである。そのうえ彼らは、タバコで成功したマーケティング手法の数々をクラフトに授けてもいた。まさに、エレン・ワーテラの息子たちが委員会参加に反対した理由のとおりだった。

しかし事態の背後では——私は、秘密文書や、これらの件を初めて公にした複数の幹部へのインタビューで知ったのだが——、トップ経営者らが集まり現状報告と今後の方針確認を行う極秘の会議で、劇的な事件が起きていた。タバコを売りさばき、ニコチンの依存性を否定してキャリアを築いてきたニューヨークの重鎮たちが、考えられないような決断を下したのである。彼らは、肥満急増を懸念した幹部グループの話を聞き入れた。そして変化を起こすよう、クラフトに促し始めた。

塩分・糖分・脂肪分こそ、クラフトを加工食品産業のトップに押し上げた成分かもしれない。フィリップモリスの重役たちもそう認めた。しかし、ニコチンが彼らの足枷と化して利益を損なう存在になったように、このまま行けば塩分・糖分・脂肪分は重荷となり、いずれクラフトもろとも水底に沈んでしまう。彼らはそう読んだのだった。

話はいったん1925年にさかのぼる。全米の新聞や雑誌に新しい広告が登場した。(注9) ショートヘアのスリムな女性が飛び込み台の上にいる。ワンピースの水着に身を包み、自信にあふれた表情。しかしその隣に、未来の彼女の影がいる。影は太って、野暮ったく見える。広告のコピーはこう書かれていた。「これが5年後のあなた！ 食欲に駆られたら、食べる代わりに『ラッキー』一本」

アメリカン・タバコ社が打った「ラッキーストライク」の広告だ。同社は、肥満が販促の武器になることに気づいた最初のタバコメーカーだった。それまで喫煙は圧倒的に男性の嗜好品だった。しかし販売拡大の道を探った各社は、食欲を抑制する手段として女性にタバコを売り込むようになった。健康を絡めたこの手の売り文句は、やがて完全に消え去る。1953年の業界会議で、一部の広告（特にフィルター付きタバコを「より健康的」とうたった広告）は、喫煙にはリスクがあるという暗黙のメッセージとなって売り上げを損ねていると判断されたからだった。そこで、1968年に女性向けタバコ「バージニアスリム」を導入したフィリップモリスは、もっと巧みなPRを考えた。エレガントでスリムな成功した女性、というイメージに訴えたのである。体重減少といったアピールポイントへの言及は社内だけにとどめられた。(注10) たとえば宣伝活動の検討段階では、少人数の消費者を集めて「きっと満足。食欲を抑えるタバコ」などのスローガンもテストされたが、それらが実際に使われることはなかった。

喫煙の健康リスクが明らかになる中で、タバコ業界が脂肪に希望を見いだした短い期間があった。

肺がんを高脂肪食と関連づける研究が報告されはじめたのである。タバコへの非難が多少はそちらに流れる可能性があったことを考えれば、業界が関心を抱いたのも理解できる話だ。米国立がん研究所が資金を提供した研究の中には、43カ国の食習慣と喫煙習慣を調べて、脂肪摂取と肺がんとの間に相関を見いだしたものもあった。喫煙率が高いが食事の脂肪分が少ない日本で米国より肺がんが少ないのも、このことから説明がつくかもしれなかった。この研究報告は、「高脂肪食は、新たながんを破壊する体の正常な能力を低下させることで肺がんを促進する可能性がある」(注11)と指摘していた。これはタバコ産業にいっときの安堵をもたらしたかもしれない。しかしフィリップモリスにとっては、それはほんの束の間だった。1986年に発表されたこの論文を、同社の重役たちは「極秘」のスタンプを押してからファイルに収めた。フィリップモリスはもはやタバコ企業だけではなくなっていたからだ。全米最大の加工食品メーカーとなる歩みがすでに始まっていた。そうなると、脂肪に対する見方も異なってくる。後にタバコ産業全体を覆い尽くすニコチン批判の火の手は、この頃はまだ散発的な訴訟とかまびすしい批判といった程度で、フィリップモリスは十分抑え込めると踏んでいた。そして食品大手の買収に着手した1980年代、フィリップモリスは食品部門を、タバコに代わるものとしてよりは、大ヒットブランドの手札を増やすための手段として見ていた。そこにこの論文が飛び込んできたのだった。飽和脂肪酸は糖分と肩を並べる懸念材料になりつつある。安堵をもたらすどころか、いずれニコチンと同じような対応が必要になる。フィリップモリスの経営陣はすぐにそう認識した。

1990年、フィリップモリスと契約する弁護士がカリフォルニア州ラホーヤに集められ、同社の法務責任者フレッド・ニューマンがこの大部隊に戦闘準備命令を出した。(注12) ニューマンはまずマールボロについて「史上最大の成功を収めたブランドの一つ」と話した。1954年にたった1％だった市場シェアは、この年には26％に達し、ニューイングランド州の人口にダラス、デトロイト、首都ワシントンの3都市を足したほどの愛煙者数を獲得していた。しかし、拡大を続ける複合企業であるフィリップモリスは多数の新しい課題も抱えている、と彼は付け加えた。「タバコだけではありません。アルコール、赤身肉、乳製品、飽和脂肪酸、糖分、ナトリウム、カフェインなど、当社の多数の製品に使われている原材料が懸念材料になり得ます。タバコ事業でわれわれが直面している課題、すなわち税金、ラベル表示、マーケティングや広告の規制、製造物責任などをめぐる状況は、皆さまもよくご承知のとおりです。今後はアルコール飲料や食品でも同様の課題に直面することになるでしょう。これらのブランド群は当社の経営においてますます重要性を増しており、その分、これらブランドの権益を守る必要性も増しております。ここにお集まりの皆さまには、これらの領域で当社権益を確立・維持していくうえで、重要な役割を担っていただくことになります。最終的な戦場は法廷です。そこでの皆さまの動きは全米に影響を及ぼします。力を合わせて成長することが、フィリップモリス傘下の全企業・全ブランドが今後発展していくための礎となるのです」

弁護士だけでなく、製造現場も同様だった。その同じ年、フィリップモリスCEOのハミッシュ・マクスウェルは、消費者の多様な懸念に敏感に反応するよう食品部門のマネジャーたちに求めた。「情勢が変化する中、諸君も、健康上の懸念や、そのほかわれわれのビジネスに絡む諸問題について考えていることと思う。当社は、消費者の懸念に幅広く対応していく。食品製品では脂肪分やカロリーの低下に取り組んでいるし、より軽いタバコも開発している(注13)」

この時期のフィリップモリスは、脂肪分に対する消費者の心配は対処可能な範疇だと見ていた。同社の視野にあったのは、消費財産業のお家芸、ライン拡張だ。商品の魅力が多少犠牲になっても健康的なものを買いたいと人々が思うようになったのなら、そうした商品を出せばいい。低タールタバコ、低カロリービール、低脂肪ポテトチップといったこれらの商品は、主力商品になんら脅威を与えなかった。むしろ、うまくやれば、ブランドそのものに新しいファンがついて、元の高カロリー高脂肪商品の売り上げが増えることさえある。フィリップモリス傘下の食品マネジャーたちはあらゆる商品のライン拡張に取り掛かった。

主要ブランドには、フィリップモリスがマールボロで培ったマーケティング技術が惜しみなくつぎ込まれた。他社に先んじていることよりも、市場トレンドに素早くかつアグレッシブに対応することのほうが重要だとタバコ事業で学んだ同社は、食品部門にも同じことを求めた。早くて簡単な食品を切望する米国市場の中で、競合他社を出し抜こうなどとは考えない。それよりも、ファストフード・チェーンが支配している巨大市場の一部を手に入れる。この戦略のもとでフィリップモリスは、チェーン店のレシピを取り入れ、場合によってはメガブランドそのものを取り込んでいった。代表例は、タコスのチェーン店「タコベル」との提携で生まれた超コンビニエンスフード、「タコベル・ディナーキット」である。トルティーヤとチーズソースとレシピを一つの箱に収めたこのキット食品は、1996年にクラフトから発売された。フィリップモリスはこうした取り組みを、詳細なデータをちりばめてウォール街に触れ回った。

1999年、フィリップモリスの最高執行責任者ウィリアム・ウェッブは、集まった投資家やアナリストに次のように話した。「強固な財務体制を維持するため、クラフトが対応してゆくべき大きな環境変化がいくつかあります。まずは、消費者が年々多忙になっていることです。現在、25〜54歳の米国女性の77%が仕事に就いています。1970年の51%から大幅な増加です。増加傾向は今後も続き、2010年には80%程度になると見込まれています。人々が多忙になるにつれて、自宅で調理される食事が減りました。1990年以降、消費者が自分で食事を作るのは平均して週0・5食で、代わりに外食やテイクアウトなど、家庭料理以外の食事が好まれています。クラフトはこのトレンドに対応してライン拡張を行い、忙しい消費者の助けとなる商品を提供しています（注14）。たとえば、すぐに食べられる食事として、『タコベル・ディナーキット』、1人用のマカロニ&チーズ『イージーマック』、昼食用の『ランチャブルズ』などがあります。スナック菓子の部門には、手軽に食べられる商品として、プディングの『ジェロー』、キューブ型チーズなどがあり、飲料でも『カプリサン』『クールエイド』といったシリーズを展開しています。米国人が平日午後4時にする質問のナンバーワンは『今日の株式市場はどうだった？』ではありません。『夕飯はどうしよう？』です。そしてほとんどの消費者は答えのヒントすら持ち合わせていません」。ウェッブは、「タコベル・ディナーキット」の年間売り上げがすぐに1億2500万ドルに達したことも言い添えた。

フィリップモリスは、脂肪分の多い商品を盛んに売り込んでいた時期でも、一方では、肥満と脂肪分（および塩分・糖分）に対する消費者の懸念を追跡していた。入ってくる報告は、次第に雲行きが悪くなってきた。１９６０年代から１９７０年代まで、肥満率にさほど大きな動きはなく、子どもでは５％程度に落ち着いていた。しかし１９８０年になると、すべての年齢層で急上昇が始まった。そのうえメディアでも、米国民の体重増加に警鐘を鳴らす報道が始まった。フィリップモリスは長年、消費者のさまざまな懸念を追跡調査しているが、１９９９年、質問用紙に肥満の項目が追加されると[注15]、加工食品製造に大きな脅威が差し迫っていることが浮き彫りになった。８割の人々が肥満を健康上の重大なリスクと考えていたのである。肥満の原因として３人に１人は「運動不足」を挙げた。が、それよりずっと多い、回答者の半数近くが挙げていたのが「偏った食生活」、すなわち脂肪分と糖分の取りすぎだった。

この年、フィリップモリスの副社長ジェイ・プールは、農業経済関連のある団体に危機感を伝えた。「肥満はもはやこの国の流行病といえる状態です。そして、一部の人が唱える対策は、農場から消費者に至る農業全体に、直接あるいは間接に影響を及ぼしかねません。特定の食品に対する懲罰的課税や、特定の食品のマーケティング制限といった規制案が挙がっています[注16]」

こうしてフィリップモリスが食品批判に対する防衛態勢を整えつつあった頃、突然、タバコ戦線で事態が大きく動いた。同社は１９９０年代半ば過ぎまで、喫煙訴訟に関して、原告が個人であっても政府であっても徹底抗戦する姿勢を貫いていた。そして投資家には、勝てないケースもあるかもしれないが大勢には影響しないと説明していた。そこに、すべてのタバコ裁判に終止符を打つ訴訟が起きた。喫煙で病気になった人々の医療費が膨らんで財政難に陥った40以上の州政府が、タバコ業界の取ったさまざまな手法が欺瞞的で不正であるとして、裁判を起こしたのである。まとめ役を務めたミシシッピ州の手練れの検事総長、マイク・ムーアはこの訴訟について、「前提はシンプルだ」と話した。「あなた方が健康被害を引き起こした。支払うのはあなた方だ」。1998年に原告側が勝訴した。フィリップモリスは他の大手タバコ企業とともに和解に応じ、瀕死状態に陥った各州の医療費システム立て直しのため、総額3650億ドルもの大金を支払うことに合意した。さらに業界は、食品医薬品局（FDA）が今後定めるタバコの規制に従うことと、パッケージの警告文を強めることにも同意した。

だがフィリップモリスには、裁判の勝敗以上に気がかりなことがあった。それは、欺瞞的で不正だという告発によって世論の潮目が変わったことだった。それまで人々は、喫煙を個人の意思決定によるものだと見ていた。しかし、業界がマーケティング戦術を駆使している実態や、喫煙リスクを事前に把握していたことなどが広く知られるようになり、業界の責任を問う声が大きくなったのである。和解後、フィリップモリスの戦略担当者らは全社業務を徹底的に検証した。そうして策定された1999年の戦略計画は「タバコ戦争から学んだこと」と題された。(注17) この流れの中で、肥満問題に対するクラフトの方針も見直されることになった。

戦略計画は、フィリップモリス全社に、消費者との向き合い方を変えることを求めていた。「人々の懸念にきめ細かな注意を払い、きちんと対応することが重要である。否定して済ませようとするのではなく、解決策を考えよ。マーケティングと同じで、顧客と議論してはならない。顧客のニーズや信条に応える。当社の事業の成否は、世間に受け入れられるかどうかにかかっている」。

タバコ事業ではニコチンがくびきとなってしまった。しかし食品部門が抱える同様の爆弾は一つどころか三つ以上ある、計画書はそう警鐘を鳴らした。「メディアは、食べ物に含まれる脂肪分、塩分、糖分やバイオテク産物について、報道の準備を熱心に進めている。批判者の中には、やたらと声高に叫ぶ者や、少々の変わり者もいる。無責任なレポーターもいる。が、だからといって彼らを無視できるわけではない。彼らは立ち去ってはくれない。反対派が勢力を増しているのに、ただかぶりを振って何もせずにいたら、彼らが投げつける石をやがてわが身に受けることになる。そして遠からず、われわれは群集に囲まれて世間から見えなくなってしまうだろう」

この動乱期のフィリップモリスを率いたのが、CEOに就任していたジェフリー・バイブルだった。彼は、2001年、消費者懸念に直面した食品マネジャーたちを統括するのに、かつてシカゴ近郊のクラフト本社で18カ月を過ごした経験が役立ったという。彼は私にこう話した。「あれは非常に困難な時期だった。渦中にいた人間でなければわからないだろう。食品に対する目が厳しくなり、われわれは自問した。『われわれは、タバコ事業をいわゆる社会ニーズに合わせようと苦心している。では、食品産業はどうだ?』と。同じ轍は踏みたくなかったからね」(注18)

フィリップモリスがタバコ戦争で学んだことの一つは、他のタバコ企業との関係、というよりもむしろ関係の欠如だった。タバコ企業は互いを疑いの目で見ていた。フィリップモリスが喫煙の健康被害の一部責任を認める発言を始めると、ライバル企業はその動機を勘ぐった。彼らからすれば、同社の動きはよくても消費者のご機嫌取りであり、中には、肺がんへの懸念が高まっていない海外に販売先を移すための時間稼ぎと見る向きさえあった。このためフィリップモリスは、食品分野でも、ライバル企業からの拒否とあら捜しに甘んじながら独自に問題解決にあたるしかないと考えた。

ゆえにバイブルも、肥満問題への対処を食品業界全体に呼びかけることはしなかった。彼はまた、傘下の食品マネジャーたちにも、アクションを起こせという単純な命令はしなかった。彼らの会社への忠誠心はタバコ部門の重役ほど厚くはないことをシカゴの経験で知っていたからだ。彼は私に言った。「食品部門のスタッフはわれわれとは血統が違っていた。フィリップモリスと同じような忠誠の社風はない。それに、何であれ彼らを説得するのは至難の業だった。『あなたはわかっていない。消費者はこれが欲しいのだから、作らなければ』と言われるだけだ。事業の目的や目標と、消費者のためになる商品。二つのバランスを取らなくてはならなかった[注19]」

そこでバイブルは、塩分・糖分・脂肪分についてそれとなく話すことから始めた。――米国人がこれらを大量に使った味に慣れてしまったこと。消費者のためを思えば「糖分ゼロ、脂肪分ゼロにすべきかもしれないが、そうすれば売り上げもゼロ」になるだろうということ。クラフトにとっては、ジャンクフードと健康的な食品との間に「中間点を見いだし」、そこをまたいで立つのが最良の立ち位置かもしれないこと――。バイブルはまず、こうした話をクラフト幹部と個別に交わすようになった。その1人が、1972年にゼネラルフーヅに入社し食品開発者としてクラフト重役になっていたジョン・ラフだった。国際的な知識も経験も豊富なラフは、フィリップモリスの急な回れ右を聞かされても、最初は受け入れがたく、心中複雑だった。「あなたたちが企業責任を語るのか」という思いが拭えなかった。彼は私に話した。

「われわれは長年フィリップモリスを社内から見てきた。彼らが言ってきたのは要するにこういうことだ。『われわれは合法的な商品を作っているし、消費者にリスクも伝えている。われわれの責任ではない、云々』。そういうたわごとがずっとフィリップモリスの防衛策だったし、もともとバイブル自身の見方でもあった」

しかしバイブルのメッセージは少しずつ共鳴を起こしていった。ラフが覚えているのは2001年の出来事だ。バイブルが、タバコに対する会社の考えの変化を詳しく話した。「彼は、フィリップモリスがわが身を振り返ったのはなぜかという話をしていた」とラフ。「そして言った。『われわれは長年、この、われわれの責任ではないという立場を取ってきた。だが、ここに至ってわかったのは、われわれにも責任があると感じる消費者が増えてきたということだ。ならば、何とかしなくてはならない』と」(注20)

熱心な顧客から突然しっぺ返しを食らうという悪夢のような筋書きに、クラフト幹部は目をそらせなくなった。バイブルは、消費者の感情を無視しつづけた結果タバコ産業が支払うことになった代償について話したうえで、本題に切り込んだ。彼は、同じ審判の日が加工食品にも迫っている、と言い、唯一の違いは消費者の懸念の内容だと指摘した。タバコのときはがんだった。「私の予想では」とバイブルは食品部門の重役たちに言った。「食品では肥満が焦点になるだろう」(注21)

最終的にクラフトの上級副社長まで務めたジョン・ラフは、退社6年前の2003年、整形外科医にかかった。運動のときに膝が痛むので診てもらったのだった。医師はＭＲＩ検査を行って、膝の軟骨がほとんどなくなっていると告げた。ラフは太らないために毎日運動をしていたが、成果は上がっていなかった。20年間、毎日5キロメートル以上走って「食べすぎと旅行の多さをカバーしようとしたが、それでも体重が多かった」。そこに、ウオーキングと自転車こぎだけにするよう医師に勧められて、消費カロリーが減ることになった。「摂取カロリーもなんとかせざるを得なくなった。それで食習慣をがらりと変えることにしたんだ」

ラフは、食料品店で自社の製品を買うのをやめなければならなくなった。

ヒトの体は固形食品のカロリーより液体のカロリーを扱うのが苦手である。ラフは栄養学研究がもたらしたこの新しい知見を知っていた。そこでまず、糖分が入った飲み物を一切やめることにした。そして高脂肪・高カロリーのスナックもやめた。「以前は、仕事から帰るとポテトチップの大袋を取り出していた。小さな袋でも2食分なのに、大袋だ。おそらく８００キロカロリーくらいあるだろう。脂肪分も2日分くらいある。それをマティーニと一緒に半分くらい平らげていた。調子が良ければ一袋全部だ(注22)」。彼は、マティーニをダイエット・ジンジャーエールに、チップスを少量のナッツ類に替えた。「40週で体重が18キログラム減ったよ。95キロが77キロになった。それ以来77キロを維持している*20」

思いもかけず、ラフが食習慣改善のただ中にいたときにクラフトも肥満対策に乗り出して、彼はその仕事を任されることになった。これ以上ないほどのめぐり合わせだった。ラフはすでに、健康を気にする一消費者として「これは食べられない、あれも食べられない」とつぶやきながら食料品店を歩くようになっていた。それがクラフト重役としても「これは売るべきじゃない、あれも売るべきじゃない」と言えるようになった。

肥満対策チームには、ラフのほかに、弁護士で上級副社長のキャスリーン・スピアと、渉外担当の上級副社長マイケル・マッドもいた。スピアは、魅力的な商品と過食を助長する商品との間に一線を画そうと模索していた。マイケル・マッドは、1999年、米国最大手の食品企業の経営者たちを集めて肥満対策を呼びかけた人物である。結局、協力を得るどころか叱責された彼は、態勢を立て直し、「クラフトだけでやる」というさらなる難問に挑もうとしていた。その流れで彼は、2003年、外部専門家による委員会を立ち上げたのだった。子ども向けマーケティングの専門家エレン・ワーテラを説得して委員会に招いたのもマッドだった。

委員会が発足したその秋、ラフ、スピア、マッドの3人は寸刻も無駄にすることなく仕事を進めた。もはや彼らは、ひっそり集まる秘密結社ではなかった。クラフトから正式に権限を与えられ、肥満を助長するようなやり方や方針が存在していないか、全社の業務に目を光らせることになったのだ。子ども向けマーケティングについてワーテラが厳しい証拠を突きつけると、3人はそれを改革の第一歩として位置づけ、宣伝活動にブレーキをかけるよう会社に迫った。会社はそれに従い、栄養に乏しい製品は子どもに売り込まないことになった。現在、同社が子ども向けに宣伝する商品は、全粒粉による食物繊維、果物または野菜、主要なビタミンおよびミネラル類を含むものに限られている。

肥満対策チームは次に、ラベル表示に目を向けた。彼らが特に気にしたのは、小さな文字で書かれる「栄養表示」の部分だった。食品医薬品局（ＦＤＡ）が１９９０年代から義務付けたこの表示は、たいてい包装の背面か側面にある。「警告」とは書かれていないものの、実際の内容は消費者への警告に等しいとチームは考えた。ここを見れば、カロリー量はもちろん、塩分・糖分・脂肪分の量もわかるからだ。

問題は、ＦＤＡが定めた計算と表記の方法にあった。各成分の量という重要な情報が、「１食分」という言葉でみごとに仕立て直されていたからである。メーカーは、一つの商品にどれだけの量が含まれているかを消費者に知らせる必要はなく、１食分の数値だけ示せばよかった。これは実に好都合だ。ポテトチップを例に見てみよう。１袋のエネルギーが２４００キロカロリー、脂質が22・５グラムでも、栄養表示欄には1食分としてエネルギー１６０キロカロリー、脂質１・５グラムと表示すればいい。そのうえ、この1食分なるものも大問題だった。これらはＦＤＡが１９７０年代の調査に基づいて１９９０年代初頭に定めたもので、人々の実際の食べ方とはかけ離れていた。食べすぎを助長するジャンクフードではなおさらだった。

おまけに、スーパーサイズ化の傾向もこの1食分というコンセプトを台無しにしていた。食品に

＊20 私は特定のダイエット法を称賛するのは嫌いだが、塩分無添加のナッツ類は勧める人が多い。ハーバード大学栄養学部門の責任者ウォルター・ウィレットと、食事中の脂肪分を専門に研究しているパデュー大学のリチャード・マッテスも、私に次のように話した。ナッツ類はタンパク質が豊富で、「良い」脂肪分である不飽和脂肪酸も多いうえ、満腹感も非常に得やすい。片手に乗るほどの量で満腹感が得られるので、不健康なスナック類を避けるのに役立つという。ただし、食べすぎないことが鍵だ。脂肪分が多いためカロリーも多く、食べすぎればメリットがすぐ帳消しになってしまう。

しても飲料にしても、商品を大型化して消費量を増やすという手法はファストフード・チェーンで始まり、すぐに食品メーカーにも広がった。クラフトのスナック菓子も例外ではない。政府が1食分として定めた量の2〜3倍が入った商品が多かった。肥満対策チームは、それ自体に何も悪いことはない、と議論した。しかしこうした食品は「至福」を生み出すように計算しつくされていて、1食分でやめられる人はほとんどいない。2003年、クラフトが1600人近い成人を調査したところ、3分の1弱は、1食分より多い商品でも開封すると全部食べてしまうと答えた。ダイエット前のジョン・ラフとまったく同じ状態だった。

肥満対策チームは、消費者に注意を促すため、最大の警告であるパッケージ全体のカロリー量を包装の前面に記載するという案を出した。しかしナビスコ部門のマネジャーらから、他社がやらないのであればクッキー市場ではリスクが大きすぎるという苦情が出た。検討の結果、商品全体のカロリー量を、塩分・糖分・脂肪分とともに栄養表示欄に示すことになった。つまり、1食分の表示の隣にもう一つ列を追加して、商品全体の栄養成分を表示することにしたのである。

しかしこれを実行するにはFDAの認可が必要だった。そこで2004年5月、クラフトの幹部はFDAに出向いて二重表示の意図を説明した。(注23) 彼らは、従来の表記をもはや不当と考えていることを話し、自社商品の写真を見せた。その中には、99セントの小袋で売られているチョコチップクッキー「ミニ・チップスアホイ」もあった。わずか85グラムだが3食分に相当し、したがって1食分表記では、重要な栄養情報の数値がすべて小さくなってしまう。

こうした商品を開封して、途中でやめたり、誰かと分け合ったりできる人もいるが、できない人のほうが多い。クラフト幹部はこの調査結果もＦＤＡに伝えた。

「これらの商品は、１食分ずつ食べてもらうなら問題ありません。２食分とか４食分入っている場合はどうするのがベストでしょうか。こちらで計算して消費者に示すべきだと思います」

クラフトが起こした「正直なラベル記載」の動きは、大きな影響を及ぼした。ＦＤＡは、２００３年の話し合いから数カ月後、食べすぎを引き起こしやすい商品について、栄養成分の総量を併記するクラフト方式の採用を検討するよう、業界全体に求めた。２０１２年には、食品業界がさらに踏み込んだ議論を始めた。(注24) そこでは、クラフトがやろうとしたが売り上げを失うリスクが大きすぎてできなかったこと、すなわち総カロリー量をパッケージ前面に記載することも検討事項に上った。


ジョン・ラフはチームの仕事について私に率直に話してくれた。われわれは2度会い、電話でも話した。彼はクラフトの当初の動きを詳しく説明し、子ども向けマーケティングの自主規制やラベル表示の見直しに同社が積極的だったことを話した。しかし加工食品と肥満については、より大きく、より厄介な問題がある。塩分・糖分・脂肪分を大量に使った商品があふれていることだ。私はこの質問を彼にぶつけてみた。

「商品がおいしすぎるせいで、人々が食べずにいられないとしたら?」という質問を投げかけた人はいたのだろうか。そう私は彼に尋ねた。それが問題の一端という可能性はあるのだろうか、と。

「それは常に議論に上った。さまざまな会合でも話題になった」(注25) とラフ。チームが取り組んだ課題の中でもこれが最も難しかったと彼は言った。彼が知る限り、社内で「依存的な」食品を作ろうという話は一切出たことがない。とはいえ、この言葉を使う必要もなかった。社内では、食品技術者からパッケージデザイナーからコピーライターまで、全員が唯一無二の目標を目指していたし、そのことは全社に浸透した認識だった。その目標とは「人々に最も好まれる商品を出すことだ」とラフは言った。

「われわれは、人々が『求める』食品は何かを常に考えていた。そして可能な限りおいしい食品を作ろうとした」

だからこそ、2004年にクラフトが原材料の問題を語りはじめたのは並々ならぬことだった。

加工食品業界は、創成期以来1世紀以上にわたって、原材料の扱いは企業の不可侵の権利だと考えてきた。製品の塩分・糖分・脂肪分の量を決められるのは企業という支配者だけであり、彼らが従う相手がいるとすれば、それは至福ポイントを決める食品科学者だけだった。しかし肥満問題の責任を考え直し、消費者のために正しいことをしようとしたラフたちは、クラフトに行動を起こすよう迫った。2003年後半に彼らが行った提案は異端以外の何物でもなかった。それは、新しく開発する製品の塩分・糖分・脂肪分に制限をかけるというものだった。クラフトの食品技術者やブランドマネジャーたちは、これらの成分を好きなだけ使うことができなくなる。そしてクラフトは実際に、すべての食品カテゴリーに対して、塩分・糖分・脂肪分・カロリーの上限を設定した。350億ドルの商品ポートフォリオ全体でこれらの削減に取り組もうというのだった。

現在、クラフトはこの制限を引き続き重視していると強調する。詳しい情報を得るため、私は2

011年に同社を訪れた。研究開発の現場を見学し、トップ経営陣に面会して、発足から8年後の肥満対策キャンペーンの様子を聞いた。私が会った1人は、フィリップモリスからクラフトに来てその後また戻った同社の法務責任者、マーク・ファイアストーンである。肥満問題への取り組みを会社に迫ったメンバーは、ファイアストーンを味方だと考えていたが、私の質問に対する彼の答えは抑制されたものだった。彼は、競争上の理由から、塩分・糖分・脂肪分の上限に関して詳しくは話せないと言い、実際の使用量も、上限のその後の扱いについても、情報は明かされなかった。

しかし、クラフトの肥満対策を巧妙な策略だと見る競合他社を中心に、多数の疑念の声があがっている。ゼネラル・ミルズの広報担当副社長トム・フォーサイスは私にこう言った。「クラフトはフライングしましたね。悪くないPRでしたが、同社を難しい立場に追い込んでしまった。率直に言いましょう。クラフトはチーズ会社です。どうやったって健康的にできっこない商品が山ほどある。見栄えはすばらしかったが、肝心なところが伏せ字だらけだったわけです」

そこで私は、別の切り口からファイアストーンに迫ってみた。

2004年、クラフトは200の製品で計300億キロ前後のカロリー削減を達成したと発表していた。私はこのことを話し、これに対応する現在のデータはあるかと尋ねた。

「カプリサンだけで1200億キロカロリー減らしました(注26)」とファイアストーン。「ですが、全社の合計は集計していないと思うのでわかりません。近年はナトリウムの削減量を重視しています。去年は2700トン減らしました。それから、2013年までに全粒粉の使用を90億食分増やす予定です。これらが最近の主な成果です」

大きな数字にも思えるが、ミシェル・オバマが肥満対策の一環として2010年に加工食品業界からもぎ取った数字と比べてみよう。(注27)オバマはこうアナウンスした。

「大変喜ばしいことに、業界は、1年間に販売する食品について、2012年までに1兆キロカロリー、2015年までに1・5兆キロカロリーを削減すると約束してくれました。また、脂肪分および糖分の使用量見直し、低カロリー商品の導入、既存の1食分商品のサイズ縮小など、さまざまな改善に取り組む合意もなされました」

とはいえこれらの数字も、実はたいしたことがない。標準的な摂取量とされる1日2000キロカロリーをすべての米国人が守っていると仮定しよう。1年では73万キロカロリーである。1・5兆キロカロリーが削減されても、1人当たりの減少分は1%にも満たない。それよりさらに少ないと指摘する専門家もいる。現実には、2000キロカロリーをはるかに上回っている人が多いうえ、加工食品がわれわれの食事のすべてを占めているわけではないからだ。したがって、1・5兆キロカロリー削減による実際の減少率は、おそらく1%よりはるかに少ない。が、これが最初の一歩であることも確かだ。

クラフトの肥満対策チームを熱心に支持した1人が、共同CEOの1人、ベッツィー・ホールデンだった。彼女のキャリアを考えると、それはやや意外な展開にも見える。ホールデンは1982年にゼネラルフーヅのデザート部門に入ると、ホイップクリーム状の製品「クールホイップ」などのブランド管理で頭角を現し、冷凍ピザの「ディジョルノ」を年間10億ドルの巨大事業に育て上げて名を馳せた。しかし2003年後半になると、クラフトはスランプに陥った。チョコチップクッキー「チップスアホイ」の新商品は鳴かず飛ばず、「フィラデルフィア・クリームチーズ」などの定番商品も売り上げが予想を下回った。この夏、営業収入が予想額に届かず、競争的地位の回復に2億ドルの支出が必要だと同社が発表すると、ウォール街から厳しい批判が相次いだ。

「これ以上大きい問題があるとお考えですか?」(注28)。モルガン・スタンレーのアナリストの質問である。「明らかに他社以下の業績ですが」

プルデンシャル・セキュリティーズのアナリストからも質問が出た。消費者のウエストサイズを心配しながら、売り上げ3%増という目標をどう達成するのかという問いだった。「御社は肥満対策を明言していますが、販売増をどう達成するつもりか、具体的に説明していただきたい。米国の国内販売量を2~3%増やすということは、われわれを太らせることにほぼ等しいと思いますが」

ホールデンは、会社の利益増大と肥満対策とは必ずしも相反しない、と言ってのけた(注29)。彼女は「胃袋シェア」という業界コンセプトを引き合いに出し、クラフトはシェア拡大を目指しているのであって、人々が食べる量を増やそうとしているわけではない、と説明した。しかしウォール街は納得しなかった。クラフトは2003年の夏から秋にかけて肥満対策を強力に推し進めたが、この時期に同社の株価も下がりはじめた。結局この年、競合他社の株価が5%上昇したのに対し、クラフトは17%もの下落を経験した。

この経営不振は親会社のフィリップモリスにとっても最悪のタイミングだった。同社は、ゼネラルフーヅ取得を皮切りに20年近く関わってきた食品事業からの撤退を決めていた。しかし、膨大な株式を安値で手放したくはなかった(株価下落のほかいくつかの要因があって、フィリップモリスの食品関連株売却は2007年までかかった。こうしてクラフトはまた独立経営に戻った)。

ホールデンのクラフトでのキャリアはもっと早くに終わりを告げた。2003年12月18日、ホールデンはCEOを解任され、グローバル・マーケティングの責任者に任じられた。(注30) 事実上の降格だった。私が会ったクラフト幹部らはホールデンを尊敬しており、この人事にはCEO2人体制に無理があったことも背景にあると話した。しかしホールデンは、子どもと過ごす時間を確保するため、この転任から1年半後にクラフトを去った。

肥満対策チームの先鋒として果敢な働きをしたマイケル・マッドも、2004年末にクラフトを去った。彼が招集したエレン・ワーテラら外部専門家の委員会は、消費者のために正しいことをするという方向に会社を導くうえで、マッドたちを大いに助けた。それはまさに先駆的な取り組みで、マッド自身も大きな誇りを持っている。しかし彼は、後に続こうとしない業界の姿勢に苛立ちを募らせるようになった。クラフトは孤立し、新たな圧力にさらされるようになっていった。それは、太った子どもたちのことを考えず、加工食品の基本に立ち返らせようとする圧力、すなわち、人々が最も好む食べ物をどんどん売って株価を上昇させろという圧力だった。

2011年3月3日、クラフトはインド市場に新時代が到来したとアナウンスした。同国で初めて、クッキー「オレオ」の販売を開始したのである。国中の店舗という店舗に商品が並び、テレビにも街角にも広告があふれた。イメージカラーである鮮やかなブルーのバスも仕立てられ、ニューデリーからムンバイまで各地を巡って、「オレオゲーム」に参加する子どもたちを集めた。販促計画には、「12億の人々にオレオの正しい食べ方を教える」という啓蒙テーマまで盛り込まれていた。クラフトの東南アジア・インド・中国地域担当トップは『ツイスト、リック、ダンク（訳注＊回して、なめて、ひたして）』の習慣は、世界中の家庭に団らんのひとときを届けています（注31）」と発表した。

インドに、多糖・多脂肪の食べ物の時代が到来したのだった。オレオの翌月には、「子どもたちをよりハッピーに、よりクリエイティブにするさわやかドリンク（注32）」というスローガンのもと、粉末飲料「タング」が導入された。続いて2012年7月には「トブラローネ」。スイスで製造され、クラフトがすでに122カ国で販売していた三角形のチョコレートバーだ。これらのメガヒット商品が上陸してきたことで、インドの保健政策担当者にとっては栄養失調に劣らず肥満率上昇も心配の種になるのだが、この上陸作戦の背景を理解するには2002年までさかのぼる必要がある。

この年、クラフトのクッキーは米国市場で売り上げ急落という危機に直面した。クラフトは原因を探るため外部に調査を依頼した。戻ってきた報告は事態の激動を告げていた。買い物客がクッキー売り場を避けて通っているというのである。消費者は、商品をカートに放り込んで脇目も振らずに家に帰り、むさぼり食べてしまうことを、非常に恐れるようになったのだった。

当時ナビスコ部門の重役だったダリル・ブリュースターは私にこう話した。

「市場の様相が一変してしまった。オレオにしろ、チップスアホイにしろ、消費者はわれわれのクッキーを愛してくれていた。それが、つい買って全部食べてしまうのではないかと、売り場に行くのを恐れるようになった。みんな『買っては大食する』という行動パターンを、いやというほど知ってしまったのだ。間食で時に起こるのだが、クッキーでもポテトチップでも、いったん開封して食べ始めると、途中でやめられない。気づくと一袋空けてしまっている。大量のカロリーを摂取してしまい、その揚げ句、ひどい後悔に襲われる(注33)」

これはクラフトとフィリップモリスにとって深刻な問題だった。フィリップモリスは、2000年、最後の食品企業買収としてナビスコを負債もろとも189億ドルで取得していた。当時はウォール街もこの動きを称賛した。ナビスコは、チョコチップクッキーの「チップスアホイ」、クラッカーの「リッツ」、そしてクッキー界の女王「オレオ」と、盤石なラインナップで年間83億ドルの売り上げがあったからだ。しかし3年後にこの激変が訪れた。

食欲をコントロールできないという不安以外にも問題があった、とブリュースターは言った。飽和脂肪酸よりさらに有害な脂肪酸としてトランス脂肪酸が注目されるようになり、オレオも訴訟の対象になったからである(現在では、米国の加工食品産業はトランス脂肪酸の使用量を大幅に減らしている)。さらに、炭水化物を徹底的に避けるという「アトキンス・ダイエット」が流行して、甘い食べ物、特にクッキーが真っ先に排除された。消費者は、オレオを見るだけで後ろめたさを感じるようになりつつあった。

なんとかクッキー売り場に足を運んでもらわなければ、クラフトはすべてを失うことになる。同社のナビスコ部門は検討を重ね、2003年後半、消費者の気持ちをなだめる方策を思いついた。アイデアを出したのは、ブリュースターの部下のマーケティング専門家だった。「コントロールを失わずに済む」と消費者に思わせるようなパッケージを作ってはどうか？

こうして生まれたのが、少量パッケージの「100キロカロリーパック」だった。その最初の商品となったのがオレオだったが、実現には少々工夫が必要だった。オレオの目玉である、中に挟まれたクリームは、脂肪分が非常に多く、どうしても100キロカロリーにならない。そこでクラフトはクリームそのものを放棄して、チョコレート味のウエハースにクリーム風の風味をつけた。このコンセプトは当たった。発売直後から飛ぶように売れたのである。そればかりか、クッキー売り場に買い物客が戻ってきて、脂肪分の多い商品も含めて、あらゆるクッキーの売り上げが伸びた。ブリュースターは言った。

「オレオをつい買ってしまうことを恐れて人々がクッキー売り場を避けるようになると、ほかの商品もさっぱり売れなくなった。それが突然、100キロカロリーパックのおかげで売り場に人が戻ってきて、ほかの商品も手に取ってくれるようになった」(注34)＊21

しかし、クラフトにとっての成果は、期待ほどには上がらなかった。ライバル他社もすぐに同様の商品を出したからだ。その目覚ましい売れ行きを、クラフトは羨望と不安に歯がみしながら眺め

＊21 「100キロカロリーパック」のコンセプトは、(注35)程なくスナック菓子の全カテゴリーに広がった。2008年には285点の商品が登場し、大きな売り上げをあげた。しかし2009年になると低迷が始まった。理由にはさまざまな説があるが、その一つは、過食の衝動を抑える効果が少ないというものだ。(注36)事実、ある研究では、過食の傾向が特に強い人では少量包装の効果が最も小さいと報告された。彼らは、1袋食べ終わると次の袋を開けてしまう。そのうえ、販売低迷に対して各メーカーが取った対策も、少量包装のメリットを台無しにした。その対策とは、何種類かの味付けを少量ずつ包装したパッケージ（訳注＊いわゆるバラエティーパック）だ。こうすると、1袋を食べきった後に次の袋を開けたくなる傾向がさらに強くなる。

ることになった。中でも大きな脅威になったのはチョコレート会社のハーシーだった。クラフトが2002年以降のクッキー不振で考えたことは、食べすぎたときに消費者が抱く後ろめたさをいかに和らげるかだったのかもしれない。が、ハーシーはそんなことを心配しなかった。(注37)お菓子売り場が最大の収入源である同社は、消費者のそんな気持ちに慣れっこだったからである。主力商品の「キスチョコ」を見てみよう。毎年120億個が売れるこのしずく形のチョコレートは、売り上げが停滞しかかるたびに、誰もが買わずにはいられないような新バージョンが登場している。ベーシック商品の「キス」から「トリュフ・キス」が生まれ、そこから「スペシャルダーク」が生まれ、そこから「キャラメル・キス」が生まれ、さらに「バタークリーム」「チョコマシュマロ」……と続いているのは、この戦略によるものである。

ハーシーは2003年、この「何でもあり」的なマーケティング手法でクッキー売り場に乗り込んできた。武器は「スモア」だ。スモアはもともとキャンプファイヤーの定番おやつで、マシュマロを焼いて柔らかくし、板チョコと2枚のグラハムクラッカーで挟んで食べるという脂肪分・糖分・塩分たっぷりのお菓子だが、同社はこれをキャンディーバーに仕立て上げた。1個当たり飽和脂肪酸6グラムというこの商品は、大ヒットになった。ブリュースターは言った。「ハーシーが甘さたっぷりの商品でクッキー売り場に殴りこんできて、われわれ食品大手も押し合いへし合いになった」

ナビスコの手札には、脂肪分が少なく、したがって魅力も少ないクッキーしかなかった。ブリュースターによれば、彼と部下たちは、ココアのグレードを上げるなどの試作を繰り返して、脂肪分を増やさずに魅力を高める方法を全力で模索したという。しかし最終的には、脂肪分に頼らざるを得なくなった。それは、ソフトドリンクからランチ商品まですべての商品に塩分・糖分・脂肪分の上限を課すというクラフトの肥満対策に逆行するものだった。ハーシーに対する競争力を保つには、例外扱いが必要になった。

クラフトは、クッキーを例外扱いにする代わりに、「チョコ・ベーカリー」という新カテゴリーを設けた。このカテゴリーの脂肪分上限はハーシーと渡り合える高さに設定された。「われわれが目指したのは、他社より劣らないこと、理想的には他社に勝ることだった(注38)」とブリュースター(彼は2006年にクラフトを退社し、ドーナッチェーン「クリスピー・クリーム」のCEOに就任した)。クラフトの研究開発室が生んだ個々のクッキーは、それほどアンチ・ダイエット商品ではない。しかし全体で見ると、同社はダイエットに失敗してリバウンドに走った人のような様相を呈しはじめた。100キロカロリーパックに続いて登場したオレオのシリーズは、「トリプル・ダブル」「バナナ・クリーム」「ファッジ・サンデー・クリーム」「ゴールデン・ダブル」など。そして2007年には、ソフトタイプのクッキーでチョコクリームかバニラクリームを挟んだ「オレオ・ケーキスター」が発売された。飽和脂肪酸が従来品の1グラム増、糖分が4グラム増、エネルギーも92キロカロリー増という商品だった。

2012年に誕生100周年を迎えたオレオは、ラインナップ拡充によって、米国だけで年間10億ドルの売り上げを達成した(注39)。しかも、それすら成功の半分でしかなかった。同年、米国以外でも10億ドルの売り上げがあったからだ。こうしてクラフトの肥満対策キャンペーンは、次第に色合いが変化してゆく。菓子部門のシェア低下の兆しを感じ取ったクラフトは、世界市場を掌握することでライバルを制する方策に打って出た。最大の動きが起きたのは2010年初頭だった。(注40) クラフトは、世界的なチョコレートメーカーであるキャドバリーを196億ドルで買収し、2社の製品と販路をフルに活かす戦略に着手した。

アジア各国の人気ブランドだったキャドバリーは、オレオの販路確立にうってつけだった。その理由は、2012年、クラフトの新CEOアイリーン・ローゼンフェルドが金融アナリストらにした説明によく現れている。会合の雰囲気は、前任者のベッツィー・ホールデンが強打を浴びた2003年とはまるで異なったものになった。肥満に関する質問は一切出なかった。その必要がなかったからである。ローゼンフェルドの話は利益をいかに増やすかに集中しており、アナリストたちを満足させた。彼女は、同社のスナックが嵐のように世界を席巻していると語り、「成長の好循環」が起きていると話した。

「キャドバリーの合併以降、チョコレートに後押しされて当社の事業分野の成長は加速しています」とローゼンフェルド。

「インドを例にお話ししましょう。われわれは陳列用の冷蔵ケースを倍増して、都市圏から離れた農村部にも販路を広げました。冷蔵ケースはコンパクトでありながら視認性もよく、インドの暑い気候でもチョコレートを適温で販売できます。その結果、キャドバリーの主力商品『デイリーミルク』チョコの売り上げは昨年約30%上昇しました。ビスケット事業も驚くほどの変革を遂げています。今年100周年を迎えたオレオは売り上げが50%アップしました。発展途上国だけで見れば、オレオの売り上げは2006年から500%アップしています。いわゆる成熟期の製品としては、いえ、そうでなくても驚くべき数字です」

2011年のクラフトの純収入は10・5%増の544億ドルだった。確かに目覚ましい数字だ。2012年、クラフトはキャドバリーとのシナジー効果を本国の米国にも拡大した。パンやクラッカーに塗る新しいスプレッドとして、クリームチーズにミルクチョコレートを混ぜた商品を発売したのである。チーズの脂肪分とチョコレートの脂肪分・糖分を合体させたこの「フィラデルフィア・インダルジェンス(訳注＊indulgence＝道楽、耽溺)」は、小さじ2杯で、飽和脂肪酸が1日上限の4分の1、糖分は米国心臓協会が推奨する1日上限の半分も入っていた。

クラフト社内では、この新商品が原材料上限のポリシーにひずみをもたらした。同社の広報担当者によれば、「フィラデルフィア・インダルジェンス」は、社内方針で糖分添加を認めていないチーズには該当せず、スプレッドまたはディップに分類されているという。市場では、この菓子とチーズの結婚は、数々のきらびやかなコメントで祝福された。ある男性は同社のウェブサイトにこう書き込んだ。「妻は今朝コマーシャルを見た直後に着替えて買いに行ってきた。チョコレートとクリームチーズ! みんな、ブルームバーグ(訳注＊ニューヨーク市長。大型サイズの清涼飲料の販売を制限するなど、強硬な健康政策で知られる)が『処方箋がなければ販売できない』って言い出す前に買ったほうがいいよ(注41)」

ほかにも投稿が続いた。「やられたって感じ」「レシピのアイデアが尽きたら、手に塗って舐める!!!」「顔ごと容器に突っ込みたい」

私はこの商品に、シアトル在住の肥満研究者アダム・ドレウノウスキーの研究成果を思い出した。脳と脂肪との関係だ。脂肪は糖の2倍という大量のエネルギーを含んでいる。食物中の脂肪分が多いほど、体は体脂肪として多くのエネルギーを蓄え、将来の栄養不足に備えることができる。だから脳は脂肪分を大親友だと思っている。われわれの脳は、十分食べたときに信号を出して過食を防いでいるのだが、脂肪分の場合はこのメカニズムの起動が遅い。

ドレウノウスキーは、この信号メカニズムが甘い食べ物にはよく反応することを知っていた。子どもでも糖分が多すぎるものは食べたがらない。しかしドレウノウスキーが発見したように、脂肪分には至福ポイントがないらしい。あったとしても成層圏くらいのかなただ。チーズと牛肉が加工食品の強力な原材料となったのもまさにこれが理由だった。しかし、これもドレウノウスキーの発見だが、脂肪分は糖分と一緒になるとさらに強力になる。このコンビに出会うと、脳は脂肪分の存在をほとんど検知できなくなり、過食を防ぐブレーキがオフになってしまう。

もちろん、加工食品業界が相乗効果を見いだした原材料は、糖分と脂肪分だけではない。加工食品の3本目の柱、塩分が解き放つ真の魔力を、次章から見ていこう。

SALT
SUGAR
FAT

第III部 塩分

第12章 人は食塩が大好き

1980年代後半、ある脅威への注意を呼びかける報道番組や論説がにわかに増えた。その脅威とは高血圧である。保健調査から、米国人の4人に1人が高血圧で、しかも患者数が増えていることが明らかになったのだった。医師たちも各地で記者発表を行って危険性を訴えた。高血圧は、うっ血性心不全など命に関わる症状を起こすまで気づかずにいる人も多く、「サイレントキラー（沈黙の殺人者）」というあだ名までついた。正確な原因は明らかになっていないが、主な要因として肥満、喫煙、糖尿病などが挙がっている。塩分もその一つだ。

問題は、塩そのものではなく、食塩（塩化ナトリウム）を構成する元素の一つ、ナトリウムにある。さらにややこしいことに、ナトリウム自体がまったくの悪者というわけでもない。少量のナトリウムは健康維持に不可欠だ。問題は、米国人がナトリウムをとにかく取りすぎていることにある。摂取量が、必要量の10倍、人によっては20倍にも達しているのだ。この量は、必要量どころか、体が処理できる限界量もはるかに超えている。ナトリウムを取りすぎると、体の組織から血液中へと水分が引かれて、血液量が増え、心臓はより強く血液を送り出さなければならなくなる。その結果、血圧が上昇する。

ナトリウム摂取量を減らす方法を探した保健当局は、すぐに明確なターゲットを見つけだした。食塩のシェーカー（振りかけ容器）だ。まったく論理的な結論に思われた。シェーカーは常に食卓にあって、各人の間で手渡され、まるで次の料理を待つ見張り番のように置いておかれる。昔から米国の食卓風景の一部であり、収集して飾る人もいるほどだ。食品メーカーとて例外ではなく、たとえばコカ・コーラ社はコレクター向けアイテムとして、コーラ缶のミニチュアのようなシェーカーを出している。

これほど生活に浸透しているのだから、矛先が向いたのも当然と言えるだろう。当局は、シェーカーを捨てるか、少なくとも飾り棚に追いやるよう国民に呼びかけた。米国心臓協会も1989年、料理の味付けに食塩以外の選択肢を持ち込もうと動いた。「食塩習慣をシェイクしよう」というスローガンを掲げ、唐辛子や、バジル、タイムなどのハーブをブレンドして食塩の量を減らした独自のシェーカーまで売り出した。

しかし、食卓のシェーカーが米国人の食塩摂取にどれほど寄与しているのか、多少なりとも正確に把握しようとした者はいなかった。膨大な消費量は、もっと別の大きな事態が進行中だと告げていたはずなのだが、見過ごされた。摂取量が特に多かったのは10代の男子と40歳以下の成人男性で、1日10グラム以上（注1）（小さじ2杯近く）。しかも、これは平均値であり、さらに大量を摂取している人がかなりの数に上るはずだった。女性は成人・子どもとも1日小さじ1杯強程度だった。が、これだけ考えてもシェーカーが出どころでないことは明らかなはずだった。

ではこの塩分は一体どこから来ていたのだろうか。

答えを出したのは、1991年、栄養学の専門誌『ジャーナル・オブ・ジ・アメリカン・カレッジ・オブ・ニュートリション』に掲載された研究報告だった。(注2)米国人のナトリウム摂取源を突き止めるため、2人の研究者が巧みな実験を行ったのである。彼らは、料理に塩をかけるのが好きな62名の成人を集めて、計量済みの食塩シェーカーを手渡し、自宅で1週間使ってもらった。これが誠実な研究だったことは疑う余地がない。2人はモネル化学感覚研究所の研究員だったからだ。糖分の至福ポイントを正確に算出したり、脂肪分の分子構造にまで分け入っておいしく感じる理由を解明したりしているモネルは、確かに大手食品企業から資金面でかなりの支援を受けている。しかしだからといって、独立の気概を持つ研究員たちは、加工食品産業への苦言をためらわない。彼らは、影響力に物を言わせて米国民の食習慣を変えてきた業界のやり方、特に糖分の使い方を、容赦なく批判する。甘い物を欲しがる子どもの体の仕組みを業界が利用してきたことを、研究からはっきり知ったからだ。ナトリウムの摂取源究明に乗り出した2人も、この点でまったく同様だった。

62名の参加者たちは、その1週間、食べたり飲んだりしたものを細かく記録するよう指示された。参加者に渡されたシェーカーには、尿検査で検出できる成分(トレーサー)が入っていた。記録の信頼性を高めるためである。毎日採尿してもらって検査すれば、シェーカーが食塩の全摂取量にどれだけ寄与しているかを正確に把握できる。1週間後、研究者らは集まったデータをざくざくと噛み砕きにかかった。

飲料水はナトリウムをほとんど含んでいなかったため、摂取源の候補から除外された。ナトリウムは、ブロッコリーやホウレンソウなどの食品にも含まれている。が、これらの食品は暴食でもしない限り数値に差は出ない。食事に含まれる天然のナトリウムは、全摂取量の10%強にすぎなかった。そして、問題のシェーカーは、全摂取量のたった6%しか占めていなかった。

この研究が数世紀前に行われていたら、結果はずいぶん違っていただろう。たとえば16世紀のスウェーデンで広く食べられていた魚の塩漬けなどは、現在よりさらに多いレベルまでナトリウム摂取量を押し上げていた。それに、冷蔵庫が発明されるまで、塩は肉や魚の保存に世界中で大量に利用されていた。(注3) しかしモネル研究所の実験に参加した人々では、食物中の天然のナトリウムと、食卓で最後に加えられるナトリウムは、合わせても全摂取量の2割弱しかなかった。残りはどこから来ていたのだろうか?

この研究が行われた1991年は、自宅で料理する米国人が急減し、その分、加工食品の消費量が着実に増えていた時期だった。実験参加者たちも例にもれず、料理の多くをスーパーの陳列棚で調達していた。その便利さの対価が塩分だったのである。参加者たちの1週間の塩分摂取量の4分の3が加工食品由来だったことを、モネルの研究者たちは突き止めた。マカロニ&チーズであれ、チキンディナーであれ、スパゲティソースやミートボールであれ、ドレッシングであれ、ピザであれスープであれ、ありとあらゆる商品に大量の食塩が投入されていたのだ。減量を目指す人や糖尿病などをコントロールしたい人向けとうたった、低脂肪・低糖の商品でさえ同じだった。食料品店の店頭に、塩分が使われていない商品はごく少数しかなかったといえる。塩分は、加工食品の消費量と売り上げを増やすためのツールとして、糖分や脂肪分と同じかあるいはそれ以上に重要な存在となっていた。

塩分の力は、業界最大の供給業者カーギルの販売資料に見事にまとめられている。「人は食塩が大好きです。甘味、酸味、苦味、塩味という基本味の中でも、塩味は特に欠かせません。ベーコンからピザ、チーズ、フライドポテト、ピクルス、ドレッシング、スナック類、パンや焼き菓子に至るまで、あらゆる食品の味の魅力を引き出すのが塩、すなわち塩化ナトリウムです(注4)」

人々は塩分が大好きどころか、塩味のする食べ物を渇望する。スーパーマーケットは塩分たっぷりの食品の金鉱、見方を変えれば地雷原だ。加工食品の塩分量を見ていく前に、まず2300という数字を頭に置いておこう。これは、連邦政府がナトリウムの1日上限として定めた値で、単位はミリグラムである(注5)。2010年、政府は、塩分の影響が特に出やすい人を対象に、この上限を引き下げた(注6)。51歳以上の人、黒人、糖尿病か高血圧か慢性腎臓病がある人、計1億4300万人である(注7)。米国成人の6割弱を占めるこれらの人々は、ナトリウム摂取を1日1500ミリグラム以下にするよう強く推奨されている。食塩で言えば小さじ1杯以下だ。

これらの上限を考えると、なぜわれわれがナトリウムの取りすぎになり、特に10代以上の男性で上限の2倍にもなってしまうか、よくわかる。食料品店に出かけて、加工食品のラベルを見てみればいい。しかも塩分に関しては、ナチュラル派も油断できない。健康志向をうたったメーカーでも塩分は大量に使っているからだ。たとえば、エイミーズの「オーガニック・ミネストローネ・スープ」には1カップ当たり580ミリグラムのナトリウムが入っているし、ニューマンズの「オーガニック・パスタソース」は半カップで650ミリグラムである。私がニューヨーク市の大型スーパーで見つけた一番のお気に入りは、「ハングリーマン」ブランドの冷凍ディナー(注8)、七面鳥ローストだ。箱の側面の成分表に、食塩は断然トップの9カ所登場する。ご親切にも、食材ごとに分けて成分が表示されているのである。食塩は、肉、グレイビーソース、肉の中の詰め物、ポテトにももちろん使われていたが、それだけではない。「七面鳥タイプの香料」なるものの主成分であり、「ポテト香料」というこれまたミステリアスな食材でも原材料の最初のほうに挙がっていた。合計すると、この電子レンジ食品一つのナトリウム量は5400ミリグラム。2日分の上限以上だ――ベビーブーマー世代でなく、黒人でなく、特定の病気もない人なら。これらの人々では1週間の半分の塩分をまかなえる計算である。

3日半分もの塩分を一度に食べたいと思ってしまうのはなぜなのか。私はその理由を知るため、またモネル研究所を訪れた。今回は糖分や脂肪分の至福ポイントについて知るためではない。塩分に関する最新の研究成果を知るためだ。食塩シェーカーの実験を率いた研究者は、その後、脂肪の口当たりの研究プロジェクトに移っていた。しかしモネルには現在、塩分研究の第一人者がいるという。実験心理学の分野でトレーニングを積んだ生物学者、ポール・ブレスリンだ。彼はモネル研究所から70キロメートル北のニュージャージー州プリンストン・ジャンクションに住み、ラトガース大学でも研究と講義を行っている。私はこちらの研究室を訪ねることにした。ブレスリンの研究室には、まず試食室がある。いくつかのブースに分かれていて、被験者が椅子に座り、飲み物や食べ物を口にして好き嫌いを答えるという、典型的な試食室だ。その隣の小さなスペースでは、食品科学の世界にはちょっと珍しい実験設備ができあがりつつあった。冷蔵庫のような外見（ただし温度設定は25℃）の大きな金属キャビネットがある。ここでブレスリンはショウジョウバエを飼育するという。ショウジョウバエは、塩分の謎を解明するのにとても役立つからだ。遺伝子の操作が容易なので、特定の特質を詳しく調べることができる。しかも、味覚が驚くほどわれわれと似ている。「われわれが好む食べ物はたいてい彼らも好むし、われわれが嫌いだと思うものは彼らも嫌います」[注9]とブレスリン。「ヒトもショウジョウバエも発酵食品が好きです。ワインやビール、チーズ、酢、パン。だから彼らは台所に出没するんです」

ショウジョウバエは塩が適度に効いた食べ物も好むという。そしてショウジョウバエの遺伝子操作によって、ヒトの口が塩分を検出する仕組みが細胞レベルで明らかになってきた。現在ブレスリンは、ヒトが塩味をどのように感じるかではなく、なぜこれほど塩味を好むのかを、ショウジョウバエを使って調べているという。

つまるところ食塩は、地面から掘り出すか海水を蒸発させるかして得られる、何の変哲もない白い粒にすぎない。

ブレスリンは、自分が研究する食品を愛し、また愛する食品のことを深く考えるタイプの研究者だ。モネル研究所の一部の同僚と同じく、彼も大手食品メーカーへの批判を遠慮しない。彼の苛立ちの種の一つは、減量したい人向けとして各メーカーが出している低カロリーのアイスクリームである。ブレスリンは、これらはかえって暴食を促すだけだと考えている。「私に言わせれば、低脂肪・低糖のアイスクリームという考え自体が矛盾しています。メーカーの狙いは1日何リットルも食べてもらうことにあるのでしょう。でもアイスクリームというのはそういう食べ物ではありません」(注10)。ブレスリン自身は、本来の食べ方、つまり少量の楽しみとしてしかアイスクリームを食べないという。そして彼もまた、スリムな体形で、過食の衝動に振り回されることはなさそうだ。科学者としても消費者としても彼が今夢中になっているのは、オリーブオイルである。最高級のオリーブオイルは喉の奥を刺激して痛みや痒みを引き起こすが、これは抗炎症薬のイブプロフェンによる刺激と似ている。食物でも薬剤でも、炎症を抑える化合物が病気の治療や予防に役立っているのかもしれない。これがブレスリンの研究テーマだ。彼のもとには友人たちからも高価なオリーブオイルが届くようになった。が、こちらは研究用ではない。彼は食品としてのオリーブオイルも大好きになってしまったからだ。時には少量をそのまま飲むこともある。定番であるパンもつけない。芳香を丸ごと味わいたいからだという。

だが何と言ってもブレスリンが好きなのは塩分たっぷりの食べ物だ。われわれは近くのギリシャ料理のデリで昼食を調達してきて、結局、大量の塩分を取ってしまった。食塩水で熟成させたフェタチーズに、塩味の効いたホウレンソウのパイ。店先でブレスリンはグリーンオリーブの塩漬けも指さした。「ぜひ食べてみてくださいよ。僕はずっと前からこれが大好きなんです」。店員が一つ手渡してくれた。塩とニンニクの効いた漬け汁の味。確かにすばらしい。別のオリーブを味見したブレスリンの目にも喜びの色が浮かんだ。「昔は高血圧すれすれで、気を付けるように言われていました」とブレスリン。

「でも、ずいぶん前から血圧が正常になって、気にしなくなりました。私は塩辛い食べ物が大好きです。ほんとうにおいしいものを食べたという心理的な報酬なのか、それとも、塩分が私の体に何かいい作用をしているという生理学的なものなのか、わからないのですが、個人的に、こういう食べ物を食べると体調がいいと感じます。運動したときのような力強さという意味ではありません。大好きなアイスクリームをちょっとだけ食べた後のように、いい感じがするのです」

われわれは研究室に戻って、塩分が生み出す快楽の謎について話を続けた。ブレスリンの話を聞くほどにわかったのは、謎の大部分が未解明だということだった。そもそも、塩分が喜びの感覚をもたらすこと自体が、考えてみれば不思議な話である。塩は滋養もへったくれもない、ただの鉱物なのだ。糖分と脂肪分は、植物や動物に含まれる成分であり、われわれが必要とするカロリーを供給してくれる。ＭＲＩで脳を撮影しながら糖分や脂肪分を口にしてもらうと、脳が反応して快楽信号が伝わる様子が見えるのも、納得のいく話である。脳には、食事やセックスなど、生存と種の保存に役立つことをした時にわれわれに報酬を与える仕組みが備わっているからだ。

もちろん塩分がまったく無意味というわけではない。食塩に含まれるナトリウムが健康に不可欠であることは軽視すべきでない。１９４０年、ある子どもの症例報告が医学専門誌に掲載された。(注11)彼はナトリウムをほとんど吸収することができなかった。生きるためには大量の塩分が必要で、彼自身そのことを本能的に知っていた。彼が最初に覚えた言葉の一つが「塩《ソルト》」だったという。彼は１歳でクラッカーの表面の塩をなめるようになり、やがて食塩シェーカーから直接塩を食べるようになった。しかし両親にも医師にも、彼がどんな状態なのか見当がつかなかった。やがて長く入院することになった彼は、塩分の少ない食事しか与えられず、亡くなってしまった。これほど極端ではないにしても、ナトリウムが不十分な食事をしていると問題が生じることがわかっている。たとえばラットでは骨や筋肉が十分に増えず、脳も小さくなる。だがほとんどの人は、ごく少量のナトリウムしか必要としない。ではなぜわれわれは大量の塩分を取ってしまう傾向が強いのだろうか。ここが大きな謎だ。

謎を解く鍵の一つは、味覚地図にある。

「甘味を感じるのは舌先だけ」という例の図だ。この図によれば、塩味を感じるのは舌の前方の左右の端ということになっている。だがこれも、甘味の場合に負けず劣らず間違いだった。われわれは塩味を、甘味と同じく口全体で感知している。

「誰でも自宅で確認できますよ」とブレスリン。「レモン果汁、ハチミツ、エスプレッソの泡、塩水を用意して、舌先だけを入れてみればいい。それぞれ酸味、甘味、苦味、塩味を感じるはずです。これだけで味覚地図はアウトです。それに、塩味を感じるのは舌先だけではありません。塩味に関して、ヒトの体は大きなスポンジのようなものです。糖分と同じように、塩分を検出する受容体は口全体に分布しているし、腸管にもあります」

塩味センサーがこれだけ備わっていることを考えると、われわれの体は大量の塩分を欲しがっているようにも思える。われわれがこれほど塩味を感じやすくできていなければ、そして塩味がこれほど魅力的でなければ、プレッツェルを求めてキッチン中を探し回る人などいないだろう。糖分と脂肪分だけで満足できるはずだ。どうやら塩分への欲求は進化の過程に理由があるらしい。すべての生物が海の中で生きていた時代、動物は何の苦労もなくナトリウムを摂取できた。周りが全部塩水だったからだ。しかし動物が陸に上がった頃、気候は暑く乾燥していた。海から出てきたわれわれの遠い祖先は、食物を探すときに塩分のことも忘れないための手段として、塩味の受容体を発達させたのかもしれない。

これは確かに説得力のある話だ。しかし現代人は、塩のことを忘れないどころか、むさぼるように摂取している。だからこそ半週分の摂取量相当の塩分が入ったレンジ食品が売れるし、私が先日の午後、ヤンキースタジアムで買ったポップコーンもずいぶん塩辛かった。おかげで私は二つのイニングを満足に見られなかった。1回目はポップコーンを買うために列に並んだから、2回目は喉が渇いた子どもたちのために飲み物を買う羽目になったからだ。われわれは、ある種の食べ物を渇望する。これはモネル研究所をサポートする食品企業が決して触れたがらない話題である。しかし同研究所の研究員であるブレスリンは、この渇望について自由に意見を言うだけでなく、もっと危ういテーマもためらわずに話す。そのテーマとは、塩辛い食べ物と薬物濫用との関係だ。

一部の食品が麻薬のような振る舞いをするという指摘は、科学者の間で少なくとも20年前からなされてきた。ブレスリンが特に気に入っている論文の一つ(注12)も、食塩シェーカーの研究と同じ1991年に発表されたものだ。シンシナティ大学の精神医学教授スティーブン・ウッズが書いたその論文は、食事を麻薬使用と対比させていた。体は平衡状態を保とうと常に目を光らせている。この仕組みをホメオスタシスという。ウッズによれば、食事も麻薬もホメオスタシスを大きく揺さぶるという。ブレスリンは私にこう話した。

「食べたものは何であれ、最終的には血液中に入ります。しかしわれわれの体は、二酸化炭素であれ酸素であれ、あるいは塩分、カリウム、脂質、グルコースであれ、血液中のあらゆる成分を一定に保ちたがっている。おそらく体にしてみれば、われわれが食事を一切取らず、点滴か何かで血液成分をずっと一定に保てるなら、最高に幸せでしょうね。食事をするとあらゆる成分が血液中に入ってきて、ホメオスタシスを乱します。体の反応は『おいおい、なんてことしてくれるんだよ。あーあ。どうにかしなきゃ』といったところです。ホメオスタシスが乱れたら、元に戻さなくてはならない。たとえばインスリンもそのための物質の一つで、糖分を血液中から細胞に押し出す働きをします。薬物を使用したときもこれとまったく同じことが起こります。ヘロインを注射すると、体は『おいおい、一体何したんだよ』と反応するわけです。そして、薬を代謝して処理するための仕組みを片っ端から動員します」

加工食品も同じくで、大量の塩分・糖分・脂肪分が血液を大きくかき乱す。しかし、食事と薬物との関係がほんとうに興味深いのは、血液中よりも脳の中だ。脳内では、麻薬と食べ物（特に塩分・糖分・脂肪分の多い食べ物）が、非常によく似た振る舞いを見せる。いずれも、体内に取り込まれると、その信号が同じ神経回路を伝わって脳の快楽領域に達するのである。体によいことをしたときに、心地よい感覚という報酬をわれわれに与えてくれる領域だ。だがこれは、「体によいと脳が信じ込んでいること」と言うほうが正確かもしれない。

塩分は脳にどのような作用を及ぼすのだろうか。２００８年、これに関する特に興味深い研究結果が発表された。アイオワ大学の研究者らによる「塩分の渇望――病的ナトリウム摂取の精神生物学」というタイトルの論文である。[注13] 平たく言えば、「体を壊すほど大量の塩分が欲しくなるのはなぜか」ということだ。彼らは、脳画像や、塩分に関連する過去の研究報告をつぶさに調べて、一つの結論に達した。生命活動に必要なもので、度を過ぎると問題になるものはさまざまあるが、塩分もその一つだというのである。論文は塩分のこの性質について「依存性を持つという点でセックス、自発的運動、脂肪分、炭水化物、チョコレートと」同様だと指摘した。

もちろん、「依存」という言葉の扱いに、加工食品業界は非常に慎重になっている。業界が好んで使っているのは、「食欲をそそる」「楽しめる」「味わいがある」といった表現だ。彼らにとって、「依存」という言葉から喚起されるのは、クスリを買う金欲しさにやつれた姿でコンビニを襲撃する中毒者のイメージである。現実には、加工食品は安価で調達も簡単だから、コンビニを襲う必要はない。というより、この場合はコンビニが売人にあたるわけだ。

依存には、業界がなんとしてでも避けたい厄介な法的問題も絡んでくる。２００６年、タバコメーカーと食品メーカーを顧客に持つ法律事務所が、注目すべき論文を発表した。[注14] 人々が肥満急増の責任を加工食品業界に問うようになった場合、どのような訴訟になるかを検討した論文である。著者らは、法的に見て食品産業はおおむね健全な状態にあるとし、人々がタバコ企業を訴えたときの戦略は食品企業にはそれほど通用しないという見通しを示した。しかし同時に著者らは、論文のかなりの分量を依存の問題に割いて、食品に依存性はないと司法を納得させるための戦略を考察してもいた。彼らは、結論として、過食と薬物濫用とに類似性があることを否定しなかった。ただし、「依存」という言葉は、激しい離脱症状があるなど、ある程度の定義をもって使われていると彼らは指摘し、食物への欲求はこれに該当しにくいと論じた。そして次のように書いた。「たとえば、自覚的なチョコレートの食べすぎには、安心感を求める要素が強い（感情的な）食行動や、やや不安定な摂食パターンが伴うかもしれないが、たとえそうだとしても、それを『チョコレート依存』と呼ぶことは、深刻な依存症の軽視につながる危険性がある」

モネル研究所のポール・ブレスリンは、この依存性の問題を少し別の角度から捉えている。薬物依存では、当初は摂取によるメリット（ハイ状態）が薬物を求める動機になる。しかし濫用が長く続くと、それよりむしろ、次の薬物を摂取するまでのひどい渇望感を避けたいという動機のほうが強くなってくる。これと同じように、空腹を感じはじめた人は、生存に必要なカロリーという食物の基本的メリットを求めているのではなく、食べなくてはならない状況に追い込まれることを何としても避けたいという体の信号に反応しているのだという。ほとんどの米国人は、栄養不足による、はらわたがねじれるような真の空腹を感じたことがない。「おなかがすいた」と人々が1日に何回口にするか考えてみればいい、とブレスリン。

「ごく少数の例外を除いて、食べ物も水もまったく取らなくても1日くらいなら何も問題はありません。体が十分カロリーを蓄えているからです。それでもわれわれは、1日絶食するだけでひどい気分になる。体は、食事を取るよう私たちをせっついてきます。それに体には、食べずにいるとひどい気分になるような仕組みがあちこちに組み込まれています。だから、安心感を得るために食べ

ることになるのです」[注15]

われわれが喜び以上にひどい気分の払拭を求めて食べているというこの見解に、私はハワード・モスコウィッツを思い出した。ドクターペッパーの新フレーバーを開発した伝説的な食品科学者だ。彼が「Crave it！（欲しがれ！）」と題した研究報告は、人々が塩分、糖分、あるいは脂肪分の多い食品に引かれるのには空腹以外の理由があると指摘していた[注16]。その理由とは、飢餓からわが身を守ろうとして体が発する嫌な感覚を避けたいというものだ。空腹への恐れはわれわれに深く根ざしており、食品メーカーはどうすればこの恐れのスイッチを押せるかをよく知っている（とりわけ象徴的な例は、マース社がキャンディーバー「スニッカーズ」の宣伝に英語圏で使ったスローガン「おなかがすく前にスニッカーズ」だろう。このスローガンは広告業界の賞を受けた[注17]）。

加工食品業界にとっては「依存」という言葉も厄介だったが、塩分はまだ一つ大きな問題をはらんでいた。過食蔓延に対する業界の責任を調査していた科学者たちが、塩分の渇望について新しい発見をしたのである。彼らは、渇望そのものより、人々が塩分を渇望するようになる過程のほうがはるかに罪が大きいと指摘した。

加工食品メーカーが、かつて存在しなかった場所に塩分への欲求を生み出しているというのである。

赤ちゃんは生まれた瞬間から糖分を非常に好む。このことは、砂糖水を与えると赤ちゃんがほほ笑むといった単純な実験で明らかにされている。だが赤ちゃんは塩分を好まない。生後6カ月になるまではまったく受け付けようとしないし、その後も上手になだめられなければ欲しがろうとしない。

米国の子どもたちに塩分が押しつけられているという考えを提唱したのは、モネル研究所でヒトの塩味の味覚の起源を突き止めようと精力的に研究していた科学者たちだった。(注18) 彼らは、先天的でない塩味への好みを子どもがどのように獲得するのかを知ろうとして、乳児期の子ども61人を集めた。そして、親たちに聞き取りをして、子どもの食事中の塩分量を把握した。子どもたちはきれいに二つのグループに分かれた。一方は、親と同じ食べ物、つまり加工食品メーカーが作るシリアルやクラッカーやパンを食べていた子どもたち。もう一方は、塩分がほとんど入っていない、果物や野菜などの離乳食を食べていた子どもたちである。

研究者たちは、塩分の好みに差が出るかどうか、子どもたちを追跡調査した。

2012年に栄養学の専門誌『アメリカン・ジャーナル・オブ・クリニカル・ニュートリション』に発表されたこの研究結果は、規制当局にも食品業界にも大きな波紋を呼び起こした。レスリー・スタインを筆頭とする研究チームは、さまざまな濃度の塩水を子どもに与えて、塩味の好みを調べた。調査は生後2カ月から行われた。この時点では、すべての子どもが塩水を拒否するか、関心を示さなかった。しかし生後6カ月になると、結果がはっきり二つに分かれた。果物や野菜を食べていた子どもたちは、この時点でも塩水より真水を好んだ。一方、塩分の多い食べ物を食べていた子どもたちは、塩分のほうを好むようになっていた。

そして成長に伴って、二つのグループの違いはますます際立つようになった。論文は次のように指摘していた。

「母親らの報告では、生後6カ月までにデンプン質の多い食べ物に慣れた就学前年齢の子どもは、食べ物の表面から塩をなめる率が高かった。これらの子どもは食塩そのものを食べる傾向も強かった」

もちろん、この子どもたちは食塩シェーカーに頼らなくてもよかった。就学前年齢に達する頃には、ポテトチップ、ベーコン、スープ、ハム、ホットドッグ、フライドポテト、ピザ、クラッカーなど、食料品店に並ぶありとあらゆる商品から塩分をたっぷり取れたからだ。

モネル研究所の所長で論文の共著者でもあったゲリー・ビーチャムは、研究報告が発表されるとその重大性についてコメントした。彼は、研究対象が子どもであったことを強調し、子どもが生まれつき塩味を好むわけではないことを指摘した。塩分の好みは教えられて獲得するものであり、教えられた塩分の好みはその人の食行動に深く根付く。ビーチャムは言った。

「人々の塩分摂取を減らそうとするなら早くから始めることが重要だとわれわれのデータは示唆している。乳児や幼児は非常に影響を受けやすいからだ(注19)」

この研究報告は暴露であると同時に啓示でもあった。これ以降、食品業界による大量の塩分使用は、単に米国民の欲求を満足させることではなく、もともと存在しなかった欲求を生み出すことに主軸が移ってゆく。

2005年、塩分摂取を1日小さじ1杯までにするよう政府が人々に呼びかけると、食品業界に衝撃が走った。大手食品メーカーの一部は、「ソルト・コンソーシアム」というグループを設立して対策に乗り出した。要らぬ注意を引かないよう、このグループの存在は秘密にされていたが、複数の業界幹部が私に情報を提供してくれた。彼らが私に打ち明けてくれたことがもう一つある。塩分の力を理解するためにモネル研究所の専門家の助けを必要としたのは、私だけではなかった。苦境を脱するためのデータ収集にコンソーシアムが選んだ依頼先が、ほかならぬモネル研究所だったのである。

彼らは、塩分の魅力の源を正確に理解できれば、使用量を減らす方法が見つかるかもしれないと考えた。業界には、糖分や脂肪分の場合と同じく、絶対に譲れない条件があった。売り上げに響いてはならないということだ。塩分量を減らしても、フル塩分バージョンと同じだけ魅力的な商品を作らなければならなかった。

しかし彼らは、塩分について掘り下げるほどに、消費者への対策が問題の一部でしかないことを突きつけられた。メーカー自身が塩分にがんじがらめになっていたのだ。米国の食品メーカーが使用する食塩は、毎年200万トン強に達していた。(注20) 愕然とするほかない数字である。

なぜこんなに食塩が使われるのだろうか。塩味には、人々にポップコーンを一袋空けさせてしまうほどの力があるが、それは塩分の実力の一端でしかない。

塩分・糖分・脂肪分という加工食品の3本柱の中でも、メーカーが最も魔力を感じているのがおそらく塩分だろう。われわれの味蕾を興奮させるだけでなく、加工食品ワールドの偉大なフィクサーでもあるからだ。塩分は、製造工程のあちこちで生じる問題を解決してくれる。たとえばコーンフレークは、塩分がないと金属のような味がする。クラッカーは苦くなり、湿気て口蓋にくっついてしまう。ハムはゴム状になって弾むほどだ。食品そのものと関係ない部分でも塩分は活躍する。パンを工場で大量生産できるのは食塩のおかげだ。塩分があると膨らむスピードがゆっくりになるため、生産ラインを止めることなく、どんどんオーブンで焼き上げることができる。

食塩が加工食品産業にもたらす奇跡の中でも最たるものは、おそらく再加熱臭に対する作用だろう。「warmed-over-flavor（温め直したときの風味）」の略「ＷＯＦ」から、犬が吠えた時のように「ウォフ」と業界で呼ばれるこの不快な臭いは、肉の脂肪が酸化するときに生じるものだ。調理済みの肉が入ったスープやパッケージ食品を温め直すと、肉は厚紙を食べているような不快な風味がする。「湿った犬の毛のような味」と表現する業界人もいる。イリノイ大学の農業・消費者・環境科学部で食品科学の教授を務めるスーザン・ブリューワーは次のように説明する。

「再加熱臭は食品にとって致命傷です。人はごく少量でもその味や臭いを感じ取るからです。たとえば、うちの大学のカフェテリアにはリブローストがあります。残ると翌日にローストビーフ・サンドイッチとして出てきますが、ひどい味がします。再加熱臭のせいです。人はこの味にとても敏感なのです」

ここに食塩が登場する。肉の再加熱に大きく依存している加工食品産業にとって、塩分は再加熱臭を手軽に解消できる解毒薬なのである。再加熱臭を防ぐ有効な手段の一つは新鮮なスパイスやハーブ、特にローズマリーを使うことだ。豊富な抗酸化物質が肉の劣化を妨げてくれるからである。しかし新鮮なハーブはコストがかさむ。そこで食品業界では、塩分をたっぷり使うのが定石になった。厚紙や犬の毛のような臭いが消えるわけではないが、塩辛さがそれを覆い隠してくれる。

消費者にとってさらに困ったことに、われわれの血液中に大量のナトリウムを注入しているのは、今や食塩だけではない。食品メーカーは他のさまざまなナトリウム化合物も添加物として投入しているからだ。細菌による腐敗を遅らせて賞味期限を長くしたり、原材料どうしを結合させたり、プロセスチーズ中のタンパク質と脂肪のように通常なら分離してしまう材料を混ぜたりするのに、クエン酸ナトリウム、リン酸ナトリウム、酸性ピロリン酸ナトリウムといった化合物が使われる。すべてを合わせてもナトリウム量は食塩より少ないとはいえ、これらの化合物は加工食品にあふれている。食塩が9カ所登場した「ハングリーマン」の冷凍七面鳥ディナーの成分表示には、食塩以外のナトリウム化合物も9カ所登場していた。

食品業界が食塩とナトリウムに依存していることは、製品表示を見ても明らかだが、舞台裏の素早い動きにも如実に表れている。２０１０年、連邦政府の栄養検討委員会がナトリウムの1日上限を見直し、多くの米国人の上限を１５００ミリグラムに引き下げると、食品メーカーは全面的な攻勢に出た。たとえばケロッグは、委員会を監督する農務省に20ページもの書簡を送った。そこには、食塩とナトリウムが製造上不可欠であり、１５００ミリグラムという上限が現実的でないという理由が詳しく書かれていた。「ナトリウム量を劇的に下げ、かつこれらの製品を消費者の手に届けて市場への供給を保つには、深刻な技術上の制約があります。委員会には至急再検討をお願いしたい」

ケロッグは再加熱臭という言葉を具体的に出したわけではない。むしろその書簡は、もっと広く、

第13章 消費者が求めてやまないすばらしい塩味

私は、2012年4月の涼しい朝、ミネアポリスから15キロメートルほど西のミネソタ州ホプキンズにいた。近代的なオフィスビルがいくつも並ぶこの一画は、年商1340億ドルを誇る巨大食品会社カーギルの本拠地だ。私はロビーに入り、セキュリティーバッジを受け取ってゲートに通し、エレベーターで6階に上がった。ドアが開くと、低いパーテーションで区切られた個人スペースが果てしなく広がっていた。どのスペースでも従業員がコンピューター画面をにらんでいる。まったく物憂げな雰囲気だった。

意気消沈するのも無理はないと、私のガイド役が説明してくれた。彼らはこの数カ月ずっと、デスクを指で叩きながら電話のベルを待ち続けてきたという。ここは道路用の塩を販売する部門だった。その冬は、すべての米国民にとって過ごしやすかった――カーギルのこのフロアの従業員以外は。気象学者らによれば、記録開始以来4番目に温かい冬だった。つまり、北部の大草原地帯でも中西部でも北東部でも、雪ではなく雨が降り、道路は凍結しなかった。道路の凍結はカーギルの大親友である。凍れば凍るほど塩が売れるからだ。「カーギル社内でよく言うんです」と同社の広報担当マーク・クラインが私に言った。「『冬が茶色ならわれわれはブルー、冬が白ければわれわれはグリーン』と」

しかしフロアを進んでいくと様子ががらりと変わった。同じ塩の販売部門でも、こちらの部署は幸せそうなグリーンの雰囲気だ。地球温暖化もこの部署には関係ない。販売担当者たちがコーヒーをがぶ飲みしているが、それは眠気を追い払うためではなく、殺到する注文をさばくためだ。彼らより忙しそうに働く人々は、おそらくほかにいないだろう。彼らが売っているのは、道路用の塩ではない。販売相手は、もっと頼りになる顧客、そしてカーギルなしではやっていけない顧客、加工食品メーカーである。

カーギルが食品業界に販売する塩は、われわれが普通に目にする食塩と大きく異なる。同社の幹部が詳しく説明してくれた。カーギルは塩の加工工場を持っていて、この白い岩石を粉砕したり、ひいたり、粉末状にしたり、薄片状にしたりと、さまざまな形態に変えている。そんな手間暇をかけるのもすべて、食品で発揮するパワーを最大限まで高めるためだ。同社が販売する食塩は、微細なパウダーから大きな顆粒まで40種にのぼる。値段は、高いものでも500グラムで10セントほど。(注1)清潔な水を確保するだけでももっとコストをかけている食品メーカーがあることを思えば、かなり安い。しかしカーギルの食塩はすべて、最高のコストパフォーマンスを提供するように計算しつくされている。いわば至福製造マシーンだ。

たとえばポップコーンのメーカーは、フレーク状の塩を購入していく。あの複雑な形に見事にはまりこんで、口に入れた瞬間に味蕾を直撃するように設計された商品だ。加工肉やプロセスチーズのメーカーには、微細な粉末状になるまですりつぶした塩。われわれの体も脳もすんなり消化吸収できる形態である。乾燥スープやシリアル、ミックス粉、スナックなどのメーカーは、固結防止剤が入った特定の海塩を求めて、カーギルにやってくる。同社の販売資料には「当社の幅広い食塩ラインナップが、消費者に喜びをお届けします」と書かれている。

私が個人的に最も気に入っている食塩は、粒子が大きめで平たい「コシャーソルト」で、蒸したブロッコリーから羊肉のローストまで、あらゆる料理に使っている。*22 カーギルもミシガン州セントクレアでこのタイプの食塩を生産し、「ダイヤモンド・クリスタル」ブランドの商品として業務用と家庭用に販売している。家庭用の1360グラム入りの箱から器に少し出してみると、無垢な雪の結晶のようにも見えるが、その実、細部まで計算しつくされた商品だ。まず触感。料理人たちは、この塩を手のひらにあけ、そこから指でつまみ取って料理に加えることを好む。2009年にカーギルは「ダイヤモンド・クリスタル」シリーズの販促キャンペーンで、米国版『料理の鉄人』にも出演している有名シェフ、アルトン・ブラウンと契約した。ブラウンは動画の中で、「食塩！　われわれの味覚を祝福する最高の物質です(注2)」と惜しみない賛辞を贈り、チョコクッキーや果物やアイスクリームまで、ありとあらゆる食べ物に塩を振りかけてみせた。

だがこの食塩が本領を発揮するのはここからだ。アルバーガー法という蒸発処理で生まれるピラミッド形の結晶は、平らな側面が食品によくくっつく。また、このピラミッドは中空なので、唾液との接触面積が大きい。この独特の形状によって、コシャー・ソルトは通常の食塩より3倍も速く溶ける。だから塩味がより速く強力に脳に届く。

この特性をカーギルは「風味バースト」と呼んで食品メーカーに売り込んでいる。そして食品メーカーはもちろん、惜しみなく製品に投入している。業務用コシャー・ソルトの販売は、36キログラム入り×30袋のパレット単位だ。種類も、チーズや塩漬け肉用の「フレーク」、クラッカーやスティックパン用の「スペシャル・フレーク」、アイシングやスープ用の「ファイン・フレーク」、製造装置の詰まりを防ぎほこりよけ作用もある3種類の添加物（フェロシアン化ナトリウム、アルミノケイ酸ナトリウム、グリセリン）を加えた「シュアフロー」など、業界ニーズにきめ細かく対応したさまざまなグレードがそろっている。

加工食品メーカーが塩に頼っているのは、味だけではない。彼らにとって塩はまさしく奇跡の材料である。塩は、糖分の甘味を強めてくれる。クラッカーやワッフルをさくさくに仕上げてくれる。腐敗を防いで賞味期限を伸ばしてくれる。多くの加工食品につきまとう苦味や渋味といった不快な味を覆い隠してくれるのも重要な特性だ。

食塩が加工食品の製造にさまざまな形で役立つことを考えれば、カーギルが業界きっての供給業者になったことも納得できる。同社は、すべての事業分野において、製品だけでなくサービスも誇り、産業界のよき友となることで世界屈指の巨大企業に成長してきた。塩ビジネスも同社の事業の

*22 （訳注＊コシャー（kosher）とは、食品がユダヤ教の食事規定にかなっているという意味である）ほとんどの食塩は、ユダヤ教の食事規定にかなった食品という意味では「コシャー」である。ここで言及する食塩は、独特の平たい結晶構造が食肉表面の血液をよく吸収し、ユダヤ教の食事規定に沿った肉処理を行うのに適していることから「コシャーソルト」と呼ばれるようになった。

ほんの一部でしかない。２０１２年、同社の総売り上げは12％増の１３３９億ドルで、利益も12億ドル近かった。(注３)

今すぐ同社の株を買おうと思った読者もいるかもしれない。が、残念ながらそれは無理だ。買える株式がない。同社は、創立者の子孫１００人ほどが株式の大部分を所有する、非公開会社である。スコットランドの艦長の息子だったウィリアム・ウォレス・カーギルが、１８６５年、アイオワ州コノーバーで穀物倉庫の経営を始めたのがカーギル社の始まりだ。マグレガー＆ウェスタン鉄道の終点という立地を選んだのが彼の先見の明だった。カーギル社は、農業を営んだことは一度もない。それどころか土地さえ所有していない。農業の便利屋に徹することで巨額の富を築いてきたのである。同社は、化学肥料から、財務リスクヘッジ用の金融商品まで、農家の利益に必要なものをすべて取りそろえている。そして、世界中の農家が育てた穀物やサトウキビを、誰よりも速く、誰よりも効率的にほかの場所に運んでいる。カーギルは世界の食糧供給網の歯車などではない。はるか遠くルーマニアで穀物サイロを管理し、砂糖大国ブラジルに輸出ターミナルを持ち、65カ国に従業員14万人を擁し、３５０隻のチャーター貨物船を６０００の港に行き交わせる(注４)同社は、もはや食糧供給網そのものである。

カーギルが扱う食品原材料は年商５００億ドルにものぼる。あなたが今日食べたり飲んだりしたものに、何かしらカーギルの商品が入っていると考えてほぼ間違いない。パンや焼き菓子の小麦粉を製粉し、醸造用の麦芽を作り、シリアルやスナック菓子用のコーンを乾燥させ、カカオ豆からチョコレートを作り出している同社だが、取引先にとってとりわけ重要なのが、加工食品の３本柱、糖分・塩分・脂肪分をすべて扱っていることだろう。同社は食用の塩だけでも1日2000トン強を生産している。(注5)そして塩と同じく、糖や脂肪でも何十もの商品をそろえている。フライ用、アイシング用、ホイップクリーム用の油やショートニング。清涼飲料用のコーンシロップ。粉末飲料、キャンディー、シリアル、加工肉、乳製品、テンサイとサトウキビを原料とする焼き菓子用の砂糖。いずれも、食品産業のニーズにきめ細かく合わせた製品だ。

業界で強大な力を持つ同社は、食品の健康問題が持ち上がったときの動きも素早く的確である。たとえば近年では、南アメリカ原産の植物ステビアから作ったカロリーゼロの甘味料や、心臓の健康によいとうたった不飽和脂肪酸のω《オメガ》－3オイル、コレステロールを減らすという大麦由来の食物繊維などが業者向けに発売されている。

2005年、規制当局や消費者活動家らが塩分に砲火を浴びせて食品メーカーを窮地に追い込みはじめたときも、カーギルが助けの手を差し伸べた。それは業界史上でも指折りといえる巧みな解決策だった。

カーギルが大きな収益源である塩の取り扱いを始めたのは1955年である。きっかけは、マネジャーの1人による賢い発想だった。(注6)同社は長年、中西部からニューオーリンズの輸出港まで、ミシシッピ川を3000キロ近く南下する荷船で穀物を輸送していたが、川を上ってくる帰りの荷船は空《から》だった。そのマネジャーは、復路、ルイジアナ州南部の広大な岩塩坑から塩を運び、中西部で売ってはどうかと提案したのだった。現在、複数の製塩所を有するカーギルは、食用だけで毎年77万トンの塩を生産している。[*23]

塩の販売を始めた当初、カーギルの販売員たちは、荷船の旅物語や食塩の歴史などを語って顧客を喜ばせた。彼らが特に強調したのが塩の希少性や価値だった。たとえば岩塩は地下２００〜８００メートルの深さから取り出される。方法は大きく二つあって、一つは機械による採掘、もう一つは、地下に水を注ぎ込んで塩水を採取し、それを乾燥させるというものだ。海塩は、海水を塩田に貯留しておいて蒸発させ、できてくる結晶を取り出す。価格に対する不満が出ないよう、カーギルの販売員たちは、塩がかつて戦争の引き金になったほど貴重だったことも話した。ほかならぬ米国の南北戦争でも塩は戦いの標的になった。北軍は、ニューオーリンズ港に毎日３５０トンの塩を運んでくる英国船を止めるために４７１隻の船と２４５５丁の銃を投入したし、南部の内地でも岩塩抗を片っ端から占拠あるいは破壊した。(注7) 当時、食塩は肉の保存だけでなく、負傷兵の傷の消毒にも使われていたからである。ある意味では、米国史が塩で始まったともいえるほどだ。英国からやって来てジェームズタウン（訳注＊現在のバージニア州）に入植した最初の開拓民たちは、本国から塩を買うのが嫌になり、１６１４年、スミス島（訳注＊現在のメリーランド州）に塩田を構築した。さらにさかのぼれば、ローマ軍のように、兵士の給与が食塩で支払われていた時代もあった。「サラリー(salary)」という言葉は「ソルト（salt）」の派生語である。

話を現代に戻そう。２００５年、カーギルは売り込み文句の修正が必要だと判断した。米国政府の栄養指針委員会が、ナトリウムの1日上限を２３００ミリグラムに定めた年だ。これは、若年男性にとっては特に大変な目標だった。彼らは上限の2倍近い、1日小さじ約2杯分の食塩を摂取していたからである。だがメリットは誰にとっても大きいと委員会は主張した。確かに2300ミリグラムが目標ではあるが、1日小さじ半分の食塩を減らすだけでも、米国人の心臓発作9万2000件、脳卒中5万9000件、死亡8万1000件を予防でき、医療費その他で200億ドルの節約になると推定された。(注8)

これらの数字に難癖をつけた科学者も一部にいたが、カーギルは、塩分の取りすぎが健康に悪いという考えを受け入れたと顧客に告げるようになった。顧客向けに定期的なプレゼンを行っている幹部の1人クリステン・ダマンは、最近のプレゼンで使ったパワーポイントの資料を私に見せながら、こう話した。「(ナトリウムの)過剰摂取は高血圧との関連性が指摘されており、高血圧は心臓病のリスク要因です。ですから、ナトリウムを減らせば高血圧と心臓病のリスクが減ると考えられます」(注9)

つまり、全米最大の食塩販売者であるカーギルが食塩と心臓発作の関連を認めたわけだが、カーギルの顧客である加工食品業界には、まだほかにも悪いニュースがあった。ニュースの出どころは英国だった。80年代の米国当局は、ナトリウム摂取量の1日上限という大まかな数値設定にとどまり、食塩シェーカーの問題に振り回されていたが、英国の政府当局にそのような迷いはなかった。

＊23 塩の生産量についてカーギルから回答が得られなかったため、この数字は、米国政府のデータおよび業界専門家へのインタビューに基づいた推定値である。同社に次ぐライバルは家庭用食塩で知られるモートン・ソルト社である。

彼らは、食塩の最大の摂取源が加工食品であることをよく知っていたのである。(注10) 2003年、英国食品基準庁は、メーカーにも責任を負わせる仕組みを開発した。パンやクッキーから冷凍食品まで、何十もの加工食品についてナトリウム添加量の上限を定めたのだ。上限順守は任意とされたものの、当局は業界に参加を強く迫った。それまで好きなだけ塩分を投入してきたメーカーにとっては緊急事態だった。スープは30%、パンは16%、肉類は10%もの塩分をカットしなければならず、ほかの商品も同様だった。

これらの食品は米国拠点の企業が作っているものも多かった。そして米国でも消費者活動家による塩分追及の声が高まっていた。2005年、消費者団体である公益科学センターが「食塩――忘れられた殺人者と、国民の健康を守れなかったFDA」という衝撃的な報告書を発表した。同センターは、1983年、FDA（食品医薬品局）が食品メーカーに塩分使用を控えるよう丁寧なトーンで依頼したときから疑念を抱くようになり、キャンベル社のスープやクラフト社のランチャブルズなど100の商品の追跡を始めた。塩分量はほとんど変化しなかった。1983年から2003年までの間に塩分量は5%低下したが、1993年から2003年だけを見ると6%増えていたのである。政府が対策を打たずにいる間に、これらの商品は塩辛くなっていった。報告書は次のように指摘した。「4分の1世紀にわたって政府や専門家が塩分摂取量を減らすよう呼びかけてきたが、米国人の摂取量は減るどころか増えている。何千ものパッケージ食品が、1日上限の25%以上の塩分を含んでいる」

食品産業が直面していたこれらの難題の前には、消費者の食塩依存も軽く見えるほどだ。減塩を決心した人は、最初こそ自分をあわれな中毒者のように感じるかもしれないが、少なくとも、しばらくすれば味蕾が正常に戻って渇望感がなくなることがわかっている。だが企業の状況はそれよりはるかに厳しい。食塩カットを考えただけでパニックが起きかねないほどだ。しかも彼らが飛びつくのは食卓の食塩シェーカーではない。天井まで積み上げられた何十キログラム単位の大袋なのである。

食塩がなければ、加工食品メーカーは絶滅してしまう。

そこで、カーギルが誇る顧客サービスの出番である。同社は一線の研究者を雇用し、75万ドルの走査電子顕微鏡をはじめとする最先端の設備もそろえて、業界のナトリウム依存を和らげる方法を探している。その成果をじかに見るため、私は小部屋がずらりと並んだ塩販売部門のビルを出て、近くの建物に移った。こちらの建物の目玉は大規模な調理施設だ。産業スパイを寄せ付けないため、窓は厳重に閉められている。技術者のジョディ・マットセンが白パンを焼いて待っていてくれた。スライスされたパンがトレーに乗っている。

「『食塩を使わなければいいじゃないか』という人がたくさんいます。ナトリウムの主な摂取源は食塩だから、それを減らせば済むという発想ですね。そのとおりにした極端な例がこちらです(注11)」。彼女はそう言いながら私に1枚渡してくれた。「これが食塩不使用のパンです」

われわれはそれを食べた。そして、すぐさま吐き出した。まるでブリキのような味だった。見た目も、食料品店に並ぶ柔らかそうなパンとは似ても似つかない。がさがさした食感で、大きな穴もあいている。きれいなキツネ色のはずの耳も、白けたような色合いだ。

次に彼女はもう1枚のパンを渡してくれた。これが、カーギルが現在顧客に提供している解決策だという。このパンは見た目も味も上々だった。しかしナトリウム量は通常のパンより33％少ない。食塩の一部を塩化カリウムに替えるというのが、カーギルが見つけ出したトリックだった。

白い結晶である塩化カリウムは、見た目も触った感じも食塩とよく似ている。が、もっと重要なのは、化学的な振る舞いが食塩と似ていることだ。「現時点で食塩に一番近い働きをする原材料です」とマットセン。「学校で習った元素周期表を思い出していただきたいのですが、カリウム『K』はナトリウム『Na』のすぐ下にあります。つまり、特性がよく似ているのです」。塩化カリウムの「塩化」とは塩素のことで、この点も食塩、つまり「塩化ナトリウム」と同じである。

加工食品における塩化カリウムの働きは、基本的に食塩と同じだ。そして悪名高いナトリウムがない。同じ味がするが心臓発作も脳卒中も心配しなくていいということらしい。私は、加工食品を支える原材料を依存性薬物になぞらえた自分の発想に疑問を持ちはじめた。確かに、快楽と渇望を引き起こす点で、食塩とコカインは似ているかもしれない。だがこの代替食塩はまったくの別物だと私は思った。薬物というより治療薬に見える。食塩にがんじがらめになった食品業界を救う、麻酔薬のようなものかもしれない。売り上げ低下という痛みを伴わずに食塩依存から抜け出せるかもしれないからだ。

これは、誰にとっても有益な解決策だと思われた。消費者はナトリウム摂取量を減らせる。食品メーカーはビジネスを続けられる。カーギルも、減少しつつある食塩販売をカバーできる。現に同社は「プレミア」というブランド名で食品用の塩化カリウムの販売を始めている。食塩と同じようにさまざまな種類がそろっていて、800キログラムのパレット単位での販売だ。しかもカーギルにはさらにいいことがある。食塩よりずっと高い値段で売れることだ。

カーギルは塩化カリウムを売り込むため、「10ステップガイド」という4ページの資料も配布している。塩分使用量を減らしたい企業向けに作成されたこの資料は、競争の現状把握をメーカーに呼びかけるところから始まり、減塩の取り組みを消費者に伝えるべきかどうかにまで踏み込んでいる。「健康関連のアピールを盛り込むべきでしょうか？　減塩を明示すべきでしょうか、それとも目を引かないようにすべきでしょうか？　答えは、減塩の目的や、アピールしたい相手、商品テストの結果などによって異なります。幅広いラインナップを誇る当社の代替食塩は、御社のニーズに応えながら、消費者が求めてやまないすばらしい塩味を変わらずお届けします(注12)」

塩化カリウムの値段が高いことに関しては、健康的な食品を作るためのコストは消費者に転換してもよいという見方を同社は示している。「塩化カリウムや代替香辛料は食塩より高価です。したがって、ターゲット消費者を理解し、低ナトリウム製品にどのくらいお金をかけるつもりがあるかを把握することが判断材料になるでしょう(注13)」

しかし、塩化カリウムも魔法の解決策ではなかった。食品メーカーにとっては、食塩を減らすのと同じくらいさまざまな問題があるからである。まず、塩化カリウムは使い方によっては強い苦味が出るため、製品の味を台無しにしてしまう。一部の原材料メーカーは、塩化カリウムの苦味を隠す専用の添加物を販売しはじめているほどだ。また、食塩を塩化カリウムに替えると、食品技術者が見つけだした微妙な原材料バランスが崩れてしまう。多くの場合、糖分や脂肪分の味が感じられにくくなり、結果としてこれらを増量せざるを得なくなるのだ。

こと塩分となると米国に大きく先んじている英国の規制当局は、メーカーに塩化カリウムを使わせない方策を探っている。(注14) 大量のカリウムは腎臓の機能を傷める可能性があることが研究で指摘されており、英国当局はこの研究を引用して、特に子どもや高齢者に、リスクが高いかもしれないと注意を促している。そして、英国当局がもっと恐れたのは、ナトリウム減量を目指した取り組みが塩化カリウムによって台無しになることだった。もともと同国の方針は、国民の塩味好きを和らげることが根幹にあったからだ。モネル研究所の科学者たちが発見したように、減塩食をしばらく続けていると加工食品の塩辛さは耐え難くなる。しかし塩化カリウムを使うと、ナトリウムの使用量は減るが、食品の塩辛さは変わらない。それ自体は問題ないが、塩化カリウムがうまく使えない食品も多く、国民の塩辛さ好きが変わらない以上、食塩が大量に使われる実態も変わらないと予想された。

英国の減塩プログラムでは、最初の6年間で国民の食塩摂取量が平均15%低下し、担当者らはもっと行けると息巻いた。ロンドン在住の心臓内科学教授で減塩施策を提唱した1人、グラハム・マグレガーは次のように話した。「人々は、海外に行くと食べ物が塩辛いと文句を言うようになった。この取り組みで脳卒中と心臓病による死亡が年間1万件減っている。しかもプログラム実施費用は実質的にゼロだ(注15)」

しかし食品メーカーから、これ以上の減塩は今までのようにはいかないと苦情が出はじめた。もともと大量の食塩を使っていたため、20％、ものによっては30％減らしても消費者は気づかず、ほとんど問題にならなかった。しかしそれ以上減塩を推し進めようとすると、加工食品メーカーは壁にぶち当たった。

私はこの問題をよく理解しようと思い、米国最大手の食品メーカーめぐりを行った。まず、シリアルから始まってあらゆる朝食用食品やスナック類を手掛けるようになった、ケロッグを訪れた。ミシガン州バトルクリークの研究施設で、食品科学者たちが同社の代表的製品を試食させてくれた。食塩ゼロで作った特別バージョンだ。食塩に頼るのをやめるのがいかに難しいかを私に見せるのが彼らの目的だった。それは大成功だった。率直に言って、食のホラーショーのようなありさまだったからだ。

コーンフレークは金属の削りかす、冷凍ワッフルは麦わらを食べているようだった。黄金のような焼き色がきれいなチーズ味のクラッカー「チーズイット」は、病んだような黄色になり、食べるとべちゃべちゃした。「タウンハウス」ブランドのバタークラッカーは、もともとバターを使わずにバター風味を出していたのだが、それがまるきり消えうせていた。試食しながら、同社の副社長で食品科学者のジョン・ケプリンガーが説明してくれた。「食塩によって、舌の味の感じ方が大きく変わります。塩分量をちょっと変えただけで、補助的だった風味が前面に出てきて不快な味になってしまうのです（注16）」

食塩ゼロで損なわれるのは味だけではない。加工食肉メーカーは、食塩がなければ食感が台無し

けだった。(注23)たとえばクラフトは、ベーコンは減塩対象としたがチーズは対象にしなかった。ユニリーバはバタースプレッドの減塩に合意した。しかし、商品によっては半カップで100ミリグラム近いナトリウムを含む乾燥スープとアイスクリームは、対象に挙げなかった。(注24)

マース社の担当者も記者会見場に来ていた。1人の記者が質問した。

「貴社はお米の加工食品でプログラムに参加されますが、主力商品はスニッカーズやチョコレートバーといったキャンディー菓子です。何十億ドルもの売り上げがあるこれらの商品で取り組みはしないということですか」。担当者は明確な答えができず、見かねて市長が助け舟を出した。

「まず米製品を買ってもらえれば、ほかの製品の足掛かりになるかもしれません。ほかにご質問は?」

スープ缶で米国消費者にとりわけ親しまれている大手メーカー、キャンベルはプログラムに参加せず、一切の製品の登録を拒否した。*24 そこで私は同社に取材を申し込んだ。同社幹部が減塩の困難さを説明することに同意してくれたので、私はニュージャージー州カムデンの本社を訪ねた。

キャンベルが塩分で困難に突き当たったのはこれが初めてではなかった。1980年代後半、同社は新しい低脂肪スープのシリーズを健康によい商品としてキャンペーンしようとしたが、連邦取引委員会から不当広告だとの抗議が入った。塩分量が非常に多かったからである(同社は広告にナトリウム量の記載を入れることで調停に応じた)。2010年、「V8野菜ジュース」を新鮮な野菜に代わる食品として売り出そうとした時も、1食分のナトリウム量480ミリグラムが問題となった。同社は「野菜に代わる」という主張を裏づけようと研究に資金を提供していたが、論文は「このジュースを健康的とうたうべきでない」という理由で専門誌に掲載を拒否された(注25)(ともあれ宣伝は行われ、商品の売り上げを4%増やしたとして業界の賞を受けた)。

キャンベル幹部は私の取材に対し、売り上げ下落を招かない範囲でできる限りの減塩に取り組んでいると話した。たとえば最近では、「V8」のナトリウムを480ミリグラムから420ミリグラムに減らし、「ペパリッジ・ファーム」ブランドのパンでも1食当たり360ミリグラムを65ミリグラムまで下げた(注26)。この大幅な低下には、ナトリウム含量が通常の食塩の50%という特別な塩の採用が大きいという(この塩の詳細は企業競争力に関わるとして明かされなかった)。それでもなお、魅力的な商品を作るうえで食塩に匹敵する原材料はなく、他社と同様に減塩の取り組みが限界に近づいていると彼らは言った。

その理由がよくわかるよう、彼らは主力商品であるトマトスープと野菜ビーフスープの試食を準備してくれていた。説明してくれたのはグローバル研究開発担当の上級副社長、ジョージ・ダウディである。菓子メーカーのフリトレーに10年近く、酒造業のシーグラム社にも10年勤務して2002年にキャンベルに入社した彼は、風味と味覚について造詣が深かった。「われわれは日々、消費

*24 数カ月後にはキャンベルも減塩プログラムに参入した。戦略は他社と同様で、チリソースなど一部商品の減塩は約束したものの、主力商品であるスープは対象に含めなかった。

者の信頼を勝ち取らなくてはならない。それが現実です」とダウディ。「おいしさや喜びに関して消費者をがっかりさせたら、戻ってきてくれる保証はどこにもありません」(注27)

私はテストキッチンの隣の部屋に案内された。スタッフが、重ねられた白い磁器製ボウルと、熱いスープが入ったいくつかの鍋を運んできた。ダウディが言った。「減塩がこれほど難しいのはなぜか。それが常に問題となってきました。どこまで行っても困難なチャレンジです。基本味と言われる味覚には、うま味、苦味、甘味、酸味、塩味の五つがありますが、このうち最も難しいのは、何と言っても塩味です。メカニズムの解明が最も遅れているうえ、代わりになる物もありません。塩は料理を大きく左右します。自宅で誰でも確かめられますが、塩を一つまみ入れるだけで風味がすばらしく豊かになりますね。スープであれブイヨンであれ、塩分はほかの味や風味をぐっと強める役割を果たしているのです」(注28)

なるほどもっともだ。しかしスープを試食してみると、他の味や風味を増強する以上の役割を塩分が果たしていることをつくづく実感した。手始めに、ナトリウム量がかなり高い減塩されたスープから試した。キャンベルが特に胸を張るのは「ヘルシー・リクエスト」というシリーズで、1食分（缶半分）のナトリウム量は410ミリグラム。健康リスクが高い米国成人なら1日上限の3分の1近くである。しかも、消費者が一度に缶半分しか食べないとは限らない。それでも同社のスープの売り上げのうち、ヘルシー・リクエストは1割に達するかどうかだという。「チキンスープ」などのヒット商品には、1食分のナトリウム量が790ミリグラムというものもある。

スタッフがトマトスープを器によそってくれた。この試食のための特別バージョンだ。ただし、ナトリウムを710ミリグラムから480ミリグラムに減らした以外は、通常の商品とまったく同じである。ダウディがひと口食べた。

「人々が気に入ってたくさん食べてくれる味ではありません。何かが足りない」

次に出されたのもナトリウム量は同じだった。ただし、ハーブやスパイスを何種類か加えたという。こちらはダウディも強気の評価だった。

「トマトの風味バランスがいいですね。自宅で作ったような味です」

キャンベルは、スープの減塩に適した方法は、カーギルの提案する塩化カリウムではなく、新鮮なハーブやスパイスを使うことだという結論に達していた。家庭料理と同じ方法だ。確かに私の母もそうしていた。

ハーブやスパイスの種類やコストは企業秘密だとして明かされなかった。しかしダウディは、塩分を減らしてハーブを使う方法に収益面の制約があることを明言した。食塩は、相対的に値段が非常に安い。同社はナトリウムをほんの少し減らして新鮮なハーブを使う取り組みを繰り返しているが、そのたびにコストが上昇しているという。誰がそれを負担するのか。「価格は上げざるを得ません」とダウディは言った。

試食の最後は野菜ビーフスープだった。ナトリウム量は減らしてあるが、スパイスは変更していない。このスープは、単に味が物足りないだけではなかった。苦味と金属味の中間のような、嫌な味がしたのである。業界で「オフノート」と呼ばれるこれらの不快味は通常の商品にもあるのだが、塩味でカバーされている。これも食塩の貴重な機能の一つだ。

「塩がこれらのオフノートを隠しているんですね？」と私はダウディに聞いた。

「その通りです」とダウディ。彼の説明では、食塩がないとサヤインゲンが苦味を出すこともあるが、このスープの苦味はWOF、つまり再加熱による肉の酸化が原因として考えられるという。

私の訪問から1年後、キャンベルの減塩の取り組みは新たな壁にぶつかった。ともすると、この壁は食品業界にとってWOF以上に厚いかもしれない。ウォール街である。この年、キャンベルは苦戦していた。売り上げが伸びず、見通しもぱっとしなかった。株価が5％下落して、金融アナリストたちが矢のような批判を浴びせた。2011年7月12日、新CEOのデニス・モリソンが販売をてこ入れする計画を発表した。彼女は、まず何よりも必要なのは消費を促すことだと、きっぱりと言った。論旨は、ダウディが私に言った「消費者の信頼を勝ち取る」という話とぴたり一致していた。塩分をなくせば風味がなくなる。風味がなくなれば売り上げがなくなる。

モリソンは、一部のスープの塩分を増やすと発表した。700〜800ミリグラムを480ミリグラムまで削減した1食当たりのナトリウム量を、650ミリグラムまで戻すという計画である。モリソンはアナリストたちに言った。「ナトリウム削減は重要です。しかし、味など、ほかにも重要なことがあります」(注29)

対象となったのは「セレクト・ハーベスト」シリーズの31商品だけだったが、ウォール街は同社が正しい方向に進みはじめたと喜んだ。その日、株価は1・3％アップの終値をつけた。大手格付け会社スタンダード・アンド・プアーズのアナリストは「味の良いスープによる売り上げ増強が重視され、結果が期待できる」(注30)というコメントを出した。

第14章 人々にほんとうに申し訳ない

1985年2月15日、ロサンゼルスで栄養科学のシンポジウムが開かれた。ヘルシンキから出席した1人の薬学教授が、フィンランドの減塩政策による画期的な成果を発表した。1970年代後半、フィンランド国民は1日平均小さじ2杯以上という大量のナトリウムを摂取していた。結果、同国では高血圧が大きな問題となり、心臓発作と脳卒中が急増した。フィンランド東部は男性の循環器疾患の有病率が世界で最も高い地域となった。(注1)研究から、悪いのは遺伝やライフスタイルではないことが示された。単純に言えば加工食品が原因だったのである。そこで当局は、何よりも食品メーカーへの対策に力を入れた。塩分が多い加工食品は「高塩分」という警告を目立つように表示しなければならなくなった。一方で、国民への大規模な啓蒙キャンペーンも行われた。これらの取り組みは劇的な効果をもたらした。(注2)2007年には、1人当たりの塩分摂取量が3割以上低下し、それに伴って脳卒中と心臓病による死者数も8割減ったのである。*25

発表者ヒッキ・カッパネンに、聴衆は熱気のこもった拍手を送った。中でも、1人の男性が大きく心を動かされていた。最前列の席に座っていた彼は、カッパネンの降壇を待ちかねたように立ち上がった。男の佇まいは室内で異彩を放っており、カッパネンはすぐに気づいた。お世辞にも優雅な装いとは言えない学者たちの中で、彼だけが重役室から抜け出てきたような身なりだったからである。ぴたりと仕立てられた濃色のスーツに、磨き上げられた靴。上品にカットされた髪。彼はカッパネンを呼び止め、称賛の言葉を送った。そして、自分も塩分に同じような関心があると話し、夕食を一緒にしたいと誘った。

その夕方、カッパネンのホテルに高級車が迎えに来た。向かった先は、太平洋の眺めが見事なサンタモニカ埠頭の一流レストランだった。男の身なりから、カッパネンは車にもレストランにも驚かなかった。しかし話の内容はカッパネンが予想もしなかったものだった。晩餐の招待者は確かに塩分に関心を持っていたが、立場が全く違っていたからである。彼の名は、ロバート・イーサン・リン。1974年から1982年までフリトレーに勤めていた。「ドリトス」「チートス」「フリトス」などの大ヒット商品を持つ、年商40億ドル規模の菓子メーカーである。コーンとコーン油と食塩を主原料とするこれらの商品はどれも、シンプルだが油脂たっぷりのスナック菓子だ。

リンは同社の研究部門トップだった。つまり、消費者にスナックを買い続けてもらう方法を見つけだすことが彼の仕事だった。ペプシコ傘下のフリトレーで、チップス類から清涼飲料までさまざまな商品の研究開発の根幹に携わり、塩分・糖分・脂肪分のあらゆる側面に専門知識を注いだ。テキサス州ダラスの研究所で、これら3本柱の至福ポイントを突き止めてきた。

しかし、米国で塩分の取りすぎによる健康問題が沸騰寸前になってくると、リンは会社の方針に苛立ちを募らせるようになった。立場上いやでも目に入ってくる自社の対応が、彼には非常に問題の多いものに見えたのである。

夕食の席でカッパネンは、フリトレーにおける塩分の実状をリンがどこまでオープンに話そうとしているのか、まず軽い質問で探りを入れてみた。しかしすぐに、リンの気持ちがそれどころではないことがわかった。彼は堰を切ったように話し出した。カッパネンは、告解を聞く司祭のような気分になってきた。リンには話したいことが山のようにあった。

リンがフリトレーに勤めていたとき、米国で高塩分食を問題視する消費者運動が始まった。高血圧や心臓病のリスクに危機感を持った活動家らは、１９７８年、食塩を「リスクのある」食品添加物に分類するよう連邦政府に求めた。そうすれば厳しい規制の対象にできるからだ。この動きをどこよりも深刻に受け止めた企業がフリトレーだとリンは言った。その理由の一つには、同社の主力商品が塩分の多いスナック菓子だということがある。しかし、ワシントンのばかどもから規制という干渉を受けるのはまっぴらだという同社の強い社風（テキサス気質という者もいた）もあった。経営陣は塩分への圧力を個人的な攻撃のように受け取った。リンは、会社の利益と消費者の利益の間で板挟みになった。彼はフリトレーの反撃の様子を赤裸々にカッパネンに語った。「専門家」を使って、塩分と高血圧を結びつけた研究報告を手当たり次第に中傷したこと。塩分が少なすぎる

＊25　これは、国全体の減塩の取り組みであり、条件を厳密に管理した科学的な臨床試験ではないため、心臓病の減少がどの程度、塩分摂取量の減少によるものかを明確にすることはできない。

食事は健康にリスクがあると注意を喚起したこと。同社はナトリウムの有害作用を治療するための研究にも資金を提供したが、リンに言わせればそれは塩分への注目をそらすためのえげつない試みだった。塩分はフリトレーにとって、他の原材料と同じかあるいはそれ以上に重要なテリトリーだった。

ホテルに戻ったカッパネンは日記帳を取り出した。リンとの会話の要点をまとめておこうと書きだしたら、ペンが止まらなくなった。

「彼は、米国での金の力を目の当たりにし、心を大きく乱している。金さえあればすべてのものが買えると彼は言った」(注3)

2010年春、カッパネンは、他者に見せなかったこの日の日記を私に見せてくれた。きっかけは、面会から3週間後にリンがカッパネンに送った手紙だった。私は、入手したファイルの間に埋もれていたその手紙を偶然目にした。私が特に興味を引かれたのはリンが手紙に添えた資料だった。彼がフリトレー時代に書いたもので、塩分を守ろうとする同社の強力な取り組みの一部が詳しく記されていた。私はカリフォルニア州南部の大学都市アーバインにあるリンの自宅を訪ねた。曲がりくねった道路から少し入ったところにあるその美しい家で、われわれは数日間、塩分について、そしてリンのフリトレー時代について話した。リンは、保管していた社内文書や戦略計画書や手書きのメモも見せてくれた。

それらの資料から浮かび上がってきた詳細から、リンが消費者を心配していたことがよくうかがえた。リンも社内の他の科学者たちも、同社の過剰なナトリウム使用や消費者の傾向についてオープンに意見を交換していた。リンは私との会話の中で「人々の塩分依存」(注4)という言葉も1度ならず使った。

しかしこれらの記録や、私が入手したほかの資料は、別の物語の扉もこじあけた。逆境を強みに変えるという、食品業界の薄気味悪くかつ重大な力を示す物語だ。塩分問題でコーナーに追い込まれたフリトレーは、やがて、スナック菓子の売り上げを伸ばす別の道を見つけ出す。そして米国民の加工食品依存がまさにピークに達した1990年代から、同社はこの道を邁進しはじめる。高血圧は確かに懸念の的だったが、次第に肥満の問題のほうが大きくなった。スナック菓子を食べすぎることの危険性は、塩分よりカロリーに注目が集まるようになった。

ロバート・リンが商品の健康面について会社と初めてぶつかってから32年がたっていたが、ダイニングルームのテーブルで資料をふるい分ける彼の顔には、今でも後悔の念がにじんでいた。彼は、30年もの時間が失われたと話した。彼も、有能な多数の科学者たちも、塩分・糖分・脂肪分に対する業界の依存体質を変える方法を探すことに時間を費やすべきだったという。彼は私に言った。「勤務当時は、大して何もできなかった。人々にほんとうに申し訳なく思っている」

加工食品産業の研究開発部門で働く多くの人と同じように、フリトレーに職を見つけたロバート・リンも、発見と改善を目指す純粋な科学者としてキャリアをスタートさせた。台湾出身の彼は、1960年代、難関の奨学金を得て米国にやって来た。一族はみな頭がよく、目標も高い。兄は核物理学者としてニューメキシコ州ロスアラモスの原子力研究所に職を得た。彼自身の4人の息子も全員博士号取得者である。

リンは、頭が切れるだけでなく、決意と自信を持った若者でもあった。台湾の恩師たちはオックスフォードか少なくともアイビーリーグの大学に入ることを期待したが、彼はそれを蹴って、カリフォルニア大学ロサンゼルス校の医学部に入学した。同大学と、後に進んだカリフォルニア工科大学で、彼は最新の脳科学をかじり、遺伝子組み換えも研究した。やがて彼は、自分が長く貢献できる分野は核医学でも生物物理学でもなく栄養学だと判断した。人々が食べるものは生死と同じくらい重要なテーマだと考えたのだった。「人体を支えているのは栄養摂取だと考えた」とリン。「それをよく理解できれば、体を長持ちさせる方法がわかるだろうと」(注5)

しかし程なく、科学への情熱より産業界の現実のほうが彼にとって大きくなった。彼は、まず東部に移って電話会社GTEの生命科学部門に勤め、次に、加工食品産業の甘味部門のゴールドラッシュに参加した。サイクラミン酸ナトリウム（チクロ）という甘味料が、毒性リスクがあるとして米国で使用禁止になった直後で、糖尿病患者向け市場に大きな空白が生まれていた。アフリカ原産の果物から甘味料を作ろうとするベンチャー企業がいくつもあり、リンはその一つに就職した。彼は言った。「この果物は、噛んでも大して味はしない。しかしわれわれが抽出した分子を口に含むと、酢でも甘く感じる」。しかし幹部らの意見が対立してそのベンチャーは破綻し、リンはもっと安定した職を探さなくてはならなくなった。彼はテキサス州ダラスに飛び、何人かの重役による面接を受けた。それが、加工食品産業の塩分部門でゴールドラッシュを享受していた企業、フリトレーだった。

フリトレーの社風にリンは衝撃を受けた。彼は研究部門のトップを任された。部下となる150人の研究員は皆、重役のような衣服を身につけ、重役のように振る舞うことを期待されていた。「ネイビーブルーとチャコールグレーの世界だよ」とリン。「カラフルな服装の社員は昇進できなかった」。リンは時折、時間厳守を徹底するため、朝8時5分過ぎにはタイムカードを押すようにも言われたという。しかし研究の仕事は解くべきパズルの連続で、たまらなく面白かった。ある夜は、船で日本に向かっていた何千本ものペプシの緊急事態でたたき起こされた。突然、瓶のふたがシャンパンのコルク栓のように一斉にはじけ飛んでしまったという。リンと部下たちは数週間後にようやく原因を突き止めた。6号という合成色素がチクロと同じように使用禁止になったばかりで、代わりに使った新しいグレープ色素が犯人だった。天然の色素だったが、少々やっかいな化学特性があり、製造工程で注意を要することがわかったのだった。リンは同社のポテトチップを救ったこともあった。フリトレーはポテトチップの新鮮さに非常にこだわっていた。数日以内に売れなければ店頭から引き上げるというポリシーがあったほどだ。この新鮮さが他社との決定的な差別化に役立っていた。しかし、万一店頭に残ってしまった場合、問題は味の変化だけで済まなかった。食べた人が吐き気を催したのである。リンはこの原因も解明した。光だった。当時のポテトチップは透明なプラスチックの袋で売られていた。それを通過した光がポテトチップに化学変化を起こしていたのだった。リンは不透明の袋に切り替えることでこの問題を解決した。そう、今では業界に広く普及している対策である。

リンの影響力はペプシコとフリトレーのさまざまな商品に及び、さらにマーケティング部門にも広がった。人々が商品を買ってくれる（あるいは買ってくれない）理由を知ることが彼らの重要な仕事だが、それをリンが助けたのだった。塩分や糖分が多いスナック菓子には、常に健康面の懸念がつきまとう。あるときリンの同僚が、スナック菓子の売れやすさを測定する計算方法を開発した。リンはそれをさらに磨き上げて、わかりやすい数式に整理した。スナック菓子が健康に悪いという評判（H）は、コスト（$）や、破損などの品質問題（Q）と同じく、会社にマイナスとなる要因である。一方、会社にプラスとなるのは、購買（P）の可能性を高める要因である。手で食べられる、あるいは食事と一緒に食べられるといった便利さ（C）、実用性（U）、そしてもちろん、味が良いこと（T）だ。リンはそれぞれに係数（A、B）をつけ、一つの等式にまとめあげて、「理想的スナックのモデル」と名付けた。脂肪分と塩分たっぷりのスナック菓子でフリトレーが王者になっている理由を数学的に説明できるモデルだ。リンは社内の他の幹部あての業務連絡にこう書いた。「スナック菓子を目にした消費者にとって、報酬より抵抗のほうが大きければ、購買は生じない。これは数式で次のように表すのがよいだろう。$P = A_1T + A_2C + A_3U - B_1\$ - B_2H - B_3Q$」

　彼がフリトレー時代に携わった研究で特に費用がかかったものの一つは、1970年代後半、飽和脂肪酸への批判を論破する目的で行われた「モンキープロジェクト」だった。フリトレーは以前から、スナック菓子を買う以上に健康に悪い行為があるという立場を取ってきた。たとえば、パンやバターは無害に見えるかもしれないが、実際には塩分も脂肪分も多い。そこで同社は、「レイズ」ブランドのポテトチップはそんなに体に悪くはないと証明するため、150万ドルを計上して実験に着手した。使われたのは合計130匹のサルである。同社は動物実験施設に実験を依頼し、リンが研究を監修した。「われわれはサルに、ポテトチップで作った餌を与えた。量はヒトの1日の想定量の3倍だ。それを5年間続けた[注6]」とリン。サルはヒトより繁殖が早いため、実験は2世代にわたって行われた。この研究は一度も公表されていないが、フリトレーには安心材料になった。ポテトチップは健康にすごくいいわけではないかもしれないが、誰かを死なせる恐れもない、という結果が出たのである。リンは言った。

「飽和脂肪酸はそこまで悪くはないと確認したかった。『ポテトチップはどのくらい健康に悪いのか』というのがわれわれの問いだった。だから2世代にわたってサルを飼育し、ポテトチップにビタミン類とミネラル類を加えた餌を与えて、きちんと管理した比較試験を行った。5年後、餌の飽和脂肪酸が多かったグループは、コレステロール値だけは高くなっていた。これが、得られた唯一の結論だ。先天異常は一例もなかった。時間の無駄だという人もいるかもしれないが、私は責任ある科学研究だと思った。社員はみなこの結果に安心したよ[注7]」

しかし、ナトリウムはコレステロールとはまた別の話だった。ポテトチップに大量の塩分を使っていたフリトレーは、他のすべてのメーカーと同様、1978年から巧みな手練手管で政府に働きかけることになる。

米国の食品業界が最も恐れる消費者団体を一つ挙げるとしたら、それは公益科学センターだろう。

そこでリンは、スタッフを動員して、会社を塩分依存体質から抜け出させる道を探しはじめた。チームが作成した手書きの書類「塩分戦略」からは、彼らが時にはかなり突っ込んだ調査や研究も行いながら、ありとあらゆる角度からこの問題に取り組んだことがうかがえる。(注12) たとえば彼らは、ポテトチップの脂質量を調整して塩分を少なくできないか検討したり、塩味がよく効くよう食塩の結晶構造を変えてみたりもした。

この結晶構造については、チーム内で学派が大きく二つに分かれた。一方は、大きい結晶のほうが舌に強く当たるから効果が高いと主張した。もう一方は、パウダー状になるまでひいた小さい結晶のほうが唾液との接触面積が大きくなり、快楽信号が脳により速く届くと主張した。リン自身も食塩メーカーに出かけ、ひき方が異なるさまざまな食塩について説明をしつこく求めた。しかし、結晶が大きかろうと小さかろうと、フリトレーが決して譲れない一線があった。フリトレーのポテトチップは塩と脂質の味で人々に渇望されているということだ。塩分を減らして同じことができるなら、何も問題はない。しかし味が少しでも落ちるようなら、減塩は死活問題だ。リンはこのことをよくわかっていた。彼は私に言った。

「一般的に、食べていい気分になる食べ物は、もっと買いたくなる。広告も影響するが、そんなに大きな差が出るわけではない。9割はいい気分になるかどうかで決まる。いい気分とはつまり、いい味ということだ」

モニター消費者を集めて減塩バージョンの試食を行うよりずっと前の段階で、リンは非効率な製造工程にも手を入れようとした。ポテトチップの製造フロアを訪れ、塩分添加の現場を見た彼は、生涯で初めてというほど肝をつぶした。あまりにも大ざっぱなやり方がされていたからだ。ポテトチップが流れるベルトコンベヤーの上に巨大な貯蔵容器があり、食塩はそこから無造作に投げ落とされていた。チップにくっつかなかった塩はそのまま床に落ち、大きな山を作っている。それを従業員が時折掃除機で吸い取って、ゴミ箱行きである。あまりの無駄に唖然としたリンは、もっと分別あるやり方ができるはずだと考えはじめた。思いついたのは、静電気を利用して塩をチップにくっつけるという方法だった。これなら、無駄を大幅に減らせると同時に、チップにつく塩分量もコントロールできる。しかしリンは、すぐにこの計画の欠陥に気づいた。社内の誰も、うるさい経理屋ですら、塩の無駄を気にしていなかったのだ。純粋に収支の観点から見れば、５００グラム10セントという食塩はあまりに安く、無駄を省くだけの価値がなかった。リンは静電気のアイデアを棚上げにした。

一方、リンの上司たちは塩分規制の気配を驚異と感じていた。リンは上司に呼び出されることが多くなったが、それは塩分依存から抜け出せという用件ではなく、塩分使用を死守し、批判者を攻撃しろというものだった。会社の方針の中にはリンが容易に受け流せるものもあった。たとえばリンの同僚は、カリウム量を強調してポテトチップを擁護してはどうかと提案した。しかしリンは、同社のポテトチップのカリウム量はナトリウムの有害作用を打ち消せるほど多くはないと指摘した。リンは、ナトリウムを高血圧に関連付けた研究を過剰に攻撃してはいけないと同僚たちに注意も促した。「彼らには、『塩分は高血圧と関係ないなどと決して言うな』と言った」とリン。しかし、塩分規制に対抗しようとする同社の動きはあっという間に加速し、リンの手に負えなくなっていった。

1979年、FDAの委員会が塩分規制案に関する公聴会をワシントンで開くと、フリトレーは大挙して押しかけた。何人もの副社長が傍聴席から見守るなか、研究部門の責任者アラン・ウォールマンがマイクを取った。彼は食品の製造と保存の歴史に塩が深く根ざしていることを語り、熱烈な請願を繰り広げた。さらに、スナック菓子協会の代表として、ニューヨーク市の循環器科医とニューヨーク州バッファローのがん研究者も意見を述べた。循環器科医は高血圧と塩分に関する研究結果は明白でないという見解を示した。がん研究者はさらに強く委員会に挑んだ。規制案が通って国民の塩分摂取量が低下すれば、死者が出る恐れがあると警告したのである。彼は、食事の塩分不足によるリスクは、乳児や子ども、糖尿病患者、妊婦、経口避妊薬を使っている女性で特に高いと話した。

フリトレーは公聴会の様子を社内報に掲載した。その中で社長兼CEOのウェイン・キャロウェイは、がん研究者の警告をそのまま繰り返した。(注13)「塩分摂取量の大幅な規制が実施されれば一般市民にかなりのリスクがある。特別委員会がこのリスクをきちんと考慮していないことは、入念な研究調査および著名な医学者らの助言から明らかだった」

公聴会の準備に携わったロバート・リンは、規制案に対する全社的な反撃に自分が飲み込まれてしまったことを程なく悟った。1982年初頭になってもFDAは判断を保留したままだった。リンは、カルシウムで塩分の有害作用を打ち消せるかどうか調べるため、他の幹部とともに研究資金の提供を会社にかけあった。こうした計画を詳しく記した文書の中で、リンは、他の医学専門家による意見も引用しながら、この研究で塩分が無罪放免になるかは疑わしいという見解を記していた。

しかし彼は「戦略的視点からは、『カルシウムによる高血圧抑制理論』をうまくプロモーションすることで、当面はナトリウムへの圧力を弱められるかもしれない」(注14)とも書いた。彼は文書の別のところで、この研究を「強力な弾薬」とも称していた。

私がこの文書について尋ねると、リンは、当時フリトレーは食塩使用を死守しようと徹底抗戦しており、このカルシウム研究はそれを象徴するようなおとり戦術だったと評した。そして「カルシウムが役に立つと考えた人もいたかもしれないが、私はそうは思わなかった」と言った。

時は食品業界に味方した。規制案が持ち上がったのはカーター政権の後半だったが、やがてエネルギー危機やイラン米国大使館人質事件が起きて、ワシントンは食塩どころではなくなった。食品業界のロビイストたちは、まず子ども向けテレビCMの規制案をやすやすと退けた。1982年、FDAは食塩を食品添加物に指定すべきというジェイコブソンの請願にようやく対応を始めた(注15)が、官僚たちはレーガン政権に大鉈を振るわれることを恐れて小さくなってしまっていた。4年前に請願を受け取った検討委員会は、ジェイコブソンと同じ結論に達していた。この件の分析報告を後に執筆したFDA幹部によれば、通常であれば委員会の勧告はそのままFDAに採用されるという(注16)。事実、当時のFDAトップらは、塩分摂取量の低減は取り組みに値する目標だと認めていた。しかし、米国という企業国家に対してアグレッシブになることは困難な時勢で、政府には、食品メーカーに規制をかけるという手札はなかった。結局FDAは、食塩規制よりはるかに穏やかな方針を選んだ。同局は、健康を害する可能性を消費者に伝えて減塩を促す計画を発表した。

当時、FDAの食品安全・応用栄養センター所長だったサンドフォード・ミラーは、彼も他のF

DA幹部も塩分の健康への影響を真剣に心配していたが、業界ロビイストの激しい攻撃をはねつけるには科学データが不十分だと判断したと私に話し、「塩業界の人々は特にしつこかった(注17)」と言った。やはり当時の幹部だったウィリアム・ハバードによれば、思い切った塩分規制を行うには国民の準備ができていないという心配もあったという。彼は私に言った。「われわれは、公衆衛生上の必要性と、市民が受け入れられるものとのバランスを取ろうとした。常識的に考えて、上限を厳しくしすぎて人々が買わなくなったら、良いことをしたとは言えない(注18)」

幻滅したロバート・リンはその年フリトレーを去り、別の食品分野に移った。栄養サプリメントを作る企業に転職したのである。私が会った食品企業の元重役たちの例にもれず、彼も食習慣をオーバーホールし、かつて完璧を目指してエネルギーを注いだ製品を避けるようになっていた。見せてくれた彼のキッチンに加工食品はほとんど見当たらなかった。昼食に出してくれたのは、糖分を加えない普通のオートミールと、生のアスパラガスだった。休暇旅行ではわざわざ迂回してポテトチップ工場の自由見学に参加する私には、とても殺風景な食卓に見えた。75歳のリンは、毎朝1時間、家の裏手の大きな丘をかなりのペースで上っているともいう。加工食品を避けることで塩分摂取量が半分になったが、複雑な気持ちだと彼は言った。

「塩辛い食べ物を見かけると、今でも楽しく味見している。が、ある程度のところでやめるようになった。今でも好きだし、すごく食べたいと思うが、知識が付いたからね。私の体は大量の塩分を取るようには作られていない(注19)」

リンは、フリトレーの変革こそできなかったが、同社に多数の功績を残した。問題解決に対する知性の力を信じていた彼は、他の業種の専門家が集うフォーラムを立ち上げた。シェル石油の社長、マッキンゼー・アンド・カンパニーの研究アナリスト、大学の遺伝子工学研究者といった人々がフリトレーに招かれ、より創造的にスナックを製造・販売する方法について幹部らと話し合った。リンは、優れた才能に出会えそうな場所にはどこへでも足を延ばした。1981年のフォーラムにはタバコ企業R・J・レイノルズのマーケティング幹部も招かれ、消費者の望みや欲求をあらゆる角度から研究してターゲットを絞り込む方法を説明した。この幹部、グレッグ・ノバックは、年齢・性別・人種などによって消費者を細分化し、それぞれに合わせた広告戦略を展開するという手法の先駆者である。リンはこのミーティングの最初に、ある広告人の有名な言葉を紹介した。

「何が欲しいかという人々の言葉に基づいて製品や広告を企画する者は、まったくのばか者だ」

それから5年後、リンは去っていたが、「人々の求めるものは業界のほうがよく知っている」というこの見解はフリトレーを大きく助ける。同社は、塩分をめぐる懸念をうまくかわして、スナック菓子の新時代到来を告げようとしていた。

1986年、フリトレーはまれにみる不調に陥っていた。目新しい新製品を次々に打ち出したが、どれも鳴かず飛ばず。(注20) チーズをトッピングしたコーンクラッカー「トップルズ」も、さまざまな味の詰め物をコーン皮でくるんだ「スタッファーズ」も、あっという間に食料品店の裏でゴミ箱行きになった。ひと口サイズのグラノーラ・スナック「ランブルズ」はひと月ほどで姿を消した。このままでは消費者に忘れ去られ、5200万ドルの製造コストも水泡に帰してしまうと恐れた販売部門は、ドワイト・リスキーを連れてきた。スナック菓子の至福ポイントに精通した新進気鋭の研究者である。

リスキーのフリトレー入社は1982年、ちょうどロバート・リンと入れ違いだった。前職はモネル化学感覚研究所の研究員で、塩味の薄い食事をしばらく続けていると味蕾が感度を取り戻して高塩分食をやめられるということを発見したチームにも参加していた。そして自身の研究プロジェクトでは、特定の食品に対する好みはそのとき一緒に食べているものや飲んでいるものに大きく影響されるということを見いだしていた。たとえば、キャンディーバーの味の感じ方は、そのときコカ・コーラなどの飲料を飲んでいるかどうかで変化する。これが意味するのは、甘味の至福ポイントは固定されていないということだ。そのとき一緒に食べたり飲んだりしているものによって、至福ポイントは上下する。食品技術者は製品の魅力を最大限に高めようと奮闘しているが、現実の場面ではさらに複雑な要素が絡んでくるのである。リスキーは私に言った。

「ある食品の塩分や糖分といった要素を変化させていくと、たいてい、ベストの配合が一つ見つかる。しかし実際には、このピーク、つまり至福ポイントは動かすことができる。そこにどんな食べ物や飲み物を持ち込むかによって、至福ポイントを上にも下にも動かせるんだ」

至福ポイントには年齢による違いも見られた。塩味の効いたスナック菓子が生命線であるフリトレーが新商品で悪戦苦闘したのも、このことから説明がつくと思われた。米国社会の高齢化に伴ってスナック離れも始まったという見方である。最大規模の消費者層、1946〜1964年生まれのベビーブーマー世代が中年に差し掛かっていた。研究によれば、塩味の効いたスナックへの好みは、塩味の強さという意味でも食べる量という意味でも、年々低下するらしかった。このことは販売戦略に大きく影響する。フリトレーも、他のスナック菓子メーカーも、高齢化に伴う売り上げ低下を予想して、新しい消費者を獲得すべくマーケティング計画を見直した。ブーマー世代が若かったころの広告手法は縮小された。35歳になった消費者に、20歳の頃のような広告は訴求しないと思われていたからだ。

この戦略には一つ問題があった。たった一つだが、業界にとっては重大な問題だった。人々の予想に反して、スナック菓子の売り上げは低下しなかったのである。１９８０年代前半は逆に売り上げが伸びた。何が起きたのかを突き止めたのがドワイト・リスキーだった。

リスキーは、テキサス州プレーノのフリトレー本社から数キロメートルの自宅にもオフィスを構えていた。デスクも床も、多数の販売プロジェクトの表やグラフや資料で埋もれている仕事場だ。消費者をいかにカテゴリー分けするかはマーケティングを大きく左右する。この仕事に多くの時間とエネルギーを注いできたリスキーは、スナック菓子の売り上げ増加を見て、誰がそれだけ食べているのか突き止めることにした。１９８９年かその前後のある日曜日、彼は自宅オフィスで、ふいに答えに行き当たった。彼も、他のマーケティング研究者たちも、データを読み誤っていたのである。皆それまで、スナック菓子の消費を年齢別には見ていたが、人々の加齢に伴う推移は見てこなかった。この二つは大きな違いである。一つの集団を経時的に追跡する後者の手法は科学の分野で「コホート研究」と呼ばれている。ベビーブーマー世代の習慣が年々どう変化しているかを明らかにできるのは、このコホート研究だけだ。
フリトレーから販売データを入手しなおし、コホート研究の手法で解析すると、新しい展望が開けてきた。ブーマー世代のスナック消費は減ったわけではなかった。まったく逆だったのである。「この分野の商品、つまりクッキーやクラッカーやキャンディーやチップスは、どれもこの世代の消費量が年々増えていたんだ！」とリスキー。「単に若い頃と同じものを食べていただけでなく、量が増えていた。スナック菓子メーカーに大きな成功をもたらしたのもこれだったんだ（注21）」

確かに、20代の若者は、中年のベビーブーマーが想像もしなかったような量のスナック菓子を食べていた。しかしフリトレーにとってうれしいことに、ブーマー世代だけで見れば、20代当時より30代のほうがスナック消費が増えていた。しかもブーマー世代だけではなかった。平均すると、すべての米国民が、塩味の効いたスナック菓子を年々たくさん食べるようになっていたのである（注22）。リスキーが詳しく解析してみると、1人当たり消費量は毎年150グラムほど増えており、チップスやチーズクラッカーといったスナック菓子の年間平均消費量は約5500グラムにも達していた。

リスキーは、ブーマー世代のスナック消費が増えた理由を次のように説明した。彼によれば、きちんと食事を取ることは過去のものになったという。特にブーマー世代は、朝食・昼食・夕食という昔ながらの概念を放棄してしまったようだ。少なくとも、3度の食事はかつてのような日常の習慣ではなくなった。まず、早朝ミーティングが普及して、朝食が抜かれるようになった。ミーティングがほかの仕事にも響き、遅れを取り戻すため昼食が抜かれるようになる。夜は夜で、子どもが野球の練習に参加して帰宅が遅くなる。それに大学生にもなれば自宅を離れてしまう。親は次第に夕食を取らなくなる。しかし、ブーマー世代が空腹を抱えたわけではない。彼らは食事を抜いた分をスナック類でまかなうようになった。スナックなら、キッチンの食品棚や、街角のコンビニ、会社の自動販売機で手に入り、すぐ食べられる。リスキーは言った。「われわれは思わず言ったよ。『おいおい、あっちでもこっちでも食事抜きだ』と。驚いた」。ここから新しい認識が生まれた。ブーマー世代は「成長が止まった成熟カテゴリーなどではない。膨大な成長の余地を持ったカテゴリーだ。そこでわれわれは、その成長を現実のものにするために全力で取り組みはじめた」

リスキーにも、フリトレー販売部門の重役たちにも、「トップルズ」や「スタッファーズ」が新たな角度から見えてきた。(注23) これらの商品が失敗したのは、米国でスナック離れが始まったからではない。人々が塩分を気にするようになったからでもない。マーケティング努力が少々足らなかったからなのだ。それなら修正は朝飯前だった。

こうしてフリトレー近代史の最終幕が始まった。塩味の効いたスナック菓子を作り、すべての世代の米国人に売り込むため、全社一丸の布陣が敷かれた。親会社のペプシコがコカ・コーラとの全面戦争を経験していたことも、フリトレーの助けとなった。

ペプシコはマーケティング・マシーンのような企業だった。1965年のフリトレー買収から1年後、本社がマンハッタン中心部のパーク・アベニューからニューヨーク州パーチェスの広大な敷地に移されたが、郊外でのんびりペースになるような社員は1人もいなかった。攻めの姿勢を誇る同社は、飲料業界の巨人コカ・コーラを出し抜こうと、ありとあらゆる機会を見つけて戦いを挑んだ。1990年、ケンタッキーフライドチキン、ピザハット、タコベルも傘下に収めていたペプシコは、ついに売り上げが10億ドルを超えた。そこに入ってきたのが、ベビーブーマー世代のスナック消費が記録を塗り替えているというドワイト・リスキーの啓示だった。同年ペプシコは、輝かしい年次報告書の表紙全面を力士の写真で飾った。逞しい巨体が、立合いの姿勢で正面を見据えている。ペプシコの社命を、そしてわれわれの増えつづける食欲を見事に象徴した表紙だった。

それから1年後の1991年、ペプシコは社内有数の企業戦士ロジャー・エンリコをフリトレーのトップに据えた。製鉄所の溶鉱炉の職長を父に持つエンリコは、後に会長兼CEOとして1996年から2001年までペプシコ全社を率い、マーケティング指導者として、コカ・コーラの伝説的会長ロバート・ウッドラフと肩を並べる存在になるが、フリトレーに着任した当時からすでに飲料部門のスターだった。1984年にマイケル・ジャクソンを口説き落とし、大ヒット曲の「スリラー」をペプシの「ニュー・ジェネレーション」キャンペーンに使ったのがエンリコである。*26 その1年後、コカ・コーラが発売した「ニュー・コーク」を、同社の味の見直しはペプシの勝利だという華麗な反撃で沈めたのもエンリコだった。(注24)

フリトレーのCEOとなったエンリコは、「アップ・アンド・ダウン・ザ・ストリート（道を行ったり来たり）」と呼ばれるコンビニ向けのマーケティング戦略を展開して、ペプシの配達員にフリトレーのスナック菓子も運ばせた。(注25) 街角のコンビニエンスストアこそ、子どもたちのスナック習慣が形成される現場だ。そこでの売り上げを最大限に高めるのが狙いだった。エンリコは、スナック部門のマネジャーたちにも、コンビニ市場を制覇せよと発破をかけた。ドワイト・リスキーは、フロリダ州オーランドで開かれた重役会議でのスピーチを覚えているという。エンリコは、ビール製造会社アンハイザー・ブッシュが「イーグル・スナック」ブランドのポテトチップでフリトレーの領地を奪っていると不満を漏らした。

「向こうは品質がとても高くて、陳列スペースの確保もうまかった」(注26)とリスキー。エンリコの発破で、フリトレーは大至急、食感や味の改善に乗り出し、販売を促すため価格も下げた。リスキーは言った。「それから8年連続で市場シェアが3ポイントずつ伸びたと思う。エンリコが掲げた目標に会社が反応する様子には目を見張ったよ。彼はビジネスの天才だ」

フリトレーの食品技術者たちは、「トップルズ」のような新分野での商品開発も縮小した。購買を促す最も基本的で最も頼りになる方法を取ることにしたのである。ライン拡張だ。彼らは既存製品に立ち返り、続々と派生商品を紡ぎ出した。昔ながらの「レイズ」ポテトチップに、ソルト&ビネガー、ソルト&ペッパー、チェダー&サワークリームなどが登場した。コーンチップの「フリトス」からはバーベキュー味とチリチーズ味が出た。そして、塩分がポテトチップの2倍近いパフ状のコーンスナック「チートス」には、21種類の味が登場した。

いずれも、月並みなライン拡張ではなかった。開発力の高さを誇るフリトレーの科学者たちは、

*26 このマイケル・ジャクソンのCMは大ヒットした。20年後、歴史的作品として動画サイトの「ユーチューブ」にも投稿され、視聴件数は4500万に達した。

味、歯ごたえ、口当たり、香りなど、商品のすべての要素に知識と技術を惜しみなく投入している。何も特別な原材料を使うわけではない。油脂と塩分、商品によっては糖分、それにジャガイモかトウモロコシのデンプン、あとはさまざまな香辛料だ。これらを縦糸や横糸だとすれば、秘訣は機織りの工程にある。私は理解を深めるためスティーブン・ウィザリーに連絡を取った。かつてネスレでチーズソースを開発していた食品科学者だ。ウィザリーは食品業界向けに「なぜ人はジャンクフードを好むのか」という非常に興味深いガイドブックを執筆している。私は買い物袋二つ分のスナック菓子を買い込んで彼を訪ねた。彼が真っ先に手を伸ばしたのがチートスだった。

「これは……、純粋な喜びという点で、この星で最も見事に構築された食品の一つです(注27)」とウィザリーは言い、脳に「もっと」と言わせるチートスの特徴を次から次へと挙げていった。その一つが、口の中でチョコレートのように溶けるというずば抜けた特性だ。「『カロリー密度消失』と呼ばれる特性です。素早く溶ける食べ物は、カロリーがないと脳で判断されます。ポップコーンと同じようにいつまでも食べ続けられるのです」。チートスを上回る唯一の食品は、やはりフリトレーが生み出した「ドリトス3D」だったと彼は言った。平たい三角形のコーンチップ「ドリトス」を、中空の立体形状にした派生商品だ。「立体になったことで、口に入れたときの驚きの要素が増えました」とウィザリー。驚きは消費拡大に非常に役立つ要素である。

ロバート・リンがいなくても、フリトレーはテキサス州ダラス近郊の研究所に500人近い化学者や心理学者、技術者らを擁し、年間3000万ドルの予算を当てて、膨大な研究業務を続けていた(注28)。研究所には、ヒトの噛む動作をシミュレーションする4万ドルの装置まである。チップス類の完璧な破壊点を見つけるためだ。人々が好むのは約27・5キロパスカルの圧力で砕けるチップスで、それ以上でも以下でもだめだという。こうして製品の磨き上げにいそしむ人々がいる一方で、１万人の販売部隊も食品業界の供給システムに革命をもたらしていた。手のひらサイズのコンピューターを持ち歩き、在庫不足に即時対応するとともに、新鮮な商品だけが店頭に並ぶように管理したのである。

米国人のウエストサイズ増大を報じる記事が新聞を賑わせはじめ、人々が栄養を気にするようになると、もちろんフリトレーも対応に乗り出した。同社は早くも１９８８年、この消費者層を狙った低脂肪チップスのテスト販売を行っている。当時の副社長は「ライトビールがビール市場で成し遂げたのと同じことができれば、大きな成長の可能性が開ける[注29]」と話した。この低脂肪チップスは不調に終わった[注30]が、全粒粉を使用し飽和脂肪酸と塩分を減らした新商品「サン・チップス」は、食習慣を気にする消費者に大いに売れる見通しが立った。

全体的に、フリトレーの塩分使用は業界全体のトレンドと一致しているようだ。１９８０年代から１９９０年代にかけて減少傾向を示したものの、わずかな変化に終わった[注31]。１９８１年にフリトレーのスナック菓子を分析したロバート・リンによれば、製品１００グラム当たりのナトリウム量は平均６３５ミリグラムで、ポテトチップは最大８４７ミリグラムだった[注32]。30年後、「レイズ」ポテトチップのレギュラー味は６００ミリグラムになったが、ソルト&ビネガー味は８１１ミリグラムで、「チートス」には１０５８ミリグラム、「ドリトス」に至っては１３４０ミリグラムという商品まで登場した。ナトリウムが健康障害につながりやすい１億４３００万の米国人は、このドリトス片手分で1日上限の4分の1を摂取することになる。

フリトレーは、減塩について尋ねた私に、責任を果たすべく真摯に取り組んでいると答えた。広報担当者によれば、特に成果が見込めそうな取り組みの一つが、味を損なわずに減塩を実現するため粒子の細かい食塩を採用したことだという。30年前にロバート・リンが模索していたのと同じ方法だ。2010年3月にはペプシコが、グループ製品の塩分を平均25%削減し、飲料も減糖製品をプロモーションするという計画を発表した。コカ・コーラの元社長ジェフリー・ダンによれば、この発表はコカ・コーラ社内に大歓声をもたらした。社内の彼の友人たちは、ペプシコ社員が一時的に正気を失ったと考え、この機を逃さずコカ・コーラをさらに売り込もうと息巻いたという。

スナック菓子はそれだけで済まなかった(注33)。フリトレーの重役たちは、自分たちが正気を失っていないことを投資家たちに信じてもらおうと四苦八苦する羽目になった。彼らは、うるさい消費者活動家の耳に届かない内密の会合を幾度となく開き、米国民の生活にスナックをさらに浸透させるためのマーケティング努力について、繰り返し最新情報を提供した。そのピークが2010年3月だったと言えるだろう。ペプシコが、ゴールドマン・サックスやドイツ銀行といった有力投資機関のアナリストたちを招いて、2日がかりの会合を開いたのである(注34)。会場には、ヤンキースタジアムのVIPルームが選ばれた。ウォール街のゲストたちを迎えたのは、数年前からペプシの広告塔になっていたヤンキースの遊撃手、デレク・ジーターだった。ジーターは「われわれヤンキースは勝つことが大好きです。そしてペプシコは勝ち組の企業です」と挨拶した。あとはペプシコとフリトレーの重役が引き取った。

グローバル販売担当の上級副社長が、ドリトスは「10代の若者にひたすら集中することによって」世界で最も売れるコーンチップに成長した、と出席者たちに説明し、しかし成功に安住するつもりはないことを請け合った。フリトレーは、自社だけが持つノウハウですべての商品とすべての消費者セグメントを引き続き追跡している、と説明した。

もう一つの大きなターゲットは、「Y世代」と呼ばれる1980～1990年代生まれの6500万人の米国人だった。この消費者層に関する課題は雇用率の低さだとフリトレーは見ていた。限られた可処分所得の奪い合いになる。「同じ1ドルでダブルチーズバーガーも買えるし、『iTunes』から音楽のダウンロードもできます」と最高マーケティング責任者のアン・マカージーが説明した。「したがってドリトスも考え方を変える必要があります。単なるおいしいスナック以上のものを、どう提供するか。当社ではこれを『アンド効果』と呼ぶことにしました」。こうして、Y世代に対して、エンターテインメントと絡めた販促活動が展開されることになった。「スーパーボウル」などのスポーツイベントやテレビゲーム機「Xbox」で商品を宣伝する。この戦略は、すでに売り上げ2桁増をもたらしていた。

Y世代に対するもう一つの戦略として、フリトレーはファストフードと真っ向勝負する方策を打ち出し、これも奇跡のような成功を見せはじめていた。技術陣が、味ばかりか匂いまでファストフードにそっくり似せた「フレーバー・プラス」という調味料シリーズを開発したのである。この年に発売されたばかりの「ドリトス・レイトナイト」シリーズ（100グラム当たり529キロカロリー、ナトリウム811ミリグラム）には、チーズバーガー味、タコス味、ハラペーニョ・ポッパー味など、同社の食品技術者たちが考えつく限りのファストフード味がそろえられた。深夜の衝動的なスナック消費行動をあおるかのようなこのシリーズは、1年目にして5000万ドルの売り上げを叩き出した。

もちろんベビーブーマー世代も忘れていない、とフリトレー経営陣は急いで言い添えた。米国だけで8000万人、全世界で14億人を数えるこの世代が最大の消費者セグメントであることは変わらない。これを念頭にフリトレーは、2006年、年商6000万ドルのステイシーズ・ピタチップ社を買収していた。同社はもともと、マサチューセッツ州のカップルが営んでいた移動販売車のサンドイッチ売りだった。人気が出て長蛇の列ができるようになったため、待ち時間に食べてもらおうと、サンドイッチ材料の薄焼きパン「ピタ」でチップスを作って配るようになったという歴史がある。アン・マカージーは、フリトレーの手中でピタチップ（100グラム当たり459キロカロリー、ナトリウム1093ミリグラム、味は12種類）はまさに金脈になったと話した。ブーマー世代が食べずにいられない商品だったからだ。

彼女は言った。

「先に申し上げたように、彼らもスナック菓子を大量に食べます。しかし求めるものは非常に異なります。彼らが求めるのは、新しい体験、本物の食体験です。今まで食べたことがないようなスナックをブーマー世代は求めています」

フリトレーは、塩分とその健康上の懸念もマーケティング計画に完璧に組み込んでいると説明した。目下開発中の「デザイナー食塩」によって、うまくいけば近い将来に製品のナトリウム量を40

%削減でき、それで販売が低下する心配もない、とCEOのアル・ケアリーが投資家らに請け合った。ブーマー世代は減塩製品を青信号と受け止めて、これまで以上にスナックを消費するだろうというのである。この現象の心理的背景を説明するため、ケアリーはここでも古き良き業界用語「パーミッション（許容）」を使った。

彼はデザイナー食塩の説明で次のように話した。

「何より大きいのは、ブーマー世代のハードルを取り除いて、スナック消費のパーミッションを与えられることです。味は申し分ありません。現在の『レイズ』ポテトチップとこの新商品を食べ比べても、区別できないほどです。この商品を見た母親たちは、安心して子どもに与え、自分でも食べるでしょう。過去数年間、人々がスナック菓子に抱いてきた見方が変わるだろうと思います[注35]」

ケアリーは、デザイナー食塩を使った減塩スナックの見通しが非常に有望であることから、新たな領域も視野に据えたと話した。スナック業界にとって最難関の市場、学校である。たとえば元大統領ビル・クリントンと米国心臓協会が立ち上げた学校給食プログラムは、塩分・糖分・脂肪分に上限を設けて学校給食の栄養改善を目指した。ケアリーはこの例を引き、説明を続けた。

「もし、おいしくて、しかも学校給食プログラムの基準を満たすポテトチップがあったら、どうでしょう。当社はこれを可能にできると考えております。そんな商品が学校のランチルームに登場すれば、子どもたちはそれを食べて育ち、いい印象を持ってくれるでしょう。親たちも同様です」

「食べることにいい印象を持つ」というフレーズを、私はどこかで見た気がした。そこで、本書のために集めた資料を収めたキャビネットを調べてみた。散々探してついに見つけたのは、1957年の社外秘文書だった。

書いたのはアーネスト・ディヒターという心理学者だ。著名な精神分析家ジークムント・フロイトを友人の1人に挙げる彼は、1938年、オーストリアから米国に移住してくると、ニューヨーク州クロトン・オン・ハドソンでコンサルティング業を始め、米国企業に動機づけ研究の応用を教えるようになった。彼は、女性向け、男性向けというように「食品の性別」に基づいて販促活動を行うよう食品メーカーに助言して、業界で有名な存在になった。(注36)しかしフリトレーは少し違ったアドバイスを受け取った。塩分の多いスナックを米国人にもっと受け入れさせることを狙って彼が作成した全24ページの提案書は「フリトレー商品に関するクリエイティブ・メモ」と題されていた。

ディヒターは、同社のチップスはもっと売れるはずだと指摘し、そうなっていない理由は単純だと書いた。「人々はポテトチップが好きだし楽しんでいるが、好きだということに罪悪感を持っている。食べた後の結果を非常に恐れているのである。人々は『たがを外して』楽しんだ罰が下ると無意識のうちに思っている」。そして彼は、1人の消費者の言葉を紹介した。「ポテトチップは大好きですが、身の回りに置きたくありません。太るからです。食べ出したらやめられません」

消費者たちの話を集めたディヒターは、同社のチップスに対する「恐れと抵抗」を七つ拾い出し、並べてみせた。「食べるのをやめられない／太る／体によくない／べたべたするし食べかすが散らかる／値段が高い／食べ残しの保存がきかない／子どもによくない」

最後の項目について、彼はニューヨーク州スケネクタディの消費者の言葉を引用した。ディヒターの研究スタッフに彼女が語った言葉は、現在の母親たちとほとんど変わらない。「あれは子どもたちが食べすぎてしまいます。一切食べてほしくありません。子どもたちにはニンジンスティックや桃やリンゴを食べてほしいです」

これが問題点だとディヒターは指摘し、残りのページを費やして解決策を書き連ねた。この恐れと抵抗を打ち消す方策はいくらでもあると考えたのだった。やがて彼の処方箋は、フリトレーだけでなく業界全体に普及してゆく。

まずこの「体に悪い」という問題についてディヒターは、ポテトチップに「揚げた」という言葉を使うことをやめて「トーストした」と表現するようフリトレーに提案した。このアプローチは、広告業界の大きな賞を受賞した２０１０年のキャンペーン「ハピネス・イズ・シンプル」でも踏襲されている。フリトレーは賞への応募に際し、「ジャンクフードの代名詞という認識」の払拭を狙ったと趣旨を説明した。ＣＭには、揚げ油に浸かるポテトチップは登場しなかった。青空の下、畑から無数のジャガイモが花火のように打ち上がり、ポテトチップになって人々の上に降り注ぐという映像が展開された。

「たがを外してしまう恐れ」に対するディヒターの処方箋は商品の少量化だった。「食欲をコントロールできないことを特に強く恐れている消費者は、少量パッケージの意味を察知して選んでくれる見込みが高い」と彼は書いた。この流れを汲むのは、女性キャラクターたちの会話でくすりと笑わせるアニメーションをネットで展開した広告キャンペーン「女の世界」で、これも２０１０年に別の賞を勝ち取った。

フリトレーは審査委員会にキャンペーンの戦略を披露した。「女性たちはチップス売り場を避けるようになっていました。チップスが主力商品である当社にとってこれは深刻な課題でした。女性は男性よりスナック菓子を食べますが、フリトレー離れが起きていたのです」。そこで同社は広告戦略を見直し、健康的な雰囲気の商品をプロモーションすることにした。揚げる代わりに焼いて作ったポテトチップや、1袋100キロカロリーの少量パックなどだ。加工食品業界が広く採用しているこの100キロカロリーパックには、実は大きな欠点がある。衝動的な食べ方をしてしまう傾向がある人は、1袋でやめられないことが最近の研究で示されているのだ。

ディヒターがフリトレーに授けた最後の、そしておそらく最も重要な助言は、チップス類を間食という世界から引っ張り出して、食事風景の常連アイテムに変えることだった。「ポテトチップなどの商品を飲食店やサンドイッチ店のレギュラーメニューの一品に加えてもらえるよう重点的に働きかけるべきだ」と彼は書き、いくつも例を挙げてみせた。「前菜として、果物または野菜のジュースと、スープ、それにポテトチップ/メイン料理の付け合わせ野菜としてポテトチップ/サラダとポテトチップ/朝食に卵料理とポテトチップ/サンドイッチの付け合わせにポテトチップ」

この文書が作成された1957年当時、サンドイッチの付け合わせはピクルスで、ポテトチップではなかった。ディヒターが指摘したように、チップスはあくまで単独で食べる菓子であり、後ろめたさもついて回っていた。現在、フリトレーのチップス販売先は飲食店だけではない。乳製品や牛肉に倣って、同社はスナック菓子を家庭料理の原材料としてもプロモーションしているからだ。

同社のウェブサイトには、スナック別（チートス、ドリトス、レイズ・ポテトチップ、ステイシーズ・ピタなど）、時間別（朝食、夕食、デザートなど）、料理別（パイ、肉料理、サラダなど）に整理された多数のレシピが紹介されており、『フリトレーで家庭の味』というタイトルのオンライン料理本も用意されている。

レシピは、ポテトチップを使ったコーンチャウダーから、コーンチップ4カップとチーズ200グラムを使った鶏肉料理、ピタチップに乗せるピーナッツバターパフェまで、多種多様だ。

アーネスト・ディヒターは、自分の洞察がスナック業界全体に浸透し、チップスが米国料理の素材に変わっていくことを、この1957年の時点で予見していたのだろうか。彼は1991年に亡くなっているため、私は聞くことができなかった。しかしディヒターに肩を並べる天才が、60キロメートルほど南のマンハッタンで仕事をしていた。彼の名はレン・ホルトン。広告史上最も有名なフレーズの一つを生み出した人物である。

ホルトンもすでに亡くなっていたが、私は彼の元同僚アルビン・ハンペルから話を聞くことができた。1963年、大手広告代理店ヤング・アンド・ルビカムのスタッフたちは、フリトレーの新スローガンの案出に苦心していた。上級コピーライターのホルトンは、猫背で足を引きずりながら静かにオフィスを歩き回る高齢の紳士だった。若い同僚たちがたわいもない案を出し合っていると、ホルトンがすっと席に着いて、何かをさらさらと書き留めた。それが回ってくると、皆、あまりの的確さに言葉を失った。「まるで、摘み取られるのを待っていた果実だった」(注37)とハンペルは言った。

それが世界中でヒットした「Betcha Can't Eat Just One（一つじゃ絶対やめられない）」だった。

この5単語のフレーズは、フリトレー幹部の想像よりはるかに深くポテトチップの本質を捉えていた。1986年、肥満率の上昇を受けて、米国人の食習慣を追跡する大規模な研究が開始された。この研究データは、米国人の全体像を表すものとは言い難い。調査に協力したのはすべて医療関係者で、報告内容はかなり正確であると想定される一方、平均的国民に比べて食事と栄養に気を付けている可能性が高いからだ。したがって調査結果は、米国全体の傾向より小さく出ている可能性がある。もともと肥満だった人は解析から除外され、12万877人の男女について、飲食物、身体活動、喫煙習慣が追跡された。現在も4年おきに追跡調査が続けられている。

2011年、権威ある医学誌『ニューイングランド・ジャーナル・オブ・メディシン』に最新の結果が掲載された(注38)。1986年から4年ごとのデータで、着実に人々の運動量が減り、テレビの視聴時間が増え、体重は平均1・5キログラムずつ増えていた。研究者らは、どんな食品がこの体重増加をもたらしたのかを把握するため、報告された食事のカロリーをもとにデータを解析した。すると、赤身肉および加工肉、糖で甘味をつけた飲料、ジャガイモ(マッシュポテトやフライドポテトなど)といった食品が上位に挙がった。しかし、他を大きく引き離して1位になった食品がポテトチップだった。

100グラムで約560キロカロリーのポテトチップが、4年当たり0・77キログラムの体重増加をもたらしていたのである。対照的に、デザート類による体重増加は0・2キログラム未満だった。

論文が掲載されると、他の専門家らがコメントを発表した。彼らは、ポテトチップがいかに衝動を抑えがたい食べ物かを指摘し、パッケージ方法にも言及した。通常、ポテトチップの袋には1食分1オンス（28グラム）と記載されているが、これは人々の実際の食べ方とかけ離れている。ニューヨーク市のセントルークス・ルーズベルト病院に勤務する肥満専門家F・ゼイビア・ピスニエ博士は次のように言った。「人は普通、ポテトチップを1枚や2枚食べるわけではない。1袋食べてしまう」

だが、それも話の半分でしかない。ポテトチップの原材料も、過食を引き起こすパワーでは引けを取らないからだ。まず表面の塩分が舌を魅了する。しかし内部にはもっと魔力が潜んでいる。ポテトチップは脂質が多い。脂質はカロリーの大部分を担うだけでなく、噛んだ瞬間に独特の口当たりをもたらす。手についた油分は一般にべたついて不快だが、口の中の脂肪分は驚異的な感覚をもたらし、脳は瞬時に快楽信号を発する。

話にはまだ続きがある。ポテトチップは糖分も多いのだ。この糖分は、子ども向けに糖分を添加した一部の商品を除いて、成分表示には登場しない。正体はイモのデンプンだ。デンプンは炭水化物の一種だが、より正確にはグルコース（ブドウ糖）でできている。血糖値の「糖」そのものだ。ハーバード公衆衛生大学院の疫学・栄養学准教授で、先の論文の著者の1人でもあるエリック・リムによれば、ジャガイモはそれほど甘くないが、噛んだ瞬間からグルコースが砂糖と同じような働きをするという。彼は私にこう話した。「デンプンは非常に吸収されやすく、同量の砂糖より速く吸収されるくらいです。すると血糖値が急上昇します。これが肥満に関わってきます」(注39)

体重を気にする人にとって、これは大問題だ。最近の研究によれば、血糖値が急上昇すると食べ物がもっと欲しくなるらしい。そしてこの作用は、最初に食べたものが何であれ、4時間ほど続くという。1時間ポテトチップを食べると、次の1時間はもっと欲しくなるのである。

この点に関してポテトチップは、かつてフリトレー重役が危機感を持った「ジャンクフードの代名詞」どころではない。消費者に最大限にアピールするため塩分・糖分・脂肪分を駆使する加工食品全体の縮図のような食品だ。脂肪分や歯ごたえや代替食塩による味付けで製品の魅力を保てるなら、そして広告キャンペーンによって好きなだけ食べていいという心理的パーミッションを消費者に与えることができるなら、フリトレーはポテトチップの塩分を完全になくして、健康的というオーラをいくらでもまとわせることができるだろう。それでも、ポテトチップが高カロリーであることは変わらない。そしてそれこそが肥満の究極の原因なのだ。

エピローグ

われわれは安い食品という鎖につながれている

2011年3月の月曜の朝、私の乗った飛行機がスイスに着陸しようとしたとき、太陽がようやく昇ってきた。私はレマン湖の北縁に向かった。この地に、巨大食品企業ネスレの研究所と本社がある。気持ちのいい早朝で、良い1週間になりそうだった。何カ月も前から私は、ネスレの革新的な栄養科学研究のことを耳にしていた。塩分・糖分・脂肪分の未来に何が待っているのかを見たくて、ここにやって来たのだ。

何らかの変化に向けて食品業界をリードするのに、ネスレは間違いなく最良のポジションにいた。2年ほど前からクラフトを抜き、米国のみならず世界最大の食品企業[注1]になっていたからである。1866年にベビーフードメーカーとして創業した同社は、現在では飲料から冷凍食品、レジ横のスナック菓子まで、食料品店のほとんどあらゆる売り場で競争に参加している。社内で「ビリオネア・ブランド[注2]」と呼ばれる29の製品群は毎年10億ドル以上の販売を誇り、総売り上げは1000億ドル、利益は100億ドルをそれぞれ超えている。巨富を築きあげている同社を、かつて勤めた科学者スティーブン・ウィザリーは、食品メーカーだと思わないように私に警告した。「ネスレは、食品を印刷しているスイス銀行です（注3）」

さらに重要なことに、ネスレは業界内でも最も広範かつ野心的に研究に取り組んでいる。この点でも、変化を生む力が最も大きい企業だといえるだろう。研究所はローザンヌ北方の閑静な丘の中にある。北京、東京、サンティアゴ、ミズーリ州セントルイスのサテライト施設と合わせて、科学者350人を含む700人のスタッフが所属する同社の研究部門は、毎年70件以上の臨床試験を行い、200報の学術論文を発表し、80件もの特許を出願している。大学、原料メーカー、民間研究機関との共同研究も年間300件に達する。ネスレには世界トップレベルの才能があらゆる科学分野から集まっていて、脳画像の研究もその一つである。だから同社では、多数の電極が付いた帽子を被験者の頭にかぶせて脳波計につなぎ、「ドレイヤーズ」アイスクリーム（これも「ビリオネア・ブランド」だ）が脳神経をどのように興奮させるか調べるといった研究も可能だ。

ぴかぴかの建物が複雑にめぐらされた研究所の中を案内されるのは、映画『ウィリー・ウォンカのチョコレート工場』（訳注＊邦題は『夢のチョコレート工場』）の世界に入り込むような気分もした（実際にネスレはウィリー・ウォンカ社と同社のブランドを1988年に買収した）。所内は夢のような技術があふれていたが、なかでもハイライトの一つが「GR26」という研究室だった。「エマルジョン（乳剤）・ラボ」と呼ばれているこの部屋では、そびえる電子顕微鏡のもとで、エマニュエル・ハインリッヒとローラン・サガローヴィチの2人が研究内容を説明してくれた。彼らは口から小腸まで脂肪分を追跡している。ネスレは、脂肪分を実際より多く感じるように、アイスクリーム中の脂肪分の分布を変えることに成功したという。また同社は、飽和脂肪酸を健康的な油脂に変えても食べた人が気づかないような感覚トリックの応用にも取り組んでいる。これについては、ハインリッヒが「カプセル化オイル」という画期的手法の仕上げにかかっていた。(注4) ヒマワリ油やキャノーラ油といった健康的な油を、糖やタンパク質の分子で包んで微小なカプセルを作り、乾燥させてパウダーにする。これをクッキーやクラッカーやケーキに使うと、飽和脂肪酸に特有の魅力的な口当たりを再現できるという。しかも心臓病のリスクは低い。つまり、少ない飽和脂肪酸で脳を同じだけ喜ばせることができるというのだ。

ネスレはペットフードも販売していて（「ピュリナ」もビリオネア・ブランドの一つだ）、研究者たちはこの分野でも有望な成果を上げていた。カーギル社との共同研究で、大豆胚芽から取れるイソフラボン類を使い、犬用のダイエット食品を開発したのである。目的は犬の代謝を活発にすることだ。ネスレはある報告書にこう書いている。「肥満はヒトだけの問題ではない。先進国では最大40％の犬が太りすぎになっている」(注5)

研究所は、同社最大のビリオネア・ブランドである「ネスプレッソ」がぴかぴかのマシーンから出てくるコーヒーバーに至るまで、すべてが最先端で見事だった。しかし結局、私は落胆を覚えた。ネスレが肥満やそのほか加工食品による悪影響から世界を救えるとしても、それはわれわれの世代のうちには起こらない。私は、見学を終えるころにはそう確信するようになっていた。人々が日々買い求める加工食品は、過食をそそのかすように計算しつくされている。ネスレ研究陣の高度な技術力と知識をもってしても、現実的な解決策を提示することは不可能だ。

私がこの見学で何より残念に思ったのは、食べすぎの対策に食物繊維を利用しようという研究だった。ネスレ研究所の「消化ラボ」という部屋に咀嚼《そしゃく》シミュレーション装置が設置されていた。冷蔵庫ほどもある大きな装置からチューブが四方八方に伸びている。コンピューター制御で、子どもと大人、それに犬の咀嚼と消化を再現できるという。研究員の1人アルフルン・エルクナーが、満腹感を生み出すための研究を詳しく紹介してくれた。ネスレは、わずかなカロリーで満腹感が得られるヨーグルトを作ろうと研究努力を注いでいる。しかし満腹感をもたらすには大量の食物繊維をヨーグルトに入れる必要があり、(注6) シミュレーターの設定を最大まで上げても消化が困難だという。エルクナーは私に言った。「みんな特効薬を欲しがります。1錠飲めばいくら食べても体重が増えない、そんな薬があればいいでしょうね。でもそれはわれわれにできることではありません」

食品業界には、太らない食べ物以上に探し求められているものがある。体重を減らす食品だ。ネスレはこれも果敢に追求したが、プロジェクトは頓挫した。商品は、コカ・コーラと組んで開発した「エンヴィガ」である。緑茶とカフェインと2種類の人工甘味料を主な原材料とするこの飲料は、「カロリーを燃焼する」(注7)とラベルにうたって2007年に米国で発売された。エンヴィガを飲むほど体重が減るというのだった。これは公益科学センターの法務チームの格好の標的になった。彼らは研究報告をざっと眺めただけで、(注8) 誇大表示だとしてネスレとコカ・コーラを法廷に引っ張り出した。彼らはネスレの発表データから、体重を0・5キログラム減らすのに約180缶飲まなくてはならないと試算した。しかも、それはうまくいった場合だった。研究参加者の中には、エンヴィガを飲んだ後にカロリー燃焼がむしろ遅くなった人もいた。だとすれば、体重が減るどころか増える見込みが大きい。

栄養専門家らの抗議が大きくなり、エンヴィガの販売は急減した。20以上の州も不正広告だとしてネスレとコカ・コーラを訴えた。2009年、2社は減量効果を一切うたわないと合意してこの訴訟を終わらせた。それから2年後、ネスレ幹部はこのベンチャー事業についてまだきまりが悪そうだったが、技術的には、条件さえよければ確かにこの飲料はヒトの代謝を少しは速めたという見解は変えていなかった。同社の最高技術責任者ウェルナー・バウエルは私にこう話した。

「エンヴィガは少々時期尚早でした。まず、エネルギー燃焼というコンセプトを広く俎上《そじょう》に載せるべきだったと思います。それをほとんどサプライズのように市場に投入してしまった。人々に信じてもらえませんでした」

栄養科学のハードルは確かに高いかもしれない。が、ネスレの手中で塩分・糖分・脂肪分がこれからどうなっていくのか、次の訪問地で私は当惑を覚えはじめた。やって来たのは、同じレマン湖北岸のもう少し東、ヴヴェの街だ。ここにネスレの本社がある。よく晴れた日には、ロビーの真正面に湖のすばらしい眺めが広がり、その向こうに雄大なアルプスが望める。建物の中では大きな二重のらせん階段がDNAさながらに上に伸びている。ここではネスレは、奇跡のドリンクや魔法の食物繊維といった研究成果を待ちわびてはいない。同社は、肥満という最大の問題について、自己矛盾に励んでいるようにも見えた。

ここではネスレは、人々を太らせる食品を販売し、さらに、食べすぎてしまう人々を治す食品も販売している。

同社は、食料品店に並ぶアイテムで最も健康に悪い部類といえる食品、そして肥満急増の大きな

としては魚を好んでいると話した。彼が食に関して自分自身に許している唯一の道楽はグラス1杯のワインだという。(注13)

しかしわれわれの会話はすぐに、ペプタメンなど同社の製品ラインナップに移った。食べすぎてしまう人のための流動食という製品は、寒々とした印象を与えるかもしれないが、食品と医薬品が大きく融合する道を開いているのであり、それは遠くない将来に実現するだろうとカンタレルは言った。そして彼は、薬のような食品、あるいは食品のような薬という構想を、興奮を隠さずに語った。従来の医療は、食べすぎの帰結である糖尿病、肥満、高血圧などの病気を治療するのに高価な薬剤を使ってきたが、それをひっくり返せるのだという。「医療費は天井知らずの勢いで膨れ上がっています。そして医薬品は、慢性疾患の治療法として最も効果的とはいえません。われわれは、各個人に合った栄養食品を、臨床試験など医薬品開発で培われてきた科学的アプローチで開発できる可能性を手にしています。長い伝統を持つネスレは、従来のパラダイムを破る一端を担えるでしょう」

ジュネーブの空港に戻る道中、私は、ホットポケットをむさぼり食べた若者がやがてチューブでペプタメンを補給して残りの人生を送るというイメージを振り払うことができなかった。しかし公平を期せば、ネスレは広範な商品カテゴリーで塩分・糖分・脂肪分の低減に取り組んでおり、いくつか思い切った措置も取っている。そして他のメーカーと同様、主力製品に低塩・低糖・低脂肪のバージョンを出して、カロリー摂取を減らそうとする人々のニーズに応えようとしている。しかしそれでも、ネスレは世界保健機関（WHO）――本部はジュネーブにある――ではない。企業だ。企業の目的は、利益を上げることである。

最良の企業でも、健康的な食生活をむしばむ食品を市場に次々送り出さざるを得ない。そうさせるような構造がある。私は食品業界の内実を3年半がかりで覗き込み、ようやくこの力関係の全体像を見た。もちろん最大の核心は、塩分・糖分・脂肪分に業界が深く依存していることにある。本書執筆の過程でインタビューした何百人もの人々――実験化学者、栄養科学者、行動生物学者、食品技術者、マーケティング担当重役、パッケージデザイナー、経営責任者、ロビイストなど――のほとんど全員が、企業はよほどのことがなければこの三つの成分を手放さないだろうと言った。塩分・糖分・脂肪分は加工食品の土台である。そして、企業が原材料配合を決定する際の最優先事項は、何をどれだけ使えば商品の魅力を最大限に高められるかだ。

消費者のことを親身に気に掛けるのは、こうした企業の本質ではないのである。彼らはライバルとの競争で忙しい。1999年、食品企業トップらが極秘に集まって肥満問題を話し合ったが、そもそも、彼らが一堂に会したこと自体が驚嘆すべき事態だ。食料品店の売り場を見れば一目瞭然だろう。彼らは互いをなんとか出し抜こうと、塩分・糖分・脂肪分で商品を武装させて、戦場に送り出している。1949年、ポスト社が朝食用シリアルの糖分コーティングを始めたとき、どうなったか。他社もこぞって追従し、あっという間に糖分70％というシリアルが登場した。2003年にハーシーがチョコレートたっぷりのクッキーを発売したときはどうだったろう。クラフトが脂肪分と甘味を増やした「オレオ」クッキーの新バージョンを次々に打ち出した。

競争が苛烈なだけではない。株主の支配力も食品業界を大きく動かしている。たとえばキャンベルのような企業が「塩分・糖分・脂肪分を減らすが味は落とさない」と発表するとき、彼らの念頭にあるのはおそらく消費者の健康ではない。販売量と売上高だ。そうでなければ企業は生き残れない。利益を出すことが企業の唯一の存在理由だからだ。少なくともウォール街は、ありとあらゆる機会を捉えて企業にそう念押ししてくる。肥満急増の大きな要因の一つにウォール街を挙げる専門家もいるほどである。1980年代初頭、マネーの流れが大きく変わった。一昔前の一流企業が敬遠され、野心的なハイテク産業をはじめとして、すぐにリターンが得られそうなビジネスに資金が集まるようになったのである。「これが食品企業に特別な圧力となってのしかかりました」とマリオン・ネスル。米国保健福祉省の元栄養アドバイザーである彼女は、栄養に関する著作も多い。「もともと食品業界は、カロリーが1日必要量の2倍もあるような商品で競争を繰り広げていました。そのうえ3カ月ごとに利益を出さなくてはならなくなったのです。彼らは新しい売り方を探さなくてはならなくなりました。その答えが、パッケージを大型化し、あらゆる場所で食品を売り、便利さをとことん追求することでした。彼らは、一日中、いつでもどこでも、大量に食べてもいいという社会環境も作り出しました（注14）」

加工食品業界が消費者の健康より優先させてでも売り上げをひたすら追求するのには、もう一つ要因がある。競争があまりに熾烈で、人々の健康への影響が置き去りになってしまうのだ。この「見て見ぬふり」に特に長けているのが清涼飲料業界だ。彼らはウォール街の投資家たちと毎年会合を持っている。2012年、私はこの会合を聞きに行くことにした。(注15)話題の中心は炭酸飲料の販売低迷と、他の飲料をプロモーションしてそれに対応しようとする各企業の取り組みだった。特に大きな期待が寄せられた新飲料には、紅茶飲料の「ピュアリーフ」や、チョコレートミルク飲料の「クレイブ」などがあった。健康的そうな名前の「ピュアリーフ」には、小さじ4杯分の糖分が入っている。「クレイブ」は糖分が小さじ10杯分、飽和脂肪酸も半日分だ。100人ほどが集まった会合は、ドクターペッパー・スナップル・グループの最高財務責任者マーティン・エレンの挨拶で始まった。誰かがニューヨーク市長マイケル・ブルームバーグの提案について質問した。市民の健康を脅かすとしてメガサイズの清涼飲料を販売禁止にするという提案である。エレンはまず、この動きを「あいかわらずのあなたの市長の提案」と呼んで会場の笑いを誘った。もちろん、同社の拠点がテキサス州であることを聴衆は承知している。そんな提案を持ち出しそうな人物は間違っても議会に選出されない土地柄だ。

「個人の選択や政府の役割ということを脇に置いて、肥満と飲料業界という問題だけを考えても、データの裏づけがありません」と彼は続けた。「われわれの摂取カロリーの93％は、糖分入り飲料以外の食べ物や飲み物から来ています。それに、飲料業界はここ数年苦戦していますが、その間も肥満率は増えています。清涼飲料の消費が減っても、人々は健康になってはいません。この業界を悪魔のように言うのはアンフェアです」

もちろん栄養学者たちの見方は異なる。

それは、かつてコカ・コーラ北南米部門の社長としてこの会合に出席していたジェフリー・ダンも同じだ。清涼飲料が肥満の大きな原因であることはデータから読み取れると彼は言う。確かに、両者の推移はぴたりと一致している。炭酸飲料は1980年代に急伸した後、近年では低迷しているが、スポーツ飲料やビタミンウオーターやチョコレートミルク飲料といった他の甘いドリンクが急激に売り上げを伸ばしている。それを見れば、ドクターペッパー社のマーティン・エレンの言うように「人々が健康になる」などとは到底期待できない。

競争が激しく、ウォール街に支配され、自らの落ち度をあくまで認めようとしないといった加工食品業界の体質を考えれば、政府による介入も確かに必要だと思われる。私が会った業界人の中にも、政府規制を受け入れるという人物が何人かいた。奇妙な話だが、その1人はフィリップモリスの元CEO、ジェフリー・バイブルだった。彼は「この点に関しては、私は少々意気地なしという気もするが」と切り出した。「私は規制が好きではない。大きい政府は好きではないからだ。われわれは妥当な範囲で権利を行使し、自由に判断できるべきだと思う」(注16)。しかしそれから彼と私は、タバコ企業に対する消費者の怒りによってフィリップモリスが規制を受け入れるようになった経緯を振り返り、2003年、独自に肥満対策に乗り出した彼とクラフトのマネジャーたちが結局はライバルとの激しい競争に直面したことを話し合った。もはや、塩分・糖分・脂肪分に関して政府による何らかの規制をかけるしか、方法はないかもしれない。そうすれば呉越同舟になるからだ。バイブルも最後には「規制がベストということも十分あり得る」と言った。「そうすれば、いくつかの問題に関して業界が一つにまとまるだろう。それは非常に重要だ。ただし、規制は妥当でなければならない」

ここ数年、いくつかの規制案が登場しているが、そのほとんどはあまり妥当とは言えないようだ。たとえばフロリダ州では、低所得者に支給される食品割引券を菓子や清涼飲料には使えないという法案が共和党議員から提出され、承認された。他の州でも、清涼飲料に「肥満税」を課せという人々がいる。しかし、なぜ消費者を罰しようとするのだろうか。加工食品に使われる前に塩分・糖分・脂肪分に課税するほうが理にかなっているだろう。ただしこれにも問題がある。企業はもちろんそのコストを価格に転換するだろうということだ。最大の課題は、たとえば手軽なおやつとして「スニッカーズ」よりブルーベリーのほうが有利になるよう、加工食品と新鮮な食品との間の価格差を埋めることにある。

この食品経済という問題について、業界は異なる見方をしている。食糧が手ごろな値段で手に入るのは彼らの製品のおかげだという見方だ。2012年、ある業界団体がこの方向性で広告キャンペーンを開始した。世界人口はやがて90億人に達すると危機感を煽り、加工食品は不可欠だと訴えたのである。そのシナリオによれば、塩分・糖分・脂肪分は悪魔などではなく、必要なカロリーを人々に確実に届けられる安全で安価な手段だというのだった。しかしこれには業界内にも異論がある。健康的な食べ物を世界に届ける方法を確立する必要があるのに、低コストの加工食品がその邪魔をしているというのが彼らの主張だ。

「われわれは安い食品という鎖につながれている。安価なエネルギーに縛られているのと同じだ」(注17)。ピルズベリー社の元重役ジェームズ・ベーンクはそう言った。「ほんとうの問題は、われわれが値段に反応しやすいこと、そして、残念だが持つ者と持たざる者との格差が広がっていることにある。

新鮮で健康的な食品を食べるほうがお金がかかる。肥満問題には大きな経済問題が関わっているのだ。そのしわ寄せは、社会的資源に最も乏しい人々、そしておそらく知識や理解が最も少ない人々にのしかかってくる」

業界のベテランたちがこのように話すという事実は、本書のための調査で私が特に衝撃を受けたことの一つだった。実際に私は、元業界人も現役業界人も含めて、業界の得意技で逆に業界を打ち破ろうと奮闘している、聡明で善意ある人々に数多く出会った。個人的なレベルでも、私が話を聞いた重役の多くは、自らが手掛けた商品を避ける食生活を心がけていた。あまりにそれが顕著なので、私はインタビュー相手の一人ひとりに食習慣を尋ねずにはいられなかった。元クラフトのジョン・ラフは甘い飲み物と脂肪分の多いスナック菓子をやめた。ネスレのルイス・カンタレルは、夕食は魚と決めている。元フリトレーのロバート・リンはポテトチップを食べず、加工度の高いほかの食品もほとんど食べない。ソフトドリンク開発の達人ハワード・モスコウィッツは炭酸飲料を飲まない。元フィリップモリスのジェフリー・バイブルは禁煙した。彼はクラフト時代、仕事と同じくらい熱心に、コレステロール値を上げるような生活習慣の回避に取り組んだ。彼は私に言った。「ちょっとしたフィットネス・マニアだったよ。スカッシュをやったし、週に25キロか30キロほど走っていた」

だがわれわれのほとんどは加工食品をやめられない。出勤前の狂騒は相変わらずだ。好みのうるさい子どもにランチも持たせなければならない。加工食品に頼らずにまともな夕食を準備しようとすれば、退社が早すぎると言われて会社をクビになってしまうだろう。それにわれわれの味蕾も、大量の塩分・糖分・脂肪分に慣れ切ってしまっている。おいしさのためであれ便利さのためであれ、糖分たっぷりのシリアルに、塩分たっぷりのポテトチップ、もちろんクッキーも2、3枚なければ、われわれは1日を終えられない。

企業はわれわれを引き込むため、原材料にも宣伝販売にもさまざまなトリックを用いている。要はそれらを認識してうまく対処すればよいのだが、それを難しくしているのが、このわれわれの依存状態だ。なかには特に大きな困難を抱える人々もいる。その実情に少しでも触れられるよう、ある食品企業のマーケティング担当重役が、地元の活動に私を招待してくれた。「フード・アディクツ・イン・リカバリー・アノニマス」（訳注＊直訳すれば「回復中の無名の食べ物依存症者たち」。アルコール依存症者の自助グループ「アルコホーリクス・アノニマス（ＡＡ）」の食べ物依存版といえるグループで、米国では「ＦＡ」とも呼ばれる）のミーティングである。糖分をヘロインのように語る出席者たちの話はショッキングだった。たとえば彼らの車は、スーパーマーケットから自宅に戻るだけの道のりでも、食品の包装のごみだらけになってしまう。食べ物の魅力があまりにあらがいがたいため、きちんと生活を送るには糖分を完全に断つしかないという。私は、それは極端ではないかと思ったのだが、米国立薬物乱用研究所の所長ノラ・ヴォルコフの話を聞いて見方が変わった。精神科医である彼女は、依存行動の専門家として米国トップクラスの研究者である。ヴォルコフは研究にいち早く脳画像を取り入れて、食品と麻薬との類似性を見いだし、やがて、一部の人にとって過食は薬物依存と同じくらい克服が難しいと確信するようになった。「明らかに、加工食品の糖分は一部の人に強迫的な摂取パターンを引き起こします」とヴォルコフ。「その場合、私は、それらの食品を避けるように勧めています。クッキーを2枚だけ食べよう、とはしないほうがいい。食べ物がもたらす報酬があまりに強力な場合は、コントロールできるものではないからです。意志の問題ではありません。これは薬物依存症の人に向けたメッセージと同じです」(注18)

食べ物の魅力は、美しい歌声で船人を誘って難破させた妖精セイレーンにも似る。それに対抗するための研究も精力的に行われており、特に有望な成果を上げている1人が、ペンシルベニア州フィラデルフィアのドレクセル大学で臨床心理学の教授をしているマイケル・ロウだ。彼は肥満の原因として、投資家の大きな影響力や飲料メーカーの強力なマーケティングもあるが、社会構造に生じた裂け目もあると指摘する。この裂け目が最初に現れたのは1980年代初頭で、肥満率の上昇が始まった時期と一致する。「われわれが育った頃は、1日3回の食事がありました。寝る前にちょっとデザートも出たかもしれませんが、それがすべてでした。これ以外の時間に食べることはなかった。食欲が落ちてしまうからです。それが変化しました。人々はあらゆる場所でものを食べるようになりました。会議中でも、街を歩きながらでも。今や、ものを食べてはいけない場所などありません。それに皆忙しくて、食事のために席に着くことをやめてしまいました。われわれは、家族が一緒に食事を取るように働きかけなくてはなりません。もう当たり前ではなくなってしまったからです」(注19)

ロウが開発しているプログラムは、加工食品との付き合い方を徹底的に見直すというものだ。参加者は、体に特に悪い製品を避け、健康的な別の食品を買う。食べすぎの誘惑が起こりにくいよう、大型パッケージは小分けする。医療系法人の重役であるスティーブ・コメスはこのプログラムで1

05キログラムから80キログラムまで減量した。2年かかったが、ようやく買い物や食事をコントロールできるようになったと感じているという。彼は私に言った。「要は行動習慣です。私はまず原材料や栄養表示を見ることから始めました。そうすれば、より良い選択をして、自分の食環境をコントロールできるからです。カロリーだけでなく脂肪分・塩分・糖分もコントロールするため、なるべく新鮮な食品を使うようになりました。完璧を目指すのではありません。続けられる水準を守るのです(注20)」

コントロールを手に入れて加工食品への不健康な依存から抜け出すというこのやり方は、当面われわれが頼れる最良の方法かもしれない。消費者活動家らは政府に強く働きかけて、原材料についても販売手法についても食品メーカーを動かそうと取り組んでいる。彼らが目指しているのは、塩分・糖分・不健康な脂肪分の大幅な削減や、学校の自動販売機で販売できる商品の制限、消費者にわかりやすくするための栄養表示の改善などだ。しかし政府や業界が抵抗すれば、こうした変化は何年もかかる。その間、自分たちを守れるのはわれわれ自身だけだ。

私は本書の調査のためフィラデルフィアを何度も訪れた。そして、市の中心部から少し北の小さな地区に引き付けられた。ストロベリー・マンションと呼ばれるこの地区は、河川沿いの大きな公園に隣接し、スイスのネスレ本社近郊と同じような楽しい雰囲気でも何らおかしくない。しかし、ここの子どもたちが丘を元気に駆け回ることはない。歩道はどこもひび割れ、凶悪犯罪が横行して、家のすぐ前でも危険で遊べないからだ。

しかし食べ物はいくらでもあった。街のあらゆる所に小さな食料品店がある。(注21) 店内のレイアウトは計算しつくされている。ドアの脇にソフトドリンクの棚。すぐ横に甘い菓子や塩味の効いたスナック類が並び、レジ横のキャンディーに続いている。調査によれば、店のドアを入った子どもはチップスやキャンディーやドリンクを手にレジに向かい、平均すると1回360キロカロリーをわずか1ドル6セントで購入しているという。彼らが親からもらえる小遣いは非常に少ない。その小遣いを手に、子どもたちはこれらの店で朝食を買って学校に向かい、帰宅途中におやつを買う。店主たちは登下校の時間帯を「ラッシュアワー」と呼んでいるが、実際には朝から深夜まで客足が途絶えることはない。

私はこの地区の食料品店を何時間か観察した。ドリンクやスナックを積んだトラックがひっきりなしにやってきた。「アップ・アンド・ダウン・ザ・ストリート」営業だ。彼らは、コカ・コーラやペプシ、「レイズ」のポテトチップ、ロールケーキ菓子の「トゥインキー」、地元製造のケーキ菓子「テイスティケーク」を棚に並べていく。危機感を持った親たちが自警団のようなグループを組織し、トランシーバーを手に学校周辺の店を巡回するという話を私は耳にしていた。そこで私は、活動の初日に同行することにした。2010年の冬で、凍てつくように寒い日だったが、親たちは街角に出てきて、かじかむ手に息を吐きかけながら準備を始めた。

グループを立ち上げたのは、地区のウィリアム・D・ケリー小学校の校長、アミリア・ブラウンだった。子どもたちの落ち着きのなさや、肥満の増加、注意力散漫、そして健康状態の悪化に、彼女はついに耐え切れなくなった。学力ももちろんだが、それと同じくらい子どもたちの健康向上にも取り組まなければならない。健康悪化の大きな要因は学校周辺の店が生徒たちに売っている食品だ。ブラウンはそう考えた。こうして、健康的な食事を子どもたちに教える草の根の活動が始まった。違法薬物の警告ポスターが貼られていた場所に、塩分・糖分・脂肪分の警告ポスターが貼り出された。理想的な夕食を教師たちが手描きした絵も掲示された。体育教師のビバリー・グリフィンは、フードピラミッドのおもちゃや歌やゲームを授業に取り入れた。たとえば、食品のおもちゃを拾いながら体育館の中をダッシュするゲームは、果物や野菜をたくさん拾ったチームが勝ち、肉や穀物が多いチームは負けというルールにした。彼女は言った。「まるで誰かが『この子どもたちをどんどん太らせて死なせてしまおう』と言っているような設定です[注22]」。同様のプログラムを採用する動きが各地で始まっている。全米、そして全世界の小学校にビバリー・グリフィンが登場し、健康的な買い物と料理の基本を教えるカリキュラムがすべての高校に定着するまで、取り組みが続けられるべきだろう。

しかしそれだけではない。校長のブラウンは、学校を取り囲む食料品店にも何らかの対策が必要だとわかっていた。彼女は学校の講堂で集会を開き、ボランティアの親たちに訴えた。「店を訪れてこう言ってください。『朝8時15分から8時半までは子どもに商品を売らないでくれませんか？糖分の多いものを食べさせたくないのです。今、学校で朝食改善プログラムに取り組んでいる最中です。協力していただけないのなら、しばらく不買運動をせざるを得ません』と[注23]」

実はブラウン自身、夏にこれらの店を訪れていた。そしてわかったのは、生徒たちの小遣いが店主たちの生活の糧になっていることだった。彼らは開店資金として借りた借金も抱えている。そこでブラウンは父兄を頼ることにしたのだった。目的は不買運動ではなく、子どもたちを店に近づけないことだ。親たちはまず、地元の団体から駆け引きのトレーニングを受けた。この地区にコカインが蔓延した1980年代から1990年代にかけて、たむろ場への対処法を市民に教えた団体である。子どもたちが買っている炭酸飲料やチップスが「クラック・スナック」という俗語で呼ばれるようになったのは、偶然ではない（訳注＊「crack」はコカインの俗称の一つ）。

巡回初日、父兄の1人マッキンリー・ハリスは「オックスフォード・フードショップ」という店の前に立った。登校の子どもたちがグループでやってくる。店に寄るなというハリスの言葉に従う子どももいたが、そうでない子どものほうが多かった。ハリスは、店から走り出てきた子どもを呼び止めて、手にした袋を覗き込み、「キャンディーか？」と聞きながら頭を振った。「これはごはんじゃないぞ」[注24]。しかし没収はしなかった。自分の選択について考えさせるのが目的だからだ。私は後で、店主であるグラディス・テハダにも話を聞いた。彼女は、親たちには共感するが、成功はあまり期待できないだろうと言った。もちろん彼女は、子どもたちが欲しいものを買うのを止めることはできない。「子どもたちは甘いものが好きだし、安いものが好きだもの」と彼女は言った。

しかし、何より胸をふさがれたのは、さっきの子どもが学校に向かって数分後のできごとだった。ハリスの妻ジャメイカが子どもたちを連れて走ってきた。夫妻は家族の食生活を改善しようと懸命に努力してきた。新鮮で健康的な食品は近所で手に入らず、わざわざタクシーでスーパーマーケットにも出かけていた。しかしこの日の朝はしっちゃかめっちゃかだった。登校時間になったが、朝食はまだで、子どもはおなかを空かせている。それでジャメイカは夫の目の前で店に駆け込んだ。しかし「オックスフォード・フードショップ」は新鮮な果物を扱っていない。バナナすらなかった。1分後、彼女は健康的そうな商品を手に店を出てきた。「フルーツ・アンド・ヨーグルト」バーだ。彼女は包装の前面を見て、少し得意そうに「カルシウムが入ってるわ」と言った。しかし後面の小さな文字は、別の事実を語っていた。その商品は、夫がついさっき阻止しようとしたキャンディーにも及ばなかったのである。「健康的」そうに見えながら、実際にはオレオよりも糖分が多く、食物繊維が少なかった。

私はこの光景に言葉を失った。子どもたちの腹痛や落ち着きのなさに業を煮やしたこのストロベリー・マンション地区の人々は、自らの食習慣のリハビリテーションに立ち上がった。そのとたんに、キャンディーと変わらない「健康的そうな」商品をつかまされてしまう。体に良いとされる一つの成分を前面に出し、消費者が他の事実を見過ごしてくれるよう期待するという方法は、本書で見てきた加工食品の歴史の当初から使われてきた戦術だ。糖分量表示が義務化されるよりずっと前の1920～1930年代、朝食用シリアルのメーカーはビタミンの添加を始め、それを大いに宣伝した。しかしこの計略は、食品を適切に選ぼうとする人が増えている今の状況を考えると、昔以上に有害であるように思われる。健康を損なう食べ物を避けることは難しいが、大切である。そして、さまざまな困難に屈せず、成分表示全体を読んで理解することも、同じくらい大切である。

本書の狙いは、食品産業に存在する問題や戦術を読者に伝えること、そしてわれわれは無力ではないと知ってもらうことだ。こと食料品の買い物に関して、選択権は私たちにある。私自身は、食

謝辞

Acknowledgements

本書の下敷きになった記事は、三つのすばらしい会食から生まれた。最初の会食相手はベン・コーソン。アラバマ州南部、州道52号線沿いの宿「マリリンズ・デリ」で、われわれはパチパチ音を立てる揚げたてのナマズを平らげた。ベンは、ここからほど近いジョージア州ブレークリーに住む、親切な市民権活動家である。ブレークリーで起きた大規模なピーナッツのサルモネラ食中毒事件をきっかけに、私は食品メーカーに関心を持つようになった。ベンは、米国民の食事を日々作り出している工場の実情を話してくれた。それは、私が想像していた鉄壁の要塞とはかけ離れていた。従業員は皆、いざとなれば収入を失っても雇用者の問責を辞さない覚悟で仕事に臨んでいた。私はベンという知己を得たことを光栄に思う。彼の市民権活動の成功を心から祈っている。

二つめの会食はワシントン・ホテルでのランチだった。デニス・ジョンソンと一緒にハンバーグステーキを食べたのだが、その注文の仕方が新鮮だった。穏やかな語り口のデニスは牛肉産業のロビイストである。「米国農務省を牛耳っている」とも揶揄《やゆ》されるが、それは明らかな誇張だ。だが確かに彼は、業界人ならではの鋭い知識を持っている。その一つが、加熱不十分なひき肉を食べることのリスクだった。「しっかり焼いてくれ」と彼は店員に注文した。私が食品メーカー幹部に食習慣を尋ねるようになったのは、このときからだ。

三つめは、シアトル北部、ワシントン湖岸でのアウトドア料理だった。マンスール・サマドプールと一緒に食品の買い出しをした私は、それ以降、こまめに手を消毒するようになった。マンスールは私が知る科学者の中でも特に頭が切れる1人である。病原体検査の会社を経営し、農場はもちろん、全米最大規模のいくつかの食肉処理場も監督している。その彼が、肉を買う時に野菜売り場からビニール袋を取ってきた。病原体が手に着かないようにだ。だが彼が心配するのは牛肉の微生物だけではない。塩分など、食品企業が意図的に製品に加えているものに目を向けるよう、私に最初に助言してくれたのがマンスールだった。彼のこの助言に深く感謝している。食肉に関してはこのほか、カール・カスター、ジェフリー・ベンダー、ジェラルド・ザーンスタイン、ローレン・ラング、クレイグ・ウィルソン、ケン・ピーターソン、カーク・スミス、ジェームズ・マースデン、フェリシア・ネスター、デイブ・セノ、チャールズ・タント、マイケル・ドイルなど、多くの専門家の助けを借りた。食品が原因で病気になった人々の訴訟を助けている情熱家のビル・マーラーは全米屈指の弁護士であり、私が調査で突き当たったいくつかの大きな扉を開いてくれた。彼の依頼人の1人であるステファニー・スミスは、私が知る最も勇気ある人である。

すばらしい食事とすばらしい会食相手はこれだけではなかった。ペンシルベニア州フィラデルフィアでは、モネル化学感覚研究所のレスリー・スタインが韓国鍋の店に誘ってくれた。同研究所では、彼女も他のスタッフも、多くの時間を惜しみなく割いてくれた。特に、子どもの至福ポイントについて詳しく見せてくれたジュリー・メネラや、マーシャ・ペルチャット、ダニエル・リード、カレン・テフ、マイケル・トルドフ、ポール・ブレスリン、ロバート・マーゴルスキー、恐れを知らないリーダーであるゲリー・ビーチャム、そして同研究所の出身者であり食品科学の世界でスターとなったドワイト・リスキーとリチャード・マッテスに感謝している。他の研究機関でも、アンソニー・スクラファニとアダム・ドレウノウスキーが非常に我慢強く、親切にいろいろ教えてくれた。

塩分をどれほど頼りにしているかを見せるためケロッグが作ってくれた特別バージョンの「チーズイット」の味は、何物にもたとえがたかった。同社、そして同様に塩分抜き製品を用意してくれた（そして私に「おえっ」と言わせてくれた）クラフト、キャンベル、カーギルの技術者たちに感謝している。信じられないほど多くの時間を快く割いてくれた業界の科学者やマーケティング担当者は非常に多数いるが、特にアル・クローシ、ハワード・モスコウィッツ、ミシェル・ライズナー、ジェフリー・ダン、ボブ・ドレーン、ボブ・リン、ジム・ベーンク、ジェリー・フィンガーマン、ジョン・ラフ、ダリル・ブリュースター、スティーブン・ウィザリー、パーク・ワイルド、エドワード・マーティンに感謝したい。私を誰よりも励ましてくれたのはデビー・オルソン・リンデーだった。彼女は、チーズ消費拡大を目指した初期の取り組みに大きく貢献したマーケティングの天才だが、そのことに深い良心の呵責《かしゃく》を覚えるようになっていた。シカゴ北部でタイの焼きそば「パッタイ」を一緒に食べた後、彼女から手紙が届いた。「本の成功を祈っています。やつらをとっちめてやって」

出版社ランダムハウスのアンディ・ワードとは、最初にマンハッタン中心部で麺類を食べた。彼が、壁を突き抜けて書くという仕事をライターにさせられる編集者であることはすぐにわかった。

しかし、彼に感謝するのは少々居心地が悪い。構想から文章の手直し、仕上げまで、彼の見事な手腕によって誕生した本書は、私の本であると同時に彼の本でもあるからだ。だからパートナーとして心からの感嘆を込めて言おう。彼といつかまた冒険の旅に出られる幸運を望んでいる。ランダムハウスで心置きなく感謝できるのは、常に変わりないサポートをしてくれたスーザン・カミル、そしてトム・ペリー、ジーナ・セントレロ、アビデ・バシラード、エリカ・グレバー、サリー・マービン、ソニヤ・サフロ、アミリア・ザルクマン、クリスタル・ヴェラスケズ、カエラ・マイヤーズ。皆プロ中のプロだ。すばらしいカバーデザインを施してくれたアントン・イオークノヴェッツと、原稿を見事に整理してくれたマーティン・シュナイダーにも感謝したい。

　ワイリー・エージェンシーのスコット・モイヤーズ、アンドリュー・ワイリー、ジェームズ・ピュレンは、常にタイミングよく支援の手を貸してくれた。これ以上優秀なチームは望むべくもない。スコットが出版業に戻った後はアンドリューが引き継ぎ、必要な時に必ずそこにいてくれた。ありがたく思っている。

『ニューヨーク・タイムズ』紙の編集者や仲間たちなくして本書は完成しなかった。ピーナッツの記事を書くよう最初に提案してくれたのは（場所はもちろん『タイムズ』本社ビルのカフェテリアだ）、クリスティーン・ケイだった。彼女はそれからずっと後も、本書の構成を考える作業を手伝い、初期の原稿に巧みな編集スキルで手を入れてくれた。同紙の調査報道局長マット・パーディーは、友情と励まし、そして締め切りのプレッシャーがかからない時間を私に与えてくれた。いつもながら彼に負うところは非常に大きい。本書の執筆を最初に提案してくれた同紙編集主幹のジル・

エイブラムソンと、彼女の前任者で、本書執筆は私の予想より長くかかるだろうと警告してくれたビル・ケラーにも感謝している。もちろん彼の言ったとおりになった。業界最高のビデオジャーナリストの1人であるゲイブ・ジョンソンという知己を得られたことに、謹んで感謝する。彼は、その才能と情熱、それに道中でおいしい食事を見つけだす眼力を携えて初期の取材に同行してくれた。食品関係の記事執筆に関して私のヒーローであるキム・セバーソンと、その仕事がいつも私に畏怖の念を抱かせるバリー・マイヤーにも感謝したい。ティム・ゴールデン、ウォルト・ボグダニッチ、ステファニー・サウル、デビー・ソンタグ、ポール・フィシュレダー、デイビィッド・マグロー、アンドリュー・マーティン、アンドレア・エリオット、ジム・ルーテンバーグ、ジム・グランツ、ルイス・ストーリー、ジンジャー・トンプソン、マイク・マキンタイヤ、マイケル・ルオ、ジョー・ベッカー、デイビィッド・バーストウ、ナンシー・ワインストック、トニー・セニコラ、ジェシカ・コーカニス、ジョエル・ロベル、マーク・ビットマン、タラ・パーカー＝ポープ、ジェイソン・ストールマン、デビー・リーダーマン、そしてすばらしいライターであり出版に関するあらゆることで私のガイドであるチャールズ・デュヒッグにも感謝している。彼ら『タイムズ』紙関係者のほかにも、温かい友情と食事を提供してくれたデイビィッド・ローデとクリステン・マルビヒル、それにケビン・マッコイとルース・マッコイ、ウォール街について指南してくれたローリー・フィッチ、「ステイシーズ・ピタチップ」の引力を教えてくれたエレン・ポロックに感謝したい。シェフでありライターでもあるタマル・アドラーのおいしい料理は、キッチンの食塩が健康的な食生活に役立つことを教えてくれた。調査その他で助けてくれた不屈の精神の持ち主、ローラ・ドッドとシンシア・コロナ、さまざまな雑務をさばいてくれたクリステン・コートニーとジュリア・メッケ、各章を丹念に読んでくれた隣人のゴードン・プラドルにも感謝したい。

私の両親リー・エレンとクライドは、レバーと煮たオクラ以外は世界中のあらゆる食べ物を愛するように私を育ててくれた。とても懐かしい。本書は彼らと、オマ・ブルッチ、リー・ヘイン、ハーマン・ヘイン、フィリス・ウェーバー、フランクとトーマス、ケニーとドミニク、ペネロペとエミリ、マイラとバジー・ヘトルマン、サリーとジョン、シャルロット、クライドとガブリエル、メルシオル、ボブとソニヤ、アンドレ、ステラとロブ、フェリシアとラファエル、マエルのために書いた。妻のイブ・ヘインは最初から最後までそばにいて、調査の謎解きに手を貸し、優れた編集スキルで原稿を直し、常に無条件の愛情を与えてくれた。私は彼女を心から尊敬し、愛している。13歳の息子アレンは、励ましやいいアイデアで執筆をずっと支えてくれた。もう1人の息子ウィルはまだ8歳だが、鋭かった。夕食の席で私は、彼の（元）大好きな食べ物ハンバーグに大腸菌が入っていた話をしかけたのだが、それをやめて「オレオ」クッキーの話題に変えた。彼は言った。「パパ、まさか砂糖のことを書いたりしないでよ！」。書いちゃったよ、ウィル。ごめんね。

情報源について

A note on sources

この物語は多数の情報源に基づいて書かれた。それには、加工食品の産業活動の推進あるいは批判に深く関わった人々への数百回に及ぶインタビューや、加工食品の製造技術、摂取による健康への影響などを調べた1000件以上の科学論文および研究報告も含まれる。これら一次情報源の多くは巻末の注に示してあるが、中には詳しい説明を要すると思われるものもある。自身で調査したい人の便宜も兼ねて、ここに記しておく。

加工食品業界の内部を見せてくれる貴重な記録の一群は、特に機密性が高い資料だったが、入手できたのはまったくの偶然だった。元になったのはタバコ裁判である。1994年、タバコ関連疾患に関わる医療費の弁済を求めて四つの州が裁判を起こした。1998年の調停の結果、大手タバコメーカーは、裁判のために作成した内部記録を公開しなければならなくなった。これらの記録はカリフォルニア大学サンフランシスコ校の「レガシー・タバコ・ドキュメンツ・ライブラリー」(Legacy Tabacco Documents Livrary［LT］)が保管している。2012年9月時点で1400万件、総ページ数8100万ページというアーカイブだ。ここで企業提携が本書に関係してくる。LTの焦点はタバコだが、クラフト、ゼネラルフーヅ、ナビスコという大手食品メーカー3社の買収に関するフィリップモリス社の記録も含まれているからである。LTの記録管理担当者らが検索機能を詳しく教えてくれたおかげで私は食品に関係する文書を探し出すことができ、感謝している。これまでに収集された記録は１９８５～２００２年、つまり加工食品の健康問題を検討するのに最も重要な期間をカバーしており、記録の種類も、社内メモ、会議の議事録、戦略計画書、社内スピーチ、製造・広告宣伝・販売に関連する財務データ、食品メーカーの科学研究活動など多岐にわたっていた。本書のための調査の過程で、このアーカイブの食品関係記録を活用したニュース報道は1件しか見つからなかった。２００６年1月29日の『シカゴ・トリビューン』に掲載された「煙の立つところには食品研究もあるかもしれない（Where There's Smoke, There Might Be Food Research, Too）」という記事である。この記事は、フィリップモリスの食品部門とタバコ部門の科学者らが香りなど五感に関するテーマで協力の可能性を話し合ったという複数の社内文書に言及していた。２００６年、連邦政府は、フィリップモリスなど米国の大手タバコ企業が喫煙の健康被害について消費者に誤解を与えてＲＩＣＯ法（事業への犯罪組織等の浸透取締法）に抵触したという司法判断を下し、これを受けて司法省はこれら企業に対する民事訴訟を起こした。ＬＴは現在、この訴訟で作成された文書も収集している。

商事改善協会（Council of Better Business Bureaus）が保管している食品企業関連の記録も、ほとんど知られていない。同協会の一部門である全米広告部会（National Advertising Division）は、紛争を法廷外で解決するための調停サービスを企業向けに提供している。紛争は宣伝文句の妥当性をめぐるものが多いが、中には全米広告部会の独自調査から派生するケースもある。コカ・コーラ、ケロッグ、クラフト、ゼネラル・ミルズなど多数の企業に関わる何十もの調停記録のコピーを送ってくれた同協会のリンダ・ビーンに感謝する。記録の多くは企業の広告戦略やマーケティング分析の詳細を含んでいた。広告宣伝に関する政府の番犬である連邦取引委員会でさえも通常は公表しないような貴重な情報だった。

食品企業のマーケティング部門が外部に出す機密情報の中には、おそらく彼らが望む以上に公になっているものもある。食品その他の消費財の広告キャンペーンに毎年賞を出している「エフィー賞（Effie Awards）」という団体がある。１９６８年に設立されたこの団体は、もともと全米マーケティング協会が運営していた。エフィー賞の応募企業は売り上げが伸びたことを示さなくてはならないため、食品企業と広告代理店は販促キャンペーンのケーススタディーを作成して提出する。そこには、製品の財務状態の推移や、売り上げ拡大のために用いられた消費者ターゲティング戦略などが詳しく示される。これらのケーススタディーは同団体のウェブサイトに掲載されており、私は何十も取得・閲覧することができた。

毎年何千もの新製品を開発する食品科学者たちが仕事の情報交換をしている場がいくつかある。その一つが、１９３９年に設立された食品技術者協会（Institute of Food Technologists［ＩＦＴ］）の年次学会と食品エキスポである。２０１０年にシカゴで開かれた年次学会への参加を認めてくれた同協会に感謝している。この5日間の会議に食品業界から2万１０００人以上が参加し、９００の企業や団体が展示を行った。ワークショップも数百件が開かれ、消費者の感情的ニーズに合わせた原材料配合や、食品の病原体コントロール、環境にやさしいパッケージデザインなど、幅広いテーマが扱われた。ＩＦＴは食品開発に関する科学論文の抄録集も発行しており、２０１０年の抄録集を1部提供してくださった。感謝申し上げる。この１４００件の抄録から多数の業界関係者の連絡先を入手でき、また、加工食品製造に関する最新の科学研究をうかがい知ることができた。別の学術団体である化学受容学会（Association for Chemoreception Sciences）も数百件の抄録集を毎年発行している。これにも大いに助けられた。

消費者サイドでは、首都ワシントンを拠点とする公益科学センター（Center for Science in the Public Interest）が、食品産業に物申す団体として１９７１年の設立以来ずっと最前線で活動している。資料を開示してくださった、理事長のマイケル・ジェイコブソン、ならびに栄養に関する上級スタッフ、ボニー・リーブマンとマーゴ・ウータンに感謝している。同センターは、さまざまな報告書や研究報告を網羅したアーカイブもウェブサイトで公開している。

加工食品産業の実情を包み隠しているベールは、製品の栄養組成にも及んでいる。現在でも、製品に使われる原材料の情報公開は限られている。原材料は相対的に多いものから順に記載されるが、具体的な量は記載が義務付けられていない。さらに重要なことに、製品の原材料組成はしょっちゅう変更されている。本書で言及した各製品のカロリーや糖分・脂質・ナトリウム量などは、できる限りメーカーのウェブサイトの情報を参照した。また、『ニューヨーク・タイムズ』紙が運営するオンライン・サービス『カロリー・カウント』も情報源として利用した。『カロリー・カウント』は、各製品の栄養情報と併せて、「A」～「F」の栄養評価も掲載している。

食品の製造と販売という事業の根幹は、いかに売り上げをあげるかにある。企業は通常、製品やブランドに関する詳しい情報を提供したがらない。多くの場合、私はシカゴを拠点とする市場調査会社「シンフォニーＩＲＩ（Symphony IRI［現・ＩＲＩ］）」から販売データを得ることができた。同社の助力に感謝申し上げる。

ニューヨーク州ブルックリンにて
マイケル・モス

訳者あとがき

Translator's Afterword

２００７年秋、米国で、大腸菌Ｏ１５７に汚染されたハンバーグ肉が流通し、大規模食中毒を引き起こした。『ニューヨーク・タイムズ』紙の記者であるマイケル・モスは、この事件を調査し、２００９年10月、米国の食肉流通の実態を報道した。「彼女の生活を閉ざしたハンバーグ肉（The Burger That Shattered Her Life)」と題されたこの特集記事は、２０１０年のピューリッツァー賞（解説報道部門）を受賞する。食品業界への関心を深めた著者が、さらに広く取材と調査を行い、加工食品の塩分・糖分・脂肪分をテーマとして２０１３年に出版したのが本書『ソルト・シュガー・ファット（Salt Sugar Fat)』である。

マイケル・モスは１９９９年と２００６年にもピュリツァー賞の最終候補に名前が挙がっている。そのジャーナリストが数年以上の時間を費やして書き上げた本書の読み応えは、説明するまでもないだろう。著者自身が「情報源について」の書き出しで「この物語（this narrative)」と言っているように、本書は、膨大な取材と調査に裏づけられた、一つの物語である。不謹慎かもしれないが、私は一読者として、極上のミステリーを読んでいるような気分を幾度も味わった。訳し終えた今は、その読み応えが読者に存分に届くことを願うばかりである。

とはいえ、私は、本書を訳しながら、何度もため息に沈んだ。著者が取材した食品業界の人々の多くは、人物としてとても魅力的だし、良心的に思える。それなのに、健康的な食品を消費者に届けようとする彼らの必死の努力は、マネーという壁に必ず突き当たる。本書にはこの巨大な力の象徴として「ウォール街」という名称がたびたび登場する。私とて、生命保険に加入しているし、ささやかながら老後の蓄えも始めている。微々たる金額とはいえ、その金は、回りまわってウォール街にも流れているはずだ。それは巨大な力の一部となって、米国や、ここ日本も含む世界の、大人と子どもの健康を脅かしているのだろうか？　私が生活のために受け取る利回りは、そうやって得られたものなのか？　そもそも、なぜ、加工という手間がかかった食品のほうが、生鮮食品という「非」加工食品より、安いのだろう？

「エピローグ」の中程で著者は「消費者のことを親身に気に掛けるのは、こうした企業の本質ではない」と言い切っている。これは、著者から、企業と消費者への、厳しくも温かい叱咤であるように思える。企業には、「消費者のことを真剣に考えているというのなら、言行一致させよ」と。消費者には、「利益を出すのが企業の存在意義だという事実を毅然と受け入れ、自分の健康を自分で守れる消費者になれ」と。企業は、消費者が求める物を作る。ならば、健康的な商品が店頭に並ぶかどうかを最終的に決めるのは、消費者である。

本書を手に取られた読者に、ぜひ一つの動画をお勧めしておきたい。著者モスが、『ニューヨーク・タイムズ』紙のビデオジャーナリスト、ゲイブ・ジョンソンとともに制作した、8分30秒ほどの報道ビデオ「Food Fight」である。本書「エピローグ」の章に、ペンシルベニア州フィラデルフィアの小学校が児童の食事改善プログラムに取り組む話が登場する。このビデオはその取り組みを

2011.

(注23) アミリア・ブラウン (Amelia Brown) への取材より; Gabe Johnson and Michael Moss, "Food Fight" ; Michael Moss, "Philadelphia School Battles Students' Bad Eating Habits, on Campus and Off," *The New York Times,* March 27, 2011.

(注24) マッキンリー・ハリス (McKinley Harris) への取材より。 同上。

性に訴求しましたが、当社にとって新しいニーズに応えるためのプラットフォームともなりました（後に朝食用アイテムが追加され、「リーン・ポケット（Lean Pockets）」のラインナップが拡大され、「ホットポケット・スナッカー（Hot Pockets Snackers）」のシリーズが登場しました）。どのような商品がこのブランドに適しているかという判断には、消費者調査が役立っています。中心的な消費者は、当初はホットポケットに引かれますが、年齢が上がるにつれてリーン・ポケットの長所を認識し、選択肢に加えてくれます。より若い層の男性は満足感のあるサンドイッチを求めますが、通常はまだ親元にいるため、母親が冷蔵庫のゲートキーパーとなっています（買い物をするのは母親だからです）。栄養への関心が高い彼女たちがリーン・ポケットを選んでくれます」

（注11）Jonathan Treadwell et al., “Systematic Review and Meta-Analysis of Bariatric Surgery for Pediatric Obesity,” *Annals of Surgery* 248, no. 5 (2008): 763-776; Malcolm Robinson, “Surgical Treatment of Obesity: Weighing the Facts,” *New England Journal of Medicine* 361 (2009): 520-521.

（注12）ヒラリー・グリーン（Hillary Green）への取材より。

（注13）ルイス・カンタレル（Luis Cantarell）への取材より。

（注14）マリオン・ネスルから『The New York Times』紙記者Gabe Johnsonへの発言（未発表のビデオインタビュー）。

（注15）会合のスポンサーであり私の出席を認めてくれた『Beverage Digest』紙に感謝申し上げる。

（注16）ジェフリー・バイブルへの取材より。

（注17）ジェームズ・ベーンクへの取材より。

（注18）ノラ・ヴォルコフ（Nora Volkow）への取材より。

（注19）マイケル・ロウ（Michael Lowe）への取材より。

（注20）スティーブ・コメス（Steve Comess）への取材より。

（注21）非営利組織「The Food Trust」は、フィラデルフィア市住宅街の食料品店主らに、新鮮な果物や野菜など健康的な食品を販売するよう働きかけ、成果を上げている。惜しみなく時間を割いてこの取り組みを見せてくれた同組織スタッフのSandy ShermanとBrianna Almaguer Sandovalに感謝申し上げる。また、街角の食料品店と学校給食に関する研究について話してくれたテンプル大学・肥満研究教育センター（Center for Obesity Research and Education）のGary Fosterにも感謝申し上げる。Gary Foster et al., “A Policy-Based School Intervention to Prevent Overweight and Obesity,” *Pediatrics* 121 (2008): e794-e802 などを参照。

（注22）Gabe Johnson and Michael Moss, “Food Fight,” a *New York Times* video, March 27,

(注38) Dariush Mozaffarian et al., "Changes in Diet and Lifestyle and Long-Term Weight Gain in Women and Men," *New England Journal of Medicine* 364, no. 25 (2011): 2392-2404.

(注39) エリック・リム (Eric Rimm) への取材より。

エピローグ◉われわれは安い食品という鎖につながれている

(注1) "Nestlé's Stellar Performance Tops Our Annual Ranking," *Food Processing,* August 3, 2009.

(注2) "Vision, Action, Value Creation," Nestlé Research, 2010, 26.

(注3) スティーブン・ウィザリーへの取材より。

(注4) ネスレ社のWIPO特許出願 WO/2012/089676 を参照。同社は競合上の理由からこの研究に関する説明を拒否した。

(注5) "Vision, Action, Value Creation," 29.

(注6) ネスレ社は、食物繊維を増強したヨーグルトは小麦粉と水で作ったビスケットより満腹感が大きいことを示すのに成功し、それを研究報告に詳しくまとめた。E. Almiron-Roig et al., "Impact of Some Isoenergetic Snacks on Satiety and Next Meal Intake in Healthy Adults," *Journal of Human Nutrition and Dietetics* 22 (2009): 469-474. しかしアルフルン・エルクナー (Alfrun Erkner) および他のネスレ幹部は、これらの知見は限定的であり、注意深く受け取られるべきだと強調した。彼らは、食物繊維と満腹感に関するより冷静な報告として、ネスレが資金提供した食物繊維の研究 Holly Willis et al., "Increasing Doses of Fiber Do Not Influence Short-Term Satiety or Food Intake and Are Inconsistently Linked to Gut Hormone Levels," *Food and Nutrition Research* 54 (2010) を挙げた。

(注7) "New Enviga Proven to Burn Calories," *BevNet,* October 11, 2006.

(注8) 公益科学センターが2006年12月4日付でコカ・コーラ社およびネスレ社に送った手紙; "Center for Science in the Public Interest v. The Coca-Cola Company, Nestlé, Beverage Partners Worldwide," U.S. District Court for the District of New Jersey, 1:07cv539, filed February 1, 2007.

(注9) 栄養情報を提供するオンラインサービス「Calorie Count」の評価では、「ホットポケット (Hot Pocket)」シリーズの「Pepperoni & Three Cheese Calzone」は評価「D+」で、同シリーズの他製品もほとんどが「C」か「D」である。

(注10) ネスレ社の広報担当者から著者への電子メール。「同ブランドは、味の良い製品を、持ち運べる非常に便利な形で提供してきました。このことは、Y世代を中心に形式ばらないカジュアルな食事が志向されるなか、重要性が増してくると当社は考えました。このブランドは主に男

（注24）Enrico and Kornbluth, *The Other Guy Blinked.*

（注25）ドワイト・リスキーへの取材より。

（注26）同上。

（注27）スティーブン・ウィザリーへの取材より。

（注28）Robert Johnson, "Marketing in the '90s: In the Chips at Frito Lay, the Consumer Is an Obsession," *Wall Street Journal,* March 22, 1991.

（注29）Jacobson, "How Frito-Lay Stays".

（注30）Jane Dornbusch, "Flavor In, 'lites out; Low-Fat Products Lose Appeal; No Heavy Demand for 'Lite' Foods," *Boston Herald,* June 23, 1993.

（注31）Randolph Schmid, "Group Finds Little Change in Salt Content of Processed Foods," Associated Press, February 12, 1986; "Who Makes the Best Potato Chip?" *Consumer Reports,* June 1991; "Those New Light Snack Foods: When Marketers Call Their Chips 'Light,' They Must Mean Weight, Fat Content Remains High," *Consumer Reports,* September 1991.

（注32）Lin, "Salt".

（注33）Mike Esterl, and Valerie Bauerlein, "PepsiCo Wakes Up and Smells the Cola: Criticized for Taking Eye Off Ball and Focusing on Healthy Foods, Company Plans Summer Ad Splash," *Wall Street Journal,* June 28, 2011.

（注34）2010年3月22日に始まったこの会合の記録は Fair Disclosure Wire により提供された。

（注35）同上。この投資家向けプレゼンとペプシコの戦略について問い合わせたところ、同社広報担当者から次のような回答があった。「当社は、消費者の皆様に愛されている幅広い食品および飲料のブランド・ポートフォリオを持ち、すべての事業分野を成長させるべく戦略を策定しております。当社が常に用いてきた戦略の一つは、消費者のニーズや欲求の変化に合わせてポートフォリオを見直すことです。ナトリウム量が少ないスナック菓子や糖分が少ない飲料の需要が高まったことを受けて、当社はこうした選択肢を消費者にご提供できる商品を開発・発売しております。また、乳製品、ジュース、全粒穀物、スポーツ栄養といった成長分野において、健康志向ブランドの魅力的なラインナップも展開しています。当社は、すばらしい味と便利さ、そして価値をお届けできる幅広い選択肢を消費者に提供することが、今後も成功への駆動力になると考えております」

（注36）アーネスト・ディヒター（Ernest Dichter）によるスピーチ原稿、論文、その他の文書は Hagley Museum and Library（デラウェア州Wilmington）に保管されている。

（注37）アルビン・ハンペル（Alvin Hampel）への取材より。

（注7） 同上。

（注8） 公益科学センターは、訴訟の内容を、企業の対応やフォローアップも含めてウェブサイトに掲載している。

（注9） 公益科学センターの発表、2005年8月11日。

（注10） マイケル・ジェイコブソンへの取材より; Moss, "Hard Sell on Salt".

（注11） ロバート・リン、フリトレー社の業務文書 "Salt"、1978年3月1日。

（注12） 塩分に関するフリトレー社の研究活動が詳しく記されたこの文書を見せ、話を聞かせてくれたロバート・リンに感謝申し上げる。

（注13） *Frito Bandwagon*（日付なし）。公聴会を開いたのは、「GRAS（Generally Recognized as Safe ＝ 一般に安全とされている物質）に関する特別調査委員会（Select Committee on GRAS Substances）」。

（注14） ロバート・リン、フリトレー社の業務文書 "'Calcium Anti-Hypertension' Campaign"、1982年1月28日。

（注15） "GRAS Safety Review of Sodium Chloride," FDA, June 18, 1982.

（注16） Michael Taylor, "FDA Regulation of Added Salt under the Food Additives Amendment of 1958: Legal Framework and Options," presented at Information Gathering Workshop, Committee on Strategies to Reduce Sodium Intake, Institute of Medicine, March 30, 2009.

（注17） サンドフォード・ミラー（Sanford Miller）への取材より; Moss, "Hard Sell on Salt".

（注18） ウィリアム・ハバード（William Hubbard）への取材より；同上。

（注19） ロバート・リンへの取材より。

（注20） "Oops! Marketers Blunder Their Way Through the 'Herb Decade,'" *Advertising Age,* February 13, 1989.

（注21） ドワイト・リスキー（Dwight Riskey）への取材より。

（注22） Gary Jacobson, "How Frito-Lay Stays in the Chips: Company Profile," *Management Review,* December 1, 1989; Gary Levin, "Boomers Leave a Challenge," *Advertising Age,* July 8, 1991; "Monday Memo," *St. Louis Post-Dispatch,* August 2, 1993.

（注23） Christine Donahue, "Marketers Return to Product Testing," *Adweek,* May 4, 1987.

よう、積極的に減塩に取り組んでおり、2011年には全製品の61%が基準に達したとのことである。特に大きな成果が得られたのはスープと各種ソースで、さらに多くの課題を克服すべく努力を続けているという。取り組みの内容として同社が挙げたのは、ナトリウム代用品の探索、ハーブ類・スパイス類の使用、そして、「時間をかけて徐々に減塩することで（消費者に）塩味から」離れてもらうことなどである。

（注25）専門誌による論文審査は機密が固く守られており、審査を受ける論文著者本人にも審査内容は開示されない。これらのコメントを著者に教示いただいた審査担当者に感謝申し上げる。これに対しキャンベル社は、研究内容はジュースのナトリウム量とは無関係で、野菜に関する主張は妥当であるとの見解を示した。

（注26）キャンベル社から著者に提供されたデータより。

（注27）ジョージ・ダウディ（George Dowdie）への取材より。

（注28）同上。

（注29）Maria Panaritis, "New Campbell's CEO: Just Add Salt," *Philadelphia Inquirer,* July 13, 2011; Martinne Geller, "Campbell Stirs Things Up," Reuters, July 15, 2011。1週間後、キャンベル社は、製品のナトリウム量削減に引き続き取り組むと表明し、新CEOのデニス・モリソン（Denise Morrison）は社外向け発表において「人々に選択肢を提供することがきわめて重要です」とコメントした。"Campbell Continues to Provide Consumers with an Array of Lower-sodium Choices," Business Wire, July 20, 2011.

（注30）Martinne Geller, "Campbell Adds Salt to Spur Soup Sales," Reuters, July 12, 2011.

第14章◉人々にほんとうに申し訳ない

（注1）Jaakko Tuomilehto et al., "Sodium and Potassium Excretion in a Sample of Normotensive and Hypertensive Persons in Eastern Finland," *Journal of Epidemiology and Community Health* 34 (1980): 174-178.

（注2）Heikki Karppanen and Eero Mervaala, "Sodium Intake and Hypertension," *Progress in Cardiovascular Diseases* 49, no. 2 (2006): 59-75; Pirjo Pietinen, "Finland's Experiences in Salt Reduction," National Institute for Health and Welfare, 2009.

（注3）ヒッキ・カッパネン（Heikki Karppanen）への取材より。

（注4）ロバート・リン（Robert Lin）への取材より。

（注5）同上。

（注6）同上。

（注9）クリステン・ダマン（Kristen Dammann）への取材より。

（注10）Corinne Vaughan, "The U.K. Food Standards Agency's Programme on Salt Reduction," presentation to the Institute of Medicine, March 2009.

（注11）ジョディ・マットセン（Jody Mattsen）への取材より。

（注12）"10-Step Guide to Lowering the Sodium in Food and Beverage Products," Cargill, 2009.

（注13）同上。

（注14）"Guidance on Salt Reduction in Meat Products for Smaller Businesses," British Meat Processors Association, London.

（注15）グラハム・マグレガー（Graham MacGregor）への取材より。マグレガーは Consensus Action on Salt and Health という消費者団体の代表を務めている。L. A. Wyness et al., "Reducing the Population's Intake: The U.K. Food Standards Agency's Salt Reduction Programme," *Public Health Nutrition* 15, no. 2 (2011): 254-261 を参照。

（注16）ジョン・ケプリンガー（John Kepplinger）への取材より; Michael Moss, "The Hard Sell on Salt," *The New York Times,* May 30, 2010.

（注17）この減塩ハムを私と一緒に試食・評価してくれた『The New York Times』紙の食事担当スタッフに感謝する。

（注18） ラッセル・モロズ（Russell Moroz）への取材より; Moss, "Hard Sell on Salt".

（注19）"Proposals to Revise the Voluntary Salt Reduction Targets: Consultation Response Summaries," Food Standards Agency, London.

（注20）同上。英国の減塩施策の検討を請け負っているコンサルティング会社 Leatherhead Food Research は、多数の食品メーカーがナトリウム量削減で何らかの壁に突き当たっているとの見解を示している。しかし、グラハム・マグレガーをはじめとする消費者活動家らは、消費者の塩味好きが弱まればさらに減塩が可能だと考えている。Rachel Wilson et al., "Evaluation of Technological Approaches to Salt Reduction," Leatherhead Food Research, 2012.

（注21）著者が書き留めた記者会見記録より。

（注22）"National Salt Reduction Initiative Packaged Food Categories and Targets," New York City Health Department.

（注23）"NSRI Corporate Commitments and Comments," New York City Health Department.

（注24）ユニリーバ社（Unilever）によれば、消費者が食塩1日5グラムという上限を達成できる

（注15）ポール・ブレスリンへの取材より。

（注16）Howard Moskowitz and Jacquelyn Beckley, "Craving and the Product: Looking at What We Crave and How to Design Products around It," Moskowitz Jacobs Inc., 2001.

（注17）2001年、マース社はこのテーマに沿った別のフレーズ「You're Not You When You're Hungry（空腹時のあなたはあなたじゃない）」を使った広告キャンペーンでエフィー賞を受賞した。

（注18）Leslie Stein et al., "The Development of Salty Taste Acceptance Is Related to Dietary Experience in Human Infants: A Prospective Study," *American Journal of Clinical Nutrition* 95, no. 1 (2012): 123-129.

（注19）Anahad O'Connor, "Taste for Salt Is Shaped Early in Life," *The New York Times*, December 21, 2011.

（注20）米国地質調査所（United States Geological Survey）の推定によれば、塩の全生産量のうち食品に使われるのは4%で、ほとんどは化学処理と融氷雪に使われている。"Salt," *2010 Minerals Yearbook*, U.S.G.S を参照。

第13章◉消費者が求めてやまないすばらしい塩味

（注1）カーギル社は価格および生産量の開示を拒否した。価格や生産量に関する本章の数字は、食品産業関連の資料、他の製塩業者による公開情報、および塩の生産動向を把握している米国地質調査所のデータから著者が推定したものである。

（注2）アルトン・ブラウン（Alton Brown）、カーギル社の食塩販売促進ビデオにて。

（注3）"Working to Feed the World," 2011 Cargill Annual Report.

（注4）David Whitford and Doris Burke, "Cargill: Inside the Quiet Giant That Rules the Food Business," *Fortune Magazine*, October 27, 2011.

（注5）米国地質調査所の報告書、ならびに関係当局および業界の担当者らへのインタビューをもとにした、著者の推定。Dennis Kostick, "Salt," Mineral Commodity Summaries, U.S. Geological Survey, January 2012.

（注6）カーギル社幹部らへの取材より。

（注7）Kurlansky, *Salt*.

（注8）*Report of the Dietary Guidelines Advisory Committee on the Dietary Guidelines for Americans, 2010,* D6-16.

ラムとするつもりだったようである。しかし、大多数の米国人はそれよりはるかに摂取量が多いことを考慮し、最終報告書では2300ミリグラムが上限とされた。米国心臓協会はすべての成人について推奨上限を1500ミリグラムとしている。いくつかの公衆衛生当局は子どもの推奨上限も定めており、それによれば、1〜3歳は1500ミリグラム、4〜8歳は1900ミリグラム、9〜13歳は2200ミリグラムである。

（注6）"Report of the Dietary Guidelines Advisory Committee on the Dietary Guidelines for Americans, 2010".

（注7）米国疾病管理予防センターは2010年栄養指針のナトリウムに関する記述を検討し、1日摂取上限1500ミリグラムの基準に該当する人は米国成人の57%に達すること、そしてそのほぼ全員がそれより多いナトリウムを摂取していることを発表した。"Usual Sodium Intakes Compared with Current Dietary Guidelines: United States, 2005-2008," Morbidity and Mortality Weekly Report, Centers for Disease Control, October 11, 2011.

（注8）「ハングリーマン（Hungry-Man）」はPinnacle Foods Groupが展開するブランドで、現在、ナトリウム量を減らすための製品見直しが行われている。

（注9）ポール・ブレスリンへの取材より。

（注10）同上。

（注11）L. Wilkins and C. P. Richter, "A Great Craving for Salt by a Child with Corticoadrenal Insufficiency," *Journal of the American Medical Association* 114 (1940): 866-868.

（注12）Stephen Woods, "The Eating Paradox: How We Tolerate Food," *Psychological Review* 98, no. 4 (1991): 488-505.

（注13）Michael Morris et al., "Salt Craving: The Psychobiology of Pathogenic Sodium Intake," *Physiological Behavior* 94, no. 4 (2008): 709-721.

（注14）Joseph McMenamin and Andrea Tiglio, "Not the Next Tobacco: Defense to Obesity Claims," *Food and Drug Law Journal* 61, no. 3 (2006): 445-518. 2012年4月、全米食料品製造業協会の主催によりワシントンで開かれたフォーラムでは、フリトレー社（Frito-Lay）幹部が進行役となり、食物依存症に関する討議も行われた。パネリストの1人はペンシルベニア州立大学の栄養学教授Rebecca Corwinだった。依存症議論はもっと消費者側に焦点を当てるべきだとする立場のCorwinは、問題は食品そのものではなく人々の食品の食べ方にあると主張し、高脂肪分・高糖分の食品に依存が生じるのは極端な暴食と我慢を繰り返した場合だと話した。この主張は、『Journal of Nutrition』誌に掲載されたCorwinの2009年の論文で次のように説明されている。「非常に味の良い食品でも、それ自体が依存性を持つわけではない。むしろ、食品の提供のされ方（すなわち、断続的な提供）および消費のされ方（すなわち、反復的かつ断続的な『むさぼり食べ』）が依存プロセスを牽引すると思われる」。R. L. Corwin and Patricia Grigson, "Symposium Overview: Food Addiction: Fact or Fiction," *Journal of Nutrition* 139, no. 3 (2009): 617-619.

(注33) ダリル・ブリュースターへの取材より。

(注34) 同上。

(注35) Elaine Wong, "100-Calorie Packs Pack It In," *Brandweek,* May 26, 2009.

(注36) Maura Scott, "The Effects of Reduced Food Size and Package Size on the Consumption Behavior of Restrained and Unrestrained Eaters," *Journal of Consumer Research* 35 (2008): 391-405.

(注37) "Hershey Lures Lenny From Kraft," *Chicago Tribune,* March 13, 2001; "Hershey Foods: It's Time to Kiss and Make Up," Mendoza College of Business, University of Notre Dame, March 2003.

(注38) ダリル・ブリュースターへの取材より。

(注39) クラフト社の発表 "Oreo Enters 100th Year Crossing the $2 Billion Mark; Plans to Reach $1 Billion in Developing Markets in 2012"、2012年5月3日。

(注40) クラフト副社長のChris Jakubikは、2010年9月15日、「Hitting Our Sweet Spot」と題した投資家向けのプレゼンで「キャドバリーがパズルの最後のピースでした」と言った。彼は、クラフトが「転換期から成長期に移行している」とコメントし、10.1%という圧倒的市場シェアを誇るスナック菓子で（2位のペプシコ社（PepsiCo）は7.6%）、世界的に業界をリードする態勢が整ったと話した。

(注41) クラフト社のクリームチーズ・チョコレート製品のウェブサイトに書き込まれたコメント。

第12章◉人は食塩が大好き

(注1) "Report of the Dietary Guidelines Advisory Committee on the Dietary Guidelines for Americans," 2010, ページD6-17. 家庭にある一般的な食塩は40%がナトリウムであることから、食塩10グラムにはナトリウム4グラム（4000ミリグラム）が含まれている。小さじ1杯の食塩は約6グラムで、ナトリウム量は約2300ミリグラムである。

(注2) Richard Mattes, and Diana Donnelly, "Relative Contributions of Dietary Sodium Sources," *Journal of the American College of Nutrition* 10, no. 4 (1991): 383-393.

(注3) Mark Kurlansky, *Salt: A World History* (New York: Walker and Co., 2002).

(注4) "10-Step Guide to Lowering the Sodium in Food and Beverage Products," Cargill, 2009.

(注5) 議事録によれば、栄養指針委員会（Dietary Guidelines Advisory Committee）は、ナトリウムの取りすぎによる影響を検討した結果、すべての米国人について1日推奨上限を1500ミリグ

ジェイ・プール（Jay Poole）のスピーチ、1999年（LT）。

（注17）“A New Approach to Our Mission: Lessons from the Tobacco Wars”（LT）.

（注18）ジェフリー・バイブルへの取材より。

（注19）同上。

（注20）ジョン・ラフへの取材より。

（注21）同上。

（注22）同上。

（注23）同上。

（注24）検討対象となったラベル記載システムは、Ellen Wartella et al., “Examination of Front-of-Package Nutrition Rating Systems and Symbols,” Phase 1 Report, Institute of Medicine, October 13, 2010 で分析されている。

（注25）ジョン・ラフへの取材より。

（注26）マーク・ファイアストーン（Marc Firestone）への取材より。

（注27）1.5兆キロカロリー削減の取り組みは食品業界団体が監督し、Robert Wood Johnson財団がモニターしている。同財団は2012年、業界が行った変更を追跡・検証できるシステムを開発した。財団職員によれば、モニター業務に関する難題の一つは、変化が激しく新商品が次々に登場する食料製品に対してデータを最新に保つことである。また、主力ブランドでカロリー削減が行われても、その対象が売上の少ない商品に限られていないことを確認する必要もある。〔訳注＊同財団がウェブサイトに掲載した2014年1月9日付の報告によれば、食品・飲料メーカー16社の参加により、2012年には（2007年との比較で）6.4兆キロカロリーが削減された〕

（注28）クラフト社決算説明会の記録、2003年7月16日。

（注29）同上。

（注30）Dave Carpenter, “Kraft Demotes Co-CEO Betsy Holden amid Product Setbacks,” Associated Press, December 16, 2003.

（注31）Anand Kripalu, Kraft Foods president for South Asia and Indonesia China, *Campaign India,* April 6, 2011.

（注32）クラフト・キャドバリー社（Kraft Cadbury）の発表、2011年4月14日。

(注43) "Report to Congress on the National Dairy Promotion and Research," USDA, July 1, 2002.

第11章◉糖分ゼロ、脂肪分ゼロなら売り上げもゼロ

(注1) "Kraft Foods Announces 10 Members of Worldwide Health and Wellness Advisory Council," *Business Wire,* September 3, 2003.

(注2) エレン・ワーテラ（Ellen Wartella）への取材より。

(注3) 委員会の活動について話してくれた複数のクラフト幹部に感謝申し上げる。

(注4) エレン・ワーテラへの取材より。

(注5) Andrea Carlson and Elizabeth Frazao, "Are Health Foods Really More Expensive? It Depends on How You Measure the Price," Economic Information Bulletin No. EIB-96, Economic Research Service, USDA, May 2012.

(注6) クラフト社からフィリップモリス製品検討委員会への報告、1996年6月24日（LT）。

(注7) キャスリーン・スピア（Kathleen Spear）への取材より。

(注8) 同上。

(注9) Amanda Amos and Margaretha Haglund, "From Social Taboo to 'Torch of Freedom': The Marketing of Cigarettes to Women," *Tobacco Control* 9 (2000): 3-8.

(注10) フィリップモリス社の業務文書 "New Product Screening"、1972年3月1日（LT）。

(注11) Ernst Wynder et al., "Association of Dietary Fat and Lung Cancer," American Health Foundation, New York City, 1986 (LT).

(注12) Philip Morris Trial Counsel Seminar, La Jolla, California, May 9-12, 1990.

(注13) Kraft General Foods Orientation to Management Meeting, July 11-12, 1990 (LT).

(注14) "A Powerful Company, Poised for Growth," Presentation to Investment Community, New York City, June 28, 1999.

(注15) フィリップモリス社の業務文書 "Issues Management Q3 Omnibus Survey Key Results" 2000年11月7日（LT）。

(注16) 農業・応用経済学会（Agriculture and Applied Economics Association）の会議における

April 15, 2012.

（注32）“Food, Nutrition, Physical Activity, and the Prevention of Cancer: A Global Perspective,” World Cancer Research Fund and American Institute for Cancer Research, 2007, 121, 123.

（注33）癌の報告書に対する牛肉チェックオフ・プログラムの対応を内部分析した資料として、“Project Evaluation Audit: World Cancer Research Fund/American Institute of Cancer Research Report,” Sound Governance, June 13, 2008 がある。

（注34）農務省から著者に開示された記録によれば、2007年4月10日以降、これら資金の支出は全米肉牛生産者・牛肉協会が許可を出し、農務長官が承認している。エクスポネント社(Exponent)はコンサル業務のケース・スタディーをウェブサイトで紹介している。

（注35）Dominik D. Alexander et al., “Red Meat and Processed Meat Consumption and Cancer,” National Cattlemen’s Beef Association, 2010.

（注36）“Project Evaluation Audit: World Cancer Research Fund/American Institute of Cancer Research Report”.

（注37）同上。

（注38）同上。

（注39）法廷意見, *Johanns v. Livestock Marketing Association,* U.S. Supreme Court, May 23, 2005。米国食品医薬品局（Food and Drug Administration [FDA]）の元職員によるこの訴訟の分析として、Daniel E. Troy, “Do We Have a Beef with the Court? Compelled Commercial Speech Upheld, But It Could Have Been Worse,” *Cato Supreme Court Review,* The Cato Institute がある。

（注40）ルース・ベーダー・ギンズバーグ（Ruth Bader Ginsburg）による結果同意意見, *Johanns v. Livestock Marketing Association,* U.S. Supreme Court, May 23, 2005。元農務省の経済学者Parke Wildeも牛肉チェックオフ・プログラムを同様に批評分析しており、惜しみなく時間を割いて話を聞かせてくれた。感謝申し上げる。たとえば、Parke E. Wilde, “Federal Communication About Obesity in the Dietary Guidelines and Checkoff Programs,” Discussion Paper No. 27, Tufts University, 2005 を参照。

（注41）農務省が2006年に作成した健康啓発パンフレット「Your Personal Health: Steps to a Healthier You」には、ピザがどうしても食べたくなったときのアドバイスとして「生地は全粒粉、チーズは半量で注文しましょう」と書かれている。

（注42）Tom Gallagher, “Checkoff Is Working Hard for You!” *Western Dairy Business,* September 2009.

（注18）Carrie Daniel et al., “Trends in Meat Consumption in the United States,” *Public Health Nutrition* 14, no. 4 (2011): 575-583. 牛肉業界が支援した研究報告 “U.S. Beef Demand Drivers and Enhancement Opportunities,” Kansas State University Agricultural Experiment Station and Cooperative Extension Service, June 2009 には、消費低下の理由の一つとして、脂肪分に対する消費者の懸念が挙げられている。

（注19）マーク・トーマス（Mark Thomas）への取材より。

（注20）全米肉牛生産者・牛肉協会（National Cattlemen’s Beef Association）の新製品開発責任者Steve Wald、同協会発行のビデオにて、2008年1月8日。

（注21）これら新製品の一部は、“Cattlemen’s Beef Board Introduces New Staff, Snack,” Cattlemen’s Beef Board, February 25, 2008 に概要がまとめられている。

（注22）全米肉牛生産者・牛肉協会が著者の依頼により全米の小売データを調べたところ、牛ひき肉では「リーン（lean)」肉が全販売量の20%にとどまるが、筋肉部分の塊肉では2012年の販売量の3分の2を「リーン」肉が占めていたとのことである。

（注23）“Background Information for Letter to Secretary Vilsack on Mechanically Tenderized (MT) Beef Products,” Safe Food Coalition, June 12, 2009. 軟化処理肉に対する批判的視点については、元農務次官補で現在は米国消費者連合（Consumer Federation of America [CFA]）のフェローであるCarol Tucker-Formanに感謝申し上げる。

（注24）この呼称は、生産者と農務省との議論により何度か変わっている。この食材の基本的な説明については、H. Ying and J. G. Sebranek, “Finely Textured Lean Beef as an Ingredient for Processed Meats,” Iowa State University, 1997 を参照。

（注25）情報開示請求で入手した農務省および業界の様々な記録、ならびに他の資料より。Michael Moss, “The Burger That Shattered Her Life,” *The New York Times,* October 4, 2009.

（注26）Michael Moss, “Company Record on Treatment of Beef Called into Question,” *The New York Times,* December 31, 2009.

（注27）チャールズ・タント（Charles Tant）への取材より。

（注28）Moss, “Company Record on Treatment”.

（注29）農務省の学校ランチプログラムに携わったさまざまな職員がこの件に関する覚え書きやデータを見せ、あるいは話を聞かせてくれた。感謝申し上げる。Moss, “Company Record on Treatment” も参照。

（注30）記者会見のビデオ、アイオワ州 Des Moines、2012年3月28日。

（注31）James Haggery, “‘Pink Slime’ Spurs Beef Backlash,” (Scranton, Penn.) *Times-Tribune,*

（注5）"Dietary Guidelines for Americans," Center for Nutrition Policy and Promotion, USDA. 5年ごとの指針策定のために選ばれる専門家委員会の監督業務は、農務省と保健福祉省（Department of Health and Human Services [HHS]）が交互に担っている。

（注6）Dietary Guidelines Advisory Committee, *Report of the Dietary Guidelines Advisory Committee on the Dietary Guidelines for Americans, 2010* (Washington, D.C.: U.S. Departments of Agriculture and Health and Human Services, 2010), D2-12.

（注7）同上、ページD3-13。

（注8）ウォルター・ウィレットへの取材より。ハーバード大学医学大学院は独自の食品ピラミッドと「My Plate」の図を作成しており、それらはいくつかの点で政府指針とかなり異なる。ハーバード版は、たとえばタンパク質に関するアドバイスとして「魚、鳥肉、豆類、ナッツ類を選ぶ。赤身肉を制限する。ベーコン、ハム・ソーセージ類、その他の加工肉を避ける」と記載している。また、ハーバード版には牛乳の推奨はなく、代わりに水を飲むことが強調されている。牛乳とジュースは制限し、「糖分の多い飲み物は避ける」ようアドバイスされている。

（注9）農務省は専門家委員会による報告書の要約版（全59ページ）を公表した。その25ページ目に飽和脂肪酸の摂取源の情報が記載された。

（注10）*The Diane Rehm Show,* February 1, 2011.

（注11）同上。

（注12）R. Post et al., "A Guide to Federal Food Labeling Requirements for Meat and Poultry Products," Labeling and Consumer Protection Staff, USDA, August 2007.

（注13）"Nutrition Labeling of Single Ingredient Products and Ground or Chopped Meat and Poultry Products," Food and Safety Inspection Service, USDA.

（注14）全米食料品製造業協会（Grocery Manufacturers Association [GMA]）のCraig Henryから農務省・栄養政策プロモーションセンターのCarole Davisへの手紙、2008年5月23日。

（注15）栄養指針について寄せられたこれらのパブリック・コメントは、農務省が作成し栄養政策プロモーションセンターのウェブサイトで公開しているデータベースで閲覧できる。

（注16）Conference Report on the Food Security Act of 1985（議事録）, U.S. Senate, December 18, 1985.

（注17）"Federally Authorized Commodity Research and Promotion Programs," U.S. General Accounting Office (now called the U.S. Government Accountability Office), December 1993; "Federal Farm Promotion ('Check-Off') Programs," Congressional Research Service, October 20, 2008; "Understanding Your Beef Checkoff Program," Cattlemen's Beef Board.

（注33）同上。

（注34）ボブ・ドレーンへの取材より。

（注35）*Los Angeles Times,* February 8, 1994.

（注36）ボブ・ドレーンへの取材より。

（注37）同上。

（注38）クラフト社CEOボブ・エッカートが『Business Week』誌に話した談話の記録（LT）。

（注39）ボブ・ドレーンへの取材より。

（注40）"The Five Worst Packaged Lunchbox Meals," the Cancer Project, Physicians Committee for Responsible Medicine, Spring 2009.

（注41）"Oscar Mayer Lunchables Lunch Combinations Expand Wholesome Product Line," Kraft, August 16, 2010.

（注42）ボブ・ドレーンへの取材より。

（注43）同上。

（注44）Bob Drane, "What Role Can the Food Industry Play in Addressing Obesity?"（未発表原稿）。

（注45）同上。

第10章◉政府が伝えるメッセージ

（注1）Wayne D. Rasmussen, "Lincoln's Agricultural Legacy," Agricultural History Branch, USDA.

（注2）National Registry of Historic Places.

（注3）本章のテーマに関連してスナック菓子ビジネスを詳しく知るには、非営利組織Dairy Managementが作成した白書を参照するとよい。Dairy Managementは米国農務長官の監督下にあり、チーズなどの乳製品の消費拡大を目指す組織である。"Snacking: Identifying a World of Opportunity for Diary," Dairy Management Inc., April 2010.

（注4）栄養政策プロモーションセンター（Center for Nutrition Policy and Promotion）と著者とのやりとりより。

（注13）フィリップモリス製品開発シンポジウム、1990年12月5日（LT）。

（注14）オスカー・メイヤー部門社長ボブ・エッカートからフィリップモリス製品検討委員会への報告、1995年10月20日（LT）。

（注15）同上。

（注16）同上。

（注17）Bob Drane, “Developing and Optimizing the Lunchables Concept”（プロジェクトのプレゼン）, Oscar Mayer.

（注18）同上。

（注19）Richard Kluger, *Ashes to Ashes: America's Hundred-Year Cigarette War, the Public Health, and the Unabashed Triumph of Philip Morris* (New York: Knopf, 1996).

（注20）同上。

（注21）ジョン・ラフへの取材より。

（注22）Stuart, *Kraft General Foods.*

（注23）ジェフリー・バイブルへの取材より。

（注24）同上。

（注25）フィリップモリス製品開発シンポジウムにおけるジョン・ティンダル（John Tindall）のスピーチ、1990年12月5日（LT）。

（注26）同上。

（注27）同上。

（注28）ボブ・ドレーンへの取材より。

（注29）シニア・プロダクト・マネジャーClark Murrayからフィリップモリス製品検討委員会への報告、1991年1月24日（LT）。

（注30）ボブ･エッカートからフィリップモリス製品検討委員会への報告、1995年10月20日（LT）。

（注31）ジェフリー・バイブルへの取材より。

（注32）同上。

のチーズを食べることは健康的なライフスタイルの一部になり得ます。消費者の皆様に、情報を得たうえでバランス良い生活の一部として選択を行っていただけるよう、当社は明確かつ一貫した情報を提供しております。脂肪分を減らした製品を多数販売していることは当社の誇りです。『フィラデルフィア・クリームチーズ』やスライスチーズの『クラフト・シングルズ』をはじめとする多数のブランドでも、ライト、低脂肪、無脂肪の製品を提供しております」

（注31）Mirre Viskaale-van Dongen, "Hidden Fat Facilitates Passive Overconsumption," *Journal of Nutrition* 139 (2009): 394-399.

（注32）ミーレ・ヴィスカール＝ヴァン・ドンゲン（Mirre Viskaale-van Dongen）への取材より。

第9章◉ランチタイムは君のもの

（注1）United Food And Commercial Workers 538地区（Local 538）の代表兼ビジネスマネジャー、Joe Jerzewskiへの取材より。

（注2）試作初日またはその前後に撮られた加工ラインの写真より。

（注3）Stephen Quickert and Donna Rentschler, "Developing and Optimizing the Lunchables Concept," Philip Morris Product Development Symposium, December 5, 1990 (LT).

（注4）さまざまな食品小売専門家による推定。

（注5）ボブ・ドレーン（Bob Drane）への取材より。

（注6）同上。

（注7）オスカー・メイヤー（Oscar Mayer）部門CEOとしてボブ・ドレーンとともにこの会合に出席したジム・マクヴェイ（Jim McVey）は、会合の記憶を話してくれた。彼は「フィリップモリスとの仕事で何がよかったかといえば、真にポテンシャルを持った製品があれば、他の製品で得られた資金を喜んでそちらに回してバックアップしてくれたことだ」と話した。

（注8）ジム・マクヴェイおよびボブ・ドレーンへの取材より。

（注9）"Oscar Mayer Foods Co.," *International Directory of Company Histories,* vol. 12, St. James Press, 1996; Bucher and Villines, *Greatest Thing since Sliced Cheese.*

（注10）Upton Sinclair, *The Jungle* (New York: Doubleday, 1906).

（注11）「Calorie Count」のデータより。

（注12）オスカー・メイヤー社からフィリップモリス社への報告、1991年（LT）。

the Perceived Crispiness and Staleness of Potato Chips," *Journal of Sensory Studies* 19, no. 5 (2004): 347-363.

(注10) フランシス・マグローンへの取材より。

(注11) マグローンはこの実験の説明を彼自身のウェブサイト『NeuroSci』に「Ice Cream Makes You Happy」というタイトルで掲載している。

(注12) "Ice Cream Makes You Happy, Say Unilever Scientists," *FoodNavigator,* May 4, 2005.

(注13) "An Unmatched Breadth of Ingredients for Creating Superior Products: Ingredient Portfolio," Cargill, 2007.

(注14) 特に、Center for Science in the Public Interest, "Promoting Consumption of Low-Fat Milk: The 1% or Less Social Marketing Campaign," Center for Health Improvementを参照。

(注15) Alina Szczesniak et al., "Consumer Texture Profile Technique," *Journal of Food Science* 40 (1970): 1253-1256.

(注16) 同上。

(注17) スティーブン・ウィザリー (Steven Witherly) への取材より。

(注18) Montmayeur and Le Coutre, *Fat Detection.*

(注19) 同上。

(注20) アダム・ドレウノウスキー (Adam Drewnowski) への取材より。

(注21) Adam Drewnowski and M. R. C. Greenwood, "Cream and Sugar: Human Preferences for High-Fat Foods," *Physiology and Behavior* 30 (1983): 629-633.

(注22) A. Drewnowski and M. Schwartz, "Invisible Fats: Sensory Assessment of Sugar/Fat Mixtures," *Appetite* 14 (1990): 203-217.

(注23) アダム・ドレウノウスキーへの取材より。

第8章◉チーズがとろーり黄金色

(注1) ディーン・サウスワース (Dean Southworth) への取材より。

(注2) さまざまな食料品の栄養情報を提供しているオンラインガイド「Calorie Count」は、各商品を「A」〜「F」にランク付けしている。それによれば、チーズウィズ (Cheez Whiz) の「オ

（注41）同上。

（注42）このプレゼンに関する私の質問に対し、クラフト社から次のような回答があった。「当社は、多様な好みに合う製品をお届けするため、消費者の味の好みを常に調査しております。10歳前後の子どもへの広告に関しては、食品および飲料の企業は自主的に広告内容を制限すべきだとの考えに当社も同意します。2005年、12歳未満の子どもへの広告内容を他社に先駆けて見直したのもこのためです。当社は、タングも含め、子どもたちが大好きな食品や飲料の多くについて、子ども向けの宣伝を取りやめました。業界の多くの企業がこれに続いてくれたことに感動しております。現在、当社が子ども向けに宣伝しているブランドはごくわずかしかありません」。栄養に関する同社の取り組みについて、詳しくは第11章を参照。

（注43）"Minutes, Corporate Products Committee Meeting, June 24, 1996,"（LT）.

（注44）覚え書きおよび議事予定記録（LT）より。

第7章◉あのねっとりした口当たり

（注1）Richard Mattes, "Is There a Fatty Acid Taste?" *Annual Review of Nutrition* 29 (2009): 305-327; Jean-Pierre Montmayeur and Johannes Le Coutre, *Fat Detection: Taste, Texture, and Post-Ingestive Effects* (Boca Raton, FL: CRC Press, 2010).

（注2）Ivan Araujo and Edmund Rolls, "Representation in the Human Brain of Food Texture and Oral Fat," *Journal of Neuroscience* 24 (2004): 3086-3093.

（注3）Gene-Jack Wang et al., "Enhanced Resting Activity of the Oral Somatosensory Cortex in Obese Subjects," *NeuroReport* 13, no. 9 (2002); Gene-Jack Wang et al., "Exposure to Appetitive Food Stimuli Markedly Activates the Human Brain," *NeuroImage* 21 (2004): 1790-1797; Gene-Jack Wang et al., "Imaging of Brain Dopamine Pathways: Implications for Understanding Obesity," *Journal of Addiction Medicine* 3, no. 1 (2009): 8-18; Gene-Jack Wang et al., "Brain Dopamine and Obesity," *The Lancet* 357 (2001): 354-357.

（注4）Araujo and Rolls, "Representation in the Human Brain".

（注5）エドモンド・ロールズ（Edmund Rolls）と著者とのやりとりより。

（注6）フランシス・マグローン（Francis McGlone）への取材より。

（注7）同上。

（注8）Dana Small et al. "Separable Substrates for Anticipatory and Consummatory Chemosensation," *Neuron* 57, no. 5 (2008): 786-797.

（注9）Massimiliano Zampini and Charles Spence, "The Role of Auditory Cues in Modulating

Sweet High-Fat Foods in Obese and Lean Female Binge Eaters," *American Journal of Clinical Nutrition* 61 (1995): 1206-1212.

（注26）マリオン・ネスルへの取材より。業界コンサルタントによる公平かつ詳細な考察として、John White, "Straight Talk about High-Fructose Corn Syrup: What It Is and What It Ain't," *American Journal of Clinical Nutrition* 88 (2008): 1716S-1721S; John White, "Misconceptions about High-Fructose Corn Syrup: Is It Uniquely Responsible for Obesity, Reactive Dicarbonyl Compounds, and Advanced Glycation Endproducts?" *Journal of Nutrition,* April 22, 2009も参照。

（注27）K. L. Stanhope et al., "Consumption of Fructose and High Fructose Corn Syrup Increases Postprandial Triglycerides, LDL-Cholesterol, and Apolipoprotein-B in Young Men and Women," *Journal of Clinical Endocrinology and Metabolism* 96, no. 10 (2011): 1596-1605.

（注28）"Contents for Briefing Book Annual Meeting 1992"（LT）。この文書には「購入価格（$155,000,000）は開示しないことで合意した」と書かれている。

（注29）フィリップモリス社の1995年度報告書「A World of Growth in Store」

（注30）ポール・ハラデー（Paul Halladay）への取材より。

（注31）クラフト社の2007年1月26日付ニュースリリース、および複数の同社幹部への取材より。

（注32）クラフト社はエフィー賞への応募資料で「カプリサン（Capri Sun）の利益増大は、17.6%という消費増大をはるかに上回った。これは、物価上昇の中で浸透率・購買率とも上昇したという二重の奇跡のおかげである」と紹介した。同社はこのキャンペーンでエフィー賞を受賞した。

（注33）Stuart, *Kraft General Foods.*

（注34）"Marketing Synergy," 1989（LT）。

（注35）フィリップモリス製品開発シンポジウム、1990年12月5日（LT）。

（注36）クラフト飲料部門（Kraft Beverage Division）から製品検討委員会（Corporate Products Committee）へのプレゼン、1996年6月24日（LT）。

（注37）"Minutes, Corporate Products Committee Meeting, June 24, 1996,"（LT）.

（注38）クラフト飲料部門から製品検討委員会へのプレゼン、1996年6月24日（LT）。

（注39）同上。

（注40）同上。

（注11）Philip Morris Quarterly Director's Report, June 1992（「社外秘」の記載あり）（LT）。賞はエフィー賞である。

（注12）米国特許商標庁、登録番号第1,646,512号（1991年5月28日）。

（注13）「タング（Tang）」のこの広告は公益科学センターの1990年の会報に取り上げられた。

（注14）クラフト社からフィリップモリス社へのプレゼン、1990年2月26日（LT）。

（注15）"Minutes, Corporate Products Committee Meeting, February 26, 1990"（製品検討委員会の議事録、1990年2月26日）（LT）.

（注16）フィリップモリス年次株主総会（1992年4月23日）の記録（LT）。

（注17）アル・クローシへのインタビューより。テクニカルセンターについては、ゼネラルフーヅ社による1977年11月11日付のパンフレット「Welcome to the General Foods Technical Center 20th Anniversary Open House」に詳しい説明がある。

（注18）クラフト社などの食品技術者への取材より。フルクトースの技術的考察およびクラフト社の実験の具体的説明については、発明者Maurice Nasrallah、出願人クラフト・ゼネラルフーヅ（Kraft General Foods）による1992年4月7日公開の米国特許第5,102,682号を参照。

（注19）John White, "The Role of Sugars in Foods: Why Are They Added?" Added Sugars Conference, American Heart Association, May 2010.

（注20）フィリップモリス製品開発シンポジウム（Philip Morris Product Development Symposium）、1990年12月5日（LT）。

（注21）ファド・サリーブ（Fouad Saleeb）への取材より; Bucher and Villines, *Greatest Thing Since Sliced Cheese.*

（注22）Toni Nasrallah, "The Development of Taste/Cost Optimized Dry Mix Beverages," Philip Morris Product Development Symposium, December 5, 1990（LT）.

（注23）Jane Brody, "New Data on Sugar and Child Behavior," *The New York Times,* May 10, 1990.

（注24）これ以外の箇所も含めて、栄養の政策と科学に関連する記述は、ニューヨーク大学のマリオン・ネスル（Marion Nestle）に負うところが大きい。膨大なファイルを惜しみなく見せてくれたネスルに感謝する。この世界保健機関（World Health Organization [WHO]）の提案はメディアでも広く取り上げられた。"Commodities: WHO Proposal Worries Sugar Producers," *Inter Press Service,* April 26, 1990.

（注25）Adam Drewnowski et al., "Naloxone, an Opiate Blocker, Reduced the Consumption of

Partners）重役へのプレゼン資料のコピーを見せてくれたダンに感謝する。

（注33）2012年7月、マディソン・ディアボーン社は、このニンジン栽培事業「Bolthouse Farms」を15.5億ドルでキャンベル社（Campbell Soup Company）に売却すると発表した。

第6章◉立ち上るフルーティーな香り

（注1）これ以外の箇所も含めて、フィリップモリス社の会議に関する記述は、同社がLTに提出した記録に負うところが大きい。記録は、会議出席者への郵送招待状、支払証票、部屋の準備に関する覚え書きといった一般的なものから、議事予定、議事録、プレゼン資料のように突っ込んだ内容のものまで、多岐にわたっている。建物の様子については、“It's Open House at Last at Altria's Midtown Home,” *The New York Times,* September 9, 2008を参照。

（注2）“Joseph F. Cullman 3rd, Who Made Philip Morris a Tobacco Power, Dies at 92,” *The New York Times,* May 1, 2004; “George Weissman, Leader at Philip Morris and in the Arts in New York, Dies at 90,” *The New York Times,* July 27, 2009.

（注3）Stuart, *Kraft General Foods;* “Contents for Briefing Book Annual Meeting 1992” (LT). 後者の資料から、フィリップモリス社の同年の収支に関して、収入に占める食品部門の割合（50%、タバコは42%）、広告費（24億ドル）、社用飛行機15機の運用費（3200万ドル）、ロビー活動費（480万ドル）、研究開発費（3億9600万ドル）といった社外秘情報が得られた。

（注4）ジェフリー・バイブル（Geoffrey Bible）への取材より。

（注5）“Edwin Perkins and the Kool-Aid Story,” *Historical News,* vol. 31, no. 4, Adams County Historical Society, 1998; Bucher and Villines, *Greatest Thing Since Sliced Cheese;* Jean Sanders, “Edwin E. Perkins: Inventor and Entrepreneur, Kool-Aid King,” Nebraska State Education Association, 2008。クールエイド（Kool-Aid）の初期の成功には、パーキンス（Edwin Perkins）が雇ったセールスマンの１人も貢献した。“Bob Maclean, Marketing Expert Who ‘Put Kool-Aid On The Map’,” *San Jose Mercury News,* February 21, 1994.

（注6）クラフト社からフィリップモリス社へのプレゼン、1996年6月18日（LT）。

（注7）業界の手法に関する考察は、“Hearing on the ‘Targeting’ of Blacks, Hispanics, Other Racial Groups, and Women by Alcohol and Tobacco Company Advertising,” House Committee on Energy and Commerce, Transportation and Hazardous Materials Subcommittee, March 1, 1990を参照。

（注8）オンラインの漫画データベース「Comic Vine」を参照。

（注9）クラフト社からフィリップモリス社へのプレゼン、1990年2月26日（LT）。

（注10）同上。

価値という点で、コカ・コーラはダイエット・コーク（Diet Coke）やボトル入りウォーター「ダサニ（Dasani）」など同社の他製品をはるかに凌いでいる。躍進を見せて2位につけているのは、糖分で甘味づけしたスポーツ飲料「パワーエイド（Powerade）」である。

（注29）ジェフリー・ダンへの取材より。

（注30）私はコカ・コーラ社に、ヘビーユーザー、10代の消費者、ブラジルの中流階級を対象とした顧客ターゲティングなど、マーケティングの戦略や活動について問い合わせ、ジェフリー・ダンの在職中の仕事および同社に対する彼の批判についても質問したが、これらは回答が拒否された。同社は、公的な場および著者とのやりとりにおいて、水の販売や学校での清涼飲料販促の差し控えなど、ダンが実現しようとした取り組みの多くを戦略に取り入れていると話している。米国心臓協会が2010年5月5日に開催した「添加糖分会議（Added Sugars Conference）」において同社は、「世界は変化しており、それは当社も同じです」とコメントした。同社は、ゼロカロリーおよび低カロリーの商品ラインナップ拡大、包装前面にカロリーを記載するなどの表示改善、活動的・健康的なライフスタイルの促進に取り組んでいるとのことである。また、コカ・コーラ社は、同社製品を食事全体の中で捉えるよう働きかけており、ウェブサイトには次のように書いている。「誤解：『甘い物を欲しがるのは悪いこと』。甘い物が欲しいというのは生まれつきの欲求です。ただし、甘い物好きをコントロールする必要があることは覚えておきましょう。健康には、摂取カロリーと、身体活動で燃焼されるカロリーとのバランスが不可欠です。『悪い』食べ物や飲み物というものは存在しません。チョコレートやアイスクリームや甘い飲み物が好きなら、それを食生活に——適度に——含めてよいのです」。しかし同社は、子ども向けマーケティングの重心をソーシャルメディアに移しているとして、消費者活動家から引き続き非難を浴びている。詳しい批評についてはJeff Chester and Kathryn Montgomery, *Interactive Food and Beverage Marketing: Targeting Children and Youth in the Digital Age,* Berkeley Media Studies Group, 2007を参照。一方で同社は、2012年オリンピック期間中のテレビCMなど、スプライト（Sprite）などの商品を子どもに積極的にマーケティングしているとして、小売業界から引き続き賞賛を受けてもいる。"Sprite Targets Teens with 'Intense' Campaign," *Convenience Store News,* July 30, 2012。同社マーケティング責任者は「スプライトには10代の若者という非常に具体的なターゲットがあるため、めりはりを利かせることを目指している」と説明した。同社は市場関係者との非公開の会合でも、さまざまな方策で消費を促すという戦略を引き続き表明している。同社は、ホッキョクグマがコカ・コーラのボトルを持っている画像をFacebookから投稿できる「My Coke」というプログラムも展開しており、コカ・コーラ社自体のFacebookページには4700万件の「いいね！（like）」がついている。また、購買量に応じて無料の商品購入や学校への寄付が行える「My Coke Rewards」というプログラムもある。2006年に始まったこの取り組みは大成功とされており、プログラム責任者は2009年9月10日付のマーケティング業界誌『Colloquy』で「販売量が明らかに増えています。概して、My Coke Rewardsの会員は、一般的な米国家庭の2〜3倍を消費しています」と語った。現在、おそらく同社ウェブサイトで最も目を引くアイテムは、これまでに同社製品がどれだけ消費されたかを示すリアルタイム表示だろう。数字は毎秒25,000杯ほど増えている。同社によれば、この基準となったのは2010年の数字で「1日17億杯分」とのことである。

（注31）ジェフリー・ダンへの取材より。

（注32）ジェフリー・ダンへの取材より。マディソン・ディアボーン社（Madison Dearborn

はFTCにはありません。そしてもちろん、企業はほとんどの場合、自社の広告を強力に弁護しますし、調停に向けた説得が困難な場合もあります。通常、われわれが法廷での予備的決着を目指すのは、明らかな不正広告と考えられる場合のみです。それ以外の場合は、問題となった宣伝内容を以後使わないという合意審決に向けて企業と交渉するのが最も効率的なやり方です」

（注44）Case No. 4866, National Advertising Division, Council of Better Business Bureaus, June 17, 2008.

第5章◉遺体袋をたくさん見せてくれ

（注1）ジェフリー・ダンへの取材より。

（注2）Constance L. Hays, *The Real Thing: Truth and Power at the Coca-Cola Company* (New York: Random House, 2004).

（注3）同上。

（注4）ジェフリー・ダンへの取材より。

（注5）清涼飲料の消費量はさまざまな表現で紹介されている。米国農務長官Dan Glickmanは1998年10月のシンポジウム「子どもの肥満：原因と予防（Childhood Obesity: Causes and Prevention)」において、ティーンエイジ男子の3分の2が1日3缶以上、女子の3分の2が1日2缶の清涼飲料を飲んでいると話した。

（注6）ジェフリー・ダンへの取材より。

（注7）Jim Lovel, "Coke's a Big Part of His Life," *Atlanta Business Chronicle,* November 19, 2001.

（注8）ジェフリー・ダンへの取材より。

（注9）"Former Coke Executive Walter Dunn Dead at 86," *Atlanta Business Chronicle,* June 22, 2009.

（注10）ジェフリー・ダンへの取材より。

（注11）同上。

（注12）Roger Enrico and Jesse Kornbluth, *The Other Guy Blinked: How Pepsi Won the Cola Wars* (New York: Bantam Books, 1986).

（注13）同上。

（注27）ジェリー・フィンガーマン（Jerry Fingerman）への取材より。

（注28）"Repositioning Cereals as Snacks?" *Brand-Packaging,* March 2000.

（注29）Karen Hoggan, "Kellogg, a Cereal Killing?" *Marketing,* October 31, 1991.

（注30）Bruce, *Cerealizing America.*

（注31）エドワード・マーティン（Edward Martin）への取材より。

（注32）Corts, *Ready-To-Eat Breakfast Cereal Industry.*

（注33）George Lazarus, "Burnett Drama Still a 'How Done It?'" *Chicago Tribune,* March 28, 1997; "Leo Burnett USA: The Most Effective Agency in America," *Market Wire,* June 8, 2007.

（注34）Case No. 4453, Children's Advertising Review Unit, Council of Better Business Bureaus, February 14, 2006.

（注35）ウィリアム・シリー（William Thilly）への取材より。

（注36）"Clients Talk about Burnett," *Advertising Age,* July 31, 1995; "Former Ad Exec to Run Kellogg," *Chicago Tribune,* November 30, 2004; "Getting Settled in Battle Creek," *Grand Rapid Press,* December 26, 2004.

（注37）Jenny Rode, "Aggressive But Steady Sells the Cereal," *Battle Creek Enquirer,* March 7, 2006.

（注38）この広告キャンペーンの詳細は、クラフト社とその広告代理店が2006年にエフィー賞に提出したケース・スタディーに開示されている。

（注39）同様に、ケロッグ社も2007年にエフィー賞に提出したケース・スタディーで「フロステッド・ミニ・ウィート（Frosted Mini-Wheats）」広告キャンペーンの戦略を紹介した。

（注40）2008年3月12日のケロッグ社の発表。この発表内容は、同社に対する連邦取引委員会（FTC）の告訴において、証拠物件に含められた。

（注41）ケロッグ社に対するFTCの告訴、2009年7月27日。

（注42）同上。

（注43）FTCによれば、この案件の調査と処理には時間がかかり、また権限が限られているため対応が慎重になったとのことである。消費者保護局・適正広告部門（Division of Advertising Practices, Bureau of Consumer Protection）の責任者Mary Engleは電子メールで次のように述べた。「訴訟係属中は自主的に広告を中止する企業が多いのですが、そうするよう求める法的根拠

（注12）Arthur Applbaum, “Mike Pertschuk and the Federal Trade Commission,” John F. Kennedy School of Government, Harvard University, 1981; Arthur Applbaum, “Mike Pertschuk and the Federal Trade Commission: Sequel,” John F. Kennedy School of Government, Harvard University, 1981; Howard Beales, “Advertising to Kids and the FTC: A Regulatory Retrospective that Advises the Present,” Federal Trade Commission.（いずれもスピーチ）。

（注13）Applbaum, “Mike Pertschuk and the Federal Trade Commission”.

（注14）同上。

（注15）同上。

（注16）“The FTC as National Nanny,” *The Washington Post,* March 1, 1976.

（注17）“A Ban Too Far,” *The New York Times,* May 31, 2012.

（注18）“Curbing the FTC,” *The MacNeil/Lehrer Report,* March 18, 1982; “FTC Ends Consideration of Rule on TV Ads for Children,” Associated Press, September 30, 1981; “Regulating the FTC,” *Newsweek,* October 15, 1979.

（注19）ブルース・シルバーグレード（Bruce Silverglade）への取材より。

（注20）“Pertschuk Exits FTC with Guns Blazing,” *The Washington Post,* September 26, 1984.

（注21） 同上; “New Head at FTC, New Era for Kid Ads,” *The Washington Post,* October 1, 1981; “FTC Chief Changes Role of ‘Nation’s Nanny’,” *Christian Science Monitor,* December 6, 1983.

（注22）“FTC Staff Report on Television Advertising to Children,” Federal Trade Commission, February 1978.

（注23）Jane Brody, “Personal Health,” *The New York Times,* March 13, 1985; Dale Kunkel and Walter Gantz, “Assessing Compliance with Industry Self-Regulation of Television Advertising to Children,” *Journal of Applied Communication Research* 2 (1993).

（注24）Lisa Belkin, “Food Labels: How Much They Do, And Don’t, Say,” *The New York Times,* September 18, 1985.

（注25）Corts, *Ready-To-Eat Breakfast Cereal Industry;* “The Battle For the Cereal Bowl,” *Food Processing,* 2009; “Topher’s Breakfast Cereal Character Guide,” Topher’s Castle, LavaSurfer.com, 1998; “1991 Food Processor of the Year: General Mills,” *Prepared Foods,* September 1, 1991; Li Li et al., “The Breakfast Cereal Industry,” Cornell University, April 20, 2011.

（注26）Corts, *Ready-To-Eat Breakfast Cereal Industry.*

Life in a Nutshell," (lifestylelaboratory.comで閲覧可能); John Kellogg, *The Living Temple* (Battle Creek, MI: Good Health Publishing, 1903); Bruce, *Cerealizing America*; "One Hundred Years: An Overview," Kellogg Company.

(注2) "Our Founder," W. K. Kellogg Foundation; "Our History," Kellogg Company; "The Good Old Days," *Promo Magazine,* September 1, 2003; Rachel Epstein, *W. K. Kellogg: Generous Genius* (Danbury, CT: Children's Press, 2000); "A 'Flakey' Patent Case," *Stereoscope,* Historical Society of the U.S. District Court for the Western District of Michigan, vol. 1, no. 3 (Fall 2003).

(注3) クラフト社は2007年、シリアルのブランド「ポスト」をスピンオフさせてRalcorp Holdings社に売却した。Ralcorp社は2011年、「ポストフーズ(Post Foods)」を独立企業としてスピンオフさせた。"Post Heritage," Post Foods Company, Battle Creek, Michigan; Bruce, *Cerealizing America*; Nancy Rubin Stuart, *American Empress: The Life and Times of Marjorie Merriweather Post* (Bloomington, IN: iUniverse, 2004).

(注4) Bruce, *Cerealizing America.*

(注5) Corts, *Ready-To-Eat Breakfast Cereal Industry.*

(注6) "Not Enough Competition in Cereal Industry, Report Says," Associated Press, October 2, 1980; "Cerealmakers Call Federal Study 'Inadequate'," Associated Press, February 13, 1980; "Bill Could Cripple FTC's Case on Cereal Companies," *The Washington Post,* March 5, 1981; F. M. Scherer, "The Welfare Economics of Product Variety: An Application to the Ready-To-Eat Cereals Industry," *Journal of Industrial Economics* (December 1979).

(注7) Ira Shannon, "Sucrose and Glucose in Dry Breakfast Cereals," *Journal of Dentistry for Children* (September-October 1974)。空軍の歯科医アイラ・シャノンによるこの研究は、全米各地の新聞で記事に取り上げられた("Sugar in Breakfast Cereal," *Chicago Tribune,* October 30, 1977など)。彼は後に膨大な調査結果を本にまとめて出版した。*The Brand Name Guide to Sugar: Sucrose Content of Over 1,000 Common Foods and Beverages* (Chicago: Nelson-Hall, 1977).

(注8) Jean Mayer, "Obesity: Physiologic Considerations," *American Journal of Clinical Nutrition* 9 (September-October 1961); "How to Eat Right and Live Longer," *U.S. News & World Report,* August 9, 1976; "Jean Mayer; Tufts Chancellor, Adviser on U.S. Nutrition," *Los Angeles Times,* January 3, 1993.

(注9) Jean Mayer, "Sweet Cereals Raise Labeling Issue," *Chicago Tribune*-New York News Syndicate, December 17, 1975.

(注10) Marian Burros, "And Now a Word from Industry," *The Washington Post,* October 20, 1977.

(注11) 同上。

（注24）ケロッグ社がエフィー賞に提出したケース・スタディーより。

（注25）ベティー・ディクソン（Betty Dickson）への取材より。

（注26）米国家政学協会（American Home Economics Association）が発行する協会誌『Bulletin of American Home Economics Association』（後に『The Journal of Home Economics』に統合）は、コーネル大学のマン図書館（Mann Library）でデジタル版が閲覧できる。1914年から始まるこの会誌には、協会の活動のみならず、食事作りの社会史についても洞察に満ちた記事や論文が掲載されている。

（注27）1956〜1957年の『The Journal of Home Economics』より。たとえば同誌のvol. 49, no. 3(1957年3月）には、消費者サービス部門を「ゼネラルフーヅ・キッチン」に名称変更したというゼネラルフーヅ社の発表が掲載されている。拡大を続けていた同部門は6カ所の試作用キッチンを設立し、新製品の調理やそれらを使ったレシピの開発を行った。これらのキッチン運営は、写真家やライターを含む専門チームがバックアップした。ゼネラルフーヅには主婦らから多数の手紙が寄せられるようになり、キッチンチームにはそれに返信する通信員や、新聞の食品ライターや編集者に製品を届ける宣伝係なども所属した。

（注28）Susan Marks, *Finding Betty Crocker* (New York: Simon and Schuster, 2005).

（注29）*Journal of Home Economics* 49, no. 3 (March 1957): 246.

（注30）マーシャ・コープランド（Marcia Copeland）への取材より。

（注31）*Journal of Home Economics* 72, no. 4 (Winter 1980): 13。ディクソンは高校1〜3年の男女に「小さな器具類を使って下ごしらえをする／買い物スキルを身につける／食習慣の発展を学ぶ」という食品関連カリキュラムを教えていた。

（注32）"Modern Living: just Heat and Serve," *Time Magazine,* December 7, 1959.

（注33）ベティー・ディクソンへの取材より。

（注34）アル・クローシへの取材より。

（注35）ケロッグ社は、インタビューおよび公式発表において、自社製シリアルの栄養組成を強固に弁護している。同社は、いくつかのブランドは今でもかなり甘味が強いことを認めながらも、糖分量が少ない製品も多数あることや、目下継続中の取り組みにより子ども向けシリアルの糖分を16%削減したことをコメントした。

第4章◉それはシリアルか、それとも菓子か

（注1）"J. H. Kellogg Dies; Health Expert, 91," *The New York Times,* December 16, 1943; "Dr. John Harvey Kellogg," Battle Creek Historical Society; Dr. John Harvey Kellogg, "The Simple

December 7, 1959; Bucher and Villines, *Greatest Thing Since Sliced Cheese*; "A Chronological History of Kraft General Foods," KGF Archives Department, Glenview, Illinois; "General Foods Plans to Buy Oscar Mayer," *The New York Times,* February 5, 1981; "General Foods Corporation: List of Deals," Lehman Brothers Collection, Harvard Business School; "At General Foods, Did Success Breed Failure?" *The New York Times,* June 11, 1972.

(注9) アル・クローシへの取材より。

(注10) 同上。

(注11) "Modern Living," *Time Magazine,* December 7, 1959; Charles Mortimer, "Purposeful Pursuit of Profits and Growth in Business," McKinsey Foundation Lectures; "Expert Offers Marketing Tips," *The New York Times,* May 14, 1959; "General Foods Chief Describes 'Benign Revolution in Kitchen'," *The New York Times,* September 12, 1962.

(注12) Conference Board's Third Annual Marketing Conference（ニューヨーク市、1955年9月22日）のディナーセッションにおけるチャールズ・モーティマーのスピーチ。

(注13) アル・クローシの回想より。

(注14) 同上。

(注15) アル・クローシへの取材より。

(注16) 同上。

(注17) Bucher and Villines, *Greatest Thing Since Sliced Cheese*、および、アル・クローシとドメニク・デフェリーチェ（Domenic DeFelice）への取材より。

(注18) アル・クローシへの取材より。

(注19) 同上。

(注20) Bucher and Villines, *Greatest Thing Since Sliced Cheese.*

(注21) 同上。

(注22) 小さじ1杯の砂糖は4.2グラムとされることが多い。この換算によれば、砂糖19グラムは小さじ4.5杯。

(注23) ケロッグ社の広告部門と広告代理店は、2003年の「ポップターツ（Pop-Tarts)」キャンペーンのケース・スタディーをエフィー賞（Effie Awards）に応募した。同社は2004年の金賞を受賞した。

（注20）2006年2月23日、CEOトッド・スティッツァー（Todd Stitzer）がConsumer Analyst Group of New Yorkに行ったプレゼンの記録より。

第3章◉コンビニエンスフード

（注1）アル・クローシへの取材より。

（注2）アル・クローシは、モーティマー（Charles Mortimer）が1950年代初期、従業員へのスピーチで「コンビニエンスフード」という表現を使ったと回想した。クローシは、このフレーズが初めて使われたのがそのスピーチだったかもしれないと考えている。クローシは私に次のように話した。「彼は『ゼネラルフーヅは単なるパッケージ食品企業ではない。コンビニエンスフード企業だ』と言った。そのメッセージは、販売部門から技術部門まで、全員に伝わった。われわれは自分の仕事を見直して『どうすればもっと便利にできる？』と考えるようになった。あのときから『これもインスタント化、それもパウダー化』という時代が始まった」

（注3）クローシへの取材より。彼が「ジェロー（Jell-O）」プディングのインスタント製品を開発した経緯は、クラフトフーヅが発行した書籍『The Greatest Thing Since Sliced Cheese』にも紹介されている。美しいイラストが入ったこの大型本は、社内記録やインタビューをもとに、同社の代表的製品を開発した食品技術者や科学者らの仕事を年代順に紹介し、かつ、議論を呼びそうな点は巧みに回避している。本を作る原動力となったのは、苦労が見過ごされがちな食品技術者たちを称えたいという同社の元上級副社長ジョン・ラフの思いだった。本を提供してくれたラフに感謝する。Anne Bucher and Melanie Villines, *The Greatest Thing Since Sliced Cheese: Stories of Kraft Food Inventors and their Inventions* (Kraft Food Holdings, Northfield, Il. 2005).

（注4）ナショナル・ブランズ社（National Brands）は、インスタント・プディングの製造に関して、米国特許第2,607,692号（1952年）、第2,829,978号（1958年）という二つの特許を取得した。クローシの特許は1957年に第2,801,924号として認定・公開された。米国特許商標庁（U.S. Patent and Trademark Office [USPTO]）はオンラインのデータベースを提供しており、特許番号、発明者名、特許権者の企業名など、さまざまな検索条件で特許を検索することができる。

（注5）Bucher and Villines, *Greatest Thing Since Sliced Cheese.*

（注6）Conference Board's Third Annual Marketing Conference（ニューヨーク市、1955年9月22日）のディナーセッションにおけるチャールズ・モーティマーのスピーチ。

（注7）糖分コーティングしたシリアルの開発に関するこの記述は、Scott Bruce, *Cerealizing America: The Unsweetened Story of American Breakfast Cereal* (Boston: Faber & Faber, 1995)に負うところが大きい。同著は、丹念な調査をもとにシリアル産業の先駆者たちを紹介したすばらしい本である。Kenneth Corts, "The Ready-To-Eat Breakfast Cereal Industry in 1994" (Cambridge, MA: Harvard Business School, 1995)、および Raymond Gilmartin, *General Mills* も参照。

（注8）Stuart, *Kraft General Foods*; "Modern Living: Just Heat and Serve," *Time Magazine,*

(注7) ハワード・モスコウィッツ(Howard Moskowitz)への取材より。

(注8) モスコウィッツおよびミシェル・ライズナー(Michele Reisner)へのインタビュー、およびドクターペッパーのプロジェクト記録より。

(注9) ハワード・モスコウィッツへの取材より。Michael Moss, "The Hard Sell On Salt," *The New York Times*, May 30, 2010.

(注10) モスコウィッツおよび彼の会社は、減塩のほかにも、よりおいしい低脂肪・低糖の食品や、体重コントロール用の食品の開発など、健康的な食品の開発に幅広く携わっている。

(注11) Howard Moskowitz, Institute of Food Technologists (IFT) 2010 meeting, Chicago.

(注12) 軍のネーティック(Natick)研究所に関する記述は、MREの研究プロジェクト幹部ジャネット・ケネディ(Jeannette Kennedy)を始め、複数の幹部へのインタビューに負うところが大きい。戦闘食に関する軍のプログラムの詳細は "Opcrational Rations of the Department of Defense," Natick, May 2010 にも記載されている。

(注13) ハーブ・マイセルマン(Herb Meiselman)への取材より。

(注14) Steven Witherly, *Why Humans Like Junk Food: The Inside Story on Why You Like Your Favorite Foods, the Cuisine Secrets of Top Chefs, and How to Improve Your Own Cooking Without a Recipe!* (Lincoln, NE: iUniverse, 2007); Barbara Rolls, "Sensory Specific Satiety in Man," *Physiological Behavior* 27 (1981): 137-142; Marjatta Salmenkallio-Marttila et al., "Satiety, Weight Management, and Foods: Literature Review," VTT Technical Research Center of Finland, Esbo, Finland.

(注15) バリンフィ(Balintfy)の息子で米国立衛生研究所(National Institutes of Health)の広報担当であるジョセフ(Joseph)とのやりとりより。バリンフィは、Society for the Advancement of Food Service Researchへの1979年のプレゼンをはじめ、さまざまな機会で「至福ポイント」という言葉を使った。

(注16) 特に、ハーバード・ビジネススクールによる批評、Toby E. Stuart, *Kraft General Foods: The Merger*を参照。

(注17) 同上。

(注18) この記述は、ハワード・モスコウィッツ、およびゼネラルフーヅ社コーヒー部門の研究開発幹部だったジョン・ラフ(John Ruff)へのインタビューに負うところが大きい。Moskowitz, *Selling Blue Elephants.*

(注19) ドクターペッパー社は、ドクターペッパーの原材料配合には知的所有権があるとして、パッケージ記載以外の具体的な原材料について話すことを拒否した。

Hunger, and Food Intake," *Physiology and Behavior* 5 (2007): 733-743; Karen Teff, "Dietary Fructose Reduces Circulating Insulin and Leptin, Attenuates Postprandial Suppression of Ghrelin, and Increases Triglycerides in Women," *Journal of Clinical Endocrinology and Metabolism* 89, no. 6 (2004): 2963-2972; Karen Teff, "Prolonged Mild Hyperglycemia Induces Vagally Mediated Compensatory Increase in C-Peptide Secretion in Humans," *Journal of Clinical Endocrinology and Metabolism* 89, no. 11 (2004): 5606-5613.

（注21）カレン・テフ（Karen Teff）への取材より。

（注22）糖分に関する米国心臓協会の見解、および2010年5月の会議「Added Sugars Conference」の記録は、同協会のウェブサイトで閲覧できる。この会議記録には、米国立癌研究所（National Cancer Institute)、コカ・コーラ社（Coca-Cola)、米国製パン協会インターナショナル（American Institute of Baking International)、ゼネラル・ミルズ社などのプレゼンが収載されている。

（注23）テクニオン－イスラエル工科大学のバイオテクノロジー・食品工学準教授Eyal Shimoniによる同会議でのプレゼン、およびShimoniへの取材より。

第2章◉どうすれば人々の強い欲求を引き出せるか？

（注1）ジョン・レノン（John Lennon）のドクターペッパー（Dr Pepper）好きは、交際相手May Pangによる伝記的写真集『Instamatic Karma』(New York: St. Martin's, 2008）に記録されている。他のポップスターらのドクターペッパー好きはウェブサイト「The Smoking Gun」で検索した。ヒラリー・クリントン（Hillary Clinton）は、出張先でのドクターペッパーの経験を自伝『Living History』(New York: Scribner's, 2004）で紹介している。ドクターペッパーに関するこれらの雑学的知識は、Christopher Flahertyが運営するオンラインダイジェスト「The Highly Unofficial Dr Pepper FAQ」にまとめられている。

（注2）"Top-10 Carbonated Soft Drink Companies and Brands for 2002," *Beverage Digest*, February 24, 2003.

（注3）"Dr Pepper President: Red Fusion Designed to Add 'Excitement' and Appeal to Non-Dr Pepper Users," *Beverage Digest*, May 24, 2002.

（注4）Howard R. Moskowitz and Alex Gofman, *Selling Blue Elephants* (Upper Saddle River, NJ: Wharton School Publishing, 2007).

（注5）食品流通の業界団体であるFood Marketing Instituteによれば、食料品店が扱う商品は店舗規模により15,000〜60,000品目で、平均すると38,718品目とのことである。

（注6）Herb Sorensen, *Inside the Mind of the Shopper* (Upper Saddle River, NJ: Wharton School Publishing, 2009).

（注8）この発見には複数の研究チームが貢献した。Corie Lok, "Sweet Tooth Gene Found," *Nature*, April 23, 2001; M. Max, "Tas1r3, Encoding a New Candidate Taste Receptor, Is Allelic to the Sweet Responsiveness Locus Sac.," *Nature Genetics* 28, no. 1 (2001): 58-63.

（注9）Ryuske Yoshida et al., "Endocannabinoids Selectively Enhance Sweet Taste," *Proceedings of the National Academy of Sciences* 107, no. 2 (2010): 935-939.

（注10）J. Desor and Lawrence Greene, "Preferences for Sweet and Salty in 9- to 15-Year-Old and Adult Humans," *Science* 1990 (1975): 686-687。味の好みを年齢および人種別に調べた、より最近の分析についてはJulie Mennella et al., "Evaluation of the Monell Forced-Choice, Paired-Comparison Tracking Procedure for Determining Sweet Taste Preferences Across the Lifespan," *Chemical Senses* 36 (2011): 345-355 を参照。この研究では、幼児356名のほか、青年期169名および成人424名について甘味の好みが評価された。

（注11）「至福ポイント（bliss point）」という言葉の由来について詳しくは第2章を参照。

（注12）フィリップモリス社の記録（LT）。

（注13）タチアナ・グレイ（Tatyana Gray）の実験とインタビューにはタチアナの母親が同席した。実験について書くことを了承してくれた２人にお礼を申し上げる。この試食のプディングを準備したモネル研究所のSusana Finkbeinerにも感謝している。

（注14）1990年代初頭、マーク・ヘグステッド（Mark Hegsted）は上院の栄養問題特別委員会（Senate Select Committee on Nutrition and Human Needs）に自分がどのように関与したかを発表した。私は、ミネソタ大学公衆衛生学部が所蔵する歴史的文献からこの資料を入手した。

（注15）糖分に関するマイケル・ジェイコブソン（Michael Jacobson）の請願について、詳しくは第14章を参照。

（注16）Ellen Wartella, "Examination of Front-of-Package Nutrition Rating Systems and Symbols Phase 1 Report," *Institute of Medicine*, 2010.

（注17）アル・クローシ（Al Clausi）への取材より。私はクローシに何度か面会し、食品業界での彼の仕事について話し合った。惜しみなく時間を割き、記録を見せてくれたクローシに感謝している。モネル研究所とフレーバー・ベネフィッツ委員会（Flavor Benefits Committee）とのやりとりに関する記録はLTからも入手した。

（注18）Michael Tordoff and Annette Alleva, "Effect of Drinking Soda Sweetened with Aspartame or High-Fructose Corn Syrup on Food Intake and Body Weight," *American Journal of Clinical Nutrition* 51 (1990): 963-969.

（注19）マイケル・トルドフ（Michael Tordoff）への取材より。

（注20）Karen Teff et al., "48-h Glucose Infusion in Humans: Effect on Hormonal Responses,

第1章◉子どもの体の仕組みを利用する

（注1）ロバート・マーゴルスキー（Robert Margolskee）、ゲリー・ビーチャム（Gary Beauchamp）、ダニエル・リード（Danielle Reed）、ポール・ブレスリン（Paul Breslin）など、モネル化学感覚研究所（Monell Chemical Senses Center、ペンシルベニア州フィラデルフィア）の科学者らへのインタビューより。この発見を報告した論文は Virginia Collings, "Human Taste Response as a Function of Locus of Stimulation on the Tongue and Soft Palate," *Perception and Psychophysics* 16, no. 1 (1974): 169-174。味覚地図の誤解についてはLinda Bartoshuk, "The Biological Basis of Food Perception and Acceptance," *Food Quality and Preference* 4 (1993): 21-32 を参照。

（注2）米国人が１人１日当たり小さじ22杯分の砂糖を摂取しているという数字の根拠は、米国心臓協会が糖分摂取減少を呼びかける一環として報告した「National Health and Nutrition Examination Survey」である。Rachel Johnson et., al, "Dietary Sugars Intake and Cardiovascular Health; a Scientific Statement from the American Heart Association," *Circulation,* September 15, 2009 も参照。数値は、食品の加工または調理の際に添加される糖分が対象である。食品消費量の調査では、米国農務省（United States Department of Agriculture [USDA]）の「Economic Research Service」（同省のウェブサイトからアクセス可能）も利用した。ただし、糖分などの物品に関して同省が発表する数値の多くは、消費者に「入手可能となる」量に基づくもので、「消失データ」とも呼ばれる。破棄される食品が考慮に含まれていないため、実際の摂取量より多いからである。同省は現在、実際の摂取量との食い違いを算出する取り組みを進めている。

（注3）Sidney W. Mintz, *Sweetness and Power: The Place of Sugar in Modern History* (New York: Penguin, 1986).

（注4）『Beverage Digest』紙の編集者・発行者であるJohn Sicherが、カロリーを含む清涼飲料と含まない飲料とを区別できるデータや、糖で甘味づけした他のソフトドリンクのデータを提供してくれた。感謝申し上げる。

（注5）アンソニー・スクラファニ（Anthony Sclafani）への取材より。Anthony Sclafani and Deleri Springer, "Dietary Obesity in Adult Rats: Similarities to Hypothalamic and Human Obesity Syndromes," *Psychology and Behavior* 17 (1976): 461-471; Anthony Sclafani et al., "Gut T1R3 Sweet Taste Receptors Do Not Mediate Sucrose-Conditioned Flavor Preferences in Mice," *American Journal of Physiology-Regulatory, Integrative, and Comparative Physiology* 299 (2010) も参照。

（注6）彫刻家Arlene Loveへの取材より。

（注7）私はインタビューおよび調査のためモネル研究所を複数回訪問した。惜しみなく時間を割いてくれた同センターの科学者およびスタッフに感謝申し上げる。同センターのウェブサイトには所属科学者と彼らの研究内容が詳しく紹介されている。

(Kraft Foods）の肥満対策活動について、詳しくは第11章を参照。

（注11） ダリル・ブリュースター（Daryl Brewster）への取材より。

（注12） 肥満率など、食品に関連する健康問題の各種データは、米国疾病管理予防センター（Centers for Disease Control and Prevention [CDC]、ジョージア州アトランタ）の発表データを利用した。たとえば、Cynthia Ogden et al., CDC, "Prevalence of Obesity among Children and Adolescents: United States, Trends 1963-1965 Through 2007-2008"; U.S. Public Health Service, "The Surgeon General's Call to Action to Prevent and Decrease Overweight and Obesity 2001" などを参照。

（注13） Michael Moss, "Peanut Case Shows Holes in Food Safety Net," *The New York Times,* February 9, 2009.

（注14） 膨大な数の供給業者と取引があるケロッグ社だが、サルモネラ食中毒の悲劇以降、状況把握の改善に取り組んでいる。同社広報担当のクリス・チャールズ（Kris Charles）は私に次のように話した。「この不幸な事態を受けて、当社はただちに複数の対策に着手しました。リスクが高い原材料の供給業者を監査するクロスファンクショナルチーム〔訳注＊さまざまな部門から人材を集めた横断的なプロジェクトチーム〕を新しく立ち上げたのもその一環です。当社の食品安全システムの一つであるこれらの内部監査チームは、ナッツや種子類、ドライフルーツおよび野菜、乳製品など、微生物に汚染されやすいハイリスクの原材料の供給業者を監査しています。監査員らは、当社が定める高い水準が守られていることを確認するため、世界各地の供給業者を訪問します。最近では、すべての原材料供給業者を評価対象にすることを目標に、これら内部監査チームの拡大を進めています。2011年は世界各地の900以上の供給拠点（全供給拠点の50％以上）の監査を実施しました」

（注15） Michael Moss, "Food Safety Problems Elude Private Inspectors," *The New York Times,* March 6, 2009.

（注16） Michael Moss, "The Burger That Shattered Her Life," *The New York Times,* October 4, 2009.

（注17） カーギル社（Cargill）によれば、食肉供給業者に検査工程を課すなど、病原体リスク軽減のための安全措置を多数設けているとのことである。同社はハンバーガー肉の完成品のサンプル検査も行っており、陽性の結果が出た場合は「関与の可能性があるすべての供給業者に」通知している。

（注18） フィリップモリス社の記録（LT）。

（注19） ケロッグ社など複数企業の研究施設への著者の訪問による。

（注20） ジェフリー・ダン（Jeffrey Dunn）への取材より。

が登場し、シリアルの主力商品でも糖分を減らしたバージョンを発売しました。ほかにも、低脂肪や無脂肪のヨーグルト、減塩スープ、食物繊維を増やしたシリアルやシリアルバー、全粒粉のシリアルなど、多数の商品があります。また我々は、こうした栄養改善を消費者に伝える広告宣伝にも多額の投資を行いました。これらの商品には、成功したものもあれば、そうでないものもあります。概して言えば、消費者が栄養改善にはっきり反応を示すのは、味を犠牲にしなくてもいい場合に限られました」。ゼネラル・ミルズの広報担当であるトム・フォーサイス（Tom Forsythe）によれば、味を損なわずにシリアルの糖分を減らすという同社の取り組みは、当初は行き当たりばったりで、人気ブランドで低糖バージョンを販売して様子を見るしかなかったが、2007年にブレークスルーがあったという。新たな配合方法が見つかってシリアルの全商品で低糖化が可能になり、平均14%の糖分削減が実現した。フォーサイスは私に「我々は健康を業績向上に利用しました。それは唯一の戦略というわけではありません。それに、お話ししたように、健康的な商品でも味が悪かったら売れません。それは過去の失敗が実証しています」と言った。

(注8) ジェームズ・ベーンクによれば、マッドのプレゼンの後、ほかにも1人か2人の発言があったが、「今でも全員が覚えているのはスティーブ（サンガー）の発言だ」とのことである。「彼がいちばんはっきり意見を言った。夕食会では、テーブルによって反応に違いはあったが、勢いはすでに削がれてしまっていた」

(注9) ジョン・キャディ（John Cady）への取材より。CEO会合の企画チームは後に再度ミーティングを開いて、今後の方針を検討した。その概要は「ILSI CEO Dinner Follow-up Planning」という文書にまとめられた。計画の一つは、企業幹部らを対象に、マッドが「CEO向けプレゼンの要約版」として30分間のプレゼンを行うというものだった。「CEOにどんな話をしたかを正確に伝えるため」である。会合でCEOらの反応が悪かったため、彼らは、活動資金として当初目標の1500万ドルより低い金額をCEOらに求めることにし、取り組みも「反対者がいない活動は行うべき」というスタンスから始めて徐々に拡大するという方針を提案することにした。業界全体の取り組みを目指したマッドらだったが、最終的には「子どもたちに運動を勧める」という活動だけに絞り込まざるを得なくなった。クラフト社などの企業が拠出した数百万ドルは、肥満対策の一つとして運動をアピールする教材の作成に使われた。

(注10) たとえばゼネラル・ミルズ社は、2009年12月9日付のプレスリリースで糖分低減を発表した（このプレスリリースは同社ウェブサイトにも掲載されている）。同社広報担当のトム・フォーサイスは、この取り組みは「糖分への関心を受けて」始まったと私に話した。同社はシリアル製品の栄養組成について強固な弁護の姿勢を貫いており、2010年5月5日に米国心臓協会（American Heart Association [AHA]）が首都ワシントンで開催した糖分の会議でもこの立場でプレゼンを行った。プレゼンの要点は、(1) シリアルによる糖分摂取は飲料やデザートといった他の食品よりはるかに少ない、(2) シリアルは、クリームチーズ入りベーグルやベーコンエッグといった人気の朝食メニューの中でカロリーが最も低い、(3)同社のオーツ麦シリアル「Cheerios」（1食分当たりの糖分1グラム）も、カラフルな子ども向けシリアル「Lucky Charms」（同11グラム）も、全粒穀物および他の栄養素の供給源として同等である、というものだった。「カロリーおよび栄養供給という視点で見て、いずれも朝食用として良い選択肢だ」と同社はコメントした。

現在、ネスレ社（Nestlé）を含む多くの他社が塩分・糖分・脂肪分の低減に取り組んでおり、2010年、食品小売業者とメーカーによる団体「Healthy Weight Commitment Foundation」は、2015年までに食品製品から計1.5兆カロリーを削減すると宣言した。この宣言およびクラフト社

注 End Notes

プロローグ◉金の卵

(注1) 食品メーカーCEOらによる1999年の会合を組織したのは国際生命科学研究機構 (International Life Sciences Institute [ILSI]) である。ILSIは1978年に創設された業界団体で、当初は食品添加物としてのカフェインの安全性調査が目的だったが、現在では公衆衛生、栄養、食品安全性など多数の問題に対処している。活動の対象は主として食品企業の科学者および技術者である。ILSIの広報責任者で、同機構の歴史とプログラムについて情報を提供してくれたマイケル・シレフス (Michael Shirreffs) に感謝する。

(注2) ジェームズ・ベーンク (James Behnke) への取材より。

(注3) この年、ゼネラル・ミルズ社 (General Mills) のシリアル販売シェアは短期間ケロッグ社 (Kellog) をわずかに抜き、その後32%で実質同位に落ち着いた。3位はポスト社 (Post) の16%だった。詳細は流通業界誌『Food and Beverage Packaging』などを参照。同誌は2009年4月1日、ゼネラル・ミルズを「ここ10年間のパッケージ革新者」と評した。コンサルティング会社Innosightのウェブサイトには「ゴーグルト (Go-Gurt)」の発売経緯が紹介されている。ハーバード・ビジネススクールも、ゼネラル・ミルズの2008年の業績および元CEOスティーブン・サンガー (Stephen Sanger) を事例研究に取り上げている。

(注4) 健康的な食品というヨーグルトのイメージをさらに覆す事実もある。レギュラーの「ヨープレイ (Yoplait)」も含め、米国の主力ブランドのヨーグルト商品は1食分当たりの糖分がアイスクリームの2倍近い。

(注5) 引用元は、ボブ・エッカート (Bob Eckert) が1999年8月に『Business Week』誌記者に渡した未発表のインタビュー原稿である。この原稿は、フィリップモリス社 (Philip Morris) が「レガシー・タバコ・ドキュメンツ・ライブラリー」(Legacy Tobacco Documents Library、以下「LT」) に提出した記録に含まれている。

(注6) マイケル・マッド (Michael Mudd) がCEOらに行ったプレゼン内容は、フィリップモリス社の記録としてLTに保管されている。このとき、コロラド大学医学部の小児科学教授でコロラド栄養・肥満研究センター所長のジェームズ・ヒル (James Hill) もマッドとともに壇上に立った。ヒルは肥満データを提示し、対策を論じた。会合を回想し、マッドのプレゼン用スライドのコピーを提供してくれたヒルに感謝申し上げる。

(注7) スティーブン・サンガーがこのCEO会合に出席していたことは、ILSIが保管している出席者リストおよび座席表に記録されており、4人の出席者へのインタビューでも確認されている。ゼネラル・ミルズを引退しているサンガーはインタビューを拒否した。彼は私宛ての電子メールで、CEO会合のことは覚えていないと回答し、自分が栄養に深くコミットしてきたことを強調した。「私のCEO在任中、同社は製品ラインナップの栄養改善を常に重視し、全粒粉や食物繊維、各種栄養素の増量と、脂肪分、塩分、糖分、カロリーの減少に取り組みました。我々は栄養改善を会社目標に掲げ、そのための研究開発に投資し、進捗状況を追跡するとともに、それらを社内のインセンティブシステムに組み込みました。これによりゼネラル・ミルズは、栄養を考えた新商品を着実なペースで市場に投入できたのです。ヨーグルトやケーキ、スープに『ライト』製品